21世纪高等教育土木工程系列规划教材

基 础 工 程

第 2 版

主　编　金喜平　邓庆阳

副主编　朱天志　宋志斌

参　编　李　政　董艳英　孟胜国

主　审　卢廷浩

机 械 工 业 出 版 社

本书是 21 世纪普通高等教育土木工程系列规划教材之一，是为了满足本科宽口径、大土木的专业需要，结合现代基础工程发展趋势，按照土木工程专业培养高级应用型人才的要求进行编写。本书注意淡化理论推导，突出应用性，使理论联系工程实际，力求实用性强。

本书共分为 12 章，除绪论外，内容包括：天然地基的浅基础设计原理；浅基础结构设计；筏形基础；箱形基础；桩基础；沉井基础；地下连续墙；地基处理；特殊土地基；建筑基坑支护工程；地基基础工程事故分析及处理；地基基础抗震与动力机器基础。

本书是按照我国最新的相关规范来编写的，可作为普通高校土木工程专业基础工程教材，也可作为土木工程技术人员的参考书。

图书在版编目（CIP）数据

基础工程/金喜平，邓庆阳主编 . —2 版 . —北京：机械工业出版社，2014.4（2018.11 重印）

21 世纪高等教育土木工程系列规划教材

ISBN 978-7-111-45443-4

Ⅰ . ①基⋯ Ⅱ . ①金⋯②邓⋯ Ⅲ . ①基础（工程）– 高等学校 – 教材 Ⅳ . ①TU47

中国版本图书馆 CIP 数据核字（2014）第 009287 号

机械工业出版社（北京市百万庄大街 22 号 邮政编码 100037）

策划编辑：马军平 责任编辑：马军平 李 帅
版式设计：霍永明 责任校对：申春香
封面设计：张 静 责任印制：常天培
北京机工印刷厂印刷

2018 年 11 月第 2 版第 3 次印刷

184mm×260mm · 21 印张 · 518 千字

标准书号：ISBN 978-7-111-45443-4

定价：42.00 元

凡购本书，如有缺页、倒页、脱页，由本社发行部调换

电话服务 网络服务
服务咨询热线：010-88379833 机工官网：www.cmpbook.com
读者购书热线：010-88379649 机工官博：weibo.com/cmp1952
教育服务网：www.cmpedu.com
封面无防伪标均为盗版 金书网：www.golden-book.com

序

随着 21 世纪国家建设对专业人才的需求，我国工程专门人才培养模式正在向宽口径方向转变，现行的土木工程专业包括建筑工程、交通土建工程、矿井建设、城镇建设等 8 个专业的内容。经过几年的教学改革和教学实践，组织编写一套能真正体现专业大融合、大土木的教材的时机已日臻成熟。

迄今为止，我国高等教育已为经济战线培养了数百万专门人才，为经济的发展作出了巨大贡献。但据 IMD1998 年的调查，我国"人才市场上是否有充足的合格工程师"指标世界排名在第 36 位，与我国科技人员总数排名第一的现状形成了极大的反差。这说明符合企业需要的工程技术人员，特别是工程应用型技术人才供给不足。

科学在于探索客观世界中存在的客观规律，它强调分析，强调结论的唯一性。工程是人们综合应用科学理论和技术手段去改造客观世界的客观活动，所以它强调综合，强调实用性，强调方案的优选。这就要求我们对工程应用型人才和科学研究型人才的培养实施不同的方案，采用不同的教学模式，使用不同的教材。

机械工业出版社为适应高素质、强能力的工程应用型人才培养的需要而组织编写了本套系列教材，目的在于改革传统的高等工程教育教材，结合现行土木工程的专业建设需要，富有特色、有利于应用型人才的培养。本套系列教材的编写原则是：

1）加强基础，确保后劲。在内容安排上，保证学生有较厚实的基础，满足本科教学的基本要求，使学生日后发展具有较强的后劲。

2）突出特色，强化应用。本套系列教材的内容、结构遵循"知识新、结构新、重应用"的方针。教材内容的要求概括为"精""新""广""用"。"精"指在融会贯通"大土木"教学内容的基础上，挑选出最基本的内容、方法及典型应用实例；"新"指在将本学科前沿的新技术、新成果、新应用、新标准、新规范纳入教学内容；"广"指在保证本学科教学基本要求前提下，引入与相邻及交叉学科的有关基础知识；"用"指注重基础理论与工程实践的融会贯通，特别是注重对工程实例的分析能力的培养。

　　3）抓住重点，合理配套。以土木工程教育的专业基础课、专业课为重点，做好实践教材的同步建设，做好与之配套的电子课件的建设。

　　我们相信，本套系列教材的出版，对我国土木工程专业教学质量的提高和应用型人才的培养，必将产生积极作用，为我国经济建设和社会发展作出一定的贡献。

第 2 版前言

《基础工程》第 1 版自 2006 年出版以来，得到了土建类专业广大师生的欢迎，为满足广大师生需求，《基础工程》第 2 版在第 1 版的基础上进行了较大幅度的修订。按照新修订的 GB 50007—2011《建筑地基基础设计规范》、GB 50010—2010《混凝土结构设计规范》、JGJ 6—2011《高层建筑筏形与箱型基础技术规范》、JGJ 94—2008《建筑桩基技术规范》、GB 50025—2004《湿陷性黄土地区建筑规范》、JGJ 79—2012《建筑地基处理技术规范》、JGJ 120—2012《建筑基坑支护技术规程》等规范对教材涉及的相关内容进行了修改，对本书各章后的习题进行了修订，同时，根据读者提出的意见和建议，在第 1 章中增加了地基承载力验算的内容，全书增加了地基基础抗震与动力机器基础一章。

本书修订时继续遵循"概念准确，基础扎实，突出应用，淡化过程"原则，注重与工程实际紧密结合，强化应用能力的培养，以满足"卓越工程师教育培养计划"要求，同时与注册岩土工程师考试结合，增强学生职业能力的训练。

全书共分为 12 章，包括：天然地基浅基础设计原理；浅基础结构设计；筏形基础；箱形基础；桩基础；沉井基础；地下连续墙；地基处理；特殊土地基；建筑基坑支护工程；地基基础工程事故分析及处理；地基基础抗震与动力机器基础。

本教材第 2 版由河北科技师范学院金喜平、太原理工大学阳泉学院邓庆阳任主编，河北科技师范学院朱天志、宋志斌任副主编。河海大学卢廷浩教授主审。

具体修订编写分工如下：金喜平（绪论；第 1 章、第 3 章、第 10 章）、邓庆阳（第 2 章、第 6 章、第 8 章）、朱天志（第 4 章、第 7 章）、宋志斌（第 5 章、第 12 章）、李政（第 9 章）、董艳英（第 11 章）；全书插图及资料由李政、董艳英整理。

本书在修订过程中，得到了机械工业出版社的大力支持，对此，全体编者表示深切的谢意。

本书作为应用型本科土建类专业教材，也可作为相关专业工程技术人员的参考书。由于编者水平有限，书中难免存在不妥之处，敬请广大读者、同行不吝赐教。

编 者

第1版前言

本书是21世纪普通高等教育土木工程系列规划教材之一，是为了满足本科宽口径、大土木的专业需要，结合现代基础工程发展趋势，按照土木工程专业培养高级应用型人才的要求进行编写。本书适用于土木工程专业建筑工程、公路与城市道路工程、桥梁工程等方面，也可供土木工程技术人员参考阅读。

基础工程是土木工程专业的一门主要课程。编者结合长期的教学实践经验，着重在以下几方面做了一些工作：

1. 本教材遵循"概念准确，基础扎实，突出应用，淡化过程"原则，淡化理论推导，重在应用理论去解决基础工程问题，使得教材具有理论结合工程实际的特点。

2. 在本规划系列教材中，注重本书与本系列《土力学》教材中内容的衔接。删减与土力学重复部分内容，注重衔接自然，使教材内容简明扼要，重在应用。

3. 注重紧密结合工程实际，加强对学生应用能力的培养。在教材内容体系组织上，注重引入大量的设计计算例题，使理论紧密与工程实际相结合，培养及提高学生的应用能力，用以满足土木工程专业培养高级应用型人才的要求及满足大土木工程的发展及需要。

4. 章后小结便于学习。书中各章后的小结是便于帮助读者总结、概括、归纳每章的主要内容，使读者对每章内容有一个清晰了解，并便于复习。

5. 章后习题结合工程实际。章后习题注重结合工程实际。一些习题选择接近工程实际的设计计算实例；一些习题类型结合注册工程师考题等，以培养读者综合应用知识的能力。

本书在读者已掌握土力学基本理论的前提下，参照我国最新颁布的有关十多种规范和规程进行编写，以便读者了解最新规范的内容，从而更好地掌握基础工程课程内容。

本书共11章，包括：天然地基的浅基础设计原理；浅基础结构设计；筏形基础；箱形基础；桩基础；沉井基础；地下连续墙；地基处理；特殊土地基；

建筑基坑支护工程；地基基础工程事故分析及处理。为便于读者学习，本书每章后均附有习题。

　　本书由金喜平、邓庆阳任主编，朱天志、李政参编。具体编写分工如下：绪论、第5章、第10章；由金喜平（河北科技师范学院）编写；第1～2章、第8章由邓庆阳（太原理工大学阳泉学院）编写；第6章由孟胜国（太原理工大学阳泉学院）编写；第3～4章、第7章由朱天志（河北科技师范学院）编写；第9章由李政（河北科技师范学院）编写；第11章由董艳英（河北科技师范学院）编写。全书插图、资料由董艳英整理。河海大学的卢廷浩教授审阅了书稿并提出了许多宝贵意见和建议，在此表示衷心感谢。

　　本书在编写的过程中，参阅了相关资料和一些院校优秀教材的内容，均在参考文献中列出，在此向有关作者谨表谢意。由于编者水平有限，书中难免存在不妥之处，敬希读者批评指正。

编　者

目　　录

绪　　论

【本章要求】 了解基础工程概念及重要性，了解基础工程现状及发展方向，掌握基础工程课程特点及学习要求。

【本章重点】 基础工程课程特点及学习要求。

0.1　地基与基础工程

基础工程的研究对象是地基与基础问题。

1. 基础

基础是建筑物在地面以下的结构部分。基础是建筑物本身的组成部分，应满足强度、刚度和耐久性要求。

基础的作用是支撑上部结构荷载，并将荷载传给地基。基础应有一定的埋置深度，使基础底面进入到好的土层中。

基础按埋深可分为浅基础和深基础。

浅基础是相对于深基础而言的，两者差别主要在施工方法及设计原则上。浅基础的埋深通常不大，用一般的施工方法进行施工，施工条件及工艺简单。浅基础有无筋扩展基础（如毛石基础、素混凝土基础等）及扩展基础（钢筋混凝土基础）等。

深基础系指埋深较大的基础。由于深基础埋深较大，可利用地基深部较为坚实的土层或岩层作为持力层。深基础是采用特殊的结构形式、特殊的施工方法完成的基础。深基础的施工需要专门设备，且施工技术复杂，造价高、工期长。

深基础主要有桩基础、沉井基础、地下连续墙等类型。

2. 地基

承受基础荷载的那部分土体称为地基。地基应满足强度、稳定性、变形要求。

当地基为多层土时，与基础底面相接触的土层称为持力层。持力层直接承受基础底面传给它的荷载，故持力层应尽可能是工程性质好的土层。

持力层下面的土层称为下卧层。注意地基土层可能不止一层，凡在持力层下面的土层均称为下卧层。

此外地基可分为天然地基、人工地基。前者地基不经过人工处理，直接用来作建筑物地基的天然土层；后者是经过人工地基处理后才满足建筑物地基要求的土层。显然，采用天然地基是最经济的。

0.2　基础工程的重要性

0.2.1　地基基础工程事故造成的危害

建筑物事故的发生，许多与地基问题有关，主要反映在地基强度破坏、失稳或地基产生过大的变形。常见的地基工程事故分类如下：

（1）地基强度不足造成工程事故　地基强度问题引起的地基工程事故主要表现在地基内形成滑裂面，引起地基滑动，从而使建筑物倒塌，这是重大的工程事故，后果是灾难性的。

（2）地基失稳工程事故　地基失稳通常是土坡失稳（土坡产生滑坡及坍塌现象），会导致附近建筑物（构筑物）破坏。

（3）地基变形过大造成工程事故　地基变形超过规定的允许值时，影响了建筑物的正常使用，严重者使建筑物发生倒塌破坏。

（4）地基其他工程事故　地下水在地基土中的渗流及水位升降导致地基变形，产生沉降；地震造成的地基破坏；此外地下工程的兴建等，均可导致地基有效应力发生变化，造成地基工程事故。

（5）基础工程事故　除了上述的地基工程事故外，由于设计、施工不当易造成基础工程事故，轻者影响建筑物的正常使用，重者影响建筑物的安全。

0.2.2　基础工程的重要性

1. 基础是隐蔽工程

由上述地基基础工程事故造成的危害可知，地基基础工程存在于地下，是隐蔽工程，一旦发生事故，难于补救和挽回。

影响基础工程的因素很多，稍有不慎，就可能给工程留下隐患，造成地基基础工程事故。这不仅是基础工程事故，它还使得上部建筑物发生破坏、倒塌，给国家财产造成巨大的损失，甚至造成重大的人身伤亡事故。所以基础工程的优劣直接关系到建筑物的安危，应当慎重对待。

大量的工程实践表明，整个建筑工程的成败，在很大程度上取决于基础工程的质量和水平，建筑物事故的发生，有很多与基础工程问题有关。由此可见，基础工程设计与施工质量的优劣，直接关系到建筑物的安危，基础工程的重要性是显而易见的。

2. 基础工程造价占土建总造价及工期有很大的比例

随着我国基本建设的发展，城市建设向多层、高层和地下建筑发展是必然趋势。加之人均土地资源有限，因此地基基础工程向着地基基础技术复杂、工程量大、工期长方向发展。

基础工程造价占土建总造价的比例明显上升。大量地基基础工程事故表明，基础工程需慎重对待，要深入了解地基情况及相关勘测资料，精心设计施工，才能使基础工程既安全又经济合理，以保证工程质量。

0.3 基础工程现状及发展方向

（1）基础工程学科 是研究地基基础强度、刚度、稳定性的规律及设计、施工、检测与维护各种地基、基础的专门学科。

基础工程学科与土木工程的许多学科相关。如涉及力学、土力学、工程地质学、钢筋混凝土结构、建筑材料、建筑施工等多个学科，综合性强。

（2）基础工程现状 随着我国经济发展及土木工程建设的需要，特别是计算机和计算技术的引入，使基础工程无论在设计理论上，还是在施工技术上，得到了迅速的发展，出现了诸如补偿式基础、桩－筏基础、桩－箱基础；在平面设计上，出现了三角形、十字形、扇形、双曲形等复杂异型平面。

与此同时，在地基处理技术方面，出现了许多方法，如置换法、预压法、压实和夯实法、挤密法等，同时复合地基理论也得到了发展。

此外还有各种土工聚合物和托换技术，都是近几十年来创造和完善的方法。这些方法在土建、水利、桥隧、道路、港口、海洋等有关工程中得到了广泛应用，并取得了较好的经济技术效果。

由于深基础开挖和支护工程的需要，还出现了地下连续墙、深层搅拌水泥挡墙、锚杆支护及加筋土等支护结构形式。

由于基础工程是地下隐蔽工程，再加上其影响因素复杂，使得基础工程这一领域变得十分复杂，虽然目前基础工程理论及施工技术有了较大的发展，但仍然有许多问题值得深入研究和探讨。

（3）有关基础工程的规范、规程 在大量理论研究与实践经验积累的基础上，有关基础工程的各种设计与施工规范或规程也相应问世，并日趋完善。这为基础工程设计与施工方面做到技术先进、经济合理、安全适用、确保质量提供了充分的理论与实践经验的依据。

（4）基础工程的发展方向 计算机的应用和实验测试技术自动化程度提高，标志着本学科进入了一个新时期。

1）基础工程理论研究将不断地深入。基础工程理论向着以地基变形作为控制设计理论的方向发展，同时继续研究地基、基础和上部结构相互作用的理论及计算方法、深基坑支护理论及计算方法，继续发展复合地基理论及计算方法等。由于计算机的广泛应用，许多地基及基础工程计算方法将不断地出现并得到应用，且伴随有相应的实验手段来验证计算方法，成为解决基础工程问题的有利手段。

2）现场原位测试技术和基础检测技术将深入发展。为了获得地基的第一手资料，尽量减少取土样以影响试验结果的质量，原位测试技术和方法将有很大的发展，同时，相应的测试数据的采集及资料的整理将不断完善，并向着标准化的方向发展。

3）地基基础工程的勘察、试验及地基处理的新设备增多，为地基基础工程的研究及地基加固创造了良好条件。

4）基础形式及施工方法将不断地发展。基础的形式和施工方法将不断地创新，特别是高层建筑物数量的增多，使得深基础类型得以发展；基础平面设计也向着复杂的异形平面发展。由于深基础的需要，深基坑的开挖及支护工程将成为基础工程的重要内容。

5）地基处理技术将不断发展。地基处理技术和方法将会不断完善，新技术及方法将会陆续出现。地基处理向着基础工程按照现场地基的特点，准确选择最适宜该工程的地基处理方法。

6）其他方面。房屋的增层工程及基础的托换技术将得到发展及应用，对已有建筑物的地基将会进行正确的评价，使得地基加固与托换技术得以提高并广泛地应用。

0.4　基础工程课程特点及学习要求

0.4.1　基础工程课程特点

（1）基础工程是重要的专业课程　基础埋置于地下，属于隐蔽工程。基础工程的优劣，直接关系到建筑物的安危，因此，基础工程是十分重要的工程。同样，基础工程课程是土木工程专业的重要专业课。学好这门课程，对于将来从事地基基础工程的设计、施工、检测与维护，是十分重要的。

（2）基础工程课程内容广泛，综合性强　基础工程课程涉及诸多的土木工程专业技术基础课及专业课，又由于地基土的复杂多变，不像上部结构那样，有许多标准图可供参考，基础工程设计一般没有标准图可供参考。因此，要具有综合应用土木工程各个学科理论知识的能力，同时要全面掌握和正确应用基础工程的基本原理、方法、技术来解决基础工程中的复杂多变的实际问题。

（3）基础工程涉及的规范多　一般土木工程专业课（如钢结构、砌体混凝土结构）涉及的规范种类较少，标准明确，而基础工程课程却不同，涉及的规范种类多，而且目前还没有各行业统一的地基基础设计规范，同时各行业又存在一定的差别，有许多不协调之处，这给学习带来不便。另外要注意，只靠国家规定的标准是不够的，一些地区性的规范、规程、规定及经验也很重要。

0.4.2　学习要求

学习基础工程课程时，要求应用以学习过的基本知识，结合有关结构知识及施工技术知识合理分析和解决地基基础问题，注重理论联系实际，培养分析和解决地基基础工程问题的能力。

学习时要注意：基础工程课程具有不同性及经验性。不同性体现在本学科中因为没有完全相同的地基，几乎找不到完全相同的工程实例。在处理基础工程问题时，必须注意不同情况进行不同的分析。经验性体现在解决地基基础问题时，注意有一定程度的经验性。因此，本课程有较多的经验公式，而且有关地基及基础方面的规范就是理论及经验的总结。学习时，除了学习全国性地基基础设计规范外，还要了解地区性的规范及规程，并注意世界各国的规范各有不同。

讲究学习方法，要仔细分析各种理论及公式的基本假定及使用条件，对于公式的推导只作了解，要把注意力放在理解、应用公式上，并结合当地的基础工程实践经验加以应用。避免千篇一律地不分地区而机械套用理论公式、规范。

本书共分12章。除绪论外，内容包括天然地基的浅基础设计原理；浅基础结构设计；

筏形基础；箱形基础；桩基础；沉井基础；地下连续墙；地基处理与复合地基；特殊土地基；建筑基坑支护工程；地基基础工程事故分析及处理；地基基础抗震与动力机器基础。根据专业需要，建议按授课学时，选修某些内容。

本书采用 GB 50007—2011《建筑地基基础设计规范》，为方便起见，以下章节将其简称为《地基基础规范》。

一个成功的基础工程是土力学、工程地质学、结构设计和施工技术等多学科知识的综合运用，并与工程实践经验完美的组合。由于基础工程属于隐蔽工程，高质量的勘察、设计及施工是决定基础工程成败的关键。

第 1 章
天然地基的浅基础设计原理

【本章要求】 **1.** 了解地基基础的两种极限状态及其使用条件。

　　　　　　2. 掌握地基基础设计的基本规定。

　　　　　　3. 掌握对地基变形控制的要求。

　　　　　　4. 熟悉基础埋置深度的影响因素。

　　　　　　5. 熟悉地基承载力的确定方法，掌握确定基础底面面积的方法。

【本章重点】 地基基础设计的基本规定；地基承载力的确定；基础底面面积的确定。

1.1　概述

建筑物的荷载通过基础传给地基，并在地基中扩散开去。基础具有承上传下的作用。它一方面处于上部结构的荷载和地基反力共同作用之下，使基础产生内力（如轴力、弯矩、剪力等）；另一方面，基础底面的压力又作为地基上的荷载，使地基产生附加应力和变形。因此，在设计基础时，不仅要保证基础有足够的强度、刚度和耐久性，还必须同时满足地基的承载力和稳定性，并把地基的变形（即基础的沉降）限制在允许范围内。可见，地基和基础的关系是十分密切的，故基础设计必须包括地基计算，因而常称基础设计为地基基础设计。

地基基础设计是建筑物设计的一个重要组成部分，设计时，要考虑场地的工程地质和水文地质条件，同时要考虑建筑物的使用要求、上部结构特点和施工条件等因素。为了保证建筑物的安全、正常使用并充分发挥地基承载力，就必须深入实际，调查研究，因地制宜地确定设计方案。

1.1.1　地基、基础的概念及分类

1. 地基、基础的概念

地基与基础是两个不同的概念。基础是建筑物向地基传递荷载的下部承重系统，是建筑物的重要组成部分。基础位于上部结构与地基之间，通常被埋置在地下，属于地下隐蔽工程。建筑物的全部荷载通过基础传到它下面的土层上，在地层中产生附加应力和变形，再通过土粒之间的接触与传递，向四周土中扩散并逐渐减弱。我们把由于承受建筑物荷载而产生的不能忽略的附加应力和变形的那部分土层（或岩层）称为地基。

地基一般包括持力层与下卧层。如果有低于持力层强度的下卧层，则称为软弱下卧层。

2. 地基类型

在天然地基中，根据地基土性或岩性不同，又可分为土质地基、岩石地基和特殊土地基。

3. 基础类型

基础按其埋置深度不同，可分为浅基础和深基础。

基础根据其受力特点及刚度特征，可分为无筋扩展基础和扩展基础。无筋扩展基础的材料都具有较好的抗压性能，但抗拉、抗剪强度却不高，设计时必须保证发生在基础内的拉应力和切（剪）应力不超过相应的材料强度设计值，否则基础会产生破坏。扩展基础的材料为钢筋混凝土，故又称为钢筋混凝土基础，其抗弯和抗剪性能良好，可在竖向荷载较大、地基承载力不高以及受水平力和弯矩荷载等情况下使用。这类基础的高度不受台阶宽高比的限制。常见的扩展基础有钢筋混凝土独立基础、钢筋混凝土条形基础、筏形基础和箱形基础。

基础按使用材料可分为砖基础、三合土基础、灰土基础、毛石基础、混凝土或毛石混凝土基础、钢筋混凝土基础等。

基础按构造特点可分为独立基础、条形基础、联合基础、筏形基础和箱形基础。有关基础的特点、适用条件，将在 1.3 节详细介绍。

1.1.2　地基基础设计的内容

地基基础设计，总是从选择方案开始。方案的选择则要从地基条件、上部结构类型、荷载情况、使用要求、施工期限、材料供应和施工力量加以综合考虑，并根据技术指标、经济指标及施工条件等因素来进行比较，从中确定最合理的方案。

1. 地基基础设计所需资料

1）建筑物场地的地形图及建筑平面图。

2）拟建范围的工程地质资料。

3）拟建建筑物的平、立、剖面图，作用于基础上的荷载，设备基础资料和各种管道布置图。

4）材料供应情况、施工技术和设备力量。

2. 天然地基上浅基础设计内容与步骤

1）选择基础材料和构造类型。

2）确定基础的埋置深度。

3）确定地基土的承载力。

4）确定基础的底面尺寸。若持力层中存在软弱下卧层，尚需验算软弱下卧层的承载力。

5）根据规范要求，验算地基的变形。

6）对建在斜坡上或有水平荷载作用的建筑物，验算其抗倾覆及抗滑移稳定性。

7）绘制基础施工图，编写施工说明。

1.2　地基基础设计原则

1.2.1　建筑地基基础设计等级

建筑物的安全和正常使用不仅取决于上部结构的安全储备，更重要的是要求地基基础有一定的安全度。地基和基础不论哪一方面出现问题，轻者影响使用，重者将导致建筑物破坏甚至酿成灾害。

根据地基复杂程度、建筑物规模和功能特征以及由于地基问题可能造成建筑物破坏或影响正常使用的程度，《地基基础规范》将地基基础设计划分为三个设计等级，设计时应根据具体情况，按表 1-1 选用。

表 1-1　建筑地基基础设计等级

设计等级	建筑和地基类型
甲级	重要的工业与民用建筑 30 层以上的高层建筑 体型复杂，层数相差超过 10 层的高低层连成一体的建筑物 大面积的多层地下建筑物（如地下车库、商场、运动场等） 对地基变形有特殊要求的建筑物 复杂地质条件下的坡上建筑物（包括高边坡） 对原有工程影响较大的新建建筑物 场地和地基条件复杂的一般建筑物 位于复杂地质条件及软土地区的 2 层及 2 层以上地下室的基坑工程 开挖深度大于 15m 的基坑工程 周边环境条件复杂，环境保护要求高的基坑工程
乙级	除甲级、丙级以外的工业与民用建筑物 除甲级、丙级以外的基坑工程
丙级	场地和地基条件简单、荷载分布均匀的 7 层及 7 层以下民用建筑及一般工业建筑物；次要的轻型建筑物 非软土地区且场地地质条件简单，基坑周边环境条件简单、环境保护要求不高且开挖深度小于 5.0m 的基坑工程

1.2.2　两种极限设计状态

为了保证建筑物的安全使用，同时发挥地基的承载力，各个等级的地基基础设计，均需要满足正常使用极限状态和承载力极限状态的要求。根据《建筑结构可靠度设计统一标准》（GB 50068—2001）对结构设计应满足的功能要求，结合地基工作状态，地基基础设计应满足以下两种功能要求：

1）在长期荷载作用下，地基变形不致造成承重结构的损坏。

2）在最不利荷载作用下，地基不出现失稳现象。

为了满足上述两种功能要求，地基基础设计必须满足下列两个条件：①地基必须满足承载力验算的条件；②地基变形在允许值范围内。

《地基基础规范》明确规定了地基基础设计两种极限状态对应的荷载组合及使用范围，见表 1-2。

表 1-2 地基基础设计两种极限状态对应的荷载组合及使用范围

设计状态	荷载组合	设计对象	使用范围
承载力极限状态	基本组合或简化基本组合	基础	基础的高度、剪切、冲切计算
		地基	滑移、倾覆或稳定问题
正常使用极限状态	标准组合 频遇组合 准永久组合	基础	基础底面确定、裂缝宽度计算等
		地基	沉降、差异沉降、倾斜等

对于建筑物地基设计来讲，只要所采用的作用效应与抗力之间的关系满足上述两方面的要求，即满足了岩土工程中地基设计的两种极限状态的设计要求。

由于土为大变形材料，当荷载增加时，随着地基变形的相应增长，地基承载力也在逐渐加大，很难界定出一个真正的"极限值"；另外，建筑物的使用有一个功能要求，常常是地基承载力还有潜力可挖，而变形已达到或超过按正常使用的限值。为此，《地基基础规范》采用正常使用极限状态进行地基计算，而对于基础采取承载力极限状态进行设计。

1.2.3 荷载及作用效应组合

1. 作用在基础上的荷载

按地基承载力确定基础底面积及其埋深，必须分析传至基础底面上的各种荷载。作用在建筑物基础上的荷载，根据轴力 N、水平力 T 和力矩 M 的组合情况分成四种情形：中心竖向荷载、偏心竖向荷载、中心竖向荷载及水平荷载、偏心竖向荷载及水平荷载，如图 1-1 所示。

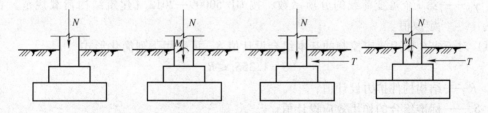

图 1-1 基础所受荷载的四种情况

轴向力、水平力和力矩又由静荷载和动荷载两部分组成。静荷载包括建筑物和基础自重、固定设备的重力、土压力和正常稳定水位的水压力。由于静荷载长期作用在地基基础上，它是引起基础沉降的主要因素。可变荷载又分为普通可变荷载和特殊可变荷载（又称偶然荷载）。特殊可变荷载（如地震作用、风荷载等）发生的机会不多，作用的时间短，故沉降计算只考虑普通可变荷载。但在进行地基稳定性验算时，则要考虑特殊可变荷载。

在轴力作用下，基础发生沉降，在力矩作用下，基础作用在地基上的压力非均匀，基础将发生倾斜。此外，水平力对基础底面也产生力矩，使基础发生倾斜，并增加地基基础丧失稳定的可能，所以受水平力较大的建筑物（如挡土墙），除验算沉降外，还需进行沿地基与基础接触面的滑动、沿地基内部滑动和沿基础边缘倾覆等方面的验算。

2. 荷载取值

在进行地基基础设计时，荷载取值按如下原则进行：

1）按地基承载力确定基础底面积时，传至基础底面上的作用效应按正常使用极限状态下荷载效应的标准组合，抗震设计时，应计入地震效应组合。相应抗力应采用地基承载力特征值。

2）计算地基变形时，传至基础底面上的作用效应按正常使用极限状态下作用效应准永久组合，并不应计入风荷载和地震作用，相应的极值应为地基变形允许值。

3）在确定基础高度、计算基础内力、确定配筋和验算材料强度时，上部结构传来的作用效应组合和相应的基底反力，按承载力极限状态下作用效应的基本组合，采用相应的分项系数。

3. 作用效应组合

1）正常使用极限状态下作用效应的标准组合 S_k 为

$$S_k = S_{Gk} + S_{Q1k} + \psi_{c2}S_{Q2k} + \cdots + \psi_{ci}S_{Qik} + \cdots + \psi_{cn}S_{Qnk} \tag{1-1}$$

式中　S_{Gk}——按永久荷载标准值 G_k 计算的作用效应值；

　　　S_{Qik}——按可变荷载标准值 Q_{ik} 计算的作用效应值；

　　　ψ_{ci}——可变荷载 Q_i 的组合系数，按 GB 50009—2012《建筑结构荷载规范》的规定取值。

2）作用效应的准永久组合 S_k 为

$$S_k = S_{Gk} + \psi_{Q1}S_{Q1k} + \psi_{Q2}S_{Q2k} + \cdots + \psi_{Qi}S_{Qik} + \cdots + \psi_{Qn}S_{Qnk} \tag{1-2}$$

式中　ψ_{Qi}——准永久系数，按 GB 50009—2012《建筑结构荷载规范》的规定取值。

3）承载力极限状态下，由可变作用效应控制的基本组合设计值 S 为

$$S = \gamma_G S_G + \gamma_{Q1}S_{Q1k} + \gamma_{Q2}\psi_{c2}S_{Q2k} + \cdots + \gamma_{Qi}\psi_{ci}S_{Qik} + \cdots + \gamma_{Qn}\psi_{Cn}S_{Qnk} \tag{1-3}$$

式中　γ_G——永久荷载的分项系数，按 GB 50009—2012《建筑结构荷载规范》的规定取值；

　　　γ_{Qi}——第 i 个可变荷载的分项系数，按 GB 50009—2012《建筑结构荷载规范》的规定取值。

4）对于永久作用效应控制的基本组合设计值 S，可采用下列简化形式

$$S = 1.35S_k \leqslant R \tag{1-4}$$

式中　R——结构构件抗力设计值；

　　　S_k——标准组合的作用效应设计值。

地基基础设计中采用的结构重要性系数 γ_0 应根据基础设计安全等级确定，且 γ_0 不应小于 1.0。

1.2.4　地基计算的一般规定

地基应具有足够的承载力和整体稳定性，不产生影响正常使用的变形和裂缝。为此地基基础设计必须满足以下三个要求：

（1）地基应保证有足够的承载力　所有建筑物的地基计算均应满足承载力计算有关规定，对于承受竖向荷载的地基，应满足下列条件：

1）轴心荷载作用时

$$p_k \leqslant f_a \tag{1-5}$$

式中　p_k——相应于荷载效应标准组合时，基础底面处的平均压力值（kPa）；

f_a——修正后的地基承载力特征值（kPa）。

2）偏心荷载作用时

$$\frac{(p_{kmax} + p_{kmin})}{2} \leqslant f_a \qquad (1-6)$$

$$p_{kmax} \leqslant 1.2f_a \qquad (1-7)$$

式中　p_{kmax}——相应于荷载效应标准组合时，基础底面边缘的最大压力值；

p_{kmin}——相应于荷载效应标准组合时，基础底面边缘的最小压力值。

（2）地基的变形不得超过允许值　地基的变形过大会危害建筑物的安全或影响正常使用，故地基的变形应满足下列条件

$$\Delta \leqslant [\Delta] \qquad (1-8)$$

式中　Δ——地基变形计算特征值；

$[\Delta]$——地基允许变形特征值。

（3）地基不得丧失稳定性

1）建筑物或构筑物在水平力与竖向荷载共同作用下，须验算基础是否会发生沿基底滑动、倾覆或与地基一起滑动而丧失稳定性的可能性。

2）基坑工程应进行稳定性验算。

3）当地下水埋藏较浅，存在地下室上浮问题时，尚应进行抗浮验算。

1.2.5　地基变形计算分类

一般来说，计算地基变形的工作量较大，还要做大量的地质勘察和土工试验工作，以提供土的各项计算指标。为了减少这一工作量，《地基基础规范》根据建筑物地基基础设计等级及长期荷载作用下地基变形对上部结构的影响程度，将地基计算分为三类：

1）对于表1-3所列范围内设计等级为丙级的建筑物地基，不必进行地基的变形验算，仅按承载力设计要求设计基础及验算地基承载力。

2）对于设计等级为甲级、乙级的建筑物以及设计等级为丙级但有下列情况之一时，除满足承载力设计要求外，还应作变形验算：

① 地基承载力特征值小于130kPa，且体型复杂的建筑。

② 在基础上及其附近有地面堆载或相邻基础荷载差异较大，可能引起地基产生过大的不均匀沉降时。

③ 软弱地基上的建筑物存在偏心荷载时。

④ 相邻建筑距离过近，可能发生倾斜时。

⑤ 地基内有厚度较大或厚度不均的填土，其自重固结未完成时。

3）对于经常受水平荷载作用的高层建筑、高耸结构和挡土墙等，以及建造在斜坡上或边坡附近的建筑物和构筑物，除满足承载力计算要求外，尚应验算地基稳定性。

1.2.6　地基变形验算的类型

地基基础设计中，除了保证地基的强度、稳定要求外，还需保证地基的变形控制在允许的范围内，以保证上部结构不因地基变形过大而丧失其使用功能。为此《地基基础规范》

规定：建筑物的地基变形计算值，不应大于地基变形允许值，并作为强制性条文执行。

表 1-3　可不作地基变形计算设计等级为丙级的建筑物范围

地基主要受力层情况		地基承载力特征值 f_{ak}/kPa	$60 \leq f_{ak} < 80$	$80 \leq f_{ak} < 100$	$100 \leq f_{ak} < 130$	$130 \leq f_{ak} < 160$	$160 \leq f_{ak} < 200$	$200 \leq f_{ak} < 300$
		各土层坡度（%）	≤5	≤5	≤10	≤10	≤10	≤10
建筑类型	砌体承重结构、框架结构（层数）		≤5	≤5	≤5	≤6	≤6	≤7
	单层排架结构（6m柱距）	单跨 起重机额定起重量/t	5~10	10~15	15~20	20~30	30~50	50~100
		单跨 厂房跨度/m	≤12	≤18	≤24	≤30	≤30	≤30
		多跨 起重机额定起重量/t	3~5	5~10	10~15	15~20	20~30	30~75
		多跨 厂房跨度/m	≤12	≤18	≤24	≤30	≤30	≤30
	烟囱	高度/m	≤30	≤40	≤50	≤75		≤100
	水塔	高度/m	≤15	≤20	≤30	≤30		≤30
		容积/m³	≤50	50~100	100~200	200~300	300~500	500~1000

注：1. 地基主要受力层系指条形基础底面下深度为 $3b$（b 为基础底面宽度），独立基础下为 $1.5b$，且厚度均不小于 5m 的范围（2 层以下一般的民用建筑除外）。

2. 地基主要受力层中如有承载力特征值小于 130kPa 的土层时，表中砌体承重结构的设计，应符合《地基基础规范》第 7 章的有关要求。

3. 表中砌体承重结构和框架结构均指民用建筑，对于工业建筑可按厂房高度、荷载情况折合成与其相当的民用建筑层数。

4. 表中起重机额定起重量、烟囱高度和水塔容积的数值系指最大值。

1. 地基变形类型

地基变形的验算要针对建筑物的具体类型与特点，分析对结构正常使用有主要控制作用的地基变形特征、地基变形的类型。按其变形特征可以分为沉降量、沉降差、倾斜和局部倾斜四类，见表 1-4。

表 1-4　建筑物的地基变形允许值

地基变形类型	图　例	计算方法
沉降量		见土力学

（续）

地基变形类型	图　例	计算方法
沉降差	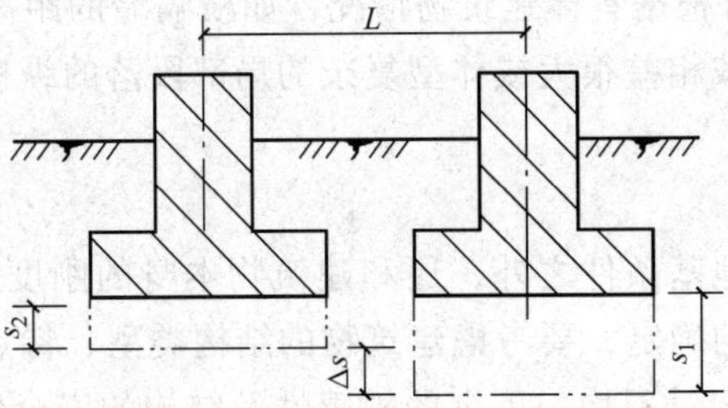	$\Delta s = s_1 - s_2$
倾斜	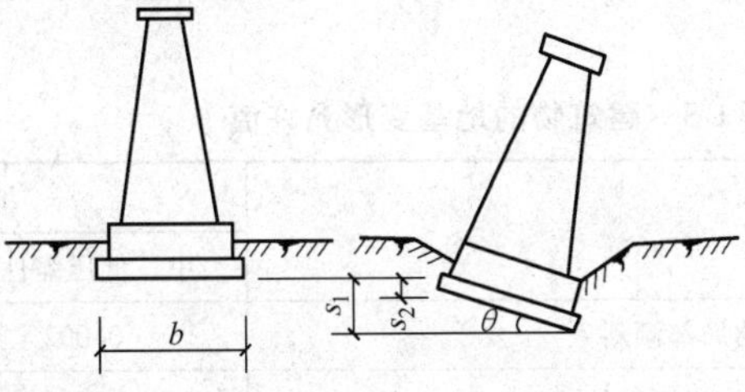	$\tan\theta = (s_1 - s_2)/b$
局部倾斜	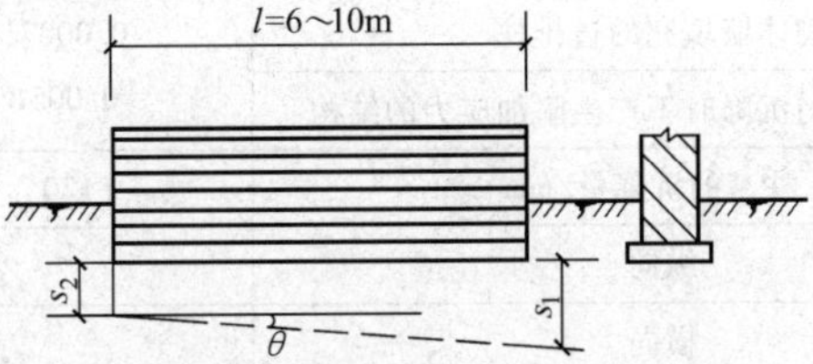	$\tan\theta = (s_1 - s_2)/l$

建筑物和构筑物的类型不同，对地基变形的反应也不同。因此要求用不同的变形特征来加以控制。现将各项变形特征的应用范围分述如下：

（1）沉降量　沉降量是指基础中心的沉降量，主要用于计算比较均匀时的单层排架结构柱基的沉降量，在满足允许沉降量后可不再验算相邻柱基的沉降差。此外为了决定工艺上考虑沉降所预留建筑物有关部分之间净空、连接方法及施工顺序时也须用到沉降量，此时往往需要分别预估施工期间和使用期间的地基沉降量。

（2）沉降差　沉降差是指相邻两个单独基础的沉降量之差。对于排架及框架结构如遇下述情况之一时，应计算其沉降差。验算时应选择预估可能产生较大沉降差的两相邻基础。

1）地基土质不均匀、荷载差异较大时。

2）有相邻结构物的荷载影响时。

3）在原有基础附近堆积重物时。

4）当必须考虑在使用过程中结构物本身与之有联系部分的标高变动时。

（3）倾斜　倾斜是指单独基础在倾斜方向两端点的沉降差（$s_1 - s_2$）与此两点水平距离b之比。对于有较大偏心荷载的基础和高耸构筑物的基础，若地基不均匀或在基础的附近堆有地面荷载时，要验算倾斜。当地基土质均匀，且无相邻荷载影响时，高耸构筑物的沉降量如不超过允许沉降量，可不再验算倾斜值；对于有桥式起重机的厂房，为了防止因地基不均匀变形使起重机轨面倾斜而影响正常使用时，要验算纵、横向的倾斜度是否超过允许值。

（4）局部倾斜　局部倾斜系指砌体承重结构沿纵向 6～10m 内，基础两点的下沉值与此两点水平距离之比。调查分析表明，砌体结构墙身开裂是由局部倾斜超过了允许值而引起的，故由局部倾斜控制。距离 l 可根据具体建筑物情况，如横隔墙的距离而定，一般应将沉降计算点选择在地基不均匀、荷载相差很大或体型复杂的局部段落的纵横墙相交处作为沉降的计算点。

2. 建筑物地基允许变形值

建筑物的不均匀沉降，除了地基条件之外，还和建筑物本身的刚度和体型等因素有关。因此，建筑物地基的允许变形值的确定，要考虑建筑物的结构类型、特点、使用要求、上部结构与地基变形的相互作用和结构对不均匀下沉的敏感性及结构的安全储备等因素。《地基基础规范》根据理论分析、实践经验，结合国内外各种规范，给出了建筑物的地基变形允许值，见表 1-5。

表 1-5　建筑物的地基变形允许值

变形特征		地基土类别	
		中、低压缩性土	高压缩性土
砌体承重结构基础的局部倾斜		0.002	0.003
工业与民用建筑相邻柱基的沉降差	框架结构	$0.002l$	$0.003l$
	砌体墙填充的边排柱	$0.0007l$	$0.001l$
	当基础不均匀沉降时不产生附加应力的结构	$0.005l$	$0.005l$
单层排架结构（柱距为 6m）柱基的沉降量/mm		(120)	200
桥式吊车轨面的倾斜（按不调整轨道考虑）	纵向	0.004	
	横向	0.003	
多层和高层建筑的整体倾斜	$H_g \leqslant 24$	0.004	
	$24 < H_g \leqslant 60$	0.003	
	$60 < H_g \leqslant 100$	0.0025	
	$H_g > 100$	0.002	
体型简单的高层建筑基础的平均沉降量/mm		200	
高耸结构基础的倾斜	$H_g \leqslant 20$	0.008	
	$20 < H_g \leqslant 50$	0.006	
	$50 < H_g \leqslant 100$	0.005	
	$100 < H_g \leqslant 150$	0.004	
	$150 < H_g \leqslant 200$	0.003	
	$200 < H_g \leqslant 250$	0.002	
高耸结构基础的沉降量/mm	$H_g \leqslant 100$	400	
	$100 < H_g \leqslant 200$	300	
	$200 < H_g \leqslant 250$	200	

注：1. 本表数值为建筑物地基实际最终变形允许值。

2. 有括号者仅适用于中压缩性土。

3. l 为相邻柱基的中心距离（mm）；H_g 为自室外地面起算的建筑物高度（m）。

4. 倾斜指基础倾斜方向两端点的沉降差与其距离的比值。

5. 局部倾斜指砌体承重结构沿纵向 6～10m 内基础两点的沉降差与其距离的比值。

对表1-5中未包括的建筑物，其地基变形允许值应根据上部结构对地基变形的适应能力和使用上的要求确定。

1.3　基础类型及基础方案选用

1.3.1　基础类型

（1）无筋扩展基础　无筋扩展基础可用于6层和6层以下（三合土基础不宜超过4层）的民用建筑和墙承重的厂房。根据所用材料不同可分为砖基础、毛石基础、灰土基础、三合土基础、毛石混凝土基础、叠合基础、混凝土基础等，如图1-2所示。

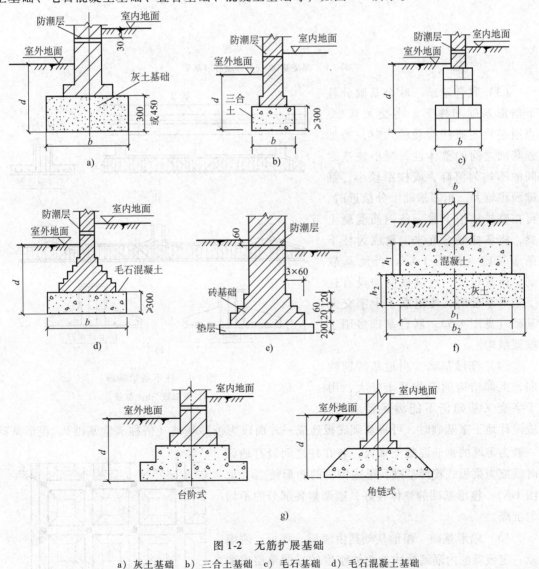

图1-2　无筋扩展基础

a）灰土基础　b）三合土基础　c）毛石基础　d）毛石混凝土基础

e）砖基础　f）叠合基础　g）混凝土基础

（2）扩展基础　扩展基础是指柱下钢筋混凝土独立基础和墙下钢筋混凝土条形基础。

这种基础抗弯和抗剪性能良好，在基础设计中广泛使用，特别适用于需要"宽基浅埋"的场合。柱下独立基础又分现浇基础和预制杯形基础，前者常用于多层砖混结构、多层框架结构中，后者常用在单层工业厂房（见图1-3）。

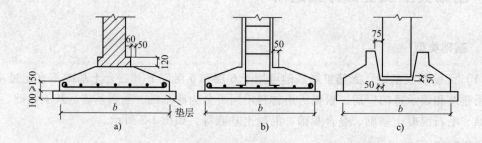

图 1-3　扩展基础

a)、b) 现浇基础　c) 预制杯形基础

（3）联合基础　联合基础分柱下条形基础和柱下十字交叉基础。当地基软弱而柱荷载较大时，为加强基础之间的整体性，减小柱基之间的不均匀沉降，或柱距较小，基础面积较大，相邻基础十分接近时，可在整排柱子下做一条钢筋混凝土梁，将各柱联合起来，就成为柱下条形基础（见图1-4）。当地基软弱、荷载较大，沿纵横向均设有柱下条形基础时，便组成了十字交叉基础（见图1-5）。联合基础多用于框架结构。

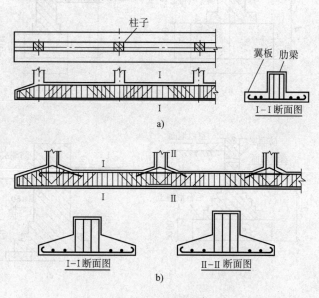

图 1-4　柱下条形基础

a) 不加腋　b) 加腋

（4）筏形基础　当地基特别软弱，上部结构的荷载又十分大，用十字交叉基础仍不能满足要求时，或设计地下室基础时，可将基础底板连成一片而成为筏形基础（俗称满堂基础）。筏形基础一般为等厚的钢筋混凝土平板，若在柱之间设有地梁时就成为梁板式筏形基础，形成倒置的肋形楼盖（见图1-6）。筏形基础的整体性好，能调整各部分的不均匀沉降。

（5）箱形基础　箱形基础是由底板、顶板、侧墙及一定数量的内隔墙构成的整体刚度较好的单层或多层钢筋混凝土基础。这种基础空间刚度大，适用于软弱地基上的高层、超高层、重型或对不均匀沉降有严

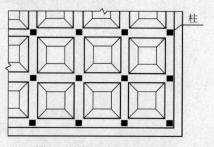

图 1-5　柱下十字交叉基础

格要求的建筑物（见图1-7）。

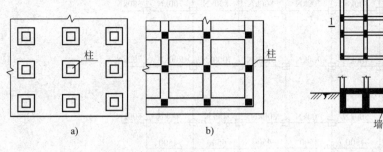

图1-6 筏形基础
a）无梁式 b）梁板式

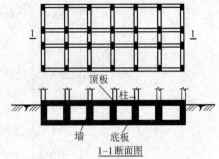

图1-7 箱形基础

1.3.2 基础方案选用

在进行基础设计时，一般遵循无筋扩展基础→柱下独立基础→柱下条形基础→交叉条形基础→筏形基础→箱形基础的顺序来选择基础形式。当然，在选择过程中应尽量做到经济、合理。只有上述选择均不合适时，才考虑用桩基等深基础形式，以避免过多的浪费。表1-6给出了几种基础类型选择条件。

表1-6 各种基础类型的选择

结构类型	岩土性质与荷载条件	适宜的基础类型
多层砖混结构	土质均匀，承载力高，无软弱下卧层，地下水位以下，荷载不大（5层以下建筑物）	无筋扩展基础
	土质均匀性较差，承载力较低，有软弱下卧层，基础需浅埋	墙下条形基础或交梁基础
	荷载较大，采用条形基础面积超过建筑物投影面积50%	墙下筏形基础
框架结构（无地下室）	土质均匀，承载力较高，荷载相对较小，柱网分布均匀	柱下独立基础
	土质均匀性较差，承载力较低，荷载较大，采用独立基础不能满足要求	柱下条形基础或交梁基础
	土质不均匀，承载力低，荷载大，柱网分布不均匀，采用条形基础面积超过建筑物投影面积50%	筏形基础
全剪力墙，10层以上住宅结构	地基土层较好，荷载分布均匀	墙下条形基础
	当上述条件不能满足时	墙下筏形基础或箱形基础
框架、剪力墙结构（有地下室）	可采用天然地基时	筏形基础或箱形基础

【例1-1】 某拟建7层建筑物的上部结构为框架结构，柱的平面布置及柱荷载如图1-8所示。该建筑物场地的地质条件为：表层为1.5m厚的填土层，其下为深厚的粉质黏土层，粉质黏土层的承载力特征值 $f_a = 180 \text{kPa}$。试根据以上条件合理选用该建筑物基础的型式。

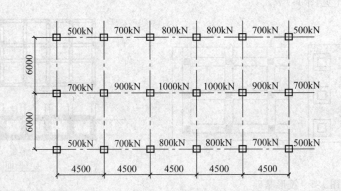

图 1-8　【例 1-1】柱荷载及柱网平面布置图

【目的与方法】　本题目的在于帮助大家熟悉基础类型选择时所要考虑的各种因素,如上部结构类型、地质条件、荷载条件等,解题时参考表 1-6,初步选择基础型式为独立基础,结合基础底面计算和布置,合理选择。

【解】　第一步:初选基础类型

本工程场地地质条件较好,柱荷载相对较小,柱间距相对较大。根据基础方案选择的一般次序,可初步选为柱下单独基础。

第二步:计算基础底面面积

由题意,基础埋深宜选为 $d = 1.5\mathrm{m}$,根据浅基础底面面积计算公式:$A = F / (f_a - \gamma_G d)$ 可计算出基础的底面积,进而确定基础底面尺寸。计算结果见表 1-7。

表 1-7　例 1-1 的基础底面尺寸计算结果

柱荷载/kN	1000	900	800	700	500
基础底面积计算值/m²	6.67	6.00	5.33	4.67	3.33
底面尺寸/m	2.6 × 2.6	2.5 × 2.5	2.3 × 2.3	2.2 × 2.2	1.9 × 1.9

从表 1-7 可以看出,基础之间的最小间距为 1.9m,地基压缩层范围内地层均匀且土质好,相连柱间荷载差别不大,故不会产生过大的沉降及不均匀沉降,选用单独基础是可行的。

【例 1-2】　上例中将地基承载力改变为 $f_a = 100\mathrm{kPa}$,其他条件相同,此时选用何种基础形式合适?

【目的与方法】　本题目的在于与例 1-1 比较,进一步熟悉掌握基础类型的选择方法。

【解】　第一步:仍选用单独基础

本例中,如仍选用单独基础,则设计的基础底面尺寸见表 1-8。

表 1-8　例 1-2 的基础底面尺寸计算结果

柱荷载/kN	1000	900	800	700	500
基础底面积计算值/m²	14.23	12.86	11.43	10.00	7.14
底面尺寸/m	3.8 × 3.8	3.6 × 3.6	3.4 × 3.4	3.2 × 3.2	2.7 × 2.7

第二步:对比后,选用基础类型

由于土层相对比较软弱,从表 1-8 中可看出,若按独立基础设计,则基础之间的最小净距为 0.7m,其值过小而基础悬臂部分又太长,不合理。此时应修改设计,改选柱下条基。根据所给的柱的平面布置图,

可设计成三个条基, 由于两边对称, 选用底面积相同, 设为 A_1, 中间的底面积设为 A_2, 则

$$A_1 = \frac{\sum F_1}{f_a - \gamma_G d} = \frac{(500 + 700 + 800) \times 2}{(100 - 20 \times 1.5)} \text{m}^2 = 57.14 \text{m}^2$$

$$A_2 = \frac{\sum F_2}{f_a - \gamma_G d} = \frac{(700 + 900 + 1000) \times 2}{(100 - 20 \times 1.5)} \text{m}^2 = 74.28 \text{m}^2$$

考虑条基端部外伸长度 1.25m, 则其总长度为 25.0m。据此两边的基础尺寸可设计为 25m×2.3m, 中间的基础尺寸设计为 25m×3m。由于地基软弱, 压缩性较大, 根据规范验算沉降及差异沉降。如果差异沉降过大, 应在条基间设置联系梁以调整沉降差, 保证建筑物的安全使用。

1.4　基础埋置深度

　　基础的埋置深度是指室外设计地面到基础底面的距离。基础埋置深度的大小, 对建筑物的造价、工期、材料消耗和施工技术等有很大影响。基础埋得太深, 不但会增加施工困难和造价, 在某些地基中 (如上部有不太厚但可以利用的好土层, 而下部土质很差的地基), 还可能加大房屋的沉降; 而埋得太浅, 又常不能保证房屋的稳定性。因此, 地基基础的设计中, 合理确定基础埋深是很重要的。影响基础埋深的因素很多, 可按以下几个方面综合确定。

1. 工程地质与水文地质情况

　　一般情况下, 基础底面应设置在坚实的土层上, 而不要设置在耕植土、淤泥等软弱土层上。如果承载力高的土层在地基土的上部, 则基础宜浅埋, 并验算软弱下卧层强度; 如果承载力高的土层在地基土的下部, 则视上部软弱土层厚度, 综合考虑施工难易、材料消耗、工程造价, 决定基础埋深。当软弱土层较薄, 厚度小于 2m 时, 应将软弱土挖掉, 将基础置于下部的好土层上; 当软弱土层较厚, 厚达 3~5m 时, 若加深基础不经济, 可改用人工地基或采取其他结构措施。当有软弱下卧层时, 持力层的厚度不宜太薄, 一般应大于基础底宽的 1/4, 其最小厚度应大于 1~2m。此外, 确定基础埋深时, 还应考虑地基在水平方向是否均匀, 必要时同一建筑可以分段采取不同的埋深。

　　基础底面宜埋置在地下水位以上, 以免施工时排水困难, 并可减轻地基的冰冻危害。当必须埋在地下水位以下时, 应采取措施, 保证地基土在施工时不受扰动。当地下水有侵蚀性时, 应对基础采取防护措施。

2. 基础构造及建筑物用途的影响

　　靠近地面的土层易受自然条件的影响而性质不稳定, 故基础埋深一般不小于 0.5m。另外, 为防止人来车往造成基础损伤, 基础顶面应低于地面 0.1m。

　　房屋周围的排水明沟、地下管道、沟坑和基础设备等设施, 若离基础很近就会影响基础埋深和选择, 有时地下管道还可能通过基础, 这时可考虑把基础局部落深。如建筑物有地下室, 则应由地下室的设计标高来决定基础的埋深。

3. 相邻基础的影响

　　当存在相邻建筑物时, 新建建筑物的基础埋深不宜大于原有建筑物基础, 当埋深必须大于原有建筑物基础时, 两基础应保持一定的净距, 其数值应根据荷载大小和土质情况而定, 一般取相邻基础底面高差的 1~2 倍。如上述要求不能满足时, 应采取分段施工、设临时加

固支撑，或加固原有建筑物地基。

4. 地基土冻胀和融陷的影响

土中水分冻结后，土体体积增大的现象称为冻胀；冻土融化后产生的沉陷称为融陷。季节性冻土在冻融过程中，反复地产生冻胀和融陷。由于冻胀和融陷的不均匀性，如果基础埋置在这种冻结深度内，则建筑物易开裂或不均匀沉降。

（1）地基土冻胀性分类　根据地基土的类别，冻前土的天然含水量、地下水位、平均冻胀率等因素将地基土的冻胀性分为不冻胀、弱冻胀、冻胀、强冻胀、特强冻胀五类，详见表1-9。

表 1-9　地基土的冻胀性分类

土的名称	冻前天然含水量 w（%）	冻结期间地下水位距冻结面的最小距离 h_w/m	平均冻胀率 η（%）	冻胀等级	冻胀类别
碎（卵）石，砾、粗、中砂（粒径小于 0.075mm 颗粒的质量分数大于 15%），细砂（粒径小于 0.075mm 颗粒的质量分数大于 10%）	$w \leq 12$	>1.0	$\eta \leq 1$	I	不冻胀
		≤1.0	$1 < \eta \leq 3.5$	II	弱冻胀
	$12 < w \leq 18$	>1.0			
		≤1.0	$3.5 < \eta \leq 6$	III	冻胀
	$w > 18$	>0.5			
		≤0.5	$6 < \eta \leq 12$	IV	强冻胀
粉砂	$w \leq 14$	>1.0	$\eta \leq 1$	I	不冻胀
		≤1.0	$1 < \eta \leq 3.5$	II	弱冻胀
	$14 < w \leq 19$	>1.0			
		≤1.0	$3.5 < \eta \leq 6$	III	冻胀
	$19 < w \leq 23$	>1.0			
		≤1.0	$6 < \eta \leq 12$	IV	强冻胀
	$w > 23$	不考虑	$\eta > 12$	V	特强冻胀
粉土	$w \leq 19$	>1.5	$\eta \leq 1$	I	不冻胀
		≤1.5	$1 < \eta \leq 3.5$	II	弱冻胀
	$19 < w \leq 22$	>1.5			
		≤1.5	$3.5 < \eta \leq 6$	III	冻胀
	$22 < w \leq 26$	>1.5			
		≤1.5	$6 < \eta \leq 12$	IV	强冻胀
	$26 < w \leq 30$	>1.5			
		≤1.5	$\eta > 12$	V	特强冻胀
	$w > 30$	不考虑			

（续）

土的名称	冻前天然含水量 w（%）	冻结期间地下水位距冻结面的最小距离 h_w/m	平均冻胀率 η（%）	冻胀等级	冻胀类别
黏性土	$w \leqslant w_P + 2$	>2.0	$\eta \leqslant 1$	I	不冻胀
		≤2.0	$1 < \eta \leqslant 3.5$	II	弱冻胀
	$w_P + 2 < w \leqslant w_P + 5$	>2.0			
		≤2.0	$3.5 < \eta \leqslant 6$	III	冻胀
	$w_P + 5 < w \leqslant w_P + 9$	>2.0			
		≤2.0	$6 < \eta \leqslant 12$	IV	强冻胀
	$w_P + 9 < w \leqslant w_P + 15$	>2.0			
		≤2.0	$\eta > 12$	V	特强冻胀
	$w > w_P + 15$	>2.0			

注：1. w_P 为塑限含水量（%）；w 为在冻土层内冻前天然含水量的平均值。

2. 盐渍化冻土不在表列。

3. 塑性指数大于 22 时，冻胀性降低一级。

4. 粒径小于 0.005mm 的颗粒的质量分数大于 60% 时，为不冻胀土。

5. 碎石类土当充填物大于全部质量的 40% 时，其冻胀性按充填物土的类别判断。

6. 碎石土、砾砂、粗砂、中砂（粒径小于 0.075mm 颗粒含量不大于 15%）、细砂（粒径小于 0.075mm 颗粒含量不大于 10%）均按不冻胀考虑。

（2）冻胀性土地基的设计冻深　季节性冻土地基的设计冻深 z_d 应按下式计算

$$z_d = z_0 \varphi_{zs} \varphi_{zw} \varphi_{ze} \tag{1-9}$$

式中　z_d——设计冻深，若当地有多年实测资料时，也可取 $z_d = h' - \Delta z$，h' 和 Δz 分别为实测冻土层厚度和地表冻胀量；

z_0——标准冻深，采用在地表平坦、裸露、城市之外的空旷场地中不少于 10 年实测最大冻深的平均值，当无实测资料时，按《地基基础规范》附录 F 采用；

φ_{zs}——土的类别对冻深的影响系数，按表 1-10 采用；

φ_{zw}——土的冻胀性对冻深的影响系数，按表 1-11 采用；

φ_{ze}——环境对冻深的影响系数，按表 1-12 采用。

表 1-10　土的类别对冻深的影响系数

土的类别	影响系数 φ_{zs}	土的类别	影响系数 φ_{zs}
黏性土	1.00	中、粗、砾砂	1.30
细砂、粉砂、粉土	1.20	碎石土	1.40

表 1-11　土的冻胀性对冻深的影响系数

冻胀性	影响系数 φ_{zw}	冻胀性	影响系数 φ_{zw}
不冻胀	1.00	强冻胀	0.85
弱冻胀	0.95	特强冻胀	0.80
冻胀	0.90		

表 1-12　环境对冻深的影响系数

周围环境	影响系数 φ_{ze}	土的类别	影响系数 φ_{ze}
村、镇、旷野	1.00	城市市区	0.90
城市近郊	0.95		

注：环境影响系数一项，当城市市区人口为 20～50 万时，按城市近郊取值；当城市市区人口大于 50 万小于或等于 100 万时，按城市市区取值；当城市市区人口超过 100 万时，按城市市区取值，5km 以内的郊区应按城市近郊取值。

（3）冻胀性土基础埋深　当建筑基础底面之下允许有一定厚度的冻土层，可用下式计算基础的最小埋深，即

$$d_{min} = z_d - h_{max} \tag{1-10}$$

式中　h_{max}——基础底面下允许残留冻土层的最大厚度，按表 1-13 采用。

当有充分依据时，基底下允许残留冻土层厚度也可根据当地经验确定。当冻深范围内地基由不同冻胀性土层组成，基础最小埋深也可按下层土确定，但不得浅于下层土的顶面。

满足最小埋深是防止基础冻害的一个基本要求，在冻胀较大的地基上，还应根据情况采取相应的防冻措施。

表 1-13　建筑基底下允许残留冻土层厚度 h_{max}　　　　（单位：m）

冻胀性	基础形式	采暖情况	基底平均压力/ kPa 110	130	150	170	190	210
弱冻胀土	方形基础	采暖	0.90	0.95	1.00	1.10	1.15	1.20
		不采暖	0.70	0.80	0.95	1.00	1.05	1.10
	条形基础	采暖	>2.50	>2.50	>2.50	>2.50	>2.50	>2.50
		不采暖	2.20	2.50	>2.50	>2.50	>2.50	>2.50
冻胀土	方形基础	采暖	0.65	0.70	0.75	0.80	0.85	—
		不采暖	0.55	0.60	0.65	0.70	0.75	—
	条形基础	采暖	1.55	1.80	2.00	2.20	2.50	—
		不采暖	1.15	1.35	1.55	1.75	1.95	—

注：1. 本表只计算法向冻胀力，如果基侧存在切向冻胀力，应采取防切向力措施。

2. 基础宽度小于 0.6m 时，矩形基础可取短边尺寸按方形基础计算。

3. 表中数据不适用于淤泥、淤泥质土和欠固结土。

4. 计算基底平均压力数值为永久荷载标准值乘以 0.9，可内插。

（4）冻胀性地基的防冻害措施　在冻胀、强冻胀、特强冻胀地基土，应采用下列防冻害措施：

1）对在地下水位以上的基础，基础侧面应回填非冻胀性的中砂或粗砂，其厚度不应小于 100mm。对在地下水位以下的基础，可采用桩基础、自锚式基础（冻土层下有扩大板或扩底短桩）或采取其他有效措施。

2）宜选择地势高、地下水位低、地表排水良好的建筑场地。对低洼场地，宜在建筑四周向外一倍冻深距离范围内，使室外地坪至少高出自然地面 300～500mm。

3）防止雨水、地表水、生产废水、生活污水浸入建筑地基，应设置排水设施。在山区应设截水沟或在建筑物下设置暗沟，以排走地表水和潜水流。

4）在强冻胀性和特强冻胀性地基上，其基础结构应设置钢筋混凝土圈梁和基础梁，并控制上部建筑的长高比，增强房屋的整体刚度。

5）当独立基础联系梁下或桩基础承台下有冻土时，应在梁或承台下留有相当于该土层冻胀量的空隙，以防止因土的冻胀将梁或承台拱裂。

1.5　地基承载力确定

1.5.1　地基承载力的影响因素

地基承载力是在保证地基强度和稳定的条件下，建筑物不产生过大沉降和不均匀沉降时地基所承受荷载的能力。确定地基承载力时，应考虑下列因素：

（1）土的物理力学性质　地基土的物理力学性质指标直接影响承载力的高低。

（2）地基土堆积年代及其成因　堆积年代越久，一般承载力也越高，冲洪积土的承载力一般比坡积土要大。

（3）地下水　从承载力计算公式中可以看出土的重度大小对承载力的影响，地下水位上升时，土的天然重度变为浮重度，承载力也应减小。另外，地下水大幅度升降会影响地基变形，湿陷性黄土遇水湿陷，膨胀土遇水膨胀，失水收缩，这些对承载力都有影响。

（4）建筑物性质　建筑物的结构形式、体型、整体刚度、重要性及使用要求不同，对允许沉降的要求也不同，因而对承载力的选取也应不同。

（5）建筑物基础　基础尺寸及埋深对承载力也有影响。

1.5.2　地基承载力的确定方法

确定地基承载力是一件比较复杂的工作。目前确定承载力的方法有：①用载荷试验确定；②用理论公式计算；③用静力触探等其他原位试验确定；④凭经验值确定。下面介绍用载荷试验和用理论公式计算来确定地基承载力。

1. 用现场载荷试验确定地基承载力特征值 f_{ak}

对重要的甲级建筑，为进一步了解地基土的变形性能和承载能力，必须做现场原位载荷试验，以确定地基承载力特征值 f_{ak}。

原位载荷试验包括浅层平板载荷试验和深层平板载荷试验，有关载荷试验在土力学中已有详述，这里略。

根据载荷试验记录整理而成的 $p-s$ 曲线确定地基承载力特征值应符合下列规定：

1）当 $p-s$ 曲线有比例界限时，取该比例界限对应的荷载值。

2）当极限荷载小于对应比例界限的荷载值的 2 倍时，取极限荷载的 1/2。

3）对不能按上述两款要求确定时，当压板面积为 $0.25 \sim 0.5 m^2$，可取相对沉降 $s/b = 0.01 \sim 0.015$ 所对应的荷载，但其值不应大于最大加载量的 1/2。

对于同一土层，应选择三个以上的试验点，当试验实测值的极差不超过其平均值的 30% 时，取此平均值作为该土层的地基承载力特征值 f_{ak}，考虑实际基础宽度 b 和埋深 d 对地基承载力的影响尚应按式（1-14）进行修正，得修正后地基承载力特征值f_a。

2. 按理论公式计算地基承载力特征值f_a

（1）《地基基础规范》——临界荷载公式　对于竖向荷载偏心和水平力都不大的基础来说，当荷载偏心距$e \leqslant b/30$（b为偏心方向基础边长）时，可以采用《地基基础规范》推荐的、以界限荷载为$p_{1/4}$为基础的理论公式计算地基承载力特征值

$$f_a = M_b \gamma b + M_d \gamma_m d + M_c c_k \tag{1-11}$$

式中　f_a——由土的抗剪强度指标确定的地基承载力特征值（kPa）；

M_b、M_d、M_c——承载力系数，根据基底下一倍基宽深度内土的内摩擦角标准值φ_k按表1-14确定；

b——基础底面宽度（m），大于6m时按6m考虑；对于砂土地基小于3m时按3m考虑；

c_k、γ——基底下一倍基宽深度内土的黏聚力（kPa）和重度（kN/m^3）的标准值，地下水位以下取土的有效重度；

d、γ_m——基础埋深（m）和埋深范围内土的平均重度（kN/m^3）。

（2）《公路桥涵地基与基础设计规范》（JTG D63—2007）——斯开普顿公式　软弱地基的允许承载力$[f_a]$可按下式计算

$$[f_a] = \frac{5.14}{m} k_p C_u + \gamma_2 d \tag{1-12}$$

式中　m——抗力修正系数，可视软土灵敏度及基础长宽比等因素选用1.5 ~ 2.5；

C_u——不排水抗剪强度标准值（kPa）；

k_p——系数；

γ_2——基底以上土层的加权平均重度（kN/m^3），若持力层在地下水位以下；且不透水时，不论基底以上土的透水性质如何，均取饱和重度，当透水时，水中部分土层应取浮重度。

表1-14　承载力经验系数M_b、M_d、M_c

φ_k (°)	M_b	M_d	M_c	φ_k (°)	M_b	M_d	M_c
0	0.00	1.00	3.14	22	0.61	3.44	6.04
2	0.03	1.12	3.32	24	0.80	3.87	6.45
4	0.06	1.25	3.51	26	1.10	4.37	6.90
6	0.10	1.39	3.71	28	1.40	4.93	7.40
8	0.14	1.55	3.93	30	1.90	5.59	7.95
10	0.18	1.73	4.17	32	2.60	6.35	8.55
12	0.23	1.94	4.42	34	3.40	7.21	9.22
14	0.29	2.17	4.69	36	4.20	8.25	9.97
16	0.36	2.43	5.00	38	5.00	9.44	10.80
18	0.43	2.72	5.31	40	5.80	10.84	11.73
20	0.51	3.06	5.66				

注：φ_k——基底下一倍短边宽深度内土的内摩擦角标准值。

（3）《港口工程地基规范》（JTS 147-1—2010）——汉森公式　地基极限承载力标准值p_k可按下式计算

$$p_k = \begin{cases} \dfrac{1}{2}\gamma_k B'_{re} N_{\gamma B} s_{\gamma B} + q_k N_{qB} s_{qB} + c_k N_{cB} s_{cB} \\ \dfrac{1}{2}\gamma_k L'_{re} N_{\gamma L} s_{\gamma L} + q_k N_{qL} s_{qL} + c_k N_{cL} s_{cL} \end{cases} \tag{1-13}$$

式中　　　γ_k——基底土的重度标准值（kN/m^3）；

B'_{re}、L'_{re}——基础的有效宽度和长度（m）；

c_k——黏聚力标准值（kPa）；

q_k——墙前基础底面以上边载的标准值；

N_q、N_c、N_γ——承载力系数，见该规范4.2.5.3；

s_γ、s_q、s_c——基础形状系数，见该规范4.2.5.5。

1.5.3　地基承载力特征值的修正

1.《地基基础规范》

除理论公式计算的地基承载力特征值不用修正外，其他方法（载荷试验或其他原位测试、经验值等方法）确定的地基承载力特征值，当基础宽度大于3m或埋置深度大于0.5m时，除岩石地基外，应按下式进行深度和宽度的修正，即

$$f_a = f_{ak} + \eta_b \gamma (b - 3) + \eta_d \gamma_m (d - 0.5) \tag{1-14}$$

式中　f_a——修正后的地基承载力特征值（kPa）；

f_{ak}——按现场载荷试验或其他原位测试、经验值等方法确定的地基承载力特征值（kPa）；

η_b、η_d——基础宽度与深度的承载力修正系数，根据基底下土的类型查表1-15取值；

γ——基础底面以下土的重度，地下水位以下取有效重度（kN/m^3）；

γ_m——基础底面以上土的加权平均重度，地下水位以下取浮重度（kN/m^3）；

b——基础底面宽度（m），当基宽小于3m时，按3m考虑，大于6m时，按6m考虑；

d——基础埋置深度（m），一般自室外地面标高算起，在填方整平地区，可自填土地面标高算起，但填土在上部结构施工后完成时，应从天然地面标高算起，对于地下室，如采用箱形基础或筏形基础时，基础埋置深度自室外地面标高算起，如采用独立基础或条形基础时，应从室内地面标高算起。

表 1-15　地基承载力修正系数

土的类别		η_b	η_d
淤泥和淤泥质土		0	1.0
人工填土		0	1.0
e 或 I_L 大于等于 0.85 的黏性土			
红黏土	含水比 $\alpha_w > 0.8$	0	1.2
	含水比 $\alpha_w \leq 0.8$	0.15	1.4
大面积压实填土	压实系数大于 0.95、黏粒含量 $\rho_c \geq 10\%$ 的粉土	0	1.5
	最大干密度大于 2.1t/m^3 的级配砂石	0	2.0

（续）

土的类别		η_b	η_d
粉土	黏粒含量 $\rho_c \geqslant 10\%$ 的粉土	0.3	1.5
	黏粒含量 $\rho_c < 10\%$ 的粉土	0.5	2.0
e 或 I_L 均小于 0.85 的黏性土		0.3	1.6
粉砂、细砂、（不包括很湿与饱和时的稍密状态）		2.0	3.0
中砂、粗砂、砾砂和碎石土		3.0	4.4

注：1. 强风化和全风化的岩石，可参照所风化成的相应土类取值，其他状态下的岩石不修正。
　　2. 地基承载力特征值按《地基基础规范》附录 D 深层平板载荷试验确定时 η_d 取 0。
　　3. 含水比指土的天然含水量与液限的比值。
　　4. 大面积压实填土是指填土范围大于两倍基础宽度的填土。

2.《公路桥涵地基与基础设计规范》（JTG D63—2007）

当基础宽度 b 超过 2m，基础埋置深度 h 超过 3m，且 $h/b \leqslant 4$ 时，地基的允许承载力按下式计算

$$[f_a] = [f_{a0}] + k_1 \gamma_1 (b-2) + k_2 \gamma_2 (h-3) \tag{1-15}$$

式中　$[f_a]$——修正后的地基土允许承载力（kPa）；

　　　$[f_{a0}]$——按本规范表 3.3.3-1 至表 3.3.2-7 查得的地基土的允许承载力（kPa）；

　　　b——基础底面的最小边长（m），当 $b < 2m$ 时，取 $b = 2m$，当 $b > 10m$ 时，取 10m；

　　　h——基础底面的埋置深度（m），自天然地面算起，有水流冲刷时自一般冲刷线起算，当 $h < 3m$ 时，取 $h = 3m$，当 $h > 4b$ 时取 $h = 4b$；

　　　k_1，k_2——基底宽度、深度修正系数，查本规范表 3.3.4；

　　　γ_1——基底持力层的天然重度，若持力层在水面以下且为透水者，应取浮重度；

　　　γ_2——意义同式（1-12）。

【例 1-3】 某粉土地基如图 1-9 所示，试应用《地基基础规范》理论公式确定地基承载力。

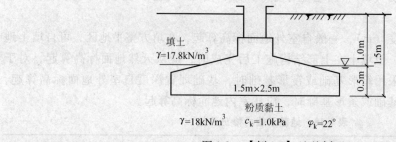

填土
$\gamma = 17.8 \text{kN/m}^3$

1.0m
1.5m
0.5m

1.5m×2.5m

粉质黏土
$\gamma = 18 \text{kN/m}^3$　$c_k = 1.0 \text{kPa}$　$\varphi_k = 22°$

图 1-9　【例 1-3】地基剖面

【目的与方法】 熟悉《地基基础规范》推荐的用理论公式确定地基承载力的方法，正确理解公式中字母符号的含义，并学会用表 1-14 查各承载力系数，熟练应用式（1-11）计算地基承载力特征值。

【解】 根据持力层粉土 $\varphi_k = 22°$，查表 1-14 得 $M_b = 0.61$，$M_d = 3.44$，$M_c = 6.04$

$f_a = M_b \gamma b + M_d \gamma_m d + M_c c_k$

$= [0.61 \times (18.0 - 10) \times 1.5 + 3.44 \times \dfrac{17.8 \times 1.0 + (18.0 - 10) \times 0.5}{1 + 0.5} \times 1.5 + 6.04 \times 1] \text{kPa}$

$= 88.35 \text{kPa}$

【本题小结】　本题需要注意的是式 (1-11) 中 γ_m 的取值。容易出现的错误：①取基底下土的重度；②基础埋深范围内某层土的重度；③忽略地下水位，即地下水位以下未扣除水的浮力。正确的取值应为基础范围内各土层的平均重度，地下水位以下取有效重度。

【例1-4】　表 1-16 是某地基的地质资料，在该地基上有底面尺寸为 6.5m × 30m 的箱形基础，箱形基础埋深 $d = 4.0$m，设由试验确定的持力层地基承载力特征值 $f_{ak} = 160$kPa，试确定持力层的承载力特征值。

【目的与方法】　掌握地基承载力特征值深度和宽度的修正方法。准确把握地基承载力特征值修正公式中每一字母符号的含义，熟练应用表 1-15 查地基承载力修正系数。

【解】　$b = 6.5$m > 6m，按 6m 计算，基础埋深按 $d = 4.0$m 考虑，由于 $e = 0.80$，$I_L = \dfrac{28-16}{14} = 0.86$，持力层为粉质黏土，查表 1-15 得 $\eta_b = 0$，$\eta_d = 1.0$。

因基底位于水下，故 γ 取有效重度 γ'，即 $\gamma' = (19.2 - 10)$ kN/m^3 = 9.2kN/m^3。

基底以上有三种不同重度的土层，其平均重度为

$$\gamma_m = \frac{\sum\limits_{i=1}^{n} \gamma_i H_i}{\sum\limits_{i=1}^{n} H_i} = \frac{17.8 \times 1.80 + 18.9 \times 1.00 + 9.2 \times 1.20}{1.80 + 1.00 + 1.20} \text{kN/m}^3 = 15.5 \text{kN/m}^3$$

表 1-16　地基地质资料

土层	层厚/m	现场鉴别	土工试验及动力触探成果			据以定名及查表的指标
①	1.80	多年素填土	$\gamma = 17.8$kN/m^3			$N_{10} = 13$
②	1.00	粉质黏土、淡黄色、可塑、饱和	水上	$w_P = 16\%$ $w_L = 30\%$	$\gamma = 18.9$kN/m^3	$I_P = 14 > 10$ $w = 26\%$
	4.20		水下	$d_S = 2.70$ $e = 0.86$	$\gamma = 19.2$kN/m^3	$e = 0.80$ $w = 28\%$
③	2.80	淤泥质粉质黏土、黑灰色、流塑、含有机物	$\gamma = 17.0$kN/m^3，$w_P = 29\%$ $w_L = 42\%$，$d_s = 2.70$，$w = 51\%$			$I_P = 13 > 10$ $e = 1.40 > 1$ $w = w_c$
④	1.20	细砂、饱和、中密	$N = 10$			$N = 10$

故地基持力层承载力特征值为

$$f_a = f_{ak} + \eta_b \gamma (b-3) + \eta_d \gamma_m (d - 0.5)$$
$$= 160\text{kPa} + 0 \times 9.2 \times (6-3)\text{kPa} + 1.0 \times 15.5 \times (4 - 0.5)\text{kPa}$$
$$= 241.85\text{kPa}$$

【本题小结】　本题注意 γ、γ_m 的不同意义和取值，应用土力学知识找到对应的土的类别。注意式 (1-14) 中 b、d 的取值条件。本例容易出现的错误：①对持力层土层判断错误，采用了地下水位以上土的重度计算；②γ 未用有效重度计算，γ_m 采用了持力层土的重度计算；③取宽度 $b = 6.5$m 计算，未按 6m 计算。

1.6　地基承载力验算

1.6.1　地基验算内容

若已经知道基础的埋深和基础底面尺寸，该基础建在地基上是否可行，这就需要对地基进行验算。

地基验算内容：①验算地基持力层的承载力；②验算地基软弱下卧层的承载力；③必要时，验算地基的变形和稳定性。如果上述验算都合格，说明这个基础放到地基上是安全的。本节将就地基验算前两项进行叙述。

1.6.2 基底压力计算

1. 轴心荷载作用下的基底压力（见图 1-10）

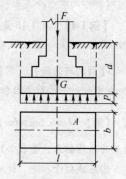

$$p_k = \frac{F_k + G_k}{A} \qquad (1\text{-}16)$$

式中　p_k——相应于作用的标准组合时，基础底面处的平均压力值（kPa）；

　　　F_k——相应于作用的标准组合时，上部结构传至基础顶面的竖向力值（kN）；

　　　G_k——基础自重和基础上的土重（kN）。

图 1-10　轴心荷载作用下的基底压力分布图

2. 偏心荷载作用下的基底压力

基础底面是矩形时，基底压力按照材料力学偏心受压公式进行计算：当偏心荷载作用于基础底面的形心主轴上时（单向偏心时），基底压力为

$$\frac{p_{kmax}}{p_{kmin}} = \frac{F_k + G_k}{A} \pm \frac{M_k}{W} \qquad (1\text{-}17)$$

式中　M_k——相应于作用效应标准组合时，作用于基础底面形心处的力矩（kN·m）；

　　　W——基础底面的抗弯截面模量（抗弯截面系数）（m³），$W = bl^2/6$，l 为平行于偏心距方向的边长；

　　　p_{kmax}——相应于作用效应标准组合时，基础底面边缘的最大压力值（kPa）；

　　　p_{kmin}——相应于作用效应标准组合时，基础底面边缘的最小压力值（kPa）。

【讨论】　矩形基础底面的长边 l 平行于偏心距 e，可以增大基础底面的抗弯能力，这样设计基础是比较合理的设计。

按照偏心距 e 大小可分三种情况如下（见图 1-11）：

（1）小偏心时（偏心距 $e \leq l/6$）　把 $W = bl^2/6$ 和 $M_k = (F_k + G_k)e$ 代入式(1-19)得

$$\frac{p_{kmax}}{p_{kmin}} = \frac{F_k + G_k}{bl}\left(1 \pm \frac{6e}{l}\right)$$

（2）大偏心（偏心距 $e > b/6$ 时）　基底压力重新分布，（见图 1-11），p_{kmax} 应按下式计算

$$p_{max} = \frac{2(F + G)}{3bk}$$

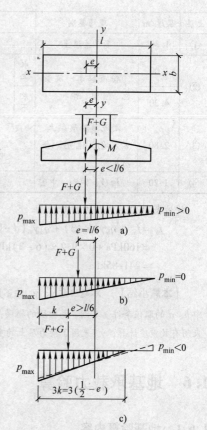

图 1-11　单向偏心荷载作用下矩形基础底面基底压力分布图

式中　b——基础短边；

　　　k——合力作用点至基础底面最大压力边缘的距离。

设计基础时，尽量避免基础出现大偏心（基底压力出现拉应力）情况，这样会造成基础底面的压力分布不合理，因此通常偏心距宜控制在 $e \leqslant b/6$ 范围内。

1.6.3　持力层承载力验算

对于承受竖向荷载的地基，持力层承载力验算应满足下列条件：

1）轴心荷载作用时

$$p_k = \frac{F_k + G_k}{A} \leqslant f_a \tag{1-18}$$

式中　f_a——修正后的地基承载力特征值。

2）偏心荷载作用时

$$\frac{(p_{kmax} + p_{kmin})}{2} \leqslant f_a \tag{1-19}$$

$$p_{kmax} \leqslant 1.2 f_a \tag{1-20}$$

对于小偏心的基础（偏心距 $e \leqslant b/6$）

$$p_{kmax} = \frac{F_k + G_k}{A}\left(1 + \frac{6e}{l}\right) \leqslant 1.2 f_a$$

【例 1-5】　轴心荷载作用时，某墙基础如图 1-12 所示，验算地基承载力。

【目的与方法】　掌握轴心荷载作用时，地基持力层承载力验算方法。解题重点是地基承载力的修正。

【解】　第一步：先确定承载力修正系数

$$e = \frac{d_s \gamma_w (1 + w)}{\gamma} - 1 = \frac{2.7 \times 10 \times (1 + 0.2)}{19} - 1 = 0.7$$

$$I_L = \frac{w - w_L}{w_L - w_P} = \frac{20 - 17}{28 - 17} = 0.27$$

查表 1-15，由于宽度小于 3m，只查基础深度修正系数 $\eta_d =$ 1.6。

第二步：地基承载力特征值修正

$$f_a = f_{ak} + \eta_b \gamma (b - 3) + \eta_d \gamma_m (d - 0.5)$$
$$= [266.37 + 0 + 1.6 \times 17.8 \times (1.4 - 0.5)]\text{kPa} = 292\text{kPa}$$

第三步：验算地基持力层承载力

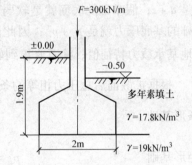

图 1-12　【例 1-5】图

$$p_k = \frac{F_k + G_k}{A} = \frac{300 + 2 \times \dfrac{1.9 + 1.4}{2} \times 20}{2}\text{kPa} = 183\text{kPa} < f_a = 292\text{kPa}$$

地基持力层承载力满足要求。

【本题小结】　注意本题基础室内和室外的埋深不同，在基础自重 G_k 的计算中，基础埋深应取平均值。本题容易出现的错误：①基础埋深取室外埋深 1.9m，使得基础自重计算偏大；②基础埋深取室内埋深 1.4m，使得基础自重计算偏小。

1.6.4　软弱下卧层的承载力验算

持力层以下的土层称为下卧层。下卧层如果是由承载力较低的软弱土层（一般是高压缩土层）组成，则称为软弱下卧层。

当地基受力层范围内有软弱下卧层时，应符合地基规范规定，确保地基具有足够的承载力，即需要验算软弱下卧层的地基承载力。验算公式为

$$p_z + p_{cz} \leqslant f_{az} \tag{1-21}$$

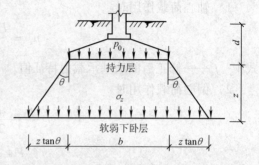

式中　p_z——相应于作用效应标准组合时，软弱下卧层顶面处的附加压力值（kPa）；

p_{cz}——软弱下卧层顶面处土的自重压力值（应力值）（kPa）；

f_{az}——软弱下卧层顶面处经深度修正后地基承载力特征值（kPa）。

图 1-13　压力扩散角法计算土中附加压力

当上层持力层土与下卧层软弱层土的压缩模量比值大于或等于 3 时，对条形基础和矩形基础，可用压力扩散角方法求土中附加压力。该方法是假设基底处的附加压力 p_0 按某一扩散角 θ 向下扩散，在任意深度的同一水平面上的附加压力均匀分布（见图 1-13）。

> **【讨论】**　式（1-21）可以这样理解：假设一个基础（简称假基础），假基础的埋深是 $d+z$；假基础的底面就是软弱下卧层的顶面，假基础的持力层就是软弱下卧层。假基础的基底压力就是 $p_z + p_{cz}$；因此假基础的基底压力不能大于 f_{az}；注意 f_{az} 是软弱下卧层的地基承载力特征值，注意修正到软弱下卧层的顶面。

根据扩散前后总压力相等的条件，可得深度 z 处的附加压力

条形基础
$$p_z = \frac{bp_0}{b + 2z\tan\theta} \tag{1-22}$$

矩形基础
$$p_z = \frac{lbp_0}{(b + 2z\tan\theta)(l + 2z\tan\theta)} \tag{1-23}$$

式中　b——矩形基础或条形基础底边的宽度；

l——矩形基础底边的长度；

p_0——基底附加压力，$p_0 = p_k - \gamma_m d$；

z——基础底面至软弱下卧层顶面的距离；

θ——地基的压力扩散角（压力扩散线与垂直线的夹角），可按表 1-17 采用。

> **【讨论】**　注意压力扩散角法是一种既简单又方便的计算方法。注意上述公式中的几个压力 p 的理解。p_0 是存在于基础底面的附加压力。附加压力 p_z 是软弱下卧层顶面处的平均附加应力，自重压力 p_{cz} 是指软弱下卧层顶面处的自重应力。

【例 1-6】　偏心荷载作用时，已知：如图 1-14 所示，柱下单独基础，基础底面尺寸：3m×2m；从地面到 4m 深处都是同一种土即粉质黏土；在 ±0.00 处，$F_k = 860kN$；$M_k = 44kN \cdot m$；$Q_k = 15kN$，验算地基承

载力。

表1-17 地基压力扩散角 θ

E_{s1}/E_{s2}	z/b	
	0.25	0.50
3	6°	23°
5	10°	25°
10	20°	30°

注：1. E_{s1}为上层土压缩模量；E_{s2}为下层土压缩模量。

2. $z<0.25b$时一般取$\theta=0°$，必要时宜由试验确定；$z>0.50b$时，θ不变。

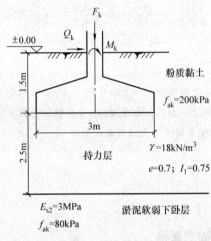

图1-14 【例1-6】图

【目的与方法】 掌握有软弱下卧层时地基承载力的验算方法。验算时，地基除满足持力层的承载力要求外，还要满足软弱下卧层的承载力要求，解题重点是软弱下卧层顶面处的自重应力和附加应力的计算，学会用应力扩散法计算p_z，需要注意的是，一般软弱下卧层承载力特征值修正只考虑深度而不考虑宽度。

【解】 本例题要考虑地基持力层承载力验算和软弱下卧层承载力验算。

第一步：作持力层承载力修正

$$f_a = f_{ak} + \eta_b \gamma(b-3) + \eta_d \gamma_m(d-0.5)$$
$$= [200 + 0 + 1.6 \times 18 \times (1.5-0.5)]kPa = 228.8kPa$$

第二步：求解基底压力，验算持力层承载力

$$p = \frac{F+G}{A} = \frac{860 + 1.5 \times 20 \times 3 \times 2}{3 \times 2}kPa = 173.33kPa \leqslant f_a = 228.8kPa$$

$$e = \frac{M}{F+G} = \frac{44 + 15 \times 1.5}{860 + 1.5 \times 3 \times 2 \times 20}m = 0.064m < \frac{l}{6} = 0.5m$$

属于小偏心。

$$p_{max} = \frac{F+G}{A}\left(1 + \frac{6e}{l}\right) = 173.3\left(1 + \frac{6 \times 0.064}{3}\right)kPa = 195.52kPa < 1.2f_a$$

地基持力层承载力满足要求。

第三步：验算软弱下卧层承载力

$\dfrac{E_{s1}}{E_{s2}} = \dfrac{9}{3} = 3$，可以用扩散角法验算，由于 $z/b \geqslant 0.5b = 1\text{m}$；查表 1-17，$\theta = 23°$

软弱下卧层顶面处的承载力特征值 f_{az} 为

$$f_{az} = f_{ak} + \eta_b \gamma (b - 3) + \eta_d \gamma_m (d + z - 0.5) = [80 + 1.0 \times 18 \times (4 - 0.5)]\text{kPa}$$
$$= 143\text{kPa}$$

软弱下卧层顶面处的自重应力 p_{cz} 为

$$p_{cz} = 18 \times 4\text{kPa} = 72\text{kPa}$$

软弱下卧层顶面处附加压力 p_z 为

$$p_z = \dfrac{lbp_0}{(b + 2z\tan\theta)(l + 2z\tan\theta)}$$
$$= \dfrac{(173.3 - 18 \times 1.5) \times 3 \times 2}{(3 + 2 \times 2.5 \times \tan 23°)(2 + 2 \times 2.5\tan 23°)}\text{kPa} = 41.6\text{kPa}$$
$$p_z + p_{cz} = [72 + 41.6]\text{kPa} = 113.6\text{kPa} < f_{az} = 143\text{kPa}$$

软弱下卧层的承载力满足要求。

【本章要求】 ①通常软弱下卧层顶面以上土的平均重度 γ_m 与基底以上的平均重度 γ_m 计算是不同的。本例由于 4m 范围都是同一种土，所以加权重度 γ_m 直接取粉质黏土的天然重度；②在软弱下卧层地基承载力特征值修正时，基础埋深采用了假基础的埋深即 $d + z$；

1.7　基础底面尺寸

1.7.1　按地基承载力确定基础底面积

计算基础底面积时，一般要有：①作用于基础上的荷载；②基础的埋深；③地基的承载力特征值。值得注意的是，计算基础底面积，需要知道修正后的地基承载力特征值 f_a，而 f_a 又与基础宽度、埋深有关，因此，一般说来，应当采用试算法计算，即先假定 $b \leqslant 3\text{m}$，这时仅按埋深确定修正后的地基承载力特征值，然后按地基承载力要求计算出基础宽度 b，如 $b \leqslant 3\text{m}$，表示假设正确，算得的基础宽度即为所求，否则需重新假定 b 再进行计算。工业与民用建筑基础的宽度多数小于 3m，故一般情况下不需进行二次计算。

1. 轴心受压基础底面积

地基按承载力计算时，要求作用在基础底面上的平均压力值应小于或等于修正后的地基承载力特征值，即

$$p_k = \dfrac{F_k + G_k}{A} \leqslant f_a \tag{1-24}$$

式中　p_k——相应于荷载效应标准组合时基础底面处的平均压力值（kPa）；

　　　F_k——相应于荷载效应标准组合时，上部结构传至基础顶面的竖向力值（kN）；

　　　G_k——基础自重及基础上的土重（kN）；

　　　A——基础底面积（m^2）。

把 $G_k = Ad\gamma_G$ 代入式（1-24）整理得

$$A \geqslant \dfrac{F_k}{f_a - \gamma_G d} \tag{1-25}$$

式（1-25）就是矩形基础底面面积设计的公式。对于条形基础，可沿基础长度方向取 $l = 1\text{m}$ 为计算单元，则条形基础宽度 b 为

$$b \geq \frac{F_k}{f_a - \gamma_G d} \qquad (1\text{-}26)$$

此时 F_k 为沿长度1m上部结构作用在基础顶面的荷载效应标准组合竖向力，如计算带有窗洞口的墙下基础时，荷载应取相邻窗洞中心线间的总荷载除以窗洞中心线间的距离。

【例1-7】 某砖墙承重住宅建筑，内横墙采用钢筋混凝土条形基础，相应于作用效应标准组合时，上部结构传至基础顶面的竖向力 $F_k = 200\text{kN/m}$（见图1-15），求基础宽度。

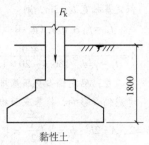

黏性土
$\gamma = 19\text{kN/m}^3$　$e = 0.83$
$I_L = 0.75$　$f_{ak} = 160\text{kPa}$

图1-15 【例1-7】图

【目的与方法】 掌握轴心受压时墙下条形基础底面尺寸的确定方法。解题关键是对公式的理解和熟练应用，注意承载力特征值的修正。

【解】 第一步：地基承载力特征值的修正

假定基础宽度 $b < 3\text{m}$，因为 $d = 1.8\text{m} > 0.5\text{m}$，故地基承载力特征值需进行深度修正。

由表1-15查得 $\eta_d = 1.6$。由式（1-14）有

$$f_a = f_{ak} + \eta_d \gamma_m (d - 0.5) = [160 + 1.6 \times 19 \times (1.8 - 0.5)]\text{kN/m}^2 = 199.5\text{kPa}$$

第二步：计算基础宽度

由式（1-18）得 $b = \dfrac{F_k}{f_a - \gamma_G d} = \left(\dfrac{200}{199.5 - 20 \times 1.80}\right)\text{m} = 1.22\text{m}$

取 $b = 1.3\text{m} < 3\text{m}$，与假设相符，故 $b = 1.3\text{m}$ 即为所求。

【本题小结】 本题易出现的错误：①γ_G 取持力层的重度；②宽度计算结果 $b < 3.0\text{m}$，而承载力宽度修正时未按3m计算；③计算仅按 f_{ak} 确定底面尺寸。

2. 偏心荷载基础底面积

受偏心荷载作用，基础底面尺寸不能用公式直接写出。通常的计算方法及步骤如下：

1）按轴心荷载作用条件，初步估算所需的基础底面面积 A。

2）根据偏心距的大小，将基础底面积扩大 10%～40%，并适当地确定基础底面的长度 l 和宽度 b。

3）由调整后的基础底面尺寸计算基底最大压力和最小压力，并使其满足承载力验算的要求。这一计算过程可能要经过几次试算方能最后确定合适的基础底面尺寸。

【例1-8】 已知作用于柱基础顶面的荷载效应标准组合值（见图1-16）$F_k = 450\text{kN}$，$M_k = 50\text{kNm}$，$V_k = 7.2\text{kN}$，上部柱截面为 400mm × 200mm 地基土为粉土，$f_{ak} = 160\text{kPa}$，$\rho_c = 15\%$，$\gamma = 17.6\text{kN/m}^3$。试确定基础底面积。

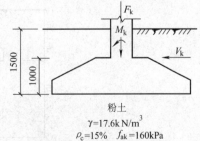

粉土
$\gamma = 17.6\text{kN/m}^3$
$\rho_c = 15\%$　$f_{ak} = 160\text{kPa}$

图1-16 【例1-8】图

【目的与方法】 掌握偏心受压时矩形基础底面尺寸的确定。其方法：先按轴压估算基础底面尺寸，考虑偏心影响，将估算的基础底面尺寸扩大（1～1.4）倍，按地基强度计算要求验算基础尺寸是否满足要求。

【解】 第一步：先按轴心基础估算基础底面积

假定基础宽 $b < 3m$，则

$$f_a = f_{ak} + \eta_d \gamma_m (d - 0.5) = [160 + 1.5 \times 17.6 \times (1.5 - 0.5)] \text{kPa} = 186.4 \text{kPa}$$

$$A = \frac{F_k}{f_a - \gamma_G d} = \frac{450}{186.4 - 20 \times 1.5} \text{m}^2 = 2.88 \text{m}^2$$

第二步：确定偏心受压基础底面面积

考虑偏心影响，将基底面积增加15%，即 $A = (2.88 \times 1.15) \text{ m}^2 = 3.31 \text{m}^2$，根据柱截面的长宽比，取 $l/b = 2$，$A = 2b^2$；$b = \sqrt{\frac{A}{2}} = \sqrt{\frac{3.31}{2}} \text{m} = 1.29 \text{m}$；取 $b = 1.3 \text{m}, l = 2.6 \text{m}$，实际基础底面面积为 3.38m^2。

第三步：验算地基承载力

作用于基底的竖向力

$$\sum F_k = F_k + \gamma_G A d = (450 + 20 \times 1.3 \times 2.6 \times 1.5) \text{kN} = 551.4 \text{kN}$$

作用于基底的弯矩

$$\sum M_k = M_k + V_k d = (50 + 7.2 \times 1) \text{kN} \cdot \text{m} = 57.2 \text{kN} \cdot \text{m}$$

为了增加抗弯刚度，将基础长边 l 平行于偏心距 e，则基础底面抗弯刚度

$$e = \frac{M}{F + G} = \frac{57.2}{551.4} \text{m} = 0.104 \text{m}$$

$$1.2 f_a = 1.2 \times 186.4 \text{kPa} = 223.68 \text{kPa}$$

$$p_{max} = \frac{F + G}{A} \left(1 \pm \frac{6e}{l} \right)$$

$$= \frac{551.4}{2.6 \times 1.3} \times \left(1 + \frac{6 \times 0.104}{2.6} \right) \text{kPa} = 202.3 \text{kPa} < 1.2 f_a = 223.68 \text{kPa}$$

地基持力层满足承载力要求。

【本题小结】 ①确定基础底面尺寸时，上部荷载取值为相应于荷载效应标准组合，而非荷载效应基本组合，即荷载取值要正确；②注意弯矩是对基底中心取矩，不要漏算水平力产生的弯矩；③容易出现错误为：基底最大压力计算时，未根据力矩作用方向计算截面抵抗矩。

【例1-9】 某轴心受压基础，相应于荷载效应标准组合时，上部结构传来的轴向力 $F_k = 780 \text{kN}$，地质剖面如图1-17所示，试确定基础底面积并验算下卧层。

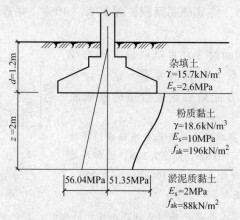

杂填土
$\gamma = 15.7 \text{kN/m}^3$
$E_s = 2.6 \text{MPa}$

粉质黏土
$\gamma = 18.6 \text{kN/m}^3$
$E_s = 10 \text{MPa}$
$f_{ak} = 196 \text{kN/m}^2$

淤泥质黏土
$E_s = 2 \text{MPa}$
$f_{ak} = 88 \text{kN/m}^2$

$d = 1.2m$

$z = 2m$

56.04MPa 51.35MPa

图1-17 【例1-9】图

【目的与方法】 掌握有软弱下卧层时基础底面尺寸的确定方法。基础底面尺寸除满足持力层的承载力要求外，还要满足软弱下卧层的承载力要求，解题时重点是下卧层顶面自重应力和附加应力的计算，学会用应力扩散法计算 p_z。需要注意的是，下卧层承载力特征值修正时只考虑深度而不考虑宽度。

【解】 第一步：地基承载力特征值修正（假定基础宽 $b < 3\mathrm{m}$）

$$f_\mathrm{a} = f_\mathrm{ak} + \eta_\mathrm{d} \gamma_\mathrm{m} (d - 0.5) = [196 + 1.1 \times 15.7 \times (1.2 - 0.5)]\mathrm{kPa} = 208\mathrm{kPa}$$

第二步：计算基础底面积

$$A = \frac{F_\mathrm{k}}{f_\mathrm{a} - \gamma_\mathrm{G} d} = \frac{780}{208 - 20 \times 1.2}\mathrm{m}^2 = 4.24\mathrm{m}^2$$

取 $l \times b = (2.4 \times 1.8)\ \mathrm{m}^2 = 4.32\mathrm{m}^2 > A = 4.24\mathrm{m}^2$

第三步：计算基底附加压力

$$p_0 = p_\mathrm{k} - \gamma_\mathrm{m} d = \frac{F_\mathrm{k} + G_\mathrm{k}}{A} - \gamma_\mathrm{m} d = \left(\frac{780 + 20 \times 1.2 \times 2.4 \times 1.8}{2.4 \times 1.8} - 15.7 \times 1.2\right)\mathrm{kPa}$$

$$= 185.7\mathrm{kPa}$$

第四步：计算下卧层顶面附加压力和自重应力

$$z = 2\mathrm{m} > 0.5b = 0.5 \times 1.8\mathrm{m} = 0.9\mathrm{m}$$

$$\alpha = \frac{E_\mathrm{s1}}{E_\mathrm{s2}} = \frac{10}{2} = 5$$

由表 1-17 查得 $\theta = 25°$，下卧层顶面的附加压力为

$$p_z = \frac{lbp_0}{(b + 2z\tan\theta)(l + 2z\tan\theta)}$$

$$= \frac{2.4 \times 1.8 \times 185.7}{(1.8 + 2 \times 2 \times 0.466) \times (2.4 + 2 \times 2 \times 0.466)}\mathrm{kPa}$$

$$= 51.35\mathrm{kPa}$$

下卧层顶面处的自重应力

$$p_\mathrm{cz} = (15.7 \times 1.2 + 18.6 \times 2)\mathrm{kPa} = 56.04\mathrm{kPa}$$

第五步：验算下卧层承载力

下卧层顶面以上土的加权平均重度

$$\gamma_\mathrm{m} = \frac{1.2 \times 15.7 + 2 \times 18.6}{1.2 + 2}\mathrm{kN/m}^3 = 17.5\mathrm{kN/m}^3$$

下卧层顶面处修正后的地基承载力特征值

$$f_\mathrm{az} = f_\mathrm{ak} + \eta_\mathrm{d} \gamma_\mathrm{m}(d - 0.5) = [88 + 1.0 \times 17.51 \times (3.2 - 0.5)]\mathrm{kPa} = 135.28\mathrm{kPa}$$

$$p_z + p_\mathrm{cz} = (51.35 + 56.04)\mathrm{kPa} = 107.39\mathrm{kPa} < f_\mathrm{az} = 135.28\mathrm{kPa}$$

满足要求。

【本题小结】 本算例重点、难点：①计算基础宽度时，用荷载效应标准组合值，注意题目给出的荷载性质；②地基受力层范围内有软弱下卧层，必须符合 1.6 节有关要求。

容易出现的错误：①软弱下卧层顶面以上土的平均重度 γ_m 计算错误，如采用基底以上土的平均重度计算；②在软弱下卧层地基承载力特征值修正时计算了宽度修正；③下卧层顶面处自重应力 σ_cz 与基底处自重应力 σ_c 的计算；④基础底面到软弱下卧层顶面的距离 z 采用了地表面到软弱下卧层顶面的距离；⑤对条形基础仍考虑了长度方向的应力扩散。

3. 考虑基础底面相交重合时面积的确定

在确定墙下条形基础或柱下条形基础底面时，应避免重复计入相交处的面积，特别是当

基础槽宽较大时，重复计入相交处的面积将造成基底总面积小于所需的总面积，因而增加了基础的沉降量。

传统的砌体结构或钢筋混凝土剪力墙结构的条形基础宽度 B_i，是根据每道墙沿每开间的线性荷载标准组合值 N_{ki} 按下式确定

$$B_i = \frac{N_{ki}}{f_a - \gamma_G d} \tag{1-27}$$

式中　f_a——修正后的地基承载力的特征值（kPa）；

γ_G——基础和其上填土的平均重度（kN/m^3）；

d——基础埋置深度（m）。

对多道正交条形基础，按式（1-27）计算时，在相交处必然存在基底面积重复计入的问题，以往设计中为解决基底面积重复计入，通常根据经验将 B_i 乘以大于 1.0 的增大系数；或逐点将重叠面积算出后，再分配到相关的各道墙的基础宽度中。采用增大系数方法比较盲目，当经验不足时，不能很好解决问题；逐点计算重叠面积再分配的方法需要多次逼近方能消除误差，计算较繁琐。《确定条形基础合理宽度的直接算法》[1]一文，采用一次确定条形基础宽度方法，可合理调整条形基础的宽度，解决交叉点上面积重叠的问题，计算方法简洁、准确、实用。计算步骤如下：

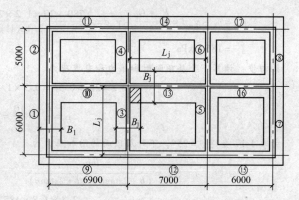

图 1-18　考虑条形基础重叠面积的计算

设第 i 道墙的基础宽度为 B_i，墙长为 L_i，即计算墙段两端节点之间距离，第 i 道墙上每延米线荷载标准组合值为 N_{ki}，如图 1-18 所示。

在轴心荷载作用下，基底面积 A 应符合下式要求

$$p_k = \frac{F_k + G_k}{A}$$

$$p_k \leqslant f_a$$

令

$$p_k = f_a$$

则有

$$F_k = A (f_a - \gamma_G d)$$

其中

$$F_k = \sum_{i=1}^{n} N_{ki} L_i \tag{1-28}$$

$$A = \sum_{i=1}^{n} B_i L_i - \sum_{i=1}^{m} \Delta S_i$$

式中　ΔS_i——两道墙相交处重叠部分的面积，即图 1-18 中阴影部分面积，$\Delta S_i = \dfrac{1}{2} B_i \times \dfrac{1}{2}$

B_j，B_j 为与第 i 道墙相交的第 j 道墙的基础宽度，角块重叠部分的面积只计算

一次；

　　n——墙段道数之和；

　　m——两道墙相交处重叠部分面积的总块数。

由式（1-27）得任一道基础下地基的附加应力为

$$f_a - \gamma_G d = \frac{N_{ki}}{B_i} \tag{1-29}$$

当忽略基础宽度对地基承载力的修正时，任一道墙 i 与某指定的①墙段存在如下比例关系

$$\frac{B_i}{B_1} = \frac{N_{ki}}{N_{k1}} \tag{1-30}$$

令

$$\left. \begin{array}{l} \dfrac{B_1}{B_1} = \dfrac{N_{k1}}{N_{k1}} = K_1 \\ \vdots \quad\quad \vdots \\ \dfrac{B_i}{B_1} = \dfrac{N_{ki}}{N_{k1}} = K_i \\ \vdots \quad\quad \vdots \\ \dfrac{B_n}{B_1} = \dfrac{N_{kn}}{N_{k1}} = K_n \end{array} \right\} \tag{1-31}$$

将式（1-30）和式（1-31）代入式（1-28）解得

$$B_1 = \frac{\sum\limits_1^n K_i L_i - \sqrt{\left(\sum\limits_1^n K_i L_i \right)^2 - \dfrac{N_1 \sum\limits_{i=1}^n K_i L_i \times \sum\limits_{i=1}^m K_i K_j}{f_a - \gamma_G d}}}{0.5 \sum\limits_{i=1}^m K_i K_j} \tag{1-32}$$

已知 B_1 后，即可由式（1-33）求出其他各道墙的基础宽度

$$B_i = B_1 K_i \tag{1-33}$$

【例 1-10】　平面图如图 1-18 所示，基本数据见表 1-18，试计算各道墙的基础宽度。

　　【目的与方法】　掌握考虑条形基础在相交处基础底面重叠时各基础宽度的确定方法。应用式（1-31）和式（1-32）时，首先正确计算各基础与①号基础的宽度比 k_i，其次，求得相交叉的两基础 k_i 和 k_j 的积，第三，注意 n、m 的正确取值。

　　【解】　第一步：按式（1-27）计算

　　$N_1 = 200 \text{kN/m}$，$f_a - \gamma_G d = (160 - 18 \times 2.0) \text{ kPa} = 124 \text{kPa}$，$B_1 = (200/124) \text{ m} = 1.61 \text{m}$，$B_2 = (180/124) \text{ m} = 1.45 \text{m}$，其余计算结果见表 1-18。

　　第二步：按式（1-33）计算

　　与①墙相交的为⑨⑩墙，$K_9 = \dfrac{N_9}{N_1} = 220/200 = 1.1$，$K_9 L_9 = 1.1 \times 6.9 = 7.59$，$K_{10} = \dfrac{N_{10}}{N_1} = \dfrac{280}{200} = 1.4$，$K_{10} L_{10} = 1.4 \times 6.9 = 9.66$，$K_i$，$K_i L_i$，$K_i K_j$ 计算结果见表 1-18。

$$B_1 = \frac{115.9 - \sqrt{115.9^2 - \dfrac{200 \times 31.695 \times 115.9}{124}}}{0.5 \times 31.695} \text{m} = 1.845 \text{m}$$

把 B_1 代入式（1-33）可求得其余结果，见表1-18。

表1-18　墙条形基础宽度计算表

墙编号	N_{ki} / (kN/m)	L_i/m	K_i	K_iL_i	相交墙的编号	K_iK_j	按式（1-33）计算调整后的 B_i	按式（1-27）计算调整后的 B_i
①	200	6	1	6	⑨	1.1	1.845	1.61
					⑩	1.4		
②	180	5	0.9	4.5	⑩	1.26	1.66	1.45
					⑪	0.9		
③	260	6	1.3	7.8	⑨	1.43	2.40	2.10
					⑩	1.82		
					⑫	1.495		
					⑬	1.885		
④	240	5	1.2	6	⑩	1.68	2.22	1.94
					⑪	1.2		
					⑬	1.74		
					⑫	1.26		
⑤	240	6	1.2	7.2	⑫	1.38	2.22	1.94
					⑬	1.74		
					⑮	1.08		
					⑯	1.26		
⑥	220	5	1.1	5.5	⑬	1.595	2.03	1.77
					⑭	1.155		
					⑯	1.155		
					⑰	1.485		
⑦	180	6	0.9	5.4	⑮	0.81	1.66	1.45
					⑯	0.945		
⑧	160	5	0.8	4.0	⑯	0.84	1.48	1.29
					⑰	1.00		
⑨	220	6.9	1.1	7.59			2.03	1.77
⑩	280	6.9	1.4	9.66			2.58	2.26
⑪	200	6.9	1.0	6.9			1.845	1.61
⑫	230	7.0	1.15	8.05			2.12	1.85
⑬	290	7.0	1.45	10.15			2.68	2.34
⑭	210	7.0	1.05	7.35			1.94	1.69
⑮	180	6	0.9	5.4			1.66	1.45
⑯	210	6	1.05	6.3			1.94	1.69
⑰	270	6	1.35	8.1			2.49	2.18
Σ				115.9		31.695		

【本题小结】 考虑条形基础重叠面积时确定基础宽度，其方法多采用扩大系数法，但盲目性较大，采用本例方法简洁、准确、实用，但应注意以下几点：①由于计算量较大，宜采用表格法，这样条理简洁；②计算中地基承载力忽略宽度修正，这是因为多数条形基础宽度小于3m，即使出现大于3m的情况，这样处理是偏于安全的；③式（1-32）中 m 是两道墙基相交处重叠部分面积的总块数，计算时，既不要重复计入，也不要少算。

1.7.2 按允许沉降调整基础底面积

根据地基附加应力分布和沉降计算原理可知，沉降量与基础底面积尺寸有关。当底面积的附加应力相同时，地基底面积增大，导致沉降量加大；当基础上外荷载不变时，基础底面积增加会使基础压力减小，从而降低地基中的附加应力水平，减小沉降。因此，从减小沉降差的观点来看，以某个承载力特征值来统一确定建筑物下各个基础底面积尺寸的做法，是未必合理的。尤其是当地基的压缩性高，各基础的荷载轻重不一致时，如只按地基承载力确定各个基础的底面尺寸，则各基础之间的沉降差未必都能控制在允许范围之内，此时如适当调整基础底面尺寸，有可能使各柱基沉降趋于均匀，对框架等敏感性建筑而言，就能减少其与地基相互作用所产生的次应力，使常规分析更能符合实际情况。

1. 根据沉降相等的要求，按比例确定基础尺寸

根据弹性理论，某一基础的沉降 s_1 可按下式计算

$$s_1 = \frac{1 + \mu^2}{E_0} \omega p_{0k1} b_1 \tag{1-34}$$

对于第二个基础，其沉降 s_2 为

$$s_2 = \frac{1 + \mu^2}{E_0} \omega p_{0k2} b_2 \tag{1-35}$$

式中 b_1、b_2——基础1和基础2的底面宽度（m）；

p_{0k1}、p_{0k2}——基础1和基础2的基底平均附加应力（kPa）；

ω——沉降影响系数；

E_0、μ——土的弹性模量和泊松比。

在同一地基土中，当沉降量 $s_1 = s_2$ 时，而基础形状相同（即 ω 相等），则

$$p_{0k1} b_1 = p_{0k2} b_2 \tag{1-36}$$

式（1-34）是在土的弹性模量不随深度而变化的情况下才是正确的。但土的弹性模量常随深度而变化，考虑到这一因素，太沙基（Terzaghi）和皮克（Peck）提出了以下修正公式

$$p_{0k2} = p_{0k1} \left(\frac{b_1}{b_2}\right)^2 \left(\frac{b_2 + 1}{b_1 + 1}\right)^2 \tag{1-37}$$

经过验证表明，式（1-37）带有一定的经验因素，偏于保守。

2. 按给定沉降量确定基础底面尺寸

固结沉降计算式

$$s = \frac{C_v H}{1 + e_0} \lg \frac{p_0 + \Delta q}{p_0} \tag{1-38}$$

整理后可得

$$\lg \frac{p_0 + \Delta q}{p_0} = \frac{1 + e_0}{C_v H} s$$

再改写成为

$$\frac{p_0 + \Delta q}{p_0} = 10^{ms}$$

$$m = \frac{1 + e_0}{C_v H}$$

故有
$$\Delta q = p_0 (10^{ms} - 1) \tag{1-39}$$

就某一设计问题，p_0，m，s 都可以根据该问题的几何尺寸和土工数据预先确定，通过式（1-39）用试算的方法确定满足给定沉降量的基础尺寸。有关详细内容参阅相关文献。

1.7.3 减少建筑物不均匀沉降的工程措施

任何地基上的建筑物总要产生一定的沉降和不均匀沉降。过量的不均匀沉降往往使建筑物开裂、破坏或影响使用，建于软弱和不均匀地基上的建筑物，尤其如此。故房屋设计及施工时，应采取各种必要的措施，减少建筑物的不均匀沉降。

1. 建筑措施

（1）建筑体型力求简单 在满足使用和其他要求的前提下，建筑体型应力求简单，避免凹凸转角，因为这些部位基础交叉，地基中附加应力重叠，易产生较大沉降。当建筑体型比较复杂时，宜根据平面形状和高度差异情况，在适当部位用沉降缝将其划分成若干个刚度较好的单元；当高度差异（或荷载差异）较大时，可将两者隔开一定距离。当拉开距离后的两单元必须连接时，应采用能自由沉降的连接构造，如在两端用悬挑结构，或用连接廊将建筑物单元连接起来。

（2）设置沉降缝 设置沉降缝是减少地基不均匀沉降对建筑物危害的有效方法之一。沉降缝的设置应从屋顶到基础底把建筑物全部分开，分成若干个长高比较小、整体刚度较好、体型简单、自成沉降体系的单元，避免由于沉降差异引起的结构附加应力而导致建筑物破坏。

建筑物的下列部位，宜设置沉降缝：

1）建筑平面的转折部位。

2）高度差异（或荷载差异）处。

3）长高比过大的砌体承重结构或钢筋混凝土框架结构的适当部位。

4）地基土的压缩性有显著差异处。

5）建筑结构（或基础）类型不同处。

6）分期建造房屋的交界处。

沉降缝应有足够的宽度，缝宽可按表 1-19 选用。

表 1-19 房屋沉降缝的宽度

房屋层数	沉降缝宽度/mm
2 ~ 3	50 ~ 80
4 ~ 5	80 ~ 120
5 层以上	不小于 120

（3）控制相邻建筑物的间距 根据土中应力扩散现象的分析可知：如两建筑物基础间距过近，将可能出现地基中附加应力重叠并产生附加沉降，使建筑物发生倾斜或开裂。为

此，相邻建筑物基础间的净距必须加以控制，设计时可按表1-20选用。

表1-20 相邻建筑物基础间的净距

影响建筑的预估平均沉降量/mm	被影响建筑的长高比	
	$2.0 \leqslant L/H_f < 3.0$	$3.0 \leqslant L/H_f < 5.0$
70~150	2~3	3~6
160~250	3~6	6~9
260~400	6~9	9~12
>400	9~12	≥12

注：1. 表中L为建筑物长度或沉降缝分隔的单元长度（m）；H_f为自基础底面标高算起的建筑物高度（m）。

2. 当被影响建筑物的长高比为$1.5 < L/H_f < 2.0$时，其间距可适当缩小。

相邻高耸结构（或对倾斜要求严格的构筑物）的外墙间隔距离，应根据倾斜允许值计算确定。

（4）对建筑物各部分标高进行调整　建筑物各组成部分的标高，应根据可能产生的不均匀沉降采取下列相应措施：

1）室内地坪和地下设施的标高，应根据预估沉降量予以提高。建筑物各部分（或设备之间）有联系时，可将沉降量较大者的标高提高。

2）建筑物与设备之间，应留有足够的净空。当建筑物有管道穿过时，应预留足够尺寸的孔洞，或采用柔性的管道接头等。

2. 结构措施

（1）减轻建筑物自重

1）选用轻质高强墙体材料，减轻墙体自重。

2）采用架空地板代替室内厚填土。

3）设置地下室或半地下室，采用覆土少、自重轻的基础形式。

4）选用轻型结构，减少结构自重。

（2）对于砌体承重结构的房屋，加强建筑物的刚度和强度

1）对于3层和3层以上的房屋，控制建筑物长高比$L/H_f \leqslant 2.5$；当房屋的长高比$2.5 < L/H_f \leqslant 3.0$时，宜做到纵墙不转折或少转折，其内横墙间距不宜过大，必要时可适当增强基础刚度和强度。

2）墙体内宜设置钢筋混凝土圈梁或钢筋砖圈梁。

3）在墙体上开洞过大时，宜在开洞部位适当配筋或采用构造柱及圈梁加强。

（3）加强基础整体刚度　对于建筑体系复杂、荷载差异较大的框架结构，可加强基础整体刚度，如采用箱基、桩基、厚筏等，以减少不均匀沉降。

3. 施工措施

1）对于淤泥及淤泥质等软土地基及高灵敏度的黏土，要注意施工时不要扰动其原状结构。开挖基坑时，可暂时保留一定厚度的原土（约200mm），待基础施工时才挖除。如坑底已被扰动，应挖去被扰动部分，或在其上先铺中砂，然后再铺碎砖（或碎石）等夯实处理。基础完成后，要及时进行回填土。

2）在软弱地基上建筑房屋时，通常将重、高房屋先施工，使有一定的沉降后再施工轻、低房屋，或先施工主体房屋，再施工附属房屋，均能减少部分沉降差。活荷载大的构筑

物或构筑物群（如料仓、油罐等），使用前期应根据沉降情况控制加载速率，掌握加载时间间隔，或调整活荷载分布，避免过大倾斜。

本章小结与讨论

1. 小结

1）天然地基上浅基础按受力特点可分为无筋扩展基础和扩展基础。按构造特点可分为独立基础、条形基础、交梁基础、筏形基础和箱形基础；确定地基基础设计方案时，要结合上部结构类型、荷载大小、地基土性质综合考虑，尽量做到安全适用，经济合理，技术先进，确保质量，保护环境。学习时重点掌握这些基础的受力特点和使用范围。

2）地基基础设计应根据不同设计等级进行对应的设计计算，要求均满足两种极限状态，即满足承载力设计要求和变形要求。分清哪些建筑可只按承载力要求设计地基，哪些类型的建筑物既要进行承载力设计，又要进行地基变形验算，什么情况下，需要考虑地基稳定性验算。

3）无筋扩展基础抗弯能力较差，当基础有一定的埋置深度时可以采用，当基础浅埋而又较宽时应采用钢筋混凝土基础。

4）影响基础埋置深度的因素较多，一般情况由持力层位置控制。此外基底宜在地下水位以上，在冰冻线以下，并注意埋深的构造要求。

5）基础底面面积的大小一般由地基承载力确定，底面确定后，如有软弱下卧层时，需验算下卧层顶面的地基强度，但对于软土地基，基础需要深埋时，基底面积往往由沉降控制。

6）在基础设计中除满足承载力和变形（沉降）要求外，应加强基础与上部结构的整体刚度。在设计与施工中采取必要的措施以减小不均匀沉降。

2. 讨论

（1）地基设计的基本原则　按《建筑结构可靠度设计统一标准》（GB 50068—2001）规定的原则，地基基础作为整个结构的一部分，应满足两类极限状态设计原则的要求：①承载能力极限状态；②正常使用极限状态。要求在强度设计中取消总安全系数 K 值，以荷载设计值与荷载标准值分别对应这两种极限状态。该标准中规定，结构构件的可靠度采用可靠指标量度，并以结构构件完成预定功能的概率与失效概率的关系，表示结构构件的可靠度。目前国家标准中，如《建筑结构荷载规范》、《混凝土结构设计规范》等，均按该标准的要求制定的。

在岩土工程中，由于岩土性质受地质条件及环境因素的影响，岩土性质的变异性极大。在岩土工程的结构可靠度设计方法方面，国际上普遍均未达到采用可靠指标量度的水平，而仍然沿用总安全系数的方法。在《地基基础规范》中，与国际上大多数国家一样，对岩土工程的安全性，在设计时，仍采用总安全系数的方法来体现。这是比较符合当前岩土工程技术水平的发展现状的，岩土工程界在处理实际工程问题时，也按这种做法，已积累了大量的宝贵经验，在工程实践中，便于实施应用。

按土力学原理，建筑地基基础设计应满足两种极限状态的设计要求。在建筑工程中，因地基问题而引起建筑物的破坏一般有两种情况：①由于荷载过大，超过基础持力层地基土的承载能力，地基产生剪切破坏，使地基丧失稳定；②地基产生过大的沉降或不均匀沉降，使上部结构部分倾斜、开裂或影响建筑物的正常使用。因此，地基基础的设计必须满足下列两个条件：①地基必须满足承载力验算的条件，即作用在基础底面的平均压力，应在地基允许承载力的范围内；②建筑物基础在荷载作用下的最大沉降或不均匀沉降，应在建筑物地基变形允许值范围内。对建筑物地基设计来讲，只要所采用的作用效应与抗力之间的关系满足上述两方面的要求，即满足了岩土工程中地基设计的两种极限状态的设计要求。

鉴于《地基基础规范》在结构可靠度设计方法上与统一标准的要求有所不同，《地基基础规范》规定，所有建筑物的地基计算均应满足承载力计算的有关规定，即应满足 $p_k \leqslant f_a$，$p_{kmax} \leqslant 1.2f_a$ 的要求。再加上《地基基础规范》中对稳定性计算的条款，建筑地基已不会出现地基失稳的情况，即满足了地基承载能力极限状态的设计要求。

《地基基础规范》中对地基正常使用极限状态的要求，是在计算地基变形时，采用作用效应的准永久组合，而相应的限值为地基变形允许值。

（2）关于地基承载特征值 如前所述，在建筑物荷载作用下，地基必须是稳定的，相对于地基失稳的状态，必须具有一定的安全度。在岩土工程中，通常的做法是将地基极限荷载除以一定的安全系数，所得到的值称为地基允许承载力。在进行地基载荷试验时，当限于加载条件或土的变形特性，可能无法确定第二拐点时，也可根据经验，取第一拐点（比例极限）附近的数值，作为土的允许承载力。

由于土是一种大变形材料，当荷载增大时，随着地基变形的相应增长，有时很难界定出一个真正的地基承载力的"极限值"；另外建筑物的绝大多数地基事故，都是由地基变形过大且不均匀所造成的，故在地基规范中，明确规定了按变形设计的原则和方法。这样，在确定地基承载力时，就可以有两个途径：①根据地基的承载能力极限状态确定地基的极限承载力后，取一定的安全系数得出地基允许承载力；②根据地基的正常使用极限状态直接确定地基的允许承载力。这两种方法在国内外都有所采用。

《地基基础规范》指出，控制地基变形为地基设计的主要原则，在满足承载力计算的前提下，应按控制地基变形的正常使用极限状态设计。地基设计所选用的地基承载力是在地基土的压力变形曲线线性变形段内相应于不超过比例极限的地基压力值，称为地基承载力特征值（相当于地基允许承载力）。承载力设计时，荷载效应采用正常使用极限状态下作用效应标准组合，这样，地基承载力的总安全系数将不小于2。从新中国成立以来几十年的建筑地基基础工程实践来看，工程的安全是有保证的。

习 题

1-1 无筋扩展基础和扩展基础所用材料有何不同？

1-2 建筑地基基础设计等级分为几级？分级依据是什么？

1-3 简述地基基础设计两种状态对应的荷载组合及使用范围。

1-4 地基计算包括哪些内容？应满足的条件是什么？

1-5 地基变形特征值有哪些？地基变形允许特征值的确定应考虑哪些因素？

1-6 基础埋置深度的确定应考虑哪些因素？

1-7 影响地基承载力的因素有哪些？如何确定地基承载力特征值？有哪些方法？如何进行宽、深修正？

1-8 采用《地基基础规范》基础埋深和宽度修正公式计算地基承载力时，基础埋置深度的选取是（ ）。

（A）在上部结构施工以后填方的，可以从填土面标高算起

（B）非筏形基础和箱形基础的地下室，可以从室外地面标高算起

（C）在填方以后施工上部结构的，可以从填土面标高算起

（D）填土固结以后，可以从填土面标高算起

1-9 根据《地基基础规范》，在下列情况中（ ）不需验算沉降。

（A）5层住宅，场地填方高度为2m，持力层承载力 $f_k = 90kPa$。

（B）6层住宅，场地无填方，持力层承载力 $f_k = 130kPa$。

（C）在软弱地基上，建造两栋长高比均为3.5的5层相邻建筑物，持力层 $f_k = 110kPa$，基础净距为2.5m。

（D）烟囱高度为35m，持力层承载力 $f_k = 90kPa$。

1-10 某建筑采用独立基础，基础底面尺寸3m×4m，基础埋深 $d = 1.5m$，拟建场地地下水位距地表1.0m，地基土分层分布及主要物理力学指标见表1-21，《地基基础规范》的理论公式计算持力层地基承载力特征值 f_a，其值最接近（ ）。

（A）184kPa （B）208kPa （C）199kPa （D）223kPa

表 1-21　习题 1-10 表

层序	土名	层底深度/m	含水量 $w(\%)$	天然重度 $\gamma/(\mathrm{kN/m^3})$	孔隙比 e	液性指数 I_L	黏聚力 c/kPa	内摩擦角 $\varphi(°)$	压缩模量 E_S/MPa
①	填土	1.00	—	18.0	—	—	—	—	—
②	粉质黏土	3.00	30.5	18.7	0.80	0.70	18	20°	7.5
③	淤泥质黏土	7.50	48.5	17.0	1.38	1.20	10	11°	2.5
④	粉土	16.00	20.5	18.7	0.78	—	5	35°	15.8

1-11　某条形基础宽 2m，基底埋深 1.50m，地下水位及地基土分层条件与习题 1-10 相同。在对软弱下卧层③进行验算时，为了查表确定地基压力扩散角 θ，z/b 应取（　　）。

(A) 1.5　　　　　　(B) 1.25　　　　　　(C) 0.75　　　　　　(D) 1.0

1-12　某建筑物采用独立基础，基础条件与习题 1-10 相同，上部结构传来的竖向荷载 $F = 800\mathrm{kN}$，水平荷载 $H = 50\mathrm{kN}$（位于地表处），力矩 $M = 25\mathrm{kN \cdot m}$。此基础基底的最大与最小压力最接近于（　　）。

(A) $p_{\max} = 109\mathrm{kPa}$，$p_{\min} = 84\mathrm{kPa}$　　　　　　(B) $p_{\max} = 79\mathrm{kPa}$，$p_{\min} = 54\mathrm{kPa}$

(C) $p_{\max} = 104\mathrm{kPa}$，$p_{\min} = 79\mathrm{kPa}$　　　　　　(D) $p_{\max} = 67\mathrm{kPa}$，$p_{\min} = 64\mathrm{kPa}$

1-13　某条形基础宽 2m，基底埋深 1.50m，地下水位及地基土分层条件与习题 1-10 相同。基础底面的设计荷载为 350kN/m，在进行软弱下卧层验算时，若地基压力扩散角 $\theta = 23°$，扩散到下卧层顶面的压力 p_z 最接近于（　　）。

(A) 93kPa　　　　　(B) 159kPa　　　　　(C) 107kPa　　　　　(D) 214kPa

1-14　某砖墙承重建筑拟采用条形基础，埋深 1.5m，地下水位及地基土分层条件与习题 1-10 相同，根据原位测试方法确定的持力层地基承载力特征值 $f_{ak} = 100\mathrm{kPa}$，结构传来的竖向荷载 $F = 190\mathrm{kN/m}$。根据地基承载力要求确定基础宽度 b，其值最接近于（　　）。

(A) 2.0m　　　　　(B) 1.9m　　　　　(C) 1.5m　　　　　(D) 2.7m

1-15　已知某地基持力层为粉土，$\varphi_k = 22°$，$c_k = 1\mathrm{kN/m^2}$，基础宽度 $b = 1.5\mathrm{m}$，基础埋深 $d = 1.5\mathrm{m}$，地下水位位于地面下 1m 处，如图 1-19 所示，试应用《地基基础规范》理论公式确定其地基承载力特征值。

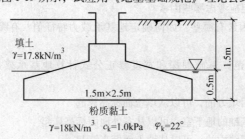

填土
$\gamma = 17.8\mathrm{kN/m^3}$
1.5m
0.5m
1.5m×2.5m
粉质黏土
$\gamma = 18\mathrm{kN/m^3}$　$c_k = 1.0\mathrm{kPa}$　$\varphi_k = 22°$

图 1-19　习题 1-15 图

1-16　某厂房柱下矩形基础，所受荷载及地基情况如图 1-20 所示，试确定基础底面尺寸。

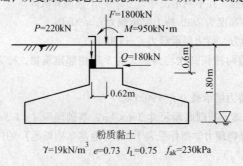

$F = 1800\mathrm{kN}$
$P = 220\mathrm{kN}$　$M = 950\mathrm{kN \cdot m}$
$Q = 180\mathrm{kN}$
0.6m
1.80m
0.62m
粉质黏土
$\gamma = 19\mathrm{kN/m^3}$　$e = 0.73$　$I_L = 0.75$　$f_{ak} = 230\mathrm{kPa}$

图 1-20　习题 1-16 图

1-17　某柱基础作用在设计地面处的柱荷载设计值、基础尺寸埋深及地基条件如图 1-21 所示。试验算持力层和软弱下卧层的强度。

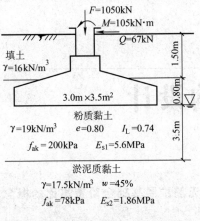

$F=1050\text{kN}$
$M=105\text{kN·m}$
$Q=67\text{kN}$
1.50m
填土
$\gamma=16\text{kN/m}^3$
0.80m
$3.0\text{m}\times3.5\text{m}^2$
粉质黏土
$\gamma=19\text{kN/m}^3$　　$e=0.80$　　$I_L=0.74$
$f_{ak}=200\text{kPa}$　　$E_{s1}=5.6\text{MPa}$
3.5m
淤泥质黏土
$\gamma=17.5\text{kN/m}^3$　　$w=45\%$
$f_{ak}=78\text{kPa}$　　$E_{s2}=1.86\text{MPa}$

图 1-21　习题 1-17 图

第 2 章

浅基础结构设计

2

【本章要求】 1. 掌握无筋扩展基础台阶宽高比的概念，剖面设计，材料及构造要求。
2. 掌握扩展基础的构造要求，设计内容和计算方法。
3. 掌握联合基础的设计要点，学会应用倒梁法计算柱下条形基础内力的方法，能进行交梁基础节点竖向荷载的分配。
4. 了解地基、基础与上部结构共同工作的概念。

【本章重点】 无筋扩展基础和扩展基础的设计。

2.1 概述

天然地基上的浅基础由于埋置较浅，施工简便，工期短，造价低廉，是地基基础设计中优先采用的方案。浅基础根据构造不同，设计的内容也有区别。对于无筋扩展基础，由于所用材料具有较大的抗压强度，而抗弯、抗剪强度较低的特点，故设计时必须保证在基础内产生的拉应力和切应力不超过材料强度设计值，这个设计原则通常通过限制刚性角 α 小于刚性角限值 $[\alpha]_{max}$，或者限制基础台阶的宽高比不超过规范规定的台阶宽高比允许值来实现的；对于扩展基础，由于所采用的材料为钢筋混凝土，能承受较大的地基反力，工作条件像个倒置的悬臂构件，其内力可按悬臂构件计算；对于联合基础，可以按刚性基础法设计，也可把它当做弹性地基梁来设计。刚性基础法基于下列假定：①假定基础是刚性的；②假定基底反力按线形分布；③不考虑上部结构刚度的作用。弹性地基梁法是把地基土作为半无限弹性体，利用弹性分析的方法得到弹性地基梁的解答。因此，浅基础结构设计的关键环节是计算基础产生的内力，并按混凝土结构设计原理进行结构设计，使之符合构造要求。

地基、基础和上部结构三者是相互联系成整体来承担荷载而发生变形的，三者都按各自的刚度对变形产生相互制约的作用，从而使整个体系的内力和变形发生变化。因此，合理的设计方法应将三者作为一个整体，考虑接触部位的变形协调来计算其内力和变形，这种方法称为上部结构和地基基础的共同分析法。这种方法虽然计算比较合理，结果精确，但计算过程比较麻烦，且计算参数的确定也比较困难，除重大工程外，设计中常用的还是实用简化计算方法。

在建筑结构设计计算中，实用简化计算方法通常把上部结构、基础和地基三者分开，视为彼此相互独立的结构单元进行静力平衡分析计算，不考虑上部结构的刚度，只计算作用在基础顶面的荷载，也不考虑基础的刚度，基底反力简化为直线分布，并反向施加于地基，作为柔性荷载验算地基承载力和进行沉降计算。这种方法也称为常规设计法。本章重点介绍浅基础的常规设计方法，对地基、基础与上部结构共同作用的概念简要介绍。

2.2　无筋扩展基础的设计

无筋扩展基础是指由砖、毛石、混凝土或毛石混凝土、灰土和三合土等材料组成的。当无筋扩展式基础剖面的台阶宽高比满足表 2-1 允许值，一般基础的抗弯强度和抗剪强度等均满足要求，可以不必做强度验算（特殊情况见表 2-1 的表注），更无需配置钢筋。无筋扩展基础的台阶宽高比允许值是经过长期的工程实践得出的，可通过控制基础台阶宽高比达到设计要求，简单易行。

表 2-1　无筋扩展基础台阶宽高比的允许值

基础名称	质量要求	台阶宽高比的允许值		
		$p_k \leqslant 100$	$100 < p_k \leqslant 200$	$200 < p_k \leqslant 300$
混凝土基础	C15 混凝土	1:1.00	1:1.00	1:1.25
毛石混凝土基础	C15 混凝土	1:1.00	1:1.25	1:1.50
砖基础	砖不低于 MU10、砂浆不低于 M5	1:1.50	1:1.50	1:1.50
毛石基础	砂浆不低于 M5	1:1.25	1:1.50	—
灰土基础	体积比为 3:7 或 2:8 的灰土，其最小干密度： 粉土 15.5kN/m³ 粉质黏土 15.0kN/m³ 黏土 14.5kN/m³	1:1.25	1:1.50	
三合土基础	体积比 1:2:4 ~ 1:3:6（石灰:砂:骨料），每层约虚铺 220mm，夯至 150mm	1:1.50	1:2.00	—

注：1. p_k 为作用效应标准组合时基础底面处的平均压力值（kPa）。

2. 阶梯形毛石基础的台阶，每阶伸出宽度不宜大于 200mm。

3. 当基础由不同材料叠合而成时，应对接触部分作抗压验算。

4. 混凝土基础单侧扩展范围内基础底面处的平均压力值超过 300kPa 时，尚应进行抗剪验算；对基底反力集中于立柱附近的岩石地基，应进行局部受压承载力验算。

2.2.1　无筋扩展基础的类型

（1）砖基础　砖基础的强度和抗冻性较差，但取材容易，价格低廉，目前仍应用很广泛。砖基础适用于 5 层及 5 层以下的混合结构的墙、柱基础。砖的强度等级不得低于 MU10，砂浆不宜低于 M5；在地下水位以下或地基潮湿时应采用水泥砂浆砌筑；基础底面以下一般先做 100mm 厚的素混凝土垫层，混凝土强度等级为 C15；砖基础的高度应符合砖的模数；在布置基础剖面时，多采取等高式和间隔式两种形式（见图 2-1）。等高式是砌筑两皮砖两边各收进 1/4 砖长，间隔式是两皮砖一收与一皮砖一收相间隔，两边各收进 1/4 砖长。

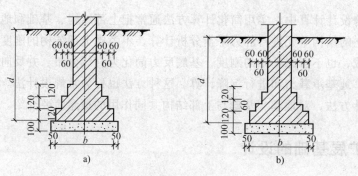

图 2-1   砖基础形式
a)"两皮一收"砌法   b)"二一间隔收"砌法

（2）毛石基础   毛石基础的材料采用未加工或稍做修整的未风化的硬质岩石，其高度一般不小于 200mm。当毛石形状不规则时，其高度应不小于 150mm。毛石基础的每阶高度可取 400~600mm，台阶伸出宽度不宜大于 200mm。毛石基础的底面尺寸要求为：条形基础的宽度不小于 500mm；独立基础的底面尺寸不应小于 600mm×600mm。

（3）三合土基础   三合土基础由石灰、砂和骨料（矿渣、碎砖或碎石）加适量的水充分搅拌均匀后，铺在基槽内分层夯实而成。三合土的配合比（体积比）为 1:2:3 或 1:3:6，在基槽内每层虚铺 220mm，夯至 150mm。三合土基础的高度不应小于 300mm，宽度不应小于 700mm。

（4）灰土基础   灰土基础由熟化后的石灰和黏性土按比例拌和并夯实而成。其配比为：石灰:土 =2:8 或 3:7（体积比），分层夯实。每层虚铺 220~250mm，夯至 150mm。夯实时灰土应控制最优含水量，其最小干密度要求为：粉土 15.5kN/m³，粉质土 15.0kN/m³，黏土 14.5kN/m³。灰土基础的高度不应小于 300mm，对条形基础宽度不应小于 500mm，对独立基础其底面尺寸不应小于 700mm×700mm。

（5）混凝土和毛石混凝土基础   混凝土基础一般是用强度等级为 C15 的素混凝土浇筑而成。若在混凝土基础内埋入 25%~30%（按体积计）的未风化的毛石，即形成毛石混凝土基础。混凝土基础的每阶高度不应小于 250mm，一般为 300mm。毛石混凝土基础的高度不应小于 300mm。这种基础的强度、耐久性、抗冻性都比前几种基础要好。

以上基础的质量要求、台阶宽高比允许值见表 2-1。

2.2.2   无筋扩展基础的构造

无筋扩展基础通常做成台阶式短悬臂的剖面，如图 2-2 所示。设计时首先要保证基础内的拉应力不超过材料的抗拉强度，这一设计原则是通过剖面构造上的限制来实现的。图 2-2 中，b_2/H_0 表示一个或一组台阶的宽高比。基础外挑台阶在基底净反力的作用下，有向上翘曲之势，如果基础材料的抗弯能力不够，就会使基底开裂破坏。由材料力学可知，当基础材料强度和基底净反力确定后，只要台阶宽高比不超过某一允许比值，就可保证基础不会因受弯而破坏。这个允许值称为无筋扩展基础的允许宽高比。因为 $\tan\alpha = b_2/H_0$，所以，也可用 α 来表示，α 称为刚性角。

采用无筋扩展基础的钢筋混凝土柱，其柱脚高度 h_1 不得小于 b_1（见图 2-2），并不应小于 300mm 且不小于 $20d$（d 为柱中的纵向受力钢筋的最大直径）。当柱纵向钢筋在柱脚内竖向锚固长度不满足锚固要求时，可沿水平方向弯折，弯折后的水平钢筋锚固长度不应小于 $10d$，也不应大于 $20d$。

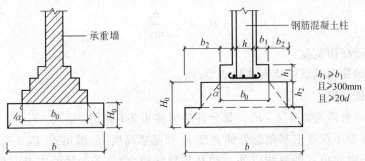

图 2-2　无筋扩展基础构造示意图

2.2.3　基础底面形状

基础底面的形状应与上部结构相适应。一般墙下基础用条形，柱下基础用方形或矩形，并与柱截面形状一致。矩形长宽比多为 $1 \sim 2$，最大不超过 3。应尽量把基础设计成中心受压状态，若基础必须设计成偏心受压状态，如两相邻柱基或墙基间距较小，有起重机的工业厂房柱基等，此时基础应设计成单向偏心，且偏心位于底面长边方向，偏心距一般控制在一定范围，即厂房柱基不大于边长的 1/6。对于低压缩土地基或个别特殊荷载组合时，可放宽至边长的 1/4 以内。若条形基础带有壁柱时，应按 T 形截面偏心受压公式计算，其计算单元以壁柱轴线为中心向两侧对称取相同长度的墙体，如图 2-3 所示。若偏心距较大，可将基础中心线偏于墙体中心线，以使荷载产生的偏心距尽量小，甚至为零（见图 2-4）。基础挑出部分仍应满足宽高比要求。

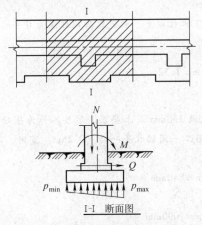

图 2-3　带壁柱基础的计算简图

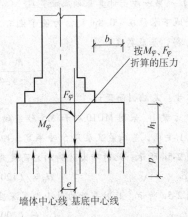

图 2-4　偏心荷载作用基础计算简图

2.2.4　基础剖面尺寸

基础剖面尺寸主要有基础高度 H_0、总外伸长度 b_2，以及每一台阶的宽度和高度。为了保护基础，基础总是埋置于地下一定深度（基础顶面至地面 $100 \sim 200mm$），因此基础高度通常小于基础埋深，即 $H_0 < d$；同时为了保证基础内的拉应力不超过材料的抗拉强度；基础高度应满足式（2-1）的要求（见图 2-2）。

$$H_0 \geq \frac{b - b_0}{2\tan\alpha} \tag{2-1}$$

式中　b——基础底面宽度；

　　　b_0——基础顶面的墙体宽度或柱脚宽度；

　　　H_0——基础高度；

　　$\tan\alpha$——基础台阶宽高比 b_2/H_0，其允许值可按表 2-1 选用。

无筋扩展基础不仅要求基础总外伸宽度 b_2 和基础高度 H_0 满足式（2-1），而且要求各级台阶的内缘处于刚性角 α 的斜线以外（包括与斜线相交）。若台阶的内缘有处于刚性角 α 的斜线以内的，则这类基础是不安全的。

为了省工和平整起见，无筋扩展基础底部常浇筑一个垫层，一般用灰土、三合土或素混凝土为材料，厚度大于或等于 100mm。薄的垫层不作为基础考虑，对于厚度为 150 ~ 250mm 垫层，可以作为基础的一部分来考虑。但若垫层材料的强度小于基础材料时，需对垫层进行抗压验算。

【例 2-1】　某五层房屋承重墙墙厚 240mm，墙下设条形基础，相应于荷载效应标准组合时，由上部结构传至基础顶面的轴向力 $F_k = 190\text{kN}$，假定地下水位在 -0.8m 处，修正后的地基承载力特征值为 $f_a = 160\text{kPa}$，试设计此基础。

【目的与方法】　本题旨在熟悉无筋扩展基础的设计方法。对于砖基础的设计，一般根据地基承载力确定基底宽度，再按表 2-1 给出的台阶宽高比允许值，并结合砖基础的砌筑工艺要求，合理确定基础剖面尺寸。

【解】　第一步：计算基础底面宽度

由于地下水位在 -0.8m 处，为便于施工，基底宜放在地下水位以上。假定取基础埋深为 0.8m。由式（1 - 15）得，基底宽度 b 为

$$b = \frac{F_k}{f_a - \gamma_G d} = \frac{190}{160 - 20 \times 0.8}\text{m} = 1.32\text{m}$$

第二步：基础剖面设计

（1）方案 1　采用 MU10 砖和 M5 砂浆砌筑砖基础，基底做 150mm 灰土垫层。垫层不作为基础考虑。根据表 2-1 要求，基础最底层用 5 砖半宽，即 $b = 1.32\text{m}$，取用二一间隔收至一砖（0.25m）宽时，共收 9 次，如图 2-5a 所示。此时砖大放脚的总高度为

$$H_0 = （120 \times 5 + 60 \times 4）\text{mm} = 840\text{mm}$$

如图 2-5a 所示，此时基础的最小埋置深度为

$$d_{\min} = （100 + 840 + 150）\text{mm} = 1090\text{mm}$$

即基底要做在地下水位以下，而且砖砌工作量也很大，施工困难，不宜采用。

（2）方案 2　仍采用 MU10 和 M5 砂浆砌筑砖基础，但基础下部用 300mm 厚 C15 素混凝土垫层。此时垫层作为基础的一部分考虑。根据表 2-1 要求，垫层允许宽高比 $b/h = 1:1$，垫层挑出宽度最大可取 300mm，取 $b_1 = 290\text{mm}$，则砖基础底层底面宽 $b' = （1320 - 290 \times 2）\text{mm} = 740\text{mm}$，正好为 3 砖宽，如仍采用二一间隔收砌筑，则收 4 次至 1 砖宽，如图 2-5b 所示。基础总高度 $H_0 = （100 + 2 \times 120 + 2 \times 60）\text{mm} = 660\text{mm}$。基础最小埋深 $d_{\min} = （100 + 660）\text{mm} = 760\text{mm}$，基底可在地下水位以上，且砖砌筑量小，显然此方案较好。

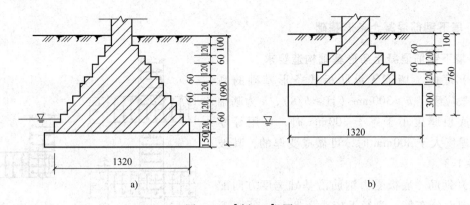

图 2-5 【例 2-1】图

a) 方案 1 砌筑砖基础　b) 方案 2 砌筑砖基础

【本题小结】 根据本题求解过程可总结出无筋扩展基础的设计步骤：①根据上部结构传来的荷载、基础埋置深度以及修正后的地基承载力特征值确定基础底面积；②根据水文地质条件和材料供应情况，选定基础材料；③根据基础底面宽度 b 和表 2-1 台阶宽高比的允许值，按式（2-1）确定基础高度 H_0 和每个台阶的尺寸。

2.3 扩展式基础的设计

1. 扩展式基础概述

扩展式基础是指墙下钢筋混凝土条形基础与柱下钢筋混凝土独立基础。墙下钢筋混凝土条形基础一般做成无肋的板，如图 2-6a 所示。若地基软弱或不均匀，可加肋（见图 2-6b）来增加基础刚度，以调节不均匀沉降。柱下钢筋混凝土独立基础按施工方法不同，可以现浇，也可以预制。基础剖面多做成台阶式和角锥形。预制基础常做成杯形，亦称为杯口基础。

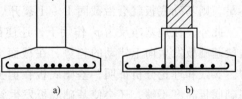

图 2-6 墙下条形基础示意

a) 无肋基础　b) 加肋基础

2. 扩展式基础的一般构造要求

扩展式基础均应满足下列构造要求：

（1）垫层　基础下面通常做素混凝土垫层，垫层厚度不宜小于 70mm；垫层的混凝土强度等级应为 C10；通常垫层厚 100mm，每边伸出基础 50～100mm。

（2）底板边缘高度　锥形底板边缘处高度一般不小于 200mm，并取 50mm 的倍数。

（3）底板钢筋　底板受力钢筋其最小直径不宜小于 10mm，间距不宜大于 200mm，但也不宜小于 100mm，底板受力筋最小配筋率不应小于 0.15%。当基础边长或宽度大于或等于 2.5m 时，底板受力钢筋的长度可取边长或宽度的 0.9 倍，并宜交错布置。

（4）底板钢筋保护层　当有垫层时，钢筋保护层厚度不小于 40mm，无垫层时不小于 70mm。

（5）底板混凝土　底板混凝土强度等级不低于 C20。

2.3.1 墙下钢筋混凝土条形基础

1. 墙下钢筋混凝土条形基础构造要求

（1）底板 墙下无纵肋板式条形基础的高度：一般应满足 $h \geq 300\text{mm}$（且 $\geq h/8$），h 为基础高度；底板厚度小于等于 300mm 时，可用等厚度；当厚度大于 300mm 时，可做成变厚的，其坡度比 $i \leq 1:3$。

（2）钢筋 底板受力钢筋沿基础宽度方向配置；纵向设分布筋，直径不应小于 8mm，间距不大于 300mm，每延米分布钢筋的面积应不小于受力钢筋面积的 15%，置于受力筋之上。在 T 形及十字交接处，底板横向受力钢筋仅沿一个主要方向通长布置，另一个方向的横向受力钢筋可布置到主要受力方向底板宽度的 1/4 处（如图 2-7a）

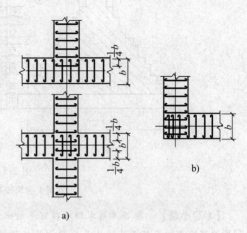

图 2-7 墙下条形基础底板
受力钢筋布置示意图

在拐角处底板横向受力钢筋应沿两个方向布置（如图 2-7b）。

2. 基础底板高度确定

墙下钢筋混凝土条形基础的受力分析如图 2-8 所示。其受力情况如同一倒置的悬臂板，由图 2-8 可见，这个悬臂板在基础底面净反力 p_j 作用下，使基础底板发生向上的弯曲变形，在截面 I—I 将产生弯矩。若弯矩过大，配筋不足，则基础底板就会沿截面 I—I 裂开。

此外，在地基净反力 p_j 作用下，还使截面 I—I 左边这段基础板发生向上错动的趋势，在截面 I—I 将产生剪力。实践和理论分析证明，基础底板在剪力作用下，如果基础底板高度不够，还会使基础底板发生斜裂缝。

（1）地基净反力 由于基础及回填土自重 G 产生的均布压力与相应的地基反力相抵消，故底板仅受到上部结构传来的荷载引起的地基净反力的作用。地基净反力可用下式计算

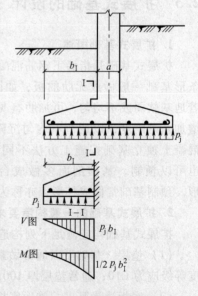

图 2-8 墙下钢筋混凝土
条形基础受力分析

轴心荷载作用时 $$p_j = \frac{F}{b \times 1} \qquad (2\text{-}2)$$

偏心荷载作用时 $$\frac{p_{j\max}}{p_{j\min}} = \frac{F}{b}\left(1 \pm \frac{6e}{b}\right) \qquad (2\text{-}3)$$

式中 F——相应于荷载效应基本组合时，上部结构传至基础顶面的竖向力（kN/m）；

e——偏心距（m），$e = \dfrac{\sum M}{F}$，式（2-3）适用于 $e \leq \dfrac{b}{6}$ 小偏心情况；

$\sum M$——对基底中心的力矩总和（kN·m/m）。

（2）剪力计算

基础验算截面的剪力设计值 v_{I}（kN/m）按下式计算：

1）轴心荷载作用时。截面的剪力 V_{I} 可简化为如下形式

$$V_{\mathrm{I}} = b_{\mathrm{I}} p_{\mathrm{j}} = \frac{b_{\mathrm{I}}}{b} F \tag{2-4}$$

2）偏心荷载作用时。截面的剪力 V_{I} 可简化为如下形式

$$\left. \begin{aligned} V_{\mathrm{I}} &= \frac{p_{\mathrm{jmax}} + p_{\mathrm{jI}}}{2} \times b_{\mathrm{I}} \\ V_{\mathrm{I}} &= \frac{b_{\mathrm{I}}}{2b} \big[(2b - b_{\mathrm{I}}) p_{\mathrm{jmax}} + b_{\mathrm{I}} p_{\mathrm{jmin}} \big] \end{aligned} \right\} \tag{2-5}$$

式中　b_{I}——验算截面 I 距基础边缘的距离（m），当墙体材料为混凝土时，b_{I} 为基础边缘至墙脚的距离；当墙体材料为砖墙且墙脚伸出 1/4 砖长时，b_{I} 为基础边缘至墙脚加上 1/4 砖长，即基础边缘至墙面的距离；

　　p_{jI}——验算截面 I 处的地基净反力（kPa），$p_{\mathrm{jI}} = p_{\mathrm{jmin}} + \dfrac{p_{\mathrm{max}} - p_{\mathrm{min}}}{b}(b - b_{\mathrm{I}})$。

【讨论】　对于偏心荷载作用时，注意式（2-4）中的 p_{j} 取值有两种情况：第一种情况，取 $p_{\mathrm{j}} = p_{\mathrm{max}}$，这样计算结果使得剪力和弯矩偏大，计算结果偏于安全；第二种情况，取 $p_{\mathrm{j}} = \dfrac{p_{\mathrm{max}} + p_{\mathrm{jI}}}{2}$，这样计算使得剪力和弯矩偏小，计算结果偏于经济。本教材采用第二种情况。

（3）基础高度确定　基础底板的高度按抗剪承载力确定。由于底板内不配置弯筋及箍筋，根据（GB 50010—2010）《混凝土结构设计规范》（以下简称《混凝土结构设计规范》），其底板高度应满足

$$V_{\mathrm{I}} \leqslant 0.7 \beta_{\mathrm{hs}} f_{\mathrm{t}} h_0$$

$$h_0 \geqslant \frac{V_{\mathrm{I}}}{0.7 \beta_{\mathrm{hs}} f_{\mathrm{t}}} \tag{2-6}$$

式中　f_{t}——混凝土轴心抗拉强度设计值（MPa）；

　　β_{hs}——剪切承载力截面高度影响系数，$\beta_{\mathrm{hs}} = \left(\dfrac{800}{h_0}\right)^{\frac{1}{4}}$，当 $h_0 < 800$mm 时，取 $h_0 = 800$mm，当 $h_0 > 2000$mm 时，取 $h_0 = 2000$mm。

3. 基础底板配筋

（1）弯矩计算　计算任意截面 I 每延米弯矩设计值 M_{I}（kN·m/m）为

$$M_{\mathrm{I}} = \frac{1}{2} V_{\mathrm{I}} b_{\mathrm{I}} \tag{2-7}$$

（2）配筋计算　按《混凝土结构设计规范》方法配筋，底板受力钢筋面积为

$$A_{\mathrm{s}} = \frac{M_{\mathrm{I}}}{0.9 f_{\mathrm{y}} h_0} \tag{2-8}$$

基础底板的配筋除了满足计算和最小配筋率要求外，尚应符合上述的构造要求。

【例 2-2】　某承重墙厚 240mm，墙下采用钢筋混凝土条形基础。相应于荷载效应基本组合时，上部结构传来的荷载为 $F = 265$kN/m，$M = 10.6$kN·m，基础埋深 $d = 1.2$m，经地基计算，基础底面宽度确定为

2.2m，试设计此基础的高度并配筋。

【目的与方法】　掌握墙下条形基础设计的内容和步骤。设计时先计算地基净反力；根据构造要求和经验，初步选择基础底板高度；验算截面的内力值，并用混凝土结构设计的方法验算底板高度是否满足要求；若底板高度满足抗剪要求，再按混凝土结构设计方法进行底板配筋。

【解】　第一步：确定混凝土及钢筋强度

选用混凝土的强度等级为 C20，查得 $f_t = 1.1$ MPa，采用 HPB300 钢筋，查得 $f_y = 270$ MPa。

第二步：确定地基净反力

$$e = \frac{M}{F} = \frac{10.6}{265}\text{m} = 0.04\text{m}$$

$$\begin{matrix} p_{j\max} \\ p_{j\min} \end{matrix} = \frac{F}{b}\left(1 \pm \frac{6e}{b}\right) = \left[\frac{265}{2.2} \times \left(1 \pm \frac{6 \times 0.04}{2.2}\right)\right]\text{kPa} = \begin{matrix} 133.6 \\ 107.3 \end{matrix}\text{kPa}$$

第三步：计算截面 I 距基础边缘的距离

$$b_I = \frac{1}{2} \times (2.2 - 0.24)\text{m} = 0.98\text{m}$$

第四步：计算截面的剪力设计值

$$V_I = \frac{b_I}{2b}\left[(2b - b_I)p_{j\max} + b_I p_{j\min}\right]$$

$$= \frac{0.98}{2 \times 2.2} \times \left[(2 \times 2.2 - 0.98) \times 133.6 + 0.98 \times 107.3\right]\text{kN/m}$$

$$= 125.2\text{kN/m}$$

第五步：确定基础的有效高度

基础高度可根据构造要求确定，边缘高度取 200mm，基础高度 h 取 300mm，有效高度 $h_0 = (300 - 50)\text{mm} = 250\text{mm}$

$$\beta_{hs} = 1$$

$$h_0 \geqslant \frac{V_I}{0.7\beta_{hs}f_t} = \frac{125.2}{0.7 \times 1 \times 1.1}\text{mm} = 162.6\text{mm}$$

有效高度 $h_0 = 250\text{mm} > 162.6\text{mm}$，合适。

第六步：验算基础截面弯矩设计值

$$M_I = \frac{1}{2}V_I b_I = \frac{1}{2} \times 125.2 \times 0.98\text{kN}\cdot\text{m/m} = 61.3\text{kN}\cdot\text{m/m}$$

第七步：计算基础每延米的受力钢筋截面面积并配筋

$$A_s = \frac{M_I}{0.9f_y h_0} = \left(\frac{61.3}{0.9 \times 270 \times 250} \times 10^6\right)\text{mm}^2 = 1005.33\text{mm}^2$$

配受力钢筋Φ14@150（$A_s = 1026\text{mm}^2$），沿基础宽度方向配置。在基础长度方向配置Φ8@250 的分布钢筋，基础配筋图如图 2-9 所示。

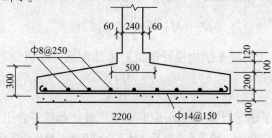

图 2-9　【例 2-2】图

【本题小结】 注意计算底板内力剪力和弯矩时，要计算正确；荷载应取地基净反力，且取 p_{jmax} 和 p_1 的平均值，采用基底压力计算则是错误的；计算底板配筋时注意不要把有效高度 h_0 看成总高度 h。

2.3.2 柱下钢筋混凝土独立基础

1. 构造要求

柱下钢筋混凝土独立基础，除应满足扩展式基础的一般构造要求外，还应满足下列要求：

（1）现浇柱下独立基础的构造要求 现浇柱下独立基础断面形状有锥形和阶梯形，其构造要求如图 2-10 所示。

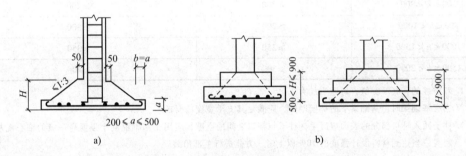

图 2-10 现浇基础构造示意

a）锥形基础 b）阶梯形基础

1）锥形基础的边缘高度，不宜小于 200mm，也不宜大于 500mm；阶梯形基础的每阶高度宜为 300～500mm。基础的阶数可根据基础总高度 H 设置，当 $H \leqslant 500$mm 时，宜为一阶；当 500mm $< H \leqslant 900$mm 时，宜为二阶；当 $H > 900$mm 时，宜为三阶。

2）锥形基础顶部为安装柱模板，需每边放大 50mm。锥形坡比一般不大于1:3。

3）现浇柱的基础一般与柱不同时浇筑，在基础内需预留插筋，其规格和数量应与柱的纵向受力筋相同。插筋的锚固和搭接应满足《混凝土结构设计规范》的要求（见图 2-10），插筋端部加直钩并伸至基底，至少应有上下两个箍筋固定。插筋与柱筋的搭接位置一般在基础顶面，如需提前回填土时，搭接位置也可在室内地面处。

4）当基础边长大于 2.5m 时，受力筋长度可缩短 10%，并交叉放置。

（2）预制柱下独立基础构造要求

预制柱下独立基础一般做成杯形基础，如图 2-11 所示，其构造应满足下列要求：

1）柱的插入深度 h_1 可按表 2-2 选用。h_1 应满足锚固长度的要求，即应符合现行《混凝土结构设计规范》的规定；同时还应满足吊装时柱的稳定性要求，即 0.05 倍柱长。

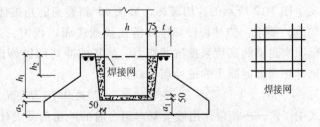

图 2-11 预制钢筋混凝土柱独立基础构造示意

注：$a_2 \geqslant a_1$

2）基础的杯底厚度 a_1 和杯壁厚度 t 按表 2-3 选用，并使 $a_2 \geqslant a_1$。

表 2-2 柱的插入深度 h_1/mm

矩形或 I 形柱				双肢柱
$h < 500$	$500 \leqslant h < 800$	$800 \leqslant h \leqslant 1000$	$h > 1000$	
$h \sim 1.2h$	h	$0.9h$ 且 $\geqslant 800$	$0.8h$ 且 $\geqslant 1000$	$(1/3 \sim 2/3) \, h_a$ $(1.5 \sim 1.8) \, h_b$

注：1. h 为柱截面长边尺寸；h_a 为双肢柱整个截面长边尺寸；h_b 为双肢柱整个截面短边尺寸。

2. 柱轴心受压或小偏心受压时，h_1 可适当减小，偏心距大于 $2h$ 时，h_1 应当放大。

表 2-3 基础的杯底厚度和杯壁厚度

柱截面长边尺寸 h/mm	杯底厚度 a_1/mm	杯壁厚度 t/mm
$h < 500$	$\geqslant 150$	$150 \sim 200$
$500 \leqslant h < 800$	$\geqslant 200$	$\geqslant 200$
$800 \leqslant h < 1000$	$\geqslant 200$	$\geqslant 300$
$1000 \leqslant h < 1500$	$\geqslant 250$	$\geqslant 350$
$1500 \leqslant h < 2000$	$\geqslant 300$	$\geqslant 400$

注：1. 双肢柱的杯底厚度值，可适当加大。

2. 当有基础梁时，基础梁下的杯壁厚度，应满足其支承宽度的要求。

3. 柱子插入杯口部分的表面应凿毛，柱子与杯口之间的空隙，应用比基础混凝土强度高一级的细石混凝土充填密实，当达到材料设计强度的 70% 以上时，方能进行上部吊装。

3）当柱为轴心或小偏心受压，且 $t/h_2 \geqslant 0.65$ 时，或大偏心受压，且 $t/h_2 \geqslant 0.75$ 时，杯壁内一般不配筋。当柱为轴心或小偏心受压，且 $0.5 \leqslant t/h_2 < 0.65$ 时，杯壁内可按表 2-4 构造配筋（见图 2-11）。对双杯口基础（如伸缩缝处的基础），两杯口之间的杯壁厚度 $t < 400$mm 时，宜配构造钢筋。其他情况下，应按计算配筋。

表 2-4 杯壁构造配筋

柱截面长边尺寸/mm	$h < 1000$	$1000 \leqslant h < 1500$	$1500 \leqslant h < 2000$
钢筋直径/mm	$8 \sim 10$	$10 \sim 12$	$12 \sim 16$

注：表中钢筋置于杯口顶部，每边两根。

2. 基础高度验算

基础高度由抗冲切承载力确定，当沿柱周边（或变阶处）的基础高度不够时，底板将发生图 2-12 所示的冲切破坏，形成 45° 斜裂面的角锥体。为防止发生这种破坏，《地基基础规范》要求：当冲切破坏锥体落在基础底面以内时，应验算基础冲切承载力。这就要求基础应有足够的高度来抵抗冲切力，使基础冲切面以外地基净反力产生的冲切力 F_l 不大于基础冲切面处混凝土的抗冲切承载力

$$F_l \leqslant 0.7\beta_{hp}f_tb_mh_0 \tag{2-9}$$

式中 F_l——相应作用效应基本组合时的冲切荷载设计值（kN）；

β_{hp}——受冲切承载力截面高度影响系数，当 h 不大于 800mm 时，β_{hp} 取 1.0，当 h 大于等于 2000mm 时，β_{hp} 取 0.9，其间按线性内插法取用；

f_t——混凝土轴心抗拉强度设计值（N/mm²）；

b_m——冲切破坏锥体最不利一侧计算长度（m）；

h_0——基础有效高度（m）。

由图 2-12 可知，$b_m h_0$ 是冲切锥体在基础底面的水平投影面积，令 $A_2 = b_m h_0$，对于天然地基上一般的矩形独立基础，基础高度通常小于 800mm，即有 $\beta_{hp} = 1$，则式（2-9）变为下式

$$F_l \leqslant 0.7 f_t A_2 \tag{2-10}$$

其中

$$F_l = p_j A_l \tag{2-11}$$

式中　A_2——斜裂面的水平投影面积；

　　　　A_l——考虑冲切荷载时取用的多边形面积（图 2-12 中的阴影面积）；

　　　　p_j——扣除基础自重及其上土重后相应作用效应基本组合时的地基土单位面积上的净反力，若偏压冲切计算时，用 p_{jmax} 代替 p_j 计算 F_l。

（1）锥形基础　锥形基础抗冲切承载力验算，其位置一般取柱与基础交接处。由图 2-13 可见，由于矩形基础的两个边长情况不同，冲切破坏时所引起的 A_l、A_2 也不同，不难发现，柱短边 b_c 一侧冲切破坏较柱长边 a_c 一侧危险，所以一般只需根据短边一侧冲切破坏条件来确定基础高度。

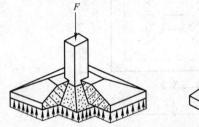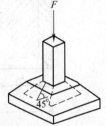

图 2-12　基础冲切破坏

1）当 $b \geqslant b_c + 2h_0$ 时（见图 2-13a）

$$A_l = \left(\frac{l}{2} - \frac{a_c}{2} - h_0 \right) b - \left(\frac{b}{2} - \frac{b_c}{2} - h_0 \right)^2$$

$$A_2 = （b_c + h_0）h_0$$

式中　l、b——基底长边和短边；

　　　　a_c、b_c——l 及 b 方向的柱边长。

2）当 $b < b_c + 2h_0$ 时（见图 2-13b）

$$A_l = \left(\frac{l}{2} - \frac{a_c}{2} - h_0 \right) b$$

$$A_2 = （b_c + h_0）h_0 - \left(\frac{b_c}{2} + h_0 - \frac{b}{2} \right)^2$$

3）当为正方形柱及正方形基础 $b > b_c + 2h_0$ 时（见图 2-13c）

$$A_l = \left(\frac{l}{2} - \frac{a_c}{2} - h_0 \right)\left(\frac{l}{2} + \frac{a_c}{2} + h_0 \right)$$

$$A_2 = （a_c + h_0）h_0$$

4）当 $b = b_c + 2h_0$ 时（见图 2-13d）

$$A_l = \left(\frac{l}{2} - \frac{a_c}{2} - h_0 \right) b$$

$$A_2 = （b_c + h_0）h_0$$

（2）阶梯形基础　阶梯形基础由于基础变阶，除对柱与基础交接处的位置进行抗冲切验算外，尚需验算变阶处的冲切承载力，如图 2-14 所示。对于图 2-14a，其验算同锥形基础。对于图 2-14b，只需把上台阶视为柱，相应地把 a_c、b_c 用 a_1、b_1 代替，按前述计算公式

进行验算即可。

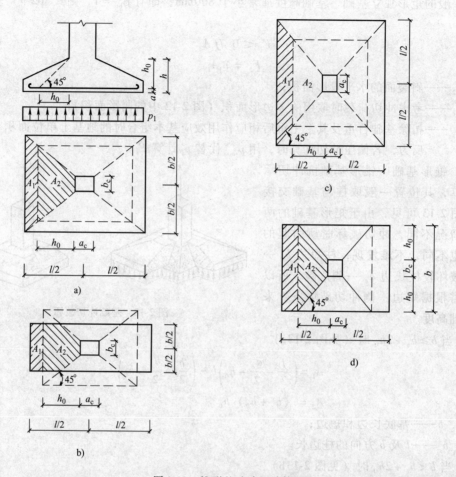

图 2-13　锥形基础冲切计算图

在确定基础高度时，可先按经验初步选定，然后进行试算，直至符合要求为止。但采用试算法往往需要多次计算，而且计算繁琐，结果还比较粗略。下面介绍一种直接计算基础高度的方法。

当 $b > b_c + 2h_0$ 时，基础底板有效高度

$$h_0 = -\frac{b_c}{2} + \frac{1}{2}\sqrt{b_c^2 + c} \tag{2-12}$$

式中　h_0——基础底板有效高度（mm）；

　　　b_c——柱截面的短边（mm）；

　　　c——系数，按下式计算：

对于矩形基础

$$c = \frac{2b(l - a_c) - (b - b_c)^2}{1 + 0.6\dfrac{f_t}{p_j}} \tag{2-13}$$

对于正方形基础（柱截面也为正方形）

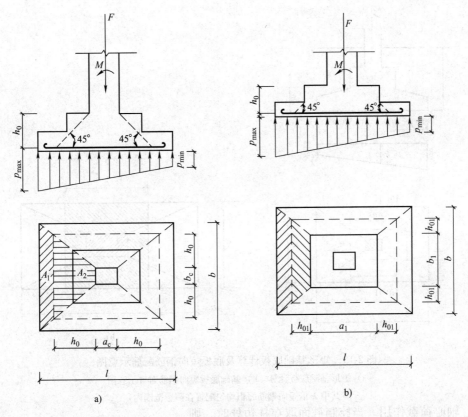

图 2-14 阶梯形基础冲切计算图

$$c = \frac{(b + b_c)(b - b_c)}{1 + 0.6\dfrac{f_t}{p_j}}$$ (2-14)

当 $b \leq b_c + 2h_0$ 时，基础底板有效高度

$$h_0 = \frac{(l - a_c)b + 0.3\dfrac{f_t}{p_j}(b - b_c)^2}{2b\left(1 + 0.6\dfrac{f_t}{p_j}\right)}$$ (2-15)

算出有效高度 h_0 后，即可求得基础底板厚度：有垫层时，$h = h_0 + 40\text{mm}$；无垫层时，$h = h_0 + 75\text{mm}$。

扩展式基础除了做上述基础高度抗冲切承载力验算外，对于基础底面短边尺寸小于或等于柱宽加两倍基础有效高度（$b \leq b_c + 2h_0$）的柱下独立基础，应验算柱与基础交接处的基础抗剪承载力；当基础混凝土强度等级小于柱的混凝土强度等级时，尚应验算柱下基础顶面的局部受压承载力。

3. 基础内力计算及配筋

基础底板在地基净反力作用下沿柱周边向上弯曲，故两个方向均需配筋。底板可看作固定在柱边梯形的悬臂板，计算截面取柱边或变阶处。如图 2-15 所示，在轴心或单向偏心荷载作用下底板受弯可按下列简化方法计算。

（1）弯矩计算 对于基础底面为矩形的基础

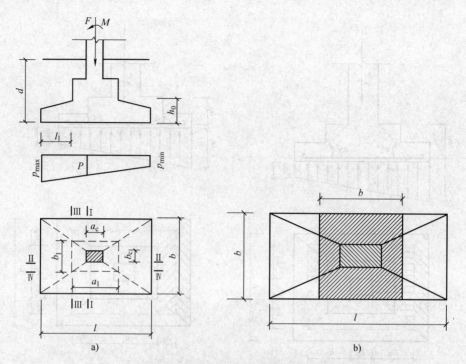

图 2-15　矩形基础底板计算及底板短向钢筋配筋示意图

a）矩形基础底板计算　b）基础底板短向钢筋布置示意图

（其中 λ 倍短向钢筋面积均匀配置在阴影范围内）

1）轴心荷载作用。当控制截面取在柱边处时，则

$$M_{\rm I} = \frac{1}{24}(l - a_{\rm c})^2(2b + b_{\rm c})p_{\rm j} \tag{2-16}$$

$$M_{\rm II} = \frac{1}{24}(b - b_{\rm c})^2(2l + a_{\rm c})p_{\rm j} \tag{2-17}$$

当控制截面取在变阶处时，把 $a_{\rm c}$、$b_{\rm c}$ 换成变阶处长度 a_1、宽度 b_1，则

$$M_{\rm III} = \frac{1}{24}(l - a_1)^2(2b + b_1)p_{\rm j} \tag{2-18}$$

$$M_{\rm IV} = \frac{1}{24}(b - b_1)^2(2l + a_1)p_{\rm j} \tag{2-19}$$

式中　$M_{\rm I}$、$M_{\rm II}$——相应于作用基本组合时，截面 I-I、II-II 处的弯矩设计值（kN·m）。

2）偏心荷载作用。由《地基基础规范》可知，当偏心距小于或等于 $l/6$ 时

$$M_{\rm I} = \frac{1}{12}l_1^2\left[(2b + b')\left(p_{\max} + p - \frac{2G}{A}\right) + (p_{\max} - p)l\right] \tag{2-20}$$

$$M_{\rm II} = \frac{1}{48}(b - b')^2(2l + a')\left(p_{\max} + p_{\min} - \frac{2G}{A}\right) \tag{2-21}$$

式中　$M_{\rm I}$、$M_{\rm II}$——相应于作用基本组合时，任意截面 I-I、II-II 处的弯矩设计值（kN·m）；

　　　　l_1——任意截面 I-I 至基底边缘最大反力处的距离（m）；

　　　　l、b——基础底面的长度和宽度（m）；

　　　　p——相应于作用基本组合时任意截面 I-I 处基础底面地基反力设计值（kPa）具体可见《地基基础规范》。

对于基础底面是矩形的扩展式基础，计算截面取柱边时，把 a'、b' 换成 a_c、b_c，并把 $l_1 = \dfrac{l - a_c}{2}$ 代入式（2-20）、式（2-21）有

$$M_{\mathrm{I}} = \frac{1}{48}(l - a_c)^2(2b + bc)(p_{\mathrm{jmax}} + p_{\mathrm{jI}}) \tag{2-22}$$

$$M_{\mathrm{II}} = \frac{1}{48}(b - bc)^2(2l + ac)(p_{\mathrm{jmax}} + p_{\mathrm{jmin}}) \tag{2-23}$$

当控制截面取在变阶处，把 a'、b' 换成 a_1、b_1，并把 $l_1 = \dfrac{l - a_1}{2}$ 代入式（2-20）、式（2-21）有

$$M_{\mathrm{III}} = \frac{1}{48}(l - a_1)^2(2b + b_1)(p_{\mathrm{jmax}} + p_{\mathrm{jIII}})$$

$$M_{\mathrm{IV}} = \frac{1}{48}(b - b_1)^2(2l + a_1)(p_{\mathrm{jmax}} + p_{\mathrm{jmin}})$$

（2）底板配筋　按上述公式计算出控制截面的弯矩后，底板长边方向和短边方向的受力钢筋面积 $A_{s\mathrm{I}}$（$A_{s\mathrm{III}}$）和 $A_{s\mathrm{II}}$（$A_{s\mathrm{IV}}$）可按下式计算

$$A_{\mathrm{I}} = \frac{M_{\mathrm{I}}}{0.9 f_y h_0} \tag{2-24}$$

$$A_{\mathrm{II}} = \frac{M_{\mathrm{II}}}{0.9 f_y (h_0 - d)} \tag{2-25}$$

说明：①基础底板配筋除了满足计算和最小配筋率要求外，还要符合扩展式基础的一般构造要求，计算最小配筋率时，对阶梯形或锥形基础截面，可将其截面折算成矩形截面，具体折算查看《地基基础规范》相关计算。

② 当 $\omega = \dfrac{l}{b}$（ω 柱下独立柱基础底面长短边之比）在大于或等于 2、小于或等于 3 范围内时，基础底板的长向配筋应均匀分布在基础全宽范围内；基础底板短向钢筋应按下述方法布置；将短向全部钢筋面积乘以 λ（$\lambda = 1 - \dfrac{\omega}{6}$）后的钢筋面积的钢筋，均匀分布在与柱中心线重合的宽度等于基础短边的中间带宽的范围内，其余的短向钢筋则均匀分布在中间带宽的两侧如图 2-15b 所示。

【例 2-3】　已知某方形独立基础，如图 2-16 所示，柱传至基础顶面轴向力 $F = 680\mathrm{kN}$，柱截面尺寸 400mm × 400mm，基础底面尺寸 2400mm × 2400mm，修正后的地基承载力特征值 $f_a = 125\mathrm{kN/m}^2$，混凝土强度等级 C20（$f_t = 1.10\mathrm{N/mm}^2$），HPB300 钢筋（$f_y = 270\mathrm{N/mm}^2$）。采用现浇钢筋混凝土轴心受压基础，试设计该基础。

【目的与方法】　掌握现浇钢筋混凝土独立基础的设计方法和步骤。先求地基净反力，再根据构造要求初步确定基础高度和截面形状，按冲切要求，验算基础高度，最后按悬臂构件计算控制截面的内力，并进行底板配筋。

【解】　第一步：确定地基净反力

$$p_j = \frac{F}{lb} = \frac{680}{2.4 \times 2.4}\mathrm{kPa} = 118\mathrm{kPa}$$

第二步：确定基础高度

设基础高度 $h = 600\mathrm{mm}$，基础做成台阶形，取两个台阶，每阶高 300mm 则 $h_0 = (600 - 40)\mathrm{mm} = 560\mathrm{mm}$，$h_{01} = (300 - 40)\mathrm{mm} = 260\mathrm{mm}$，因为 $b = 2.4\mathrm{m} > b_c + 2h_0 = 1.25\mathrm{m}$，所以

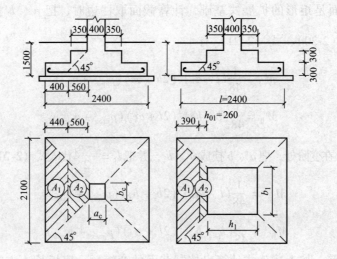

图 2-16 【例 2-3】图

$$A_l = \left(\frac{l}{2} - \frac{a_c}{2} - h_0 \right)\left(\frac{l}{2} + \frac{a_c}{2} + h_0 \right)$$

$$= \left(\frac{2.4}{2} - \frac{0.4}{2} - 0.56 \right) \times \left(\frac{2.4}{2} + \frac{0.4}{2} + 0.56 \right) \text{m}^2 = 0.862 \text{m}^2$$

$$A_2 = (a_c + h_0) h_0 = [(0.4 + 0.56) \times 0.56] \text{m}^2 = 0.538 \text{m}^2$$

$$F_l = A_l p_j = (0.862 \times 118) \text{ kN} = 101.72 \text{kN}$$

$$0.7 f_t A_2 = (0.7 \times 1100 \times 0.538) \text{ kN} = 414.26 \text{kN} > 101.72 \text{kN}$$

基础高度符合抗冲切要求。

下阶变阶高度验算：设上台阶两个边长均为 1.1m，用相同的计算公式得

$$A_j = \left(\frac{l}{2} - \frac{a_1}{2} - h_{01} \right)\left(\frac{l}{2} + \frac{a_1}{2} + h_{01} \right)$$

$$= \left[\left(\frac{2.4}{2} - \frac{1.1}{2} - 0.26 \right) \times \left(\frac{2.4}{2} + \frac{1.1}{2} + 0.26 \right) \right] \text{m}^2 = 0.784 \text{m}^2$$

$$A_2 = (a_1 + h_{01}) h_{01} = [(1.1 + 0.26) \times 0.26] \text{ m}^2 = 0.354 \text{m}^2$$

$$F_l = A_l p_j = (0.784 \times 118) \text{ kN} = 92.51 \text{kN}$$

$$0.7 f_t A_2 = (0.7 \times 1100 \times 0.354) \text{ kN} = 272.58 \text{kN} > 92.51 \text{kN}$$

下阶截面高度符合抗冲切要求。

第三步：底板配筋

宽高比 $\frac{2.4}{0.6} = 4 > 2.5$，Ⅰ－Ⅰ截面的弯矩为

$$M_I = \frac{1}{48} (l - a_c)^2 (2b + b_c) (p_{jmax} + p_{jI})$$

$$= \frac{1}{24} (l - a_c)^2 (2b + b_c) p_j = \left[\frac{1}{24} \times (2.4 - 0.4)^2 \times (2 \times 2.4 + 0.4) \right] \times 118 \text{kN} \cdot \text{m}$$

$$= 102.27 \text{kN} \cdot \text{m}$$

$$A_{sI} = \frac{M_I}{0.9 f_y h_0} = \frac{102.27 \times 10^6}{0.9 \times 270 \times 560} \text{mm}^2 = 751.54 \text{mm}^2$$

同理，Ⅱ－Ⅱ截面的弯矩

$$M_{II} = \frac{1}{24} (l - a_1)^2 (2b + b_1) p_j$$

$$= \left[\frac{1}{24} \times (2.4 - 1.1)^2 \times (2 \times 2.4 + 1.1) \times 118 \right] kN \cdot m$$

$$= 49.02 kN \cdot m$$

$$A_{sⅡ} = \frac{M_Ⅱ}{0.9 f_y h_0} = \frac{49.02 \times 10^6}{0.9 \times 270 \times 260} mm^2 = 775.88 mm^2$$

比较 $A_{sⅠ}$ 和 $A_{sⅡ}$，应按 $A_{sⅡ}$ 配筋，在 2.4m 宽内配 13 Φ 10 钢筋（$A_s = 1021mm^2$），另一个方向的配筋相同，配筋如图 2-16 所示。

由于柱下独立柱基础底面长短边之比 $\omega = \frac{l}{b} = \frac{2.4}{2.4} = 1$ 小于 2，钢筋在长度和宽度范围内均匀分布。

【本题小结】 本例也可设计成锥形基础，设计方法与阶梯形基础相同。计算钢筋混凝土独立基础时，注意地基反力取净反力，计算短边方向的钢筋时，其截面有效高度要扣除长边方向的钢筋直径。本题为方形轴压基础，两向钢筋计算值接近相等，故取相同配筋。

【例 2-4】 某单层厂房柱下独立基础的底面尺寸为 $b = 1800mm$，$l = 3000mm$，如图 2-17 所示，在基础顶面作用有荷载 $F = 300kN$，$M = 87kN \cdot m$，$V = 5kN$，基础梁传来荷载 $F' = 180kN$，柱截面为 400mm × 600mm，修正后的地基承载力特征值 $f_a = 135kPa$，混凝土强度等级 C20，HPB300 钢筋。试设计此杯形基础。

【目的与方法】 掌握预制钢筋混凝土杯形基础的设计。首先按构造要求选定杯形基础各部分尺寸；再根据抗冲切承载力验算基础的高度；最后按悬臂板计算内力，进行截面配筋并使之符合构造要求。

【解】 第一步：确定基础各部分尺寸

由表 2-2 知，柱的插入深度 $h_1 = 600mm$，由表 2-3 知，杯底厚度 $a_1 = 200mm$，杯壁厚度 $t = 200mm$，基础高度 $H_0 = （600 + 50 + 200）mm = 850mm$，杯口深度 $h_1 + 50 = 650mm$。杯口顶部尺寸：长 = （600 + 2 × 75）mm = 750mm，宽 = （400 + 2 × 75）mm = 550mm；杯口底部尺寸：长 = （600 + 2 × 50）mm = 700mm，宽 = （400 + 2 × 50）mm = 500mm；基础变阶处尺寸：长 = （750 + 2 × 200）mm = 1150mm，宽 = （550 + 2 × 200）mm = 950mm。基础梁高为 450mm，基础梁顶面至室内地面为 50mm，室内外高差为 150mm，故基础埋深 $d = 1.2m$。

第二步：地基净反力

相应于荷载效应基本组合时，地基净反力

$$\sum M = M + VH_0 + F'c = (87 + 5 \times 0.85 + 180 \times 0.42)$$
$$kN \cdot m = 166.9 kN \cdot m$$

$$e = \frac{\sum M}{F + F'} = \frac{166.9}{480} m = 0.348m$$

$$p_j = \frac{F + F'}{bl} = \frac{480}{1.8 \times 3} kPa = 88.9 kPa$$

$$\frac{p_{jmax}}{p_{jmin}} = \frac{F + F'}{bl} \left(1 \pm \frac{6e}{l} \right) = \frac{480}{1.8 \times 3} kPa \times \left(1 \pm \frac{6 \times 0.348}{3} \right) = \frac{150.8}{27} kPa$$

第三步：确定基础高度

1）柱边基础高度抗冲切验算

$$h_0 = (850 - 40) mm = 810mm$$

$$b = 1800mm < b_c + 2h_0 = (400 + 2 \times 810) mm = 2020mm$$

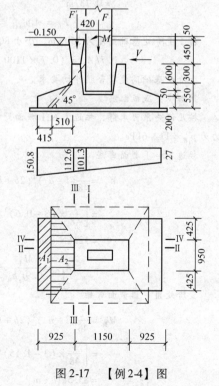

图 2-17 【例 2-4】图

$$A_l = \left(\frac{l}{2} - \frac{a_c}{2} - h_0 \right) b = \left(\frac{3}{2} - \frac{0.6}{2} - 0.81 \right) \times 1.8 \, \text{m}^2 = 0.702 \, \text{m}^2$$

$$A_2 = (b_c + h_0) h_0 - \left(\frac{b_c}{2} + h_0 - \frac{b}{2} \right)^2$$

$$A_2 = \left[(0.4 + 0.81) \times 0.81 - \left(\frac{0.4}{2} + 0.81 - \frac{1.8}{2} \right)^2 \right] \text{m}^2 = 0.97 \, \text{m}^2$$

$$F_l = p_{jmax} A_l = (150.8 \times 0.7) \, \text{kN} = 105.56 \, \text{kN}$$

根据抗冲切承载力 $0.7\beta_{hp} f_t A_2$，由于基础高度大于800mm，截面高度影响系数 β_{hp} 用线性内插法取值为0.96，由此得出

$$0.7\beta_{hp} f_t A_2 = (0.7 \times 0.96 \times 1100 \times 0.97) \, \text{kN} = 717.024 \, \text{kN}$$

因此，$F_l < 0.7\beta_{hp} f_t A_2$，基础高度为850mm满足抗冲切承载力要求。

2）变阶处基础高度抗冲切验算

因为下台阶周边长度 $a_1 = 1150 \text{mm}$，$b_1 = 950 \text{mm}$，所以 $b = 1800 \text{mm} < b_1 + 2h_{01} = (950 + 2 \times 510) \, \text{mm} = 1970 \text{mm}$

$$A_l = \left(\frac{l}{2} - \frac{a_1}{2} - b_{01} \right) b = \left[\left(\frac{3}{2} - \frac{1.15}{2} - 0.51 \right) \times 1.8 \right] \text{m}^2 = 0.747 \, \text{m}^2$$

$$A_2 = (b_1 + h_{01}) h_{01} - \left(\frac{b_1}{2} + h_{01} - \frac{b}{2} \right)^2$$

$$= \left[(0.95 + 0.51) \times 0.51 - (0.5 \times 0.95 + 0.51 - 0.5 \times 1.8)^2 \right] \text{m}^2$$

$$= 0.737 \, \text{m}^2$$

$$F_l = A_l p_{jmax} = (0.747 \times 150.8) \, \text{kN} = 112.6 \, \text{kN}$$

由于变阶处基础高度为550mm，小于800mm，截面高度影响系数 $\beta_{hp} = 1$

$$0.7 f_t A_2 = (0.7 \times 1100 \times 0.737) \, \text{kN} = 567.49 \, \text{kN} > F_l = 112.6 \, \text{kN}$$

变阶处基础高度符合抗冲切要求。

第四步：底板配筋

按几何关系可求得，柱边 I - I 截面处的地基净反力为 $p_{j\text{I}} = 101.3 \text{kPa}$，变阶处 III - III 截面处地基净反力为 $p_{j\text{III}} = 112.6 \text{kPa}$。

柱边 I - I 截面弯矩

$$M_{\text{I}} = \frac{1}{48} (l - a_c)^2 (2b + b_c)(p_{jmax} + p_{j\text{I}})$$

$$= \left[\frac{1}{48} \times (3 - 0.6)^2 \times (2 \times 1.8 + 0.4) \times (150.8 + 112.6) \right] \text{kN} \cdot \text{m}$$

$$= 121 \, \text{kN} \cdot \text{m}$$

$$A_{s\text{I}} = \frac{M_{\text{I}}}{0.9 f_y h_0} = \frac{121 \times 10^6}{0.9 \times 270 \times 810} \text{mm}^2 = 614.74 \, \text{mm}^2$$

变阶处 III - III 截面弯矩

$$M_{\text{III}} = \frac{1}{48} (l - a_1)^2 (2b + b_1)(p_{jmax} + p_{j\text{III}})$$

$$= \left[\frac{1}{48} \times (3 - 1.15)^2 \times (2 \times 1.8 + 0.95) \times (150.8 + 112.6) \right] \text{kN} \cdot \text{m}$$

$$= 85.5 \, \text{kN} \cdot \text{m}$$

$$A_{s\text{III}} = \frac{M_{\text{III}}}{0.9 f_y h_0} = \frac{85.5 \times 10^6}{0.9 \times 270 \times 510} \text{mm}^2 = 690 \, \text{mm}^2$$

平行于 l 边方向钢筋应按 $A_{s\text{III}}$ 配置，配12 ⚡10 钢筋（$A_s = 942 \text{mm}^2$），间距小于200mm。钢筋均匀分布在基础的宽度范围内。

柱边 II - II 截面弯矩

$$M_{II} = \frac{1}{48}(b-b_c)^2(2l+a_c)(p_{jmax}+p_{jmin})$$

$$= \left[\frac{1}{48} \times (1.8-0.4)^2 \times (2 \times 3+0.6) \times (150.8+27)\right]kN \cdot m$$

$$= 47.9 kN \cdot m$$

$$A_{sII} = \frac{M_{II}}{0.9f_yh_0} = \frac{47.9 \times 10^6}{0.9 \times 270 \times (810-10)} mm^2 = 264.4 mm^2$$

变阶处 IV - IV 截面弯矩

$$M_{IV} = \frac{1}{48}(b-b_1)^2(2l+a_1)(p_{jmax}+p_{jmin})$$

$$= \left[\frac{1}{48} \times (1.8-0.95)^2 \times (2 \times 3+1.15) \times (150.8+27)\right]mm^2$$

$$= 19.1 kN \cdot m$$

$$A_{sIV} = \frac{M_{IV}}{0.9f_yh_0} = \frac{19.1 \times 10^6}{0.9 \times 270 \times (510-10)} mm^2 = 157.2 mm^2$$

平行 b 方向钢筋应按 A_{sII} 配置，因计算面积较小，即配置 16 Φ 10 钢筋（$A_s = 1256 mm^2$）。

由于柱下独立柱基础底面长短边之比 $\omega = \dfrac{l}{b} = \dfrac{3}{1.8} = 1.67$ 小于 2，钢筋平行于基础宽度 b，均匀分布在基础的长度范围内。

2.3.3 高杯口基础

由于地质条件的限制与附近设备基础的影响，需要深埋基础，但为了施工方便，又要求柱子有统一的长度，这样，柱子长度不增加而将杯口升高，就出现了高杯口基础。高杯口基础的计算除前面计算内容外，还包括杯口部分和短柱部分的计算。

1. 短柱部分强度计算

在荷载作用下，短柱如强度不足，就会在与基础交接处产生与偏心受□□□相同的破坏情况。短柱部分的强度计算按钢筋混凝土偏心受压构件验算，验算截面取□□基础底板交接处。

2. 杯口部分强度计算

杯口部分强度按下式验算（见图 2-18）

$$M + Vh_1 - N\frac{h}{2} \leqslant A_{sj}f_{yj}z_j + A_{sv}f_{yv}\sum_{i=1}^{n_1}z_{vi} + A_sf_y\sum_{i=1}^{n_2}z_{wi} \tag{2-26}$$

式中　M、N、V——基础顶面处柱的弯矩、轴向力、剪力设计值；

h——柱截面长边尺寸；

h_1——柱的插入深度；

A_{sj}、A_{sv}、A_s——杯壁顶面钢筋网、横向钢箍、纵向构造钢筋的截面面积；

f_{yj}、f_{yv}、f_y——杯壁顶面钢筋网、横向钢箍、纵向构造钢筋强度设计值；

z_j、z_{vi}、z_{wi}——杯壁顶层钢筋网、横向钢箍、纵向构造钢筋到取矩点 k 之间的距离。

3. 构造要求

（1）插入深度的要求　预制钢筋混凝土柱（包括双肢柱）与高杯口基础的连接（见图 2-19），应符合表 2-2 插入深度的要求。

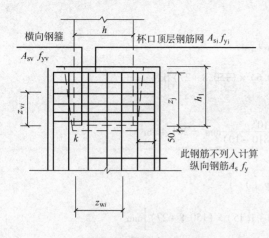

图 2-18 高杯口配筋计算

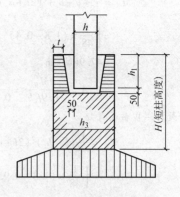

图 2-19 高杯口基础示意图

（2）当满足下列要求时，其杯壁配筋可按图 2-20 的构造要求进行设计。

1）起重机在 75t 以下，轨顶标高 14m 以下，基本风压小于 0.5kPa 的工业厂房，且基础短柱的高度不大于 5m。

2）起重机起重量大于 75t，基本风压大于 0.5kPa，且符合下列表达式

$$E_2 I_2 / E_1 I_1 \geqslant 10$$

式中　E_1——预制钢筋混凝土柱的弹性模量；

　　　I_1——预制钢筋混凝土柱对其截面短轴的惯性矩；

　　　E_2——短柱的钢筋混凝土弹性模量；

　　　I_2——短柱对其截面短轴的惯性矩。

3）当基础短柱的高度大于 5m，并符合下列表达式

$$\Delta_2 / \Delta_1 \leqslant 1.1$$

式中　Δ_1——水平力作用在以高杯口基础顶面为固定端的柱顶时，柱顶的水平位移；

　　　Δ_2——单位水平力作用在以短柱底面为固定端的柱顶时，柱顶的水平位移。

表 2-5 高杯口基础的杯壁厚度 t

h/mm	t/mm
$600 < h \leqslant 800$	$\geqslant 250$
$800 < h \leqslant 1000$	$\geqslant 300$
$1000 < h \leqslant 1400$	$\geqslant 350$
$1400 < h \leqslant 1600$	$\geqslant 400$

4）高杯口基础短柱的纵向钢筋，除满足计算要求外，在非地震区及抗震设防烈度低于 9 度地区，且满足本条上述 1）～3）的各项要求时，短柱四角纵向钢筋的直径不宜小于 20mm，并延伸至基础底板的钢筋网上。短柱长边的纵向钢筋，当长边尺寸小于或等于 1000mm 时，其钢筋直径不宜小于 12mm，间距不应大于 300mm；当长边尺寸大于 1000mm 时，其钢筋直径不应小于 16mm，间距不应大于 300mm，且每隔一米左右伸下一根并作 150mm 的直钩支承在基础底面的钢筋网上，其余钢筋锚固至基础底板顶面下 l_a 处（见图 2-20）。短柱短边每隔 300mm，应配置直径不小于 12mm 的纵向钢筋，且每边配筋率不少于 0.05% 短柱的截面面积。短柱中的箍筋直径不应小于 8mm，间距不应大于 300mm；当抗震

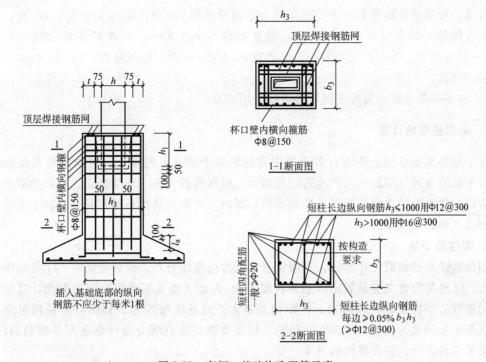

图 2-20 高杯口基础构造配筋示意

设防烈度为 8 度或 9 度时,箍筋直径不应小于 8mm,间距不应大于 150mm。

2.4 柱下钢筋混凝土条形基础

柱下钢筋混凝土条形基础是置于柱下沿柱列方向放置的连续基础梁,截面形状一般为倒"T"形,下部挑出部分叫翼板,中部的梁腹为梁肋。

2.4.1 条形基础的构造要求

1)条形基础翼板的构造要求同墙下条形基础。翼板厚度不应小于 200mm;当翼板厚度为 200 ~ 250mm 时,宜用等厚翼板;当翼板厚度大于 250mm 时,宜用变厚度翼板,其坡度小于或等于 1:3。

2)条形基础的梁高由计算确定,一般宜为柱距的 1/4 ~ 1/8(通常取柱距的 1/6)。

3)一般情况下,条形基础的端部应向外伸出,以调整底面形心位置使基底反力分布合理,但不宜伸出太长,其长度宜为第一跨距的 0.25 倍。当荷载不对称时,两端伸出长度可不相等,以使基底形心与荷载合力作用点尽量一致。

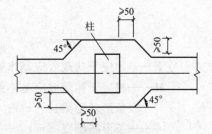

图 2-21 现浇基础与条形
基础交接处平面尺寸

4)现浇柱与条形基础交接处,其平面尺寸不应小于图 2-21 的规定。

5)条形基础梁顶部和底部纵向受力钢筋除应满足计算要求外,顶部钢筋应按计算配筋全部贯通，底部通长钢筋不应少于底部受力截面总面积的 1/3；梁高大于 700 mm 时，应在梁侧加设腰筋，其直径不小于 10 mm；箍筋直径不小于 8mm，在距离支座轴线（0.25 ~ 0.30）l 的范围内，其间距应加密些。当梁宽 b≤350 mm 时，用双肢箍，当 350 < b≤800mm 时，用四肢箍。

6）柱下条形基础的混凝土强度等级应采用 C20。

2.4.2　条形基础的计算

柱下条形基础可视为作用有若干集中荷载并置于地基上的梁，同时受到地基反力的作用。由于梁的变形，引起梁内产生弯矩和剪力。根据荷载大小、地基性质、基础梁刚度、上部结构以及建筑物的重要程度等条件的不同，其内力计算方法也不尽相同，目前常用的有刚性基础法、弹性地基梁法。

1. 刚性基础法

刚性基础法亦称简化计算法，是假定基底反力按直线分布，该假定要求：①梁的刚度为无穷大，②地基符合文克勒假定（后面将叙述）。为此《地基基础规范》对简化计算法给出了适用条件：当柱荷载比较均匀，柱距相差不大，地基比较均匀，基础与地基相对刚度较大，且条形基础梁的高度大于 1/6 柱距的，可按地基反力直线分布计算条形基础梁的内力；如不满足该条件时，宜按弹性地基梁计算。

（1）地基反力　由于假定基底反力是直线分布，因此反力计算可将条形基础视为一狭长的矩形基础，将作用在基础上的荷载向地基梁中心点简化（见图 2-22）。由于沿梁全长作用的均匀墙重及基础自重均由其产生的地基反力所抵消，故作用在基础梁上的净反力只由柱传来的荷载所产生

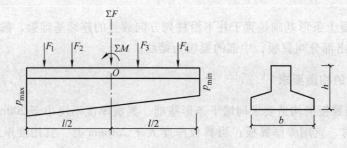

图 2-22　地基反力直线分布

$$\frac{p_{jmax}}{p_{jmin}} = \frac{\sum F}{lb} \pm \frac{6 \sum M}{bl^2} \qquad (2\text{-}27)$$

式中　$\sum F$——相应于荷载效应基本组合时，各柱传来的轴力之和（kN）；

$\sum M$——相应于荷载效应基本组合时，各荷载对基础梁中心的力矩代数和（kN·m）；

l——条形基础梁长（m）；

b——条形基础宽（m）。

按反力直线分布假定所求得的地基反力与较精确的计算方法相比，一般在地基梁中部的局部位置上，地基反力略偏低些，但这些地段不大，一般可忽略不计；在地基梁的边柱附近部位，地基反力偏低较多，故用此法算得的靠近边柱梁断面处的内力 M、V 也偏小，设计时通常将两边跨的地基反力增加 15% ~ 20% 或将两边跨的受力钢筋增加，并在构造上予以加

强处理。

（2）内力计算　基础梁计算的主要任务是求基础梁的内力。地基反力按直线分布时，基础梁内力计算一般有两种方法，即静力平衡法和倒梁法。

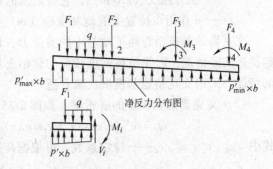

图 2-23　按静力平衡法计算简图

1）静力平衡法。该方法假定地基反力按直线分布，按照整体静力平衡条件求出基底反力，将计算出的基底反力和柱荷载一起作用于基础梁上，然后按静力平衡条件计算出截面上的弯矩和剪力，如图 2-23 所示。

该方法没有考虑地基基础与上部结构的相互关系，计算所得的不利截面上弯矩绝对值一般较大，适用于上部为柔性结构且基础本身刚度较大的条形基础。

2）倒梁法。以柱脚为条形基础的固定铰支座，将基础梁视作倒置的多跨连续梁，以地基净反力及柱脚处的弯矩当作基础梁上的荷载，用连续梁法来计算内力，如图 2-24 所示。

倒梁法适用于上部结构刚度很大，各柱间沉降差异很小的情况。这种计算模式只考虑了柱间的局部弯曲，忽略了基础的整体弯曲，计算出的柱位处弯矩与柱间最大弯矩较均衡，因而所得的不利截面上的弯矩绝对值一般较小。

倒梁法计算步骤如下：

① 根据初步选定的柱下条形基础尺寸和作用荷载，确定计算简图（见图 2-24a、图 2-24b）。

② 计算基底净反力及分布，按刚性梁基底反力线性分布进行计算。

③ 用弯矩分配法或弯矩系数法计算弯矩和剪力。

用倒梁法计算基础梁内力时，求得的梁支座反力往往与柱传来的轴力不相等。此时可将不平衡力折算成为均匀荷载布置在支座两侧各 1/3 跨内（见图 2-24c），再按连续梁计算内力，并与算得的内力叠加。经调整后不平衡力将明显减小，一般调整 1 ~ 2 次，这个调整方法也称调整倒梁法。

2. 弹性地基梁法

（1）文克勒地基模型　文克勒地基模型假定地基是由许多独立的且互不影响的弹簧组成，即假定地基任一点所受的压力强度 p 只与该点的地基变形成正比

$$p = ks \qquad (2\text{-}28)$$

式中　p——地基反力（kN/m^2）；

　　　k——基床系数，表示产生单位变形所需的

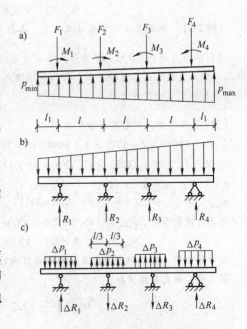

图 2-24　按倒梁法计算简图
a）按直线分布的基底反力
b）倒置的梁　c）调整的梁

压力强度（kN/m^3），它与地基的性质有关，可根据现场荷载试验来确定；

s——p 作用点位置上的地基变形（m）。

文克勒地基模型忽略了地基中的剪应力，地基土越软弱，土的抗剪强度越低，该模型就越接近实际情况。对于抗剪强度较低的软粘土地基、高压缩性地基及建筑物较长而刚度较差的情况，采用文克勒地基模型比较合适。

（2）文克勒地基模型的解析解   如图 2-25 所示的弹性地基梁，其解析解为

$$\omega = e^{\lambda x}(c_1\cos\lambda x + c_2\sin\lambda x) + e^{-\lambda x}(c_3\cos\lambda x + c_4\sin\lambda x) \tag{2-29}$$

式中 c_1、c_2、c_3、c_4——待定系数，可根据荷载和边界情况确定；

λ——梁的柔度指标，$\lambda = \sqrt[4]{\dfrac{kb}{4EI}}$；

根据荷载和边界条件确定出 c_1、c_2、c_3、c_4 后，就可以采用材料力学公式计算出各个位置的内力。

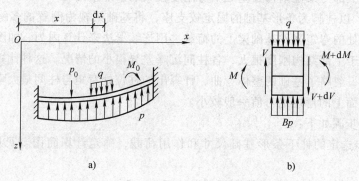

图 2-25   文克勒地基上的基础梁计算图

【例 2-5】   按倒梁法计算基础梁内力，各柱传来的设计轴向力如图 2-26 所示，基础宽 2.6m。

【目的与方法】   目的：掌握用倒梁法计算条形基础梁的内力。方法：①计算地基反力；②把地基净反力作为荷载作用在基础梁上；③用解连续梁的方法求解基础梁的内力（弯矩分配法或弯矩系数法）；④用调整倒梁法进行内力调整。

【解】   第一步：确定基础净反力

$\sum F = (1060 \times 2 + 1270 \times 3 + 1490)\ kN = 7420kN$

$\sum M = [(1490 - 1270) \times 3]\ kN \cdot m = 660kN \cdot m$（略去对称部分）

$\dfrac{p_{jmax}}{p_{jmin}} = \dfrac{\sum F}{lb} \pm \dfrac{6\sum M}{bl^2} = \left[\dfrac{7420}{2.6 \times 34} \pm \dfrac{6 \times 660}{2.6 \times 34^2}\right]kN/m^2 = \dfrac{85.3}{82.6}kN/m^2$

折算为线荷载时，$p_{jmax} = (85.3 \times 2.6)\ kN/m = 222kN/m$

$p_{jmin} = (82.6 \times 2.6)\ kN/m = 215kN/m$

为计算方便，各柱距内的反力分别取该段内的最大值

第二步：确定固端弯矩

$$\overline{M_{BA}} = \left(\dfrac{1}{2} \times 222 \times 2^2\right)kN \cdot m = 444kN \cdot m$$

$$\overline{M_{CB}} = \left(-\dfrac{1}{8} \times 221.6 \times 6^2\right)kN \cdot m = -997kN \cdot m$$

$$\overline{M_{CD}} = \left(\dfrac{1}{12} \times 220.4 \times 6^2\right)kN \cdot m = 661kN \cdot m$$

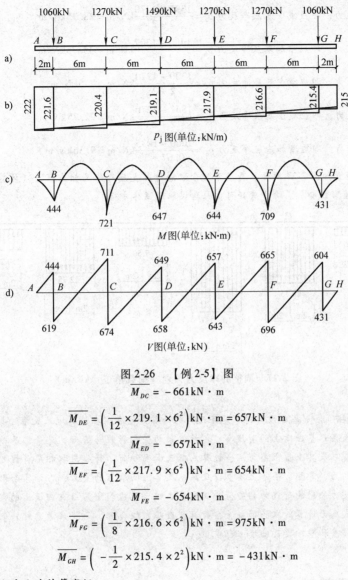

图 2-26 【例 2-5】图

$$\overline{M_{DC}} = -661\text{kN} \cdot \text{m}$$

$$\overline{M_{DE}} = \left(\frac{1}{12} \times 219.1 \times 6^2\right)\text{kN} \cdot \text{m} = 657\text{kN} \cdot \text{m}$$

$$\overline{M_{ED}} = -657\text{kN} \cdot \text{m}$$

$$\overline{M_{EF}} = \left(\frac{1}{12} \times 217.9 \times 6^2\right)\text{kN} \cdot \text{m} = 654\text{kN} \cdot \text{m}$$

$$\overline{M_{FE}} = -654\text{kN} \cdot \text{m}$$

$$\overline{M_{FG}} = \left(\frac{1}{8} \times 216.6 \times 6^2\right)\text{kN} \cdot \text{m} = 975\text{kN} \cdot \text{m}$$

$$\overline{M_{GH}} = \left(-\frac{1}{2} \times 215.4 \times 2^2\right)\text{kN} \cdot \text{m} = -431\text{kN} \cdot \text{m}$$

第三步：用弯矩分配法计算弯矩

计算结果如图 2-26c 所示。

第四步：求支座剪力

根据支座弯矩及荷载，以每跨梁为脱离体求支座剪力，计算结果如图 2-26d 所示。

第五步：验算支座反力及内力调整

B 支座反力 $R_B = (444 + 619)\text{kN} = 1063\text{kN} > 1060\text{kN}$

C 支座反力 $R_C = (711 + 674)\text{kN} = 1385\text{kN} > 1270\text{kN}$

D 支座反力 $R_D = (649 + 658)\text{kN} = 1307\text{kN} > 1490\text{kN}$

E 支座反力 $R_E = (657 + 643)\text{kN} = 1300\text{kN} > 1270\text{kN}$

F 支座反力 $R_F = (665 + 696)\text{kN} = 1361\text{kN} > 1270\text{kN}$

G 支座反力 $R_G = (604 + 431)\text{kN} = 1035\text{kN} < 1060\text{kN}$

B 支座应减少反力，即应减少基底净反力 $p_1 = \dfrac{1063 - 1060}{0.67 + 2}\text{kN/m} = 1.12\text{kN/m}$

C 支座应减少反力，即应减少基底净反力 $p_2 = \dfrac{1385 - 1270}{2 + 2} \text{kN/m} = 28.75 \text{kN/m}$

D 支座应增加反力，即应增加基底净反力 $p_3 = \dfrac{1490 - 1307}{2 + 2} \text{kN/m} = 45.75 \text{kN/m}$

E 支座应减少反力，即应减少基底净反力 $p_4 = \dfrac{1300 - 1270}{2 + 2} \text{kN/m} = 7.5 \text{kN/m}$

F 支座应减少反力，即应减少基底净反力 $p_5 = \dfrac{1361 - 1270}{2 + 2} \text{kN/m} = 22.75 \text{kN/m}$

G 支座应增加反力，即应增加基底净反力 $p_6 = \dfrac{1060 - 1035}{0.67 + 2} \text{kN/m} = 9.36 \text{kN/m}$

调整的净反力布置如图 2-27 所示，再按弯矩分配法计算支座弯矩及相应剪力（计算过程略），最后与图 2-26 的剪力、支座弯矩叠加。跨中弯矩可由每跨梁取脱离体求得。

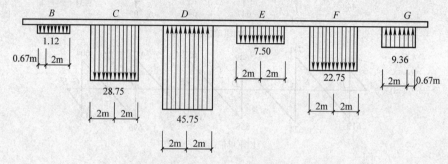

图 2-27　调整的净反力布置（荷载单位：kN/m）

【本题小结】　柱下条形基础设计时，地基反力的计算是重点，在计算地基反力时要注意荷载的正确取值。上部结构传至条形基础梁上的荷载有：①柱传来的竖向荷载与弯矩；②条形基础梁上墙体传来的均布荷载；③条形基础及其上覆土重力。当计算基础底面面积时，荷载应取相应荷载效应标准组合且荷载包括柱传来的竖向力、弯矩、条基上墙重以及基础及其上回填土的重力；当计算条形基础翼板内力及配筋时，计算基底反力采用的荷载为相应荷载效应基本组合且应扣除基础及回填土的重力；在计算条形基础梁内力时，基底反力计算所取的荷载除按荷载效应基本组合外，荷载只考虑柱传来的竖向力和弯矩而不考虑梁上均布墙重和基础梁及回填土自重。

2.5　柱下交梁基础

柱下交梁基础在每个交叉点（简称节点）上作用有柱传来的轴力及两个方向的弯矩。同柱下条形基础一样，当两个方向的梁高均大于 1/6 柱距，地基土比较均匀，上部结构刚度较好，基底反力均近似按直线分布。根据节点处竖向位移和转角相等的条件，即可求得各节点在纵横两个方向的分配荷载，然后按柱下条形基础的方法进行设计。

为简化计算，一般假设纵梁和横梁的抗扭刚度等于零。这样，纵向弯矩由纵向条基承受，横向弯矩由横向条基承受。对于轴力，则按两个方向分配。

1. 地基梁弹性特征系数 λ

$$\lambda = \frac{\sqrt[4]{k_s b}}{\sqrt[4]{4 E_c I}} \tag{2-30}$$

式中 k_s——地基系数（kN/m^3），按表 2-6 选用；

b——基础宽度（mm）；

I——基础横截面的惯性矩（m^4）；

E_c——混凝土弹性模量（kN/m^2）。

表 2-6 地基系数 k_s 值 （单位：kN/m^3）

淤泥质土、有机质土或新填土	$1000 \sim 5000$
软质黏性土	$5000 \sim 10000$
软塑黏性土	$10000 \sim 20000$
可塑黏性土	$20000 \sim 40000$
硬塑黏性土	$40000 \sim 100000$
松砂	$10000 \sim 15000$
中密砂或松散砾石	$15000 \sim 25000$
紧密砂或中密砾石	$25000 \sim 40000$

2. 节点轴力分配计算

根据节点的不同类型，节点轴力可按下列公式计算：

1）"T"形节点（见图 2-28a）

$$F_{ix} = \frac{4b_x S_x}{4b_x S_x + b_y S_y} F_i \tag{2-31}$$

$$F_{iy} = \frac{b_y S_y}{4b_x S_x + b_y S_y} F_i \tag{2-32}$$

2）十字形节点（见图 2-28b）

$$F_{ix} = \frac{b_x S_x}{b_x S_x + b_y S_y} F_i \tag{2-33}$$

$$F_{iy} = \frac{b_y S_y}{b_x S_x + b_y S_y} F_i \tag{2-34}$$

3）"L"形节点（见图 2-28c）

$$F_{ix} = \frac{b_x S_x}{b_x S_x + b_y S_y} F_i \tag{2-35}$$

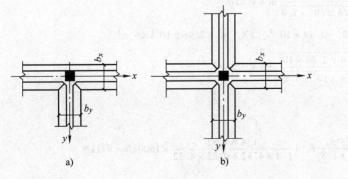
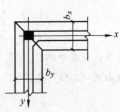

图 2-28 柱下交梁基础节点

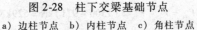

a）边柱节点 b）内柱节点 c）角柱节点

$$F_{iy} = \frac{b_y S_y}{b_x S_x + b_y S_y} F_i \tag{2-36}$$

式中　b_x、b_y——x 和 y 方向的地基梁宽度；

　　　S_x、S_y——x 和 y 方向的地基梁弹性特征系数的倒数，$S = 1/\lambda = \dfrac{\sqrt[4]{4E_c I}}{\sqrt[4]{k_s b}}$；

　　　F_i——上部结构传至交梁基础节点 i 的竖向荷载设计值。

【例2-6】 如图 2-29 所示的十字交叉基础，混凝土等级 C20，$E_c = 2.6 \times 10^7 \text{kN/m}^2$。已知节点集中荷载 $F_1 = 1500\text{kN}$，$F_2 = 2100\text{kN}$，$F_3 = 2400\text{kN}$，$F_4 = 1700\text{kN}$，地基系数 $k_s = 4000\text{kN/m}^2$。试求各节点荷载的分配。

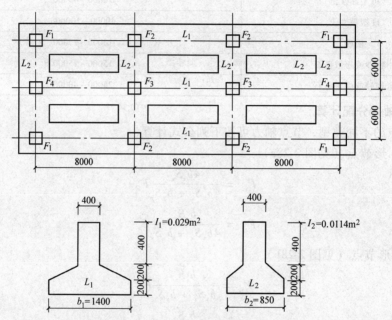

图 2-29　【例 2-6】图

【解】 第一步：刚度计算

梁 L_1　　　$EI_1 = (2.60 \times 10^7 \times 2.90 \times 10^{-2}) \text{ kN} \cdot \text{m}^2 = 7.54 \times 10^5 \text{kN} \cdot \text{m}^2$

$$S_1 = \frac{\sqrt[4]{4E_c I}}{\sqrt[4]{k_s b_1}} = \frac{\sqrt[4]{4 \times 7.54 \times 10^5}}{\sqrt[4]{4 \times 10^3 \times 1.4}}\text{m} = 4.82\text{m}$$

梁 L_2　　　$EI_2 = (2.60 \times 10^7 \times 1.14 \times 10^{-2}) \text{ kN} \cdot \text{m}^2 = 2.96 \times 10^5 \text{kN} \cdot \text{m}^2$

$$S_2 = \frac{\sqrt[4]{4E_c I}}{\sqrt[4]{k_s b_2}} = \frac{\sqrt[4]{4 \times 2.96 \times 10^5}}{\sqrt[4]{4 \times 10^3 \times 0.85}}\text{m} = 4.32\text{m}$$

第二步：荷载分配

角柱由式（2-33）算得

$$F_{1x} = \frac{b_1 S_1}{b_1 S_1 + b_2 S_2} F_1 = \frac{1.4 \times 4.82}{1.4 \times 4.82 + 0.85 \times 4.32} \times 1500\text{kN} = 971\text{kN}$$

于是

$$F_{1y} = F_1 - F_{1x} = (1500 - 971)\text{kN} = 529\text{kN}$$

边柱由式（2-29）算得

$$F_{2x} = \frac{4b_1 S_1}{4b_1 S_1 + b_2 S_2} F_2 = \frac{4 \times 1.4 \times 4.82}{4 \times 1.4 \times 4.82 + 0.85 \times 4.32} \times 2100 \text{kN} = 1849 \text{kN}$$

于是

$$F_{2y} = F_2 - F_{2x} = (2100 - 1849) \text{kN} = 251 \text{kN}$$

同理得

$$F_{4x} = \frac{b_1 S_1}{4b_2 S_2 + b_1 S_1} F_4 = \frac{1.4 \times 4.82}{4 \times 0.85 \times 4.82 + 1.4 \times 4.32} \times 1700 \text{kN} = 535 \text{kN}$$

$$F_{4y} = F_4 - F_{4x} = (1700 - 535) \text{kN} = 1165 \text{kN}$$

中柱由式 (2-31) 得

$$F_{3x} = \frac{b_1 S_1}{b_1 S_1 + b_2 S_2} F_3 = \frac{1.4 \times 4.82}{1.4 \times 4.82 + 0.85 \times 4.32} \times 2400 \text{kN} = 1554 \text{kN}$$

于是

$$F_{3y} = F_3 - F_{3x} = (2400 - 1554) \text{kN} = 846 \text{kN}$$

2.6 地基基础与上部结构共同作用的概念

2.6.1 基本概念

建筑结构常规设计是将上部结构、基础与地基三者分离出来作为独立的结构体系进行力学分析。分析上部结构时用固定支座来代替基础,并假定支座没有任何变形,以求得结构的内力和变形以及支座反力;然后将支座反力作用于基础上,用材料力学的方法求得线形分布的地基反力,进而求得基础的内力和变形;再把地基反力作用于地基上来验算承载力和沉降。这种方法忽视了地基、基础和上部结构在接触部位的变形协调条件,其后果是底层和边跨梁柱的实际内力大于计算值,而基础的实际内力比计算值小很多。因此,合理的设计方法应将三者作为一个整体,考虑接触部位的变形协调来计算其内力和变形,这种方法称为上部结构和地基基础的共同作用分析。

2.6.2 地基和基础的相互作用

基础与地基之间相对刚度不同直接影响接触面的反力与变形以及基础的内力。具有一定刚度的基础,在迫使基底沉降趋于均匀的同时,也使基底压力发生由中部向边缘转移,这种现象称之为"架越现象"。该现象的强弱取决于基础与地基的相对刚度、土的压缩性以及基底下塑性区的大小。

基础的刚度越高,随着基础挠曲的减小,基础反力的分布与荷载的分布越不一致,基础不利截面的弯矩和剪力也将相应增大。

当基础与地基的相对刚度很大时,基底反力近似为线性分布,反力分布与荷载分布情况无关,仅与荷载合力大小、作用点位置有关。当基础的刚度减小转变为柔性基础时,基础可随地基的变形而任意弯曲,基础无力调整基底的不均匀沉降,荷载与地基反力两者的分布有着明显的一致性,而基础内力很小。如土工聚合物上填土可能为柔性基础,基底的反力分布与作用在基础上的荷载分布完全相同,而基础内力可能为零。

2.6.3 上部结构刚度的影响

上部结构刚度是指上部结构对基础不均匀沉降或弯曲的抵抗能力,包括水平刚度、竖向刚度和抗弯刚度的综合。

上部结构刚度能大大改善基础的纵向弯曲程度,同时也引起了结构中的次应力,严重时可以导致上部结构的破坏。如钢筋混凝土框架结构,由于框架结构构件之间的刚性连接,在调整地基不均匀沉降的同时,也引起结构中的次应力。在横向为三柱独立基础的情况下,往往使中柱荷载减小向边柱转移,同时两侧的独立基础向外转动,梁柱挠曲引发次应力,严重时将导致结构的损坏。

当上部结构为柔性结构时,上部结构对地基的不均匀沉降和基础的挠曲完全没有制约作用。与此同时,基础的不均匀沉降也不会引起主体结构的次应力。

关于地基、基础与上部结构共同作用工作的问题,是国内外引起广泛兴趣的新课题,值得深入地进行研究并在工程实践中应用和总结经验。目前,在软土地基上桩基础已提出考虑桩土及上部结构共同工作,设计时充分利用桩间土承载力的计算方法,以减小常规设计方法的计算桩数。

本章小结与讨论

1. 小结

1)本章主要介绍的浅基础有无筋扩展基础、扩展基础、柱下条形基础和柱下交叉基础,掌握这些基础的受力特点、使用范围及设计要点。

2)无筋扩展基础有砖基础、毛石基础、灰土基础、三合土基础、毛石混凝土基础、混凝土基础等。这些基础的抗弯能力较差,由刚性角控制基础的宽度,当基础有一定的埋置深度时可以采用,当基础浅埋及又较宽时应做钢筋混凝土基础。

3)扩展基础包括墙下钢筋混凝土条形基础和柱下钢筋混凝土独立基础。设计内容包括确定基础底面、基础高度和基础配筋。基础高度及基础配筋均用净反力计算,墙下条形基础底板的高度由抗剪承载力要求确定,柱下独立基础的高度由抗冲切承载力确定,基础在地基净反力作用下,按倒悬臂构件计算弯矩及配筋。

4)柱下条形基础的设计包括翼板宽度、厚度及其配筋,梁肋高度、宽度及其配筋。翼板的设计同墙下条形基础,梁肋设计按地基梁考虑,其重点是地基梁内力计算。地基梁内力计算多采用简化实用方法,即假定地基反力按线性分布,内力按求解倒置的连续梁方法计算,即倒梁法。设计时为使计算简化,往往通过调整地基梁两端外伸长度,使上部结构的合力与基础底面形心重合,这样地基反力均匀分布。若上部柱距等距分布,进而地基梁可按等跨连续梁由内力系数表直接查表计算。

5)交梁基础是联合基础的一种。其设计往往通过将传至节点的竖向荷载,根据节点变形协调原则,分配到纵横梁上,然后按柱下条形基础各自进行设计。交梁基础的重点是掌握竖向荷载的分配计算。

6)地基、基础和上部结构三者是相互联系成整体来承担荷载的。地基、基础及上部结构其相对刚度不同,引起三者各自内力发生不同变化。一般来讲,地基越软弱,基础越深,上部结构越复杂,地基、基础和上部结构共同工作越显著,相反建造在天然地基上的一般建筑物,考虑三者共同工作与按彼此各自独立的传统设计方法相比,其影响不十分明显。

2. 讨论

(1)基础局部受压承载力计算 当前,高强混凝土已被逐渐用于上部结构竖向构件中,由于基础结构的混凝土体积较大,为防止混凝土硬化过程中产生的水化热以及混凝土收缩引起的裂缝,基础结构一般都采用强度等级较低的混凝土。当基础的混凝土强度等级低于底层柱子的混凝土强度等级时，应对底层柱下基础梁顶面的局部受压承载力进行验算。验算时局部受压的计算面积，可根据局部受压面积与计算底面同心、对称的原则确定。当不能满足时，应适当扩大承压面积，如扩大柱角和基础梁八字角之间的净距，或在柱下基础梁内配置钢筋网，或采取提高基础梁混凝土强度等级等有效措施。

（2）地基基础与上部结构共同作用实用化进展　地基基础与上部结构共同作用学科是随着高层建筑大量兴建及计算机计算技术迅速发展而产生的一门新兴的应用科学。目前，地基基础与上部结构共同作用问题已越来越受到工程界的重视和采纳。

地基土属于半无限体，所以上部结构与地基基础的共同作用通常都是三维空间问题，另外，地基土是三相体，其物理、力学性质与钢、木和混凝土的物理、力学性质截然不同，而共同作用问题涉及三者本身特性的相互结合，其影响因素很多，故上部结构与地基基础共同作用分析难度很大。目前通过理论和实践结果的分析，已取得了一些定性的结论，可用于工程实践。早期考虑共同作用问题一般采用近似分析方法，如框架结构等效刚度估算公式来考虑共同作用，以及考虑上部结构的刚度来计算基础沉降、接触应力和弯矩的方法随着有限元和计算机的发展，越来越多的学者开始应用有限元来研究上部结构和地基基础的共同作用，这类方法可将上部结构和地基基础作为一个整体进行分析计算。由于整体分析对计算机容量提出很高的要求，为减少计算机的存储量问题，目前已有一些方法，例如子结构方法、波前法等。其中以子结构方法（包括双重与多重的子结构逐步扩大法等）较为有效，该方法先根据分割成若干个子结构，按照规定的顺序进行各个结构刚度和荷载的凝聚，最后实现整个结构刚度和荷载的凝聚。

习　　题

2-1　无筋扩展基础有何特点？怎样确定无筋扩展基础的剖面尺寸？

2-2　为什么现浇基础要预留基础插筋？它与柱的搭接位置何处为宜？

2-3　柱下条形基础与墙下条形基础设计有哪些共同点和不同点？

2-4　倒梁法计算条形基础内力有什么优缺点？

2-5　某砖墙厚度240mm，墙下条形基础宽2.5m，埋深1.5m，上部结构传来的竖向荷载$F = 260kN/m$，力矩$M = 25kN \cdot m/m$。计算验算截面的弯矩，其值最接近（　　　）。

（A）75kN·m/m　　（B）77kN·m/m　　（C）150kN·m/m　　（D）81kN·m/m

2-6　下列说法中，（　　　）是错误的。

（A）柱下条形基础按倒梁法计算时，两边跨要增加配筋量，其原因是考虑基础的架越作用

（B）基础架越作用的强弱仅取决于基础本身的刚度

（C）框架结构对基础不均匀沉降较为敏感

（D）地基压缩性是否均匀对连续基础的内力影响甚大

2-7　无筋扩展基础可用于（　　　）民用建筑和墙承重的厂房。

（A）7层和7层以下　　　　　　　　（B）5层和5层以下

（C）6层和6层以下　　　　　　　　（D）4层和4层以下

2-8　建筑基础中的（　　　）必须满足基础台阶宽高比的要求。

（A）钢筋混凝土条形基础　　　　　　（B）砖石及混凝土基础

（C）柱下条形基础　　　　　　　　　（D）钢筋混凝土独立基础

2-9　按规范要求，柱下条形基础的混凝土强度等级可采用（　　　）。

（A）C10　　　（B）C15　　　（C）C20　　　（D）C25

2-10　某柱下锥形独立基础的底面尺寸为2200mm×3000mm，上部结构柱荷载$F = 1100kN \cdot m$，柱截面尺寸为400mm×400mm，基础采用C20混凝土和HPB300钢筋，试确定基础高度并进行基础配筋。

2-11　某厂房采用钢筋混凝土条形基础，墙厚240mm，上部结构传至基础顶部的轴心荷载$F = 300kN/m$，弯矩$M = 28kN \cdot m/m$。条形基础底面宽度b已由地基承载力条件确定为2.0m。试确定此基础的高度并进行底板配筋。

第 3 章

筏 形 基 础

【本章要求】 **1.** 掌握筏形基础的地基验算方法。
2. 掌握筏形基础构造要求。
3. 了解筏形基础的内力计算方法。
【本章重点】 筏形基础的地基验算方法。

3.1 概述

高层建筑物荷载往往很大,当地基承载力较低时,需要很大的基础底面积,采用十字交叉条形基础不能满足地基承载力要求或采用人工地基不经济时,可以采用钢筋混凝土满堂红基础,即筏形基础。筏形基础不仅能减少地基土的单位面积压力,还能增强基础的整体刚度,调整不均匀沉降,因而在多层和高层建筑中被广泛采用。本章采用的国家标准规范是 JGJ 6—2011《高层建筑筏形与箱形基础技术规范》(以下简称《筏形与箱形基础规范》),同时参考(GB 50007—2011)《建筑地基基础设计规范》(以下简称《地基基础规范》)的相关内容。

筏形基础的选用原则:

1)在软土地基上,用柱下条形基础或柱下十字交梁条形基础不能满足上部结构对变形的要求和地基承载力的要求时,可采用筏形基础。

2)当建筑物的柱距较小而柱的荷载又很大,或柱的荷载相差较大将会产生较大的沉降差需要增加基础的整体刚度以调整不均匀沉降时,可采用筏形基础。

3)当建筑物有地下室或大型贮液结构(如水池、油库等),结合使用要求,筏形基础将是一种理想的基础形式。

4)风荷载及地震荷载起主要作用的建筑物,要求基础要有足够的刚度和稳定性时,可采用筏形基础。

筏形基础根据其构造又分成平板式和梁板式两种基础类型,应根据地基土质、上部结构体系、柱距、荷载大小及施工条件等确定。

(1)平板式基础 它的底板是一块厚度相等的钢筋混凝土平板,其厚度一般在 0.5 ~ 1.5m。平板式基础适用于柱荷载不大、柱距较小且等柱距的情况。当荷载较大时,可适当加大柱下的板厚。底板的厚度可以按每一层 50mm 初步确定,然后校核抗冲切强度。底板厚度不得小于 200mm。通常对 5 层以下的民用建筑,其厚度大于或等于 250mm;6 层民用建筑厚度大于或等于 300mm。

　　平板式筏形基础如图 3-1 所示,混凝土用量较多,但它不需要模板,施工简单,建造速度快,常被采用。对于框架—核心筒结构和筒中筒结构宜采用平板式基础。

　　(2)梁板式基础　筏形基础大多采用梁板式结构的形式,当柱网间距大时,可加肋梁使基础刚度增大。它又分成单向肋和双向肋两种形式。

　　1)单向肋。它是将两根或两根以上的柱下条形基础中间用底板将其联结成一个整体,以扩大基础的底面积并加强基础的整体刚度,如图 3-2 所示。

　　2)双向肋。在纵、横两个方向上的柱下都布置肋梁,有时也可在柱网之间再布置次肋梁以减少底板的厚度,如图 3-3 所示。

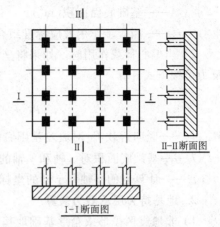

图 3-1　平板式筏形基础

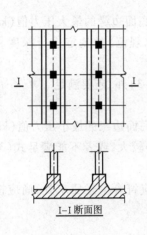

图 3-2　单向肋梁板式筏形基础

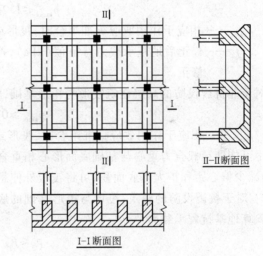

图 3-3　双向肋梁板式筏形基础

3.2　筏形基础的地基验算及构造要求

3.2.1　筏形和箱形基础的地基验算

在地基验算方面,筏形基础和箱形基础是一样的。

1. 筏形基础和箱形基础的基底压力计算

1)当轴心荷载作用时。筏形与箱形基础的基底压力按下式计算

$$p_k = \frac{F_k + G_k}{A} \tag{3-1}$$

式中　F_k——相应于作用效应的标准组合时,上部结构传至基础顶面的竖向力值(kN);

G_k——基础自重和基础上的土重之和,在稳定的地下水位以下的部分,应扣除水的浮力(kN);

A——基础底面面积(m^2);

p_k——相应于作用效应标准组合时,基础底面处的平均压力值(kPa)。

2)当偏心荷载作用时。如果将坐标原点置于基础底板形心处,则筏形与箱形基础的基底反力可按下式计算

$$p_k(x,y) = \frac{F_k + G_k}{A} \pm \frac{M_x y}{I_x} \pm \frac{M_y x}{I_y} \tag{3-2}$$

M_x、M_y——竖向荷载 F_k 对通过基础底面形心的 x 轴和 y 轴的力矩(kN·m);

I_x、I_y——基础底面积对 x 轴和 y 轴的惯性矩(m^4);

x、y——计算点的 x 轴和 y 轴的坐标(m)。

2. 地基持力层承载力验算

1)非地震区筏形或箱形基础地基承载力验算。地基持力层承载力验算应满足以下要求

$$\left.\begin{array}{c} p_k \leqslant f_a \\ p_{kmax} \leqslant 1.2 f_a \end{array}\right\} \tag{3-3}$$

式中　p_{kmax}——相应于作用效应标准组合时,筏形或箱形基础底面边缘的最大压力值(kPa);

f_a——修正后地基承载力特征值(kPa),按《地基基础规范》的规定进行深度和宽度修正。

对于非抗震设防的高层建筑筏形与箱形基础,除满足式(3-3)外,还要满足

$$p_{kmin} \geqslant 0 \tag{3-4}$$

式中　p_{kmin}——相应于作用效应标准组合时,筏形或箱形基础底面边缘的最小压力值(kPa)。

尽可能使荷载合力重心与基础底面形心相重合。如果偏心较大,或者不能满足式(3-4)要求,为减少偏心距和扩大基底面积,可将筏板外伸悬挑。

2)对于抗震设防的建筑,筏形与箱形基础的底面压力除应符合上述要求外,尚应按下列公式验算地基抗震承载力

$$p_k \leqslant f_{aE} \tag{3-5}$$

$$p_{kmax} \leqslant 1.2 f_{aE}$$

$$f_{aE} = \zeta_a f_a$$

式中　p_k、p_{kmax}——地震作用效应标准组合时,筏形或箱形基础底面的平均压力和最大基底压力(kPa);

f_{aE}——调整后的地基抗震承载力(kPa);

ζ_a——地基抗震承载力调整系数,按表3-1确定。

表 3-1　地基抗震承载力调整系数 ζ_a

岩土名称和性状	ζ_a
岩石、密实的碎石土、密实的砾、粗、中砂,$f_{ak} \leqslant 300$kPa 的黏性土和粉土	1.5
中密、稍密的碎石土,中密和稍密的砾、粗、中砂,密实和中密的细、粉砂,150kPa$\leqslant f_{ak} < 300$kPa 的黏性土和粉土	1.3
稍密的细、粉砂,100kPa$\leqslant f_{ak} < 150$kPa 的黏性土和粉土,新近沉积的黏性土和粉土	1.1
淤泥、淤泥质土、松散的砂、填土	1.0

注:f_{ak} 为地基承载力特征值。

.3）如有软弱下卧层,应验算软弱下卧层强度,验算方法与天然地基浅基础相同。

3. 基础的沉降

高层建筑筏形与箱形基础的地基变形计算值,应小于建筑物的地基变形允许值,建筑物的地基变形允许值应按地区经验确定,当无地区经验时,应按照《地基基础规范》规定执行。

筏形及箱形基础底面面积大,埋深也大,基础底面的土由于开挖后继加载与回填,其沉降变形包括回弹与再压缩变形以及由附加应力产生的固结沉降变形两部分。

目前,计算较大埋深的箱形及筏形基础的沉降主要有三种方法,即《地基基础规范》推荐的分层总和法;《筏形与箱形基础规范》推荐的压缩模量法;《筏形与箱形基础规范》推荐的变形模量法。本章介绍《筏形与箱形基础规范》推荐的压缩模量法及变形模量法。

(1)压缩模量法　当采用土的压缩模量计算筏形和箱形基础的最终沉降量 s 时,可按下式计算

$$s = s_1 + s_2 \tag{3-6}$$

$$s_1 = \psi' \sum_{i=1}^{m} \frac{p_c}{E_{si}'}(z_i \overline{\alpha}_i - z_{i-1} \overline{\alpha}_{i-1}) \tag{3-7}$$

$$s_2 = \psi_s \sum_{i=1}^{n} \frac{p_0}{E_{si}}(z_i \overline{\alpha}_i - z_{i-1} \overline{\alpha}_{i-1}) \tag{3-8}$$

式中　s——最终沉降量(mm);

s_1——基坑底面以下地基土回弹再压缩引起的沉降量(mm);

s_2——由基底附加压力引起的沉降量(mm);

ψ'——考虑回弹影响的沉降计算经验系数,无经验时取 $\psi' = 1$;

ψ_s——沉降计算经验系数,按地区经验采用;当缺乏地区经验时,可按《地基基础规范》的规定采用。

p_c——相当于基础底面处地基土的自重压力的基底压力(kPa);地下水位下去浮重度计算;

p_0——准永久组合下的基础底面处的附加压力(kPa);

E_{si}'、E_{si}——基础底面下第 i 层土的回弹再压缩模量和压缩模量(MPa);

m——基础底面以下回弹影响深度范围内所划分的地基土层数;

n——沉降计算深度范围内所划分的地基土层数;

z_i、z_{i-1}——基础底面至第 i 层、第 $i-1$ 层底面的距离(m);

α_i、α_{i-1}——基础底面计算点至第 i 层、第 $i-1$ 层底面范围内平均附加应力系数,按《筏形与箱形基础规范》附录 B 采用;

式(3-7)的沉降计算深度应按地区经验确定,当无地区经验时,可按基坑开挖深度确定;式(3-8)中的沉降计算深度可按《地基基础规范》的规定采用。

(2)变形模量法　当采用土的变形模量计算筏形和箱形基础的最终沉降量 s 时,可按下式计算

$$s = p_k b \eta \sum_{i=1}^{n} \frac{\delta_i - \delta_{i-1}}{E_{0i}} \tag{3-9}$$

式中　p_k——长期效应组合下的基础底面处的平均压力标准值(kPa);

b——基础底面宽度(m);

δ_i、δ_{i-1}——与基础长度比 L/b 及基础底面至第 i 层和第 $i-1$ 层土底面的距离深度 z 有关的
无因次系数,可按《筏形与箱形基础规范》附录 C 中的表 C 确定;

E_{0i}——基础底面下第 i 层土变形模量(MPa),通过试验或按地区经验确定;

η——沉降计算修正系数,可按表 3-2 采用。

表 3-2　修正系数 η

m	$0 < m \leqslant 0.5$	$0.5 < m \leqslant 1$	$1 < m \leqslant 2$	$2 < m \leqslant 3$	$3 < m \leqslant 5$	$5 < m \leqslant \infty$
η	1.00	0.95	0.90	0.80	0.75	0.7

注: $m = 2z_n/b$

进行沉降计算时,沉降计算深度 z_n,应按下式计算

$$z_n = (z_m + \xi b)\beta \qquad (3\text{-}10)$$

式中　z_m——与基础长宽比有关的经验值(m),按表 3-3 确定;

ξ——折减系数,按表 3-3 确定;

β——调整系数,按表 3-4 确定。

表 3-3　z_m 值和折减系数 ξ

L/b	$\leqslant 1$	2	3	4	$\geqslant 5$
z_m	11.6	12.4	12.5	12.7	13.2
ξ	0.42	0.49	0.53	0.60	1.00

表 3-4　调整系数 β

土类	碎石	砂土	粉土	黏性土	软土
β	0.30	0.50	0.60	0.75	1.00

3.2.2　筏形和箱形基础的稳定验算

1. 抗滑移稳定验算

高层建筑在承受地质作用、风荷载或其他水平荷载时,筏形与箱形基础的抗滑移稳定性应
符合下式要求

$$K_s Q \leqslant F_1 + F_2 + (E_p - E_a)l \qquad (3\text{-}11)$$

式中　K_s——抗滑移稳定安全系数,取 1.3;

F_1——基底摩擦力合力(kN);

F_2——平行于剪力方向的侧壁摩擦力合力(kN);

E_a、E_p——垂直于剪力方向的地下结构外墙面单位长度上主动土压力合力、被动土压力合
力(kN/m);

l——垂直于剪力方向的基础边长(m);

Q——作用在基础顶面的风荷载、水平地震作用或其他水平荷载(kN),风荷载、地震作
用分别按 GB 50009—2012《建筑结构荷载规范》、GB 50011—2010《建筑抗震设
计规范》确定。

2. 抗倾覆验算

高层建筑在承受地质作用、风荷载或其他水平荷载或偏心竖向荷载时,筏形与箱形基础的
抗倾覆稳定性应符合下式

$$K_r M_c \leqslant M_r \tag{3-12}$$

式中　K_r——抗倾覆稳定系数,$K_r \geqslant 1.5$;

　　　M_c——倾覆力矩(kN·m);

　　　M_r——抗倾覆力矩(kN·m)。

3. 软弱土层、不均匀土整体抗倾覆验算

$$KM_s \leqslant M_R \tag{3-13}$$

式中　K——整体抗倾覆稳定系数,取1.2;

　　　M_s——滑动力矩(kN·m);

　　　M_R——抗滑动力矩(kN·m)。

4. 抗浮稳定性验算

当建筑物地下室的一部分或全部在地下水位以下时,应进行抗浮稳定性验算。抗浮稳定性验算应符合下式要求

$$F_{K'} + G_K \leqslant K_f F_f \tag{3-14}$$

式中　$F_{K'}$——上部结构传至基础顶面的竖向永久荷载(kN);

　　　G_K——基础自重和基础上的土重之和(kN);

　　　F_f——水浮力(kN),在建筑物使用阶段按与设计使用年限相应的最高水位计算,在施工阶段,按分析地质状况、施工季节、施工方法、施工荷载等因素后确定的水位计算;

　　　K_f——抗浮稳定安全系数,可根据工程重要性和确定水位时统计数据的完整性,取1.0 ~ 1.1。

3.2.3　筏形基础的构造

筏形基础的混凝土强度等级不低于 C30。

1. 筏形基础板厚度

筏形基础板厚度应符合抗冲切、抗弯承载力要求。等厚筏形基础最小厚度不应小于500mm;筏基底板板厚与计算区段的最小跨度比不宜小于1/20。有悬臂筏形基础,可做成坡度,但边端厚度不小于200mm。筏形基础悬挑墙外的长度,横向不宜大于1000mm,纵向不宜大于600mm。如果采用不埋式筏形基础,四周必须设置连梁。梁板式筏基底板厚度在满足抗冲切、抗弯承载力要求外,还要满足抗剪承载力的要求,且最小厚度不应小于400mm,板厚与最大双向板格的短边净跨比尚不应小于1/14,梁板式筏基梁的高跨比不宜小于1/6。

2. 筏形基础配筋

筏形基础配筋由计算确定,按双向配筋,并考虑下述原则:

(1)平板式筏形基础　按上板带和跨中板带分别计算配筋,以柱上板带的正弯矩计算下筋,用跨中板带的负弯矩计算上筋,用柱上和跨中板带正弯矩的平均值计算跨中板带的下筋。

(2)肋梁式筏形基础　在用四边嵌固双向板计算跨中和支座弯矩时,应适当予以折减。对肋梁取柱上板带宽度等于柱距,按 T 形梁计算,肋板也应适当地挑出 1/6 ~ 1/3 柱距。

配筋除满足上述计算要求,纵横向支座配筋尚应有 0.15% 配筋率连通,跨中钢筋按实际配筋率全部连通。

筏形基础分布钢筋在厚度小于或等于 250mm 时,取 $d = 8$mm,间距 250mm;板厚大于

250mm 时,取 $d = 10mm$,间距 200mm。

对于双向悬臂挑出,但基础梁不外伸的筏形基础,应在板底布置放射状附加钢筋,附加钢筋直径与边跨主筋相同,间距不大于 200mm,一般为 5 ~ 7 根。

筏形基础配筋除符合计算要求外,纵横方向支座钢筋尚应分别有 0.15%、0.10% 配筋率连通,跨中钢筋按实际配筋率全部连通。底板受力钢筋的最小直径不宜小于 8mm。当有垫层时,钢筋的保护层厚度不宜小于 35mm。

3.3　筏形基础内力简化计算方法

筏形基础受荷载作用后,是一置于弹性地基上的弹性板,是一个空间问题,应用弹性理论精确求解时,计算工作繁重。工程设计中,大多采用简化计算方法,即将筏形基础看做平面楼盖,将基础板下地基反力作为作用在筏形基础上的荷载,然后如同平面楼盖那样分别进行板、次梁及主梁的内力计算。其中,合理地确定基底反力分布是问题的关键。

在实际工程中,筏形基础的计算常用简化方法,即假设基础为绝对刚性、基底反力呈直线分布,并按静力学的方法确定。当相邻柱荷载和柱距变化不大时,将筏形基础划分为互相垂直的板带,板带的分界线就是相邻柱列间的中线,然后在纵横方向分别按独立的条形基础计算内力,可采用倒梁法或其他方法。这种分析方法忽略了板带间剪力的影响,但计算简单方便。当框架的柱网在纵横两个方向尺寸的比值小于 2,且在柱网单元内不再布置小肋梁时,可将筏形基础近似地视为一倒置的楼盖,地基净反力作为荷载,筏板按双向多跨连续板、肋梁按多跨连续梁计算,即所谓"倒楼盖法",这些简化方法在实际工程中得到广泛应用。

如果上部结构和基础的刚度足够大,将筏形基础假设为绝对刚性,在实际工程中可认为是合理的。但在一般情况下,筏形基础属于有限刚度板,上部结构、基础和土是共同作用的,应按共同作用的原理分析,或按弹性地基矩形板理论计算。对筏形基础的这类复杂问题,可采用有限差分法和有限单元法等数值方法分析。筏形基础常用内力计算方法分类见表 3-5。

表 3-5　筏形基础常用内力计算方法分类

计算方法	包括方法名称	适用条件	特　　点
刚性法 (倒楼盖法)	板条法 双向板法	柱荷载相对均匀(相邻柱荷载变化不超过 20%),柱距相对比较一致(相邻柱距变化不超过 20%),柱距小于 1.75/λ,或者具有刚性上部结构时	不考虑上部结构刚度作用,不考虑地基、基础的相互作用,假定地基反力按直线分布
弹性地基基床系数法	经典解析法 数值分析法 等带交叉弹性地基梁法	不满足刚性板法条件时	仍不考虑上部结构刚度作用,仅考虑地基与基础(梁板)的相互作用

注:λ 为基础梁的柔度特征值。

筏板的内力计算可根据上部结构刚度及筏板基础刚度的大小分别采用刚性法或弹性地基基床系数法进行。

当上部结构整体刚度较大,筏形基础下的地基土层分布均匀时,可不考虑整体弯曲而只计局部弯曲产生的内力。当持力层压缩模量 $E_s \leqslant 4MPa$ 或板厚 H 大于 $1/6$ 墙间距离时,可以认为基底反力呈直线或平面分布。符合上述条件的筏形基础的内力可按刚性法计算。

当上部结构刚度与筏形基础刚度都较小时,应考虑地基基础共同作用的影响,而筏形基础内力可采用弹性地基基床系数法计算,即将筏形基础看成弹性地基上的薄板,采用数值方法计算其内力。

以下仅对刚性法作介绍。

采用刚性法时,基础底面的地基净反力可按下式计算

$$\left.\begin{array}{c} p_{jmax} \\ p_{jmin} \end{array}\right\} = \frac{\sum N}{A} \pm \frac{\sum Ne_y}{W_x} \frac{\sum Ne_x}{W_y} \qquad (3\text{-}15)$$

式中 p_{jmax},p_{jmin}——基底的最大和最小净反力(kPa);

$\sum N$——作用于筏板基础上的竖向荷载之和(不计基础板自重)(kN);

e_x、e_y——$\sum N$ 在 x 方向和 y 方向上与基础形心的偏心距(m);

W_x、W_y——筏形基础底面对 x 轴 y 轴的截面抵抗矩(m^3);

A——筏形基础底面面积(m^2)。

采用刚性法计算时,在算出基底地基净反力后,常使用倒楼盖法和刚性板条法计算筏形基础的内力。

1. 倒楼盖法

倒楼盖法计算基础内力的步骤是将筏形基础作为楼盖,地基净反力作为荷载,底板按连续单向板或双向板计算。采用倒楼盖法计算基础内力时,在两端第一、二开间内,应按计算增加 $10\% \sim 20\%$ 的配筋量且上下均匀配置。

2. 刚性板条法

框架体系下的筏形基础也可按刚性板条法计算筏板内力。其计算步骤如下:

先将筏板基础在 x,y 方向从跨中到跨中划分成若干条带,如图 3-4 所示,而后取出每一条带进行分析。设某条带的宽度为 b,长度为 L,条带内柱的总荷载为 $\sum N$,条带内地基净反力平均值为 $\overline{p_j}$,计算两者的平均值 $\overline{P}$ 为

$$\overline{P} = \frac{\sum N + \overline{p_j}bL}{2} \qquad (3\text{-}16)$$

计算柱荷载的修正系数 α,并按修正系数调整柱荷载

$$\alpha = \frac{\overline{P}}{\sum N} \qquad (3\text{-}17)$$

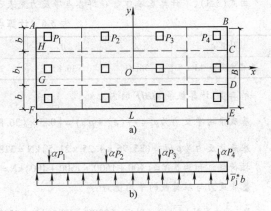

图 3-4   筏板基础的刚性板条划分图

调整基底平均净反力,调整值为

$$\overline{p_j^*} = \frac{\overline{P}}{bL} \qquad (3\text{-}18)$$

最后采用调整后柱荷载及基底净反力,按独立的柱下条形基础计算基础内力。

3. 刚性板条法计算实例

【例 3-1】   筏形基础平面尺寸为 $21.5m \times 16.5m$,厚 $0.8m$,柱距和柱荷载如图 3-5 所示,试计算基础内力。

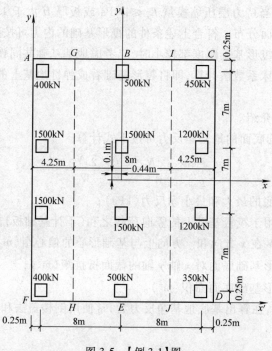

图 3-5　【例 3-1】图

【目的与方法】 掌握筏形基础内力的计算方法。解题方法是将筏形基础划分三个板条,按照刚性板条法原理计算各板条基础内力。

【解】 将筏形基础在 y 轴方向从跨中到跨中划分三条板带 $AGHF$、$GIJH$ 和 $ICDJ$,分别计算其内力。

第一步:求解基底净反力

由式(3-3),不计算基础自重 G 得各点净反力见表 3-6。

表 3-6　计算点基底净反力

计算点	A	B	C	D	E	F
基底净反力/kPa	36.81	36.81	26.91	25.91	30.14	35.09

第二步:计算板条 $AGHF$ 的内力

基底平均净反力为 $\overline{p}_j = \dfrac{1}{2}(p_{jA} + p_{jF}) = [0.5 \times (36.81 + 35.09)] \text{kPa} = 35.95 \text{kPa}$

基底总反力为 $\overline{p}_j bL = (35.95 \times 4.25 \times 21.5) \text{kN} = 3285 \text{kN}$

柱荷载总和为 $\sum N = (400 + 1500 + 1500 + 400) \text{kN} = 3800 \text{kN}$

基底反力与柱荷载的平均值为

$$\overline{P} = \frac{1}{2}\left(\sum N + \overline{p}_j bL \right) = 0.5 \times (3800 + 3285) \text{kN} = 3542.5 \text{kN}$$

柱荷载修正系数为

$$\alpha = \frac{\overline{P}}{\sum N} = 3542.5/3800 = 0.9322$$

各柱荷载的修正值为如图 3-6a 所示。

修正的基底平均净反力为

$$\overline{p}_j^* = \frac{\overline{P}}{bL} = [3542.5/(4.25 \times 21.5)] \text{kPa}$$

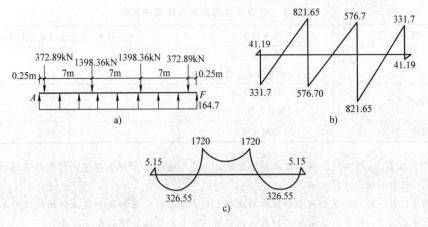

图 3-6　板带 *AGHF* 的荷载与内力

a)荷载　b)剪力 *V*(单位：kN)　c)弯矩 *M*(单位：kN·m)

= 38.768kPa

单位长度基底平均净反力为 $\overline{p_j^* b} = (38.768 \times 4.25)\mathrm{kN/m} = 164.76\mathrm{kN/m}$。最后，按柱下条形基础计算内力。本例按静力平衡法计算各截面的弯矩和剪力，如图 3-6b、c 图所示。板带 *GIJH* 和 *ICDJ* 计算从略。

3.4　筏形基础算例

【例 3-2】　如一幢建造在非抗震区的 9 层办公楼，层高为 3.0m，上部采用现浇框架结构，柱网布置如图 3-7 所示，地质勘查报告提供的地基剖面图见表 3-7，结构单位面积重力荷载见表 3-8，地基承载力特征值 $f_a = 130\mathrm{kPa}$(在 2m 深处)。采用平板式筏形基础，试确定筏形基础的埋深、底面积和板厚。

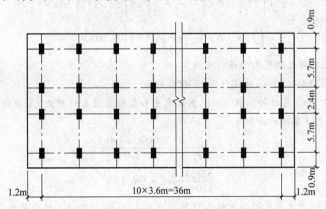

图 3-7　柱网与基础底板平面(尺寸：m)

表 3-7　地基情况

土层名称	土层厚度	E_s/MPa
耕土	1.0m	—
粉质黏土	0.8m	5.5
粉质黏土	2.8m	4.0
粉土	4.0m	7.0
细砂	2.4m	9.0
中砂	2.5m	10.0
粗砂	3.0m	18.0
黏土		9.0

表 3-8　结构单位面积重力荷载估算表

结构类型	填充墙类型	重力荷载(包括活荷载)/(kN/m²)
框架	轻质填充墙	10～12
	机制砖填充墙	12～14
框架剪力墙	轻质填充墙	12～14
	机制砖填充墙	14～16
剪力墙、筒体	混凝土墙体	15～18

【目的与方法】　通过本题,可以应用筏形基础设计的构造要求和相关规范,对筏形基础的埋深、筏形基础面积、筏形基础厚度进行确定。

根据题意,本题针对建筑物的上部结构状况和工程地质条件,根据筏形基础的构造设计要求,确定筏形基础的埋置深度;结合计算确定筏形基础的筏板面积并初步估算筏形基础的厚度。

【解】　第一步:基础埋置深度

筏形基础的埋置深度,当采用天然地基时不宜小于建筑物地面以上高度的 1/12,但对于非抗震设计的建筑物或抗震设防烈度为 6 度时,筏形基础的埋置深度可适当减少。由此当室内外高差为 0.6m 时,筏形基础的埋置深度 H_1 可取

$$H_1 = \frac{1}{12} \times (3 \times 9 + 0.6)\text{m} = 2.3\text{m}, \ \text{取} \ 2.0\text{m}$$

第二步:筏形基础面积确定

筏形基础面积的大小与上部结构的荷载和地基承载能力有关。本例地基承载力特征值由地质勘察报告提供,在 2m 深处粉质黏土层有 $f_a = 130\text{kPa}$,上部框架结构的荷载值根据表 3-8 提供的经验数值估算得到,即 12kPa。

中柱　　　$F = \left[12 \times 3.6 \times \left(\dfrac{2.4 + 5.7}{2} \right) \times 9 \right]\text{kN} = 1574.64\text{kN}$

边柱　　　$F = \left(12 \times 3.6 \times \dfrac{5.7}{2} \times 9 \right)\text{kN} = 1108.08\text{kN}$

上部结构传至基础顶部处的竖向力设计值为

$\sum F = \left[(1574.64 + 1108.08) \times 2 \times 10 \right]\text{kN} = 53654.4\text{kN}$

当基础埋置深度取 2m、基础面积取 A 时,基础自重和基础上覆土的重力(基础和覆土的混合重度可近似地取 20kN/m³)。于是,基础的面积为

$$A = \frac{\sum F + G}{f_a} = \frac{53654.4 + 40A}{130}$$

$$A = \frac{53654.4}{130 - 40}\text{m}^2 = 596.16\text{m}^2$$

基础平面尺寸初选时应考虑在纵向两端各外挑开间的 1/3(即 1.2m)、横向两端各外挑 0.9m。于是基础的平面尺寸为:

纵向　　　$L = (3.6 \times 10 + 1.2 \times 2)\text{m} = 38.4\text{m}$

横向　　　$B = (5.7 \times 2 + 2.4 + 0.9 \times 2)\text{m} = 15.6\text{m}$

面积　　　$A = L \times B = (38.4 \times 15.6)\text{m}^2 = 599.04\text{m}^2 > 596.16\text{m}^2$

第三步:基础厚度的确定

筏形基础选用平板式筏形基础、并视其为刚性薄板,根据规定,当 $E_s \leqslant 4\text{MPa}$ 时,基础厚度宜取大于等于 1/6 的开间,即有 $h \geqslant \dfrac{1}{6} \times 3.6\text{m} = 0.6\text{m}$。

当选用平板式筏形基础、并视其为弹性薄板时,基础厚度可按建筑物楼层层数,每层取 50mm,而梁

的高度应视上部柱距和荷载大小而定。在高层民用建筑设计时，一般取柱距的 1/4 ~ 1/6 左右为梁的初选高度。本例系办公用房，荷载不大，且仅为 9 层高度，故初选主框架下的基础梁高度 H 为 $H = (1/6 ~ 1/5) \times 5.7m = 0.95 ~ 1.14m$，取 $H = 1.1m$。

【本题小结】 筏形基础的设计相对来讲较为复杂，但本题应用筏形基础的结构设计构造要求，对平板式筏形基础的埋置深度、筏形基础的平面尺寸及厚度进行了设计，供初学者学习参考。

本章小结与讨论

1. 小结

(1) 筏形基础根据构造分为两类 平板式筏形基础；梁板式筏形基础。

(2) 筏形基础设计计算原则 筏形基础应进行承载能力极限状态计算，并应尽可能使荷载合力重心与筏形基础底面形心相重合，如果筏形基础下存在软弱下卧层，应验算软弱下卧层强度；筏形基础应满足沉降的基本要求并在基础厚度和基础配筋方面满足构造要求。

(3) 筏形基础内力计算 主要介绍刚性法，包括倒楼盖法和刚性板条法。

(4) 筏形基础设计 基础埋置深度、基础面积、基础厚度等方面进行计算。

2. 几点讨论

(1) 筏形基础的沉降和差异沉降计算仍是一个难题 筏形基础的沉降计算目前一是沉降值偏大，二是由于不考虑基础刚度差异沉降值也偏大，从而使得天然地基筏基方案难以成立，因而必须探讨采用"考虑地基实际变形特征的基础实用分析方法"来计算沉降和差异沉降，进而使沉降值和差异沉降值更接近实测结果。

(2) 筏形基础的内力计算 筏形基础与上部结构、下部地基存在着空间作用，它们三者是共同工作的。由于基础与上部结构是在施工过程中逐步完成的，地基的压缩沉降也是逐渐增加的，基础本身的变形和内力是随着施工进度而逐步建立起来的；所以，要正确地确定地基反力是复杂的，目前国内外的许多工程师对于筏形基础的设计采取较保守的简化计算方法。

(3) 筏形基础稳定性问题 必须特别注意筏形基础在水平荷载作用下的稳定性。因此，除严格控制荷载的偏心距外，宜加基础的埋深，使建筑物在抵抗倾覆和滑移等方面具有一定的安全度。

习 题

3-1 何谓筏形基础？其主要特点和应用范围是什么？

3-2 简述筏形基础刚性板条法的计算步骤。

3-3 简述筏形基础的设计原则。

第4章

箱形基础

【本章要求】 1. 掌握箱形基础的地基验算方法。
          2. 掌握箱形基础构件强度计算方法。
          3. 了解箱形基础内力计算方法。
          4. 掌握箱形基础的构造要求。
【本章重点】 箱形基础的内力计算。

4.1 概述

箱形基础是高层建筑中常用的基础型式之一，它由钢筋混凝土顶、底板和内外纵向横墙组成的具有相当大刚度的空间结构（见图4-1）。空间部分可结合建筑使用功能设计成地下室。

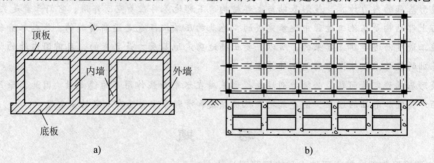

图 4-1 箱形基础的组成与布置

a)箱形基础的组成 b)箱体的布置

箱形基础具有刚度大，整体性好，能抵抗并协调由于荷载大、地基较弱产生的不均匀沉降。建筑物下部设置箱形基础，加深了基础的埋置深度，使建筑物的重心下移，四周又有土体协同作用，从而增强建筑物的整体稳定性。因此，在荷载大、地基较弱的情况下，特别是在地震区设计高层建筑时，箱形基础应是优先考虑的结构形式。

4.1.1 设计要求

箱形基础上部结构多为钢筋混凝土结构，如框架、剪力墙或框剪结构。这些结构自重很大，由于建筑物很高，风荷载及地震荷载较一般建筑物大，因此在设计时，除应考虑地基的容许承载力之外，还要考虑建筑物的允许变形及倾斜要求，以及地下水对基础的影响（如水的浮力、侧壁水压力、水的侵蚀性、施工时的排水等问题）。为此在拟建的建筑物场地内，应进行详细的地质勘探工作，查明该场地内的工程地质及水文地质资料。

勘探工作应考虑如下几方面的工作：

1）收集拟建场地及附近周围内的工程地质资料及水文地质资料，作为制定勘探计划的参考资料。

2）提出勘探任务书时，应将高层建筑物的特征加以说明。如大致的占地面积、勘探范围内的建筑物结构系统的类别（如纯框架、剪力墙、框剪结构等），大致的设计地面标高，箱形基础的层数及埋置深度等。

3）勘探书应评估建设场地内和附近地下土层的分类。如土层土质的均匀性以及所建议的持力层、提供各类土层的压缩系数、大面积开挖时土层边坡的稳定性、土工试验室对各类土的物理力学特性等。

4）地下水资料（如钻孔中初见水位、静止水位的标高和水质分析）。对重要工程还要调查常年地下水位的变化、地下水有无压力、地下水变化幅度及梯度、地下水流向等。

5）软土地基应说明土的均匀性，在地基受力范围内，有无倾斜的基岩面和软硬土层接触面。当接触面坡度达到10%时，应判断地基滑移或不均匀变形的可能性。

6）查明箱基底板下或邻近有无对工程地基产生不稳定的因素，如古墓、古井、暗滨、地下坑道、淤泥塘及天然或人工的洞穴。

7）钻孔布置应照顾场地平面两个方向。若曾作过初探，土层土质又较均匀，则钻孔间距不宜大于35m，单排孔一幢建筑物，钻孔数不能少于4个，其中控制钻孔不能少于2个，目的是为了对地基不均匀沉降和倾斜分析提供资料。

箱形基础设计包括如下设计内容：确定基础埋置深度；初步拟定箱形基础各部分尺寸；进行地基验算，包括地基承载力、地基变形、整体倾斜、地基稳定性验算；基础结构设计及构造要求；绘制箱形基础施工图。

本章主要采用的规范为：JGJ 6—2011《高层建筑筏形与箱形基础技术规范》，以下简称为《筏形与箱形基础规范》。

4.1.2 施工要求

箱形基础埋置深度较深，基坑属于深基坑。开挖基坑时，一般都有地下水出现。因此在开挖基坑之前，要认真地研究地质勘探资料及水文资料，然后仔细地进行施工组织设计。施工应严格按有关规定执行。

1）在有地下水及可能出现流砂地区，开挖箱形基础深基坑，应采用井点降水措施。井点类型，井点系统布置、间距、深度，滤层质量、机械配备等应符合规定，并设置水位降低观察孔。在基坑开挖前，地下水位应降到坑底设计标高以下50cm。停止降水时，应验算箱形基础抗浮稳定性。地下水对箱形基础的浮力不考虑折减，抗浮安全系数宜采用1.2。停止降水阶段抗浮力包括已建成的箱形基础自重及当时的上部结构净重及箱形基础上施工时的材料的堆重。水浮力应考虑相应施工阶段的最高地下水位。

2）基坑开挖应验算边坡稳定性，并注意对基坑边周围邻近建筑物的影响。验算时应考虑坡顶堆载、地表积水及相邻建筑物影响等不利因素，必要时采用支护或板桩等措施。用机械开挖时，应注意保护坑底土的结构不受破坏，并在坑底设计30cm以上停止机械开挖，再用人工开挖至设计标高。基坑不得长期暴露，更不能积水，验收后，立即进行基础施工。

3）箱形基础施工完毕后，应抓紧基坑回填工作。回填基坑前，必须清除坑底的杂物，在相对的两面或四周同时均匀进行并分层回填。

4）箱形基础的底板，内、外墙和顶板宜连续浇筑完毕，并按设计要求做好后浇施工带。如需设置施工缝时，必须保证质量。施工缝及后浇施工带的混凝土表面应凿毛，在继续浇筑混凝土之前，清除杂物，冲洗干净。

5）沉降观测，水准点及观测点应根据设计要求及时埋设并注意保护。

4.2　箱形基础埋深及构造要求

4.2.1　箱形基础埋深

箱形基础的埋置深度除应满足一般基础埋置深度有关规定外，对于作为高层建筑或重型建筑物的基础，基础埋置深度尚应满足抗倾覆和抗滑移稳定性要求，并综合考虑箱基使用功能（如作为人防、抗爆、防辐射等）要求来确定。箱形基础的埋置深度一般取高层建筑物总高度的 1/8 ~ 1/12，或箱形基础长度的 1/16 ~ 1/18，并不小于 3m，在地震区埋深不宜小于高层建筑物总高度的 1/15。为确定合理的埋深应进行抗倾覆等稳定性验算。箱形基础的自重不宜小于上部结构物重力的 1/6 ~ 1/5。

箱形基础的埋置深度比一般基础大得多，既有利于对地基承载力的提高，挖去的土方重力远比箱形基础重，相应的基底附加应力值会得到减小。因此，箱形基础是一种理想的补偿基础。采用箱形基础不但可以提高地基土的承载力，而且在同样的上部结构荷载的情况下，基础的沉降要比其他类型天然地基的基础小。

4.2.2　箱形基础的构造要求

（1）箱形基础的平面尺寸　箱形基础的混凝土强度等级不低于 C25，箱形基础的平面尺寸应根据地基强度、上部结构的布局和荷载分布等条件确定。在均匀地基的条件下，基础平面形心应尽可能与上部结构竖向静荷载重心相重合，当偏心较大时，可使箱形基础底板四周伸出不等长的悬臂以调整底面形心位置，如不可避免偏心，偏心距不宜大于 0.1ρ，其中 $\rho = \dfrac{W}{A}$（W 为基础平面的抵抗矩，A 为箱基底面积）。根据设计经验，也可控制偏心距不大于偏心方向基础边长的 1/60。

（2）箱形基础的高度　箱形基础的高度是指基底底面到顶板顶面的外包尺寸，如图 4-2 所示，应满足结构强度、结构刚度和使用要求，且不宜小于箱形基础长度（不包括底板悬挑部分）1/20，且不宜小于 3m。

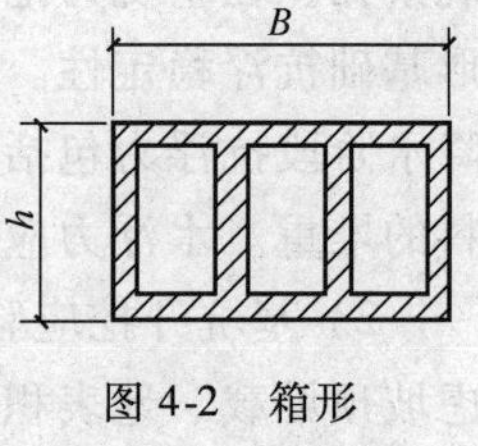

（3）箱形基础的底板厚度　箱形基础的底板厚度应根据实际受力情况，整体刚度和防水要求确定。除了满足正截面抗弯要求之外，还要进行斜截面抗剪强度和冲切验算。底板厚度不宜小于 400mm，且板厚与最大双向板格的短边净跨之比不应小于 1/14。当箱基兼作人防地下室时，要考虑爆炸荷载及坍塌荷载的作用，所需厚度由计算确定。为了保证箱

图 4-2　箱形基础的外包尺寸

基具有足够的刚度，楼梯部位应予以加强。

底板厚度根据工程实践经验，混凝土强度等级在 C25，配筋率在 0.17% ~ 1.17% 时，底板厚度参照表执行。采用表 4-1 中尺寸可不进行抗剪强度计算，否则需要抗剪强度计算，底板厚度通常取 40 ~ 50cm，但也有大于 1m 的。

表 4-1　底板厚度参考尺寸

基底平均压力/(kN/m^2)	底板厚度/mm	基底平均压力/(kN/m^2)	底板厚度/mm
150 ~ 200	$L/14 \sim L/10$	300 ~ 400	$L/8 \sim L/6$
200 ~ 300	$L/10 \sim L/8$	400 ~ 500	$L/7 \sim L/5$

（4）箱形基础的墙体　箱形基础的墙体是保证箱形基础整体刚度和纵、横向抗剪强度的重要构件。外墙沿建筑物四周布置，内墙一般沿上部结构柱网和剪力墙纵横均匀布置。外墙厚度不应小于 250mm，内墙厚度不宜小于 200mm，墙体要有足够的密度，要求平均每平方米基础面积上墙体长度不得小于 400mm 或墙体水平截面面积不得小于基础面积的 1/10，其中纵墙配置不得小于墙体总配置量的 3/5，且有不少于三道纵墙贯通全长。当墙满足上述要求时，墙距可能仍很大，建议墙的间距不宜大于 10m（基础底面积不包括底部挑出部分，墙体长度或水平面积不扣除洞口长度或面积）。

（5）箱形基础的墙体开洞要求　箱形基础的墙体应尽量不开洞或少开洞，并应避免开偏洞或边洞、高度大于 2m 的高洞、宽度大于 1.2m 的宽洞，一个柱距内不宜开洞两个以上，也不宜在内力最大的断面上开洞。两相邻洞口最小净间距不宜小于 1m，否则洞间墙体应按柱子计算，并采取构造措施。开口系数 μ 应符合 $\mu = \sqrt{\dfrac{A_h}{A_w}} \leqslant 0.4$，其中 A_h 为开口面积，A_w 为墙面积（指柱距与箱形基础全高的乘积）。

（6）箱形基础的顶、底板以及内外墙的钢筋　箱形基础的顶、底板以及内外墙的钢筋应按计算确定，墙体一般采用双面钢筋，横、竖向钢筋直径不应小于 10mm，间距不应大于 200mm，除上部剪力墙外，内、外墙的墙顶宜配置两根直径不小于 20mm 的通长构造钢筋，顶、底板配筋不宜小于 Φ14@200。

（7）箱形基础墙体局部承压强度　在底层柱与箱形基础交接处，应验算墙体的局部承压强度，当承压强度不能满足时，应增加墙体的承压面积，且墙边与柱边或柱角与八字角之间的净距不宜小于 50mm。

（8）底层现浇柱主筋伸入箱形基础的深度　对三面或四面与箱形基础墙相连的内柱，除四角钢筋直通基底外，其余钢筋伸入筏板底面以下的长度不应小于其直径的 35 倍。外柱与剪力墙相连的柱及其他内柱应直通到基础底板的底面。

（9）预制长柱与箱形基础的连接　当首层为预制长柱时，箱形基础顶部设有杯口，如图 4-3 所示。对于两面或三面与顶

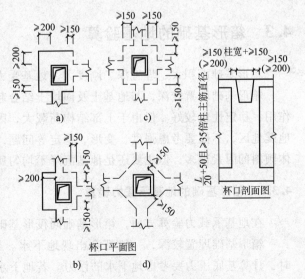

图 4-3　预制长柱与箱形基础的连接

板连接的杯口，其临空面的杯四壁顶部厚度应符合高杯口的要求，且不应小于200mm；对于四面与顶板连接的杯口，杯口壁顶部厚度不应小于150mm，杯口深度取 $L/2+50$ mm（L 为预制长度），且不得小于35倍柱主筋的直径，杯口配筋按计算确定，并应符合构造要求。

（10）箱形基础施工缝设置　箱形基础在相距40m左右处应设置一道施工缝，并应设在柱距三等分的中间范围内，施工缝构造要求如图4-4所示。

（11）箱形基础的混凝土强度等级　箱形基础的混凝土强度等级不应低于C25，并应采用密实混凝土刚性防水。箱基底板应置于坚实的混凝土垫层上，垫层混凝土等级不低于C10，厚度不小于10cm。

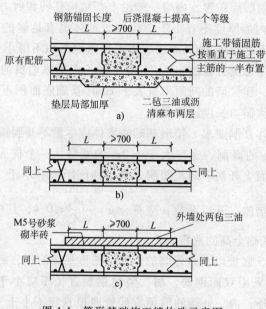

图4-4　箱形基础施工缝构造示意图
a）底板　b）顶板与内墙　c）外墙

4.3　箱形基础的地基验算

箱形基础面积大、埋置深、刚度大，地基受力相对趋于均匀，有较高的承载能力。

箱形基础埋置较深，与地基土及回填土结合起来，能较好地发挥基础与周围土体的共同作用，稳定性也较好。但由于上部结构荷载大，因此沉降总是存在的。在风荷载比较大以及地震地区，不仅要考虑强度、变形、稳定等问题，还要考虑整体倾斜问题。造成箱形基础整体倾斜的因素很多，但主要还是地基沉降不均匀所致。

4.3.1　箱形基础的地基承载力验算

在地基承载力验算方面，箱形基础同筏形基础，具体见3.2.1节。

箱形基础埋置较深，一般都会出现地下水。当箱形基础部分或全部处于地下水位以下时，计算基底压力要考虑地下水的浮力。若地下水有季节性变化，则应考虑基底压力的最不利情况，即地下水位降到基底以下，计算地基压力时不考虑地下水的浮力。

箱形基础考虑地下水浮力之后，基底压力应满足下式

$$\left.\begin{array}{l} p - \gamma_w h_w \leqslant f_a \\ p_{max} - \gamma_w h_w \leqslant 1.2 f_a \\ p_{min} - \gamma_w h_w \geqslant 0 \end{array}\right\} \tag{4-1}$$

式中　γ_w——水的重度（kN/m^3），通常取 $\gamma_w = 10 kN/m^3$；

　　　h_w——地基以上箱形基础浸水高度（m）；

4.3.2　箱形基础地基变形验算

在地基变形计算方面，箱形基础同筏形基础，具体见 3.2.1。

箱形基础底面积大，荷载也大，地基土被压缩的土层也深，应力扩散的范围大。因此，箱形基础地基的变形对周围建筑物必然要产生影响。反之，周围建筑物较大的荷载，也会对箱形基础的沉降产生影响。若地基土质好、沉降较小，地基变形稳定也较快，对相邻建筑物的影响也较小。若地基较弱，沉降较大，地基变形持续的时间将较长，地基变形的稳定将是缓慢的。

箱形基础过大的沉降量对周围建筑物的影响不能忽视。若箱形基础沉降过大，将引起室外道路凹凸不平，造成雨天积水、下水管道污水倒流、管道变形、甚至断裂，从而可能发生漏水、漏气等灾害。因此，在设计多层、高层建筑时，对沉降量要有一个控制值。由于各地区的土质不尽相同，目前全国尚没有统一的控制值。根据工程的调查发现，许多工程的沉降量尽管很大，但对建筑物本身没有什么危害，只是对毗邻的建筑物有较大影响，但过大的沉降会造成室内外高差，影响建筑物的正常使用，也可能引起地下管道的损坏。因此，箱形基础的允许沉降量应根据建筑物的使用要求和可能产生的对相邻建筑物的影响按地区经验确定，也可参考《地基基础规范》中的高耸结构取用。有些地区对软土地带建议控制在 40cm 左右，但最终平均沉降值不宜大于 35cm。

4.3.3　箱形基础稳定验算

在风荷载很大的地区、有水平荷载、有偏心竖向荷载、地震区、地下水位较高的软土地区、且箱基埋深又不很大时，都要对箱形基础要进行稳定性验算。

对于具体的箱形基础稳定验算，参见前面 3.2.2 节。

4.4　箱形基础内力计算方法

4.4.1　箱形基础荷载计算

箱形基础埋藏于地下，承受各种荷载（见图 4-5），这些荷载主要有：

1）地面堆载 q_x 产生的侧压力为

$$\sigma_1 = q_x \tan^2 \left(45° - \frac{1}{2}\varphi\right) \tag{4-2}$$

2）地下水位以上土的侧压力

$$\sigma_2 = \gamma H_1 \tan^2\left(45° - \frac{1}{2}\varphi\right) \quad (4-3)$$

3）浸于地下水位中（$H - H_1$）高度
土的侧压力

$$\sigma_3 = \gamma'(H - H_1)\tan^2\left(45° - \frac{1}{2}\varphi\right)$$
$$(4-4)$$

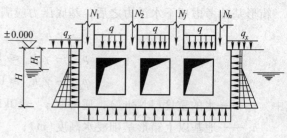

图 4-5　箱形基础荷载图

4）地下水产生的侧压力为

$$\sigma_4 = \gamma_w(H - H_1) \tag{4-5}$$

5）地基净反力为

$$\sigma_5 = p_j + \gamma_w(H - H_1) \tag{4-6}$$

6）顶板荷载 q 以及上部结构传来的集中力等。

式中　γ——土的重度（kN/m^3）；

　　　γ_w——水的重度（kN/m^3），通常取 $\gamma_w = 10\ kN/m^3$；

　　　γ'——浸入水中的土重度（浮重度），$\gamma' = \gamma_{sat} - \gamma_w$；

　　　γ_{sat}——土的饱和重度（kN/m^3）；

　　　H_1——地表面到地下水面的深度（m）；

　　　H——地表面到箱形基础底面的高度（m）；

　　　φ——土的内摩擦角。

4.4.2　箱形基础内力计算

　　箱形基础在上部结构传来的荷载、地基反力及箱形基础四周土的侧压力共同作用下，将发生弯曲，这种弯曲称为整体弯曲。顶板在荷载作用下也发生弯曲，这种弯曲称为局部弯曲。底板在地基反力作用下也发生局部弯曲。因此在设计箱形基础时，必须按结构的实际情况，分别分析箱形基础的整体弯曲和局部弯曲所产生的内力，然后将配筋量叠加。

　　箱形基础内力分析，应根据上部结构刚度大小采用不同的计算方法。由于箱形基础造价昂贵，施工复杂，因而主要用于高层建筑，其上部结构大致可分为框架、剪力墙、框剪及框筒四种结构类型。根据上部结构情况，可采用以下两种方案计算箱形基础内力。

1. 上部结构为剪力墙、框架-剪力墙体系

　　当地基压缩层深度范围内的土层在竖向和水平方向较均匀，且上部结构平面、立面布置较为规则的剪力墙、框架－剪力墙体系时，由于上部结构的刚度相当大，以至于箱基的整体弯曲小到可以忽略的程度，箱形基础的顶、底板可仅按局部弯曲计算，即顶板按实际荷载、底板按均布基底反力作用的周边固定双向连续板分析。考虑到整体弯曲可能的影响，钢筋配置量除符合计算要求外，纵横向支座钢筋尚应分别有 0.15% 和 0.10% 配筋率连通配置，跨中钢筋按实际配筋率全部连通。

　　【例 4-1】　有一箱形基础，如图 4-6a 所示，已知上部结构传来的活荷载为 37kN/m^2（不包括顶板活荷载），上部结构传来的恒荷载为 42kN/m^2（不包括顶板及内外墙体的自重）。顶板活荷载为 20kN/m^2，地面堆载为 20kN/m^2。顶板厚度为 30cm，底板厚为 50cm。地下水在 -0.3m 处，土的重度 $\gamma = 18kN/m^3$。试按局部弯曲计算顶板、底板和内外墙的内力。

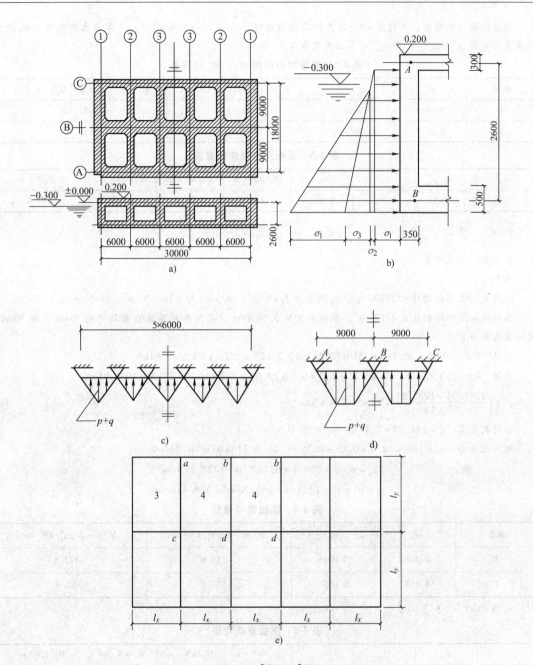

图 4-6　【例 4-1】图

a)箱形基础简图　b)外墙计算图　c)内纵墙计算图　d)内横墙计算图　e)内力计算简图

【目的与方法】　掌握按局部弯曲计算顶板、底板及内外墙的内力的方法。

【解】　顶、底板按双向板计算，内、外墙按连续梁计算。活载分项系数取 1.3，恒载分项系数取 1.2。

第一步：顶板计算

顶板荷载：活载　　$p = (1.3 \times 20) \, \text{kN/m}^2 = 26 \text{kN/m}^2$

　　　　　恒载　　$q = (1.2 \times 0.3 \times 25) \, \text{kN/m}^2 = 9 \text{kN/m}^2$

$$p_\text{j} = p + q = 35 \text{kN/m}^2$$

顶板为两列双向板，可按图4-6e内力计算简图进行。$\lambda = l_y/l_x = 9/6 = 1.5$，由混凝土结构双向板内力计算表可查得 ψ_{ix}、ψ_{iy}、x_{is} 等值，计算结果见表4-2、表4-3。

表4-2　顶板跨中弯矩 M_x、M_y 计算表

板号	φ_x	φ_y	$M_x = + \varphi_x p_j l_x^2/kN \cdot m$	$M_y = + \varphi_y p_j l_y^2/kN \cdot m$
3	0.0485	0.0096	+61.11	+27.22
4	0.0337	0.0057	+42.46	+16.16

表4-3　顶板支座弯矩计算表

x_{3x}	x_{3y}	x_{4x}	x_{4y}	$M_a/kN \cdot m$	$M_b/kN \cdot m$	$M_c/kN \cdot m$	$M_d/kN \cdot m$
0.835	0.165	0.910	0.090	−113.5	−95.6	−58.5	−31.9

注：$M_a = -\left(\dfrac{x_{3x}}{16} + \dfrac{x_{4x}}{24}\right)p_j l_x^2$；$M_b = -\dfrac{x_{4x}}{12}p_j l_x^2$；$M_c = -\dfrac{x_{3y}}{8}p_j l_y^2$；$M_d = -\dfrac{x_{4y}}{8}p_j l_y^2$。

第二步：底板计算

荷载

活荷载：上部结构传来37kN/m²，顶板传来26kN/m²，共 $p = (37 + 26)kN/m^2 = 63kN/m^2$。

恒荷载：上部结构传来42kN/m²，顶板自重传来9kN/m²，箱形基础墙体自重取外墙35cm内墙30cm，则墙体自重为 q' 为

外墙　$2 \times [(0.35 \times 30.35 + 0.35 \times 18.35) \times 2.2 \times 25 \times 1.2]kN = 2249.94kN$

内墙　$4 \times (0.3 \times 17.65 \times 2.2 \times 25 \times 1.2 + 0.3 \times 29.65 \times 2.2 \times 25 \times 1.2)kN = 1985.95kN$

$$q' = \left(\frac{2249.94 + 1985.95}{30 \times 18}\right)kN/m^2 = 7.4\ kN/m^2$$

恒荷载共有　$q = (42 + 9 + 7.4)kN/m^2 = 58.4kN/m^2$

水的上浮力　$q_1 = [10 \times (2.6 + 0.15 + 0.25 - 0.2 - 0.3)]kN/m^2 = 25kN/m^2$

$$p_j = p + q = (58.4 + 63)kN/m^2 = 121.4kN/m^2$$

$$p_j = p'_j + q_1 = (121.4 + 25)kN/m^2 = 146.4kN/m^2$$

表4-4　底板跨中弯矩

板号	φ_x	φ_y	$M_x = - \varphi_x p_j l_x^2/kN \cdot m$	$M_y = - \varphi_y p_j l_y^2/kN \cdot m$
3	0.0485	0.0096	−255.6	−113.8
4	0.0337	0.0057	−177.6	−67.6

注：$\lambda = l_y/l_x = 1.5$。

表4-5　顶板支座弯矩

x_{3x}	x_{3y}	x_{4x}	x_{4y}	$M_a/kN \cdot m$	$M_b/kN \cdot m$	$M_c/kN \cdot m$	$M_d/kN \cdot m$
0.835	0.165	0.910	0.090	474.9	399.7	244.6	133.4

注：$M_a = \left(\dfrac{x_{3x}}{16} + \dfrac{x_{4x}}{24}\right)p_j l_x^2$；$M_b = \dfrac{x_{4x}}{12}p_j l_x^2$；$M_c = \dfrac{x_{3y}}{8}p_j l_y^2$；$M_d = \dfrac{x_{4y}}{8}p_j l_y^2$。

第三步：外墙计算

取土的内摩擦角 $\varphi = 30°$，外墙简化为两端固定的墙板（见图4-6b）。取出一板条按两端固定梁计算。荷载计算：恒荷取分项系数为1.2，活载取为1.3。根据式(4-16)～式(4-19)可得：

地面堆载 q_x 对外墙产生的侧向压力为

$$\sigma_1 = \left[20 \times 1.3 \times \tan^2\left(45° - \frac{30°}{2}\right)\right]kPa = 8.67\ kPa$$

地下水位以上土的侧压力

$$\sigma_2 = \left[18 \times 0.3 \times 1.2 \tan^2\left(45° - \frac{30°}{2}\right)\right]\text{kPa} = 2.16\text{kPa}$$

地下水位以下土的侧压力

$$\sigma_3 = \left[(18 - 10) \times (2.6 - 0.3)\tan^2\left(45° - \frac{30°}{2}\right) \times 1.2\right]\text{kPa} = 7.36\text{kPa}$$

地下水产生侧压力

$$\sigma_4 = \left[10 \times (2.6 - 0.3)\right]\text{kPa} = 23\text{ kPa}$$

将上述荷载叠加成均匀分布荷载 p_1 及三角形荷载，$p_1 = \sigma_1 = 8.67\text{kPa}$，$p_2 = \sigma_2 + \sigma_3 + \sigma_4 = 32.52\text{kPa}$，取 1m 宽的板带计算，则有

$$M_{\text{中}} = \frac{1}{24}p_1 H^2 + \frac{1}{48}p_2 H^2$$

$$= \left(\frac{1}{24} \times 8.67 \times 2.6^2 + \frac{1}{48} \times 32.52 \times 2.6^2\right)\text{kN} \cdot \text{m/m} = 7.02\text{kN} \cdot \text{m/m}$$

$$M_A = -\frac{1}{12}p_1 H^2 - \frac{1}{30}p_2 H^2$$

$$= \left(-\frac{1}{12} \times 8.67 \times 2.6^2 - \frac{1}{30} \times 32.52 \times 2.6^2\right)\text{kN} \cdot \text{m/m} = -12.21\text{kN} \cdot \text{m/m}$$

$$M_B = -\frac{1}{12}p_1 H^2 - \frac{1}{20}p_2 H^2$$

$$= \left(-\frac{1}{12} \times 8.67 \times 2.6^2 - \frac{1}{20} \times 32.52 \times 2.6^2\right)\text{kN} \cdot \text{m/m} = -15.87\text{kN} \cdot \text{m/m}$$

第四步：内纵墙计算

内纵墙按连续梁承受地基净反力及水压力，两边均有三角形荷载传来(见图 4-6c)。

活荷载：上部结构传来 37kPa，顶板传来 26kPa，则

$$p = (37 + 26) \times \frac{l_x}{2} \times 2 = (63 \times 6)\text{kN/m} = 378\text{kN/m}$$

恒荷：上部结构传来 42kPa，顶板传来 9kPa，则

$$q = (42 + 9) \times \frac{l_x}{2} \times 2 = (51 \times 6)\text{kN/m} = 306\text{kN/m}$$

恒荷按满铺，活荷按最不利的荷载组合求弯矩及剪力，由此得

跨中弯矩：

$$M_{12} = -0.053ql^2 - 0.067pl^2$$

$$= (-0.053 \times 306 \times 6^2 - 0.067 \times 378 \times 6^2)\text{kN} \cdot \text{m/m} = -1495.58\text{kN} \cdot \text{m/m}$$

$$M_{23} = -0.026ql^2 - 0.055pl^2$$

$$= (-0.026 \times 306 \times 6^2 - 0.055 \times 378 \times 6^2)\text{kN} \cdot \text{m/m} = -1034.86\text{kN} \cdot \text{m/m}$$

$$M_{33} = -0.034ql^2 - 0.059pl^2$$

$$= (-0.034 \times 306 \times 6^2 - 0.059 \times 378 \times 6^2)\text{kN} \cdot \text{m/m} = -1177.42\text{kN} \cdot \text{m/m}$$

支座弯矩

$$M_2 = 0.066ql^2 + 0.075pl^2$$

$$= (0.066 \times 306 \times 6^2 + 0.075 \times 378 \times 6^2)\text{kN} \cdot \text{m} = 1747.66\text{kN} \cdot \text{m/m}$$

$$M_3 = 0.049ql^2 + 0.070pl^2$$

$$= (0.049 \times 306 \times 6^2 + 0.070 \times 378 \times 6^2)\text{kN} \cdot \text{m} = 1492.34\text{kN} \cdot \text{m/m}$$

第五步：内横墙计算

内横墙承受梯形荷载，受力如图 4-6d 所示。根据钢筋混凝土等效荷载转换方法，梯形荷载可化成均匀

的等效荷载，然后按均匀荷载作用查系数表求支座弯矩。

$$\overline{p}_j = p_j(1 - 2\alpha^2 + \alpha^3) \; ; \alpha = a/l = 3/9 = 1/3$$

$$\overline{p}_j = 684\text{kN/m} \times \left[1 - 2 \times \left(\frac{1}{3}\right)^2 + \left(\frac{1}{3}\right)^3\right] = 557.3\text{kN/m}$$

支座弯矩

$$M_B = 0.125\overline{p}_j l^2 = (0.125 \times 557.3 \times 9^2)\text{kN} \cdot \text{m} = 5642.66\text{kN} \cdot \text{m}$$

跨中弯矩

$$M_{max} = \left[-\frac{(3 \times 9^2 - 6^2) \times 684}{24} + 0.4 \times 5642.66\right]\text{kN} \cdot \text{m} = -3642.4 \text{ kN} \cdot \text{m}$$

【本题小结】　本题根据箱形基础的荷载情况，对箱形基础的顶板、底板、外墙、内纵墙及内横墙的内力进行了计算，给初学者计算箱形基础内力提供了详细的计算步骤和相应的方法，供学习参考。

2. 上部结构为框架体系

上部结构为纯框架结构时，刚度较小，此时箱形基础在土压力、水压力及上部结构传来的荷载共同作用下，将发生整体弯曲。因此，箱基的内力应同时考虑整体弯曲和局部弯曲作用。在计算整体弯曲产生的弯矩时，将上部结构的刚度折算成等效抗弯刚度，然后将整体弯曲产生的弯矩按基础刚度占总刚度的比例分配到基础。基底反力可参照基底反力系数法或其他有效方法确定。由局部弯曲产生的弯矩应乘以0.8的折减系数，并叠加到整体弯曲的弯矩中去，其具体方法是：

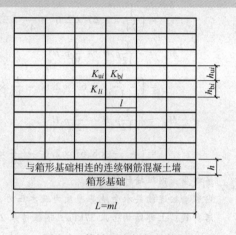

图 4-7　等效刚度框架结构图

（1）上部结构的等效抗弯刚度　1953 年 Meyerhof 首次提出了框架结构等效刚度计算公式，后经修改，列入我国《高层建筑箱形与筏形基础技术规范》中，对于图 4-7 所示框架结构，等效刚度计算公式如下

$$E_B I_B = \sum_{i=1}^{n} \left[E_b I_{bi}\left(1 + \frac{K_{ui} + K_{li}}{2K_{bi} + K_{ui} + K_{li}}m^2\right)\right] + E_w I_w \qquad (4\text{-}7)$$

式中　　$E_B I_B$——上部结构框架折算的等效抗弯刚度；

　　　　　E_b——梁、柱的混凝土弹性模量；

　　　　　I_{bi}——第 i 层梁的截面惯性矩（m^4）；

K_{ui}、K_{li}、K_{bi}——第 i 层上柱、下柱和梁的线刚度；

　　　　　n——建筑物层数；

　　　　　m——建筑物弯曲方向的节间数，$m = l/l_0$；

E_w、I_w——分别为在弯曲方向与箱形基础相连的连续钢筋混凝土墙的弹性模量和惯

性矩，$I_w = \frac{b_w h_w^3}{12}$（$b_w$、$h_w$ 分别为墙的厚度和高度）。

上柱、下柱和梁的线刚度分别按下列各式计算

$$K_{ui} = \frac{I_{ui}}{h_{ui}}; K_{li} = \frac{I_{li}}{h_{li}}; K_{bi} = \frac{I_{bi}}{l_0} \qquad (4\text{-}8)$$

式中 I_{ui}、I_{li}、I_{bi}——第 i 层上柱、下柱和梁的截面惯性矩;

　　　　h_{ui}、h_{li}——上柱、下柱的高度;

　　　　l_0——框架结构的柱距。

（2）箱形基础的整体弯曲弯矩　从整体体系来看,上部结构和基础是共同作用的,因此,箱形基础所承担的弯矩 M_g 可以将整体弯曲产生的弯矩 M 按基础刚度占总刚度的比例分配,即

$$M_g = \frac{E_g I_g}{E_g I_g + E_b I_b} M = \beta M, \beta = \frac{E_g I_g}{E_g I_g + E_b I_b} \tag{4-9}$$

式中 M_g——箱形基础承担的整体弯矩（kN·m）;

　　　M——由整体弯曲产生的弯矩,可按静定梁分析或采用其他有效方法计算,（kN·m）;

　　　I_g——箱形基础横截面的惯性矩,按工字形截面计算,上、下翼缘宽度分别为箱形基础顶、底板全宽,腹板厚度为箱形基础在弯曲方向墙体厚度;

　　　$E_b I_b$——框架结构的等效抗弯刚度。

（3）局部弯曲弯矩　顶板按实际承受的荷载,底板按扣除底板自重后的基底反力作为局部弯曲计算的荷载,并将顶、底板视为周边固定的双向连续板计算局部弯曲弯矩。顶、底板的总弯矩为局部弯曲弯矩乘以 0.8 折减系数后与整体弯曲弯矩叠加。

在箱形基础顶、底板配筋时,应综合考虑承受整体弯曲的钢筋与局部弯曲的钢筋配置部位,以充分发挥各截面钢筋的作用。

4.5 箱形基础构件强度计算

4.5.1 箱形基础底板计算

1. 底板斜截面抗剪强度计算

箱形基础的底板厚度除了满足正截面受弯承载力的要求外,还应满足斜截面抗剪强度要求。当底板板格为矩形双向板时,其斜截面抗剪强度可按下式计算

$$V_s \leqslant 0.7\beta_{hs} f_t (l_{n2} - 2h_0) h_0 \tag{4-10}$$

式中 V_s——距墙边缘 h_0 处,作用在图 4-8 阴影部分面积上的扣除底板及其上填土自重后,相应于作用效应基本组合的基底平均净反力产生的剪力设计值（kN）;

　　　f_t——混凝土轴心抗拉强度设计值（kPa）;

　　　β_{hs}——抗剪承载力截面高度影响系数,$\beta_{hs} = \left(\frac{800}{h_0}\right)^{1/4}$,当 $h_0 < 800\text{mm}$ 时,取 $h_0 = 800\text{mm}$,当 $h_0 > 2000\text{mm}$ 时,取 $h_0 = 2000\text{mm}$;

　　　h_0——板的有效高度（m）。

2. 底板斜截面抗冲切强度计算

箱形基础的底板厚度除了满足上述要求外,还应满足冲切强度要求。

当底板区格为矩形双向板时,底板截面的有效高度 h_0 应符合下式要求

$$h_0 \geqslant \frac{(l_{n1} + l_{n2}) - \sqrt{(l_{n1} + l_{n2})^2 - \dfrac{4p_n l_{n1} l_{n2}}{p_n + 0.7\beta_{hp}f_t}}}{4} \tag{4-11}$$

式中　p_n——扣除底板及其上填土自重后，相应于作用效应基本组合的基底平均净反力设计值(kPa)；基底反力系数参见《筏形与箱形基础规范》附录 E；

　　l_{n1}、l_{n2}——计算板格的短边和长边的净长度(m)；

　　β_{hp}——抗冲切承载力截面高度影响系数，当 $h \leqslant 800\text{mm}$ 时，取 $\beta_{hp} = 1.0$，当 $h \geqslant 2000\text{mm}$ 时，取 $\beta_{hp} = 0.9$，其间按线性内插法取值。

4.5.2　内墙与外墙

箱形基础的内、外墙，除与剪力墙连接外，其墙身受剪截面应按下式验算

$$V \leqslant 0.2 f_c b h_0 \tag{4-12}$$

式中　V——相应于荷载效应的基本组合时的墙体根部截面承受的竖向剪力设计值(kN)；

　　h_0——墙体竖向有效高度(m)；

　　b——墙身厚度(m)；

　　f_c——混凝土轴心抗压强度设计值(kPa)。

4.5.3　洞口

1. 洞口过梁正截面抗弯承载力计算

墙身开洞时，计算洞口处上、下过梁的纵向钢筋，应同时考虑整体弯曲和局部弯曲的作用，过梁截面的上、下钢筋，均按下列公式求得的弯矩配筋。

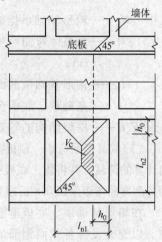

图 4-8　V_s 计算方法示意

上梁　　　　　$$M_1 = \mu V_b \frac{l}{2} + \frac{q_1 l^2}{12} \tag{4-13}$$

下梁　　　　　$$M_2 = (1 - \mu) V_b \frac{l}{2} + \frac{q_2 l^2}{12} \tag{4-14}$$

式中　V_b——洞口中点处的剪力值(kN)；

　　q_1、q_2——作用在上、下过梁上的均布荷载(kPa)；

　　l——洞口的净宽(m)；

　　μ——剪力分配系数。

剪力分配系数按下式计算

$$\mu = \frac{1}{2}\left(\frac{b_1 h_1}{b_1 h_1 + b_2 h_2} + \frac{b_1 h_1^3}{b_1 h_1^3 + b_2 h_2^3}\right) \tag{4-15}$$

式中　h_1、h_2——上、下过梁截面高度(m)。

2. 洞口过梁截面抗剪强度验算

洞口上、下过梁的截面，应分别符合以下公式要求：

当 $\dfrac{h_i}{b} \leqslant 4$ 时

$$V_i \leqslant 0.25 f_c A_i (i = 1 \text{ 时，为上过梁，} i = 2 \text{ 时，为下过梁}) \tag{4-16}$$

式中　A_i——洞口过梁的计算截面积，按图 4-9 所示中的阴影部分面积计算，取其中较大值；

　　　V_i——洞口过梁的剪力（kN）。

当 $\dfrac{h_i}{b} \geqslant 6$ 时

$$V_i \leqslant 0.20 f_c A_i \tag{4-17}$$

当 $4 < \dfrac{h_i}{b} < 6$ 时，按线性内插法确定。

$$V_1 = \mu V_b + \frac{q_1 l}{2} \tag{4-18}$$

$$V_2 = (1 - \mu) V_b + \frac{q_2 l}{2} \tag{4-19}$$

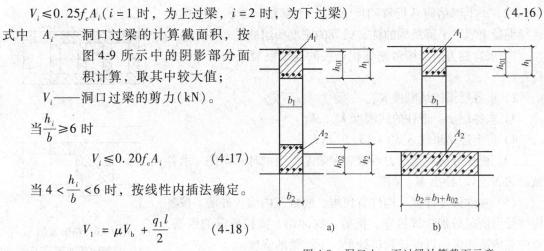

图 4-9　洞口上、下过梁计算截面示意

a) 计算方案之一　b) 计算方案之二

式中　V_b——洞口中点处剪力设计值（kN）。

洞口上、下过梁的截面除按上式验算外，还应进行斜截面抗剪强度验算。

3. 洞口加强钢筋

箱形基础墙体洞口周围应设置加强钢筋，钢筋面积可按以下近似公式验算

$$M_1 \leqslant f_y h_1 (A_{s1} + 1.4 A_{s2})$$
$$M_2 \leqslant f_y h_2 (A_{s1} + 1.4 A_{s2}) \tag{4-20}$$

式中　M_1、M_2——洞口过梁上梁、下梁的弯矩（kN·m）；

　　　h_1、h_2——上、下过梁截面高度（m）；

　　　A_{s1}——洞口每侧附加竖向钢筋总面积（m^2）；

　　　A_{s2}——洞角附加斜钢筋面积（m^2）；

　　　f_y——钢筋抗拉强度设计值（kPa）。

洞口加强钢筋除应满足上述公式要求外，每侧附加钢筋面积应不小于洞口宽度内被切断钢筋面积的一半，且不小于 2Φ16，此钢筋应从洞口边缘处向外延长 40d。洞口每个角落各加 2Φ12 斜筋，长度不小于 1.0m（见图 4-10）。

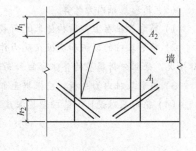

图 4-10　洞口两侧及每角的加强钢筋示意

4.5.4　箱形基础设计步骤

箱形基础计算内容较多，其基本设计步骤是：在初步确定结构尺寸之后，先作倾斜、稳定、滑移、抗倾覆验算，这些条件满足之后，进行结构计算，结构计算主要有以下内容：

（1）计算箱形基础抗弯刚度 $E_g I_g$　E_g 为箱基混凝土弹性模量；I_g 为箱基惯性矩，将箱形基础化成等效工字形截面，如图 4-11 所示。箱形基础顶、底板尺寸作为工字形截面上、下翼缘尺寸，箱形基础各墙体宽度总和作为工字形截面腹板的厚度，即

$$d = \delta_1 + \delta_2 + \cdots + \delta_n = \sum_{i=1}^{n} \delta_i \tag{4-21}$$

根据一般方法求等效截面的形心位置，再用平行移轴方法求 I_g。

（2）求上部结构总折算刚度 $E_B I_B$　上部结构总折算刚度由连续混凝土墙、上部结构的柱、梁等的刚度所组成。

1）求弯曲方向与箱形基础相连接的连续混凝土的抗弯刚度 $E_w I_w$。

2）求各层梁的线刚度 K_{bi}。

3）求各层上、下柱的线刚度 K_{ui}，K_{li}。

4）将上述结果代入式(4-13)求 $E_B I_B$。

（3）根据外荷载及反力系数表左箱基受力的计算草图　求各截面的 M、V，绘出 M、V 图。

（4）构件强度计算　构件有顶板、底板、内墙、外墙。按各构件受力情况分别计算抗弯、抗剪、抗冲切、抗拉所需的钢筋，要注意构造要求，以保证洞口处上、下过梁的强度。

（5）整理　绘施工图，列钢筋表。

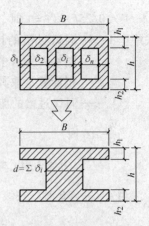

图 4-11　箱形基础等效截面图

本 章 小 结

（1）箱形基础　箱形基础是高层建筑中常用的基础形式之一，它是由钢筋混凝土顶、底板和内外纵向横墙组成的具有相当大刚度的空间结构。

（2）箱形基础设计基本要求　箱形基础上部结构多为钢筋混凝土结构，如框架、剪力墙或框剪结构。这些结构自重很大，由于建筑物很高，风荷载及地震荷载较一般建筑物大，因此在设计时，除应考虑地基的容许承载力之外，还要考虑建筑物的允许变形及倾斜要求，以及地下水对箱形基础的影响。

（3）箱形基础内力计算

1）箱形基础在上部结构传来的荷载、地基反力及箱基四周土的侧压力共同作用下，将整体弯曲。

2）箱形基础的顶板和底板在反力作用下可能发生局部弯曲。因此在设计箱形基础时，必须按结构的实际情况，分别分析箱基的整体弯曲和局部弯曲所产生的内力，然后将配筋量叠加。

3）箱形基础内力分析，应根据上部结构刚度大小采用不同的计算方法。

（4）箱形基础设计　基础埋置深度、箱形基础的构造要求、箱形基础地基验算。

习　　题

4-1　箱形基础的受力特点和适用范围是什么？

4-2　如何进行箱形基础内力分析？

4-3　箱形基础地基变形计算方法有几种？各有什么特点？

第5章

桩 基 础

【本章要求】 1. 了解桩基础的概念、分类。
2. 掌握单桩、群桩在竖向极限荷载下的工作性能及竖向承载力的确定方法。
3. 了解桩基础水平承载力。
4. 掌握桩基础的设计、计算方法。
【本章重点】 单桩竖向承载力及群桩承载力；桩基础的设计内容和计算方法。

5.1 概述

确定建筑物地基基础方案时，从安全、合理、经济角度出发，应优先选择天然地基浅基础。当地基浅层土质软弱，选择天然地基浅基础不满足地基强度及变形要求时，或采用人工加固处理地基不经济时，或是高层建筑基础、重型设备基础时，可采用地基基础方案中的天然地基深基础方案。桩基础就是天然地基深基础方案之一。

本章主要采用 JGJ 94—2008《建筑桩基础技术规范》（以下简称为《桩基规范》）。本章对《地基基础规范》中的桩基础内容加以简单的介绍。

5.1.1 桩基础的概念及作用

桩基础是深基础。桩基础通常是由桩和承台组成，在承台上面是上部结构（见图5-1）。从图中可见：桩本身像置于土中的柱子一样，承台则类似钢筋混凝土扩展式浅基础一样。但桩和承台的设计及计算不同于柱及钢筋混凝土扩展式浅基础。

（1）承台的作用 承受上部结构荷载，并将荷载传递给各桩。承台箍住桩顶使各个桩共同承受荷载。考虑承台效应时，承台还具有提供竖向承载力的作用。

（2）桩的作用 桩承受承台传递过来的荷载，通过桩侧对土的摩擦力及桩端对土的压力将荷载传递到土中。

（3）桩基础的作用 将上部结构传来的荷载，通过承台传递给桩，再由桩传递到土中。

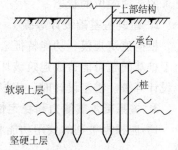

图 5-1 低承台桩基础示意图

5.1.2　桩基础的特点

对比浅基础，桩基础承载力高，稳定性好，沉降量小且均匀，能承受一定的水平荷载，又有一定的抗震能力和抗拔承载力，适用性强。

桩基础造价一般较高，施工较复杂。桩基础施工时有振动及噪声，影响环境。桩基础工作机理比较复杂，其设计计算方法相对不完善。

5.1.3　桩基础的适用性

在天然地基浅基础方案不能满足要求的前提下，常常选用桩基础方案。下列情况适于选用桩基础：

1）当地基上部土质软弱或地基土质不均匀，或上部结构荷载分布不均匀，而在桩端可达到深度处，埋藏有坚实土层时。

2）高层建筑；高耸建筑物；重型厂房；重要的、有纪念性的大型建筑；对基础沉降与不均匀沉降有较严格的限制时。

3）地基上部存在不良土层，如湿陷性土、膨胀性土、季节性冻土等，而不良土层下部有较好的土层时，可采用桩基础穿过不良土层，将荷载传递到好土层中。

4）建筑物除了承受垂直荷载外，还有较大的偏心荷载、水平荷载或动力及周期性荷载作用时。

5）地下水位高，采用其他基础形式施工困难，或位于水中的构筑物基础适宜选用桩基础。

6）地震区域建筑物，浅基础不能满足结构稳定要求时。

5.1.4　桩基础的安全等级与设计原则

《桩基规范》规定，建筑桩基采用以概率理论为基础的极限状态设计法，以可靠性指标度量桩基础的可靠度，采用分项系数表达极限状态设计表达式来进行计算。

1. 桩基础极限状态分为两类

1）承载能力极限状态，指桩基础达到最大承载能力整体失稳或发生不适于继续承载的变形状态。

2）正常使用极限状态，指桩基础达到建筑物正常使用所规定的变形限值或达到耐久性要求的某项限值的状态。

2. 建筑桩基础设计等级

根据建筑规模、功能特征、对差异变形的适应性、场地地基和建筑物体型的复杂性以及由于桩基问题可能造成建筑破坏或影响正常使用的程度，可将桩基设计分为表5-1所列的三个设计等级。桩基设计时，应根据表5-1确定设计等级。

3. 桩基础承载能力和稳定性计算要求

1）应根据桩基的使用功能和受力特征分别进行桩基的竖向承载力计算和水平承载力计算。

2）应对桩身和承台结构承载力进行计算；对于桩侧土不排水抗剪强度小于10kPa、且长径比大于50的桩应进行桩身压屈验算；对于混凝土预制桩，应按吊装、运输和锤击作用进行桩身承载力验算；对于钢管桩，应进行局部压屈验算。

表 5-1　建筑桩基设计等级

设计等级	建筑类型
甲级	（1）重要的建筑 （2）30层以上或高度超过100m的高层建筑 （3）体型复杂且层数相差超过10层的高低层（含纯地下室）连体建筑 （4）20层以上框架—核心筒结构及其他对差异沉降有特殊要求的建筑 （5）场地和地基条件复杂的7层以上的一般建筑及坡地、岸边建筑 （6）对相邻既有工程影响较大的建筑
乙级	除甲级、丙级以外的建筑
丙级	场地和地基条件简单、荷载分布均匀的7层及7层以下的一般建筑

3）当桩端平面以下存在软弱下卧层时，应进行软弱下卧层承载力验算。

4）对位于坡地、岸边的桩基应进行整体稳定性验算。

5）对于抗浮、抗拔桩基，应进行基桩和群桩的抗拔承载力计算。

6）对于抗震设防区的桩基应进行抗震承载力验算。

4. 桩基础变形计算要求

1）下列建筑桩基应进行沉降计算：①设计等级为甲级的非嵌岩桩和非深厚坚硬持力层的建筑桩基；②设计等级为乙级的体型复杂、荷载分布显著不均匀或桩端平面以下存在软弱土层的建筑桩基；③软土地基多层建筑减沉复合疏桩基础。

2）对受水平荷载较大，或对水平位移有严格限制的建筑桩基，应计算其水平位移。

3）应根据桩基所处的环境类别和相应的裂缝控制等级，验算桩和承台正截面的抗裂和裂缝宽度。

5. 桩基设计时，所采用的作用效应组合与相应抗力

1）确定桩数和布桩时，应采用传至承台底面的荷载效应标准组合；相应的抗力应采用基桩或复合基桩承载力特征值。

2）计算荷载作用下的桩基沉降和水平位移时，应采用荷载效应准永久组合；计算水平地震作用、风载作用下的桩基水平位移时，应采用水平地震作用、风载效应标准组合。

3）验算坡地、岸边建筑桩基的整体稳定性时，应采用荷载效应标准组合；抗震设防区，应采用地震作用效应和荷载效应的标准组合。

4）在计算桩基结构承载力、确定尺寸和配筋时，应采用传至承台顶面的荷载效应基本组合。当进行承台和桩身裂缝控制验算时，应分别采用荷载效应标准组合和荷载效应准永久组合。

5）桩基结构安全等级、结构设计使用年限和结构重要性系数 γ_0 应按现行有关建筑结构规范的规定采用，除临时性建筑外，重要性系数 γ_0 不应小于 1.0。

6）当桩基结构进行抗震验算时，其承载力调整系数 γ_{RE} 应按 GB 50011—2010《建筑抗震设计规范》的规定采用。

对于软土、湿陷性黄土、季节性冻土和膨胀土、岩溶地区以及坡地岸边上的桩基础，抗震设防桩基础和可能出现负摩阻力的桩基础，均应根据各自不同的特殊条件，遵循相应的设计原则。

5.2　桩基础和桩的分类

5.2.1　桩基础的分类

以下对桩基础及桩人为地进行分类，目的为了今后桩基础的设计及合理选择适当的桩型。

桩基础按桩的数量可分为单桩基础、群桩基础。单桩基础只有一根桩，这种独立的基础称为单桩基础。单桩基础的桩身横截面通常较大，承受和传递上部结构的荷载，并可直接在桩顶上建造上部结构，在工程上常采用"一柱一桩"就是单桩基础。群桩基础是由两根以上桩组成的桩基础。群桩基础是由承台把桩群上部联结成一个整体，建筑物的荷载通过承台分配给各桩，由桩再把荷载传递给地基。

5.2.2　桩的分类

桩按承载性状可分端承桩、摩擦桩；按施工方法可分为预制桩、灌注桩；按使用功能分抗压桩、抗拔桩、水平受荷桩、复合受荷桩；按成桩方法可分非挤土桩、部分挤土桩、挤土桩。以下对各类桩分别进行介绍。

1. 按承载性状分类

桩基础在竖向荷载作用下，考虑到桩本身与桩周土、桩端土相互作用的特点，承载力达到极限状态时，桩侧与桩端阻力分担的荷载大小，将桩分为摩擦型桩和端承型桩两大类（见图 5-2）。

（1）摩擦型桩　指在竖向荷载作用下，桩顶荷载全部或大部分由桩侧摩阻力承担的桩。桩身四周侧表面与土的摩擦力称为桩侧摩阻力，简称桩侧阻力。根据桩侧摩阻力分担的荷载比例，摩擦型桩又可分为摩擦桩、端承摩擦桩两类。摩擦桩指桩顶荷载绝大部分由桩侧摩阻力承担，桩端阻力可忽略不计的桩。端承摩擦桩指桩顶极限荷载由桩侧摩阻力和桩端阻力共同承担，但桩侧摩阻力分担荷载比较大的桩。工程中大部分的摩擦型桩中，端承摩擦桩占的比例较大。

（2）端承型桩　在竖向极限荷载作用下，桩顶荷载全部或主要由桩端阻力承担，而桩侧摩阻力相对于桩端阻力较小的桩。根据桩端阻力分担荷载的比例，可将端承型桩分为端承桩和摩擦端承桩两类。端承桩指桩顶荷载绝大部分由桩端阻力承担，桩侧摩阻力可忽略不计的桩。摩擦端承桩指桩顶荷载由桩端阻力和桩侧摩阻力共同承担，但桩端阻力分担荷载比较大的桩。

一般主要按端承型桩、摩擦型桩两大类进行叙述，不详细划分具体类型。

2. 按施工方法分类

按施工方法，可将桩分为预制桩及灌注桩。

（1）预制桩　预制桩是指在工厂或工地现场预先将桩制作成型，然后运送到桩位，用某种沉桩方法将其沉入土中的桩。预制桩沉桩方法主要有锤击、振动法和静压法。锤击、振动法是通过锤击、振动等方式将预制桩沉入地层至设计标高，施工过程有噪音。静压法是采用机械将预制桩压入到设计标高，施工过程无噪声。预制桩按材料分类主要有钢筋混凝土预制桩、混凝土预制桩、钢桩、组合材料桩。

1）钢筋混凝土预制桩。桩身除了有混凝土材料，还配有受力钢筋、箍筋、及其他构造筋。目前，钢筋混凝土预制桩（简称混凝土桩）是在我国应用最广泛的预制桩。钢筋混凝土预制桩适用于大中型各类建筑工程的承载桩。这种桩不仅抗压，而且可以抗拔和抗弯，同时能够承受水平荷载，应用较广。钢筋混凝土预制桩的截面形状有方形、圆形等多种形状，最常用的是方形桩。工厂预制时将预制桩分节，沉桩时在现场连接到所需桩长即可。钢筋混凝土桩桩身强度高，制作方便，耐腐蚀性能好，不受地下水位与土质条件限制，质量易保证，安全可靠，承载力高。但钢筋混凝土预制桩自重大，需要运输及打桩设备，桩长不够时，要接桩并要保证接桩质量；桩长太长时，要截桩；工期长，对比灌注桩，用钢量大，造价高；锤击沉桩时，噪声大，对周围环境有影响。虽然有缺点，但由于钢筋混凝土预制桩的优越性显著，它的应用还是很广泛。

2）混凝土预制桩。桩身是由混凝土制成，不配置受力筋，必要时配置构造筋。混凝土预制桩具有设备简单，操作方便，节约钢材，较经济的优点。

3）钢桩。桩身是由钢管或型钢制成。主要有钢管桩、H形钢桩、钢板桩等。钢桩的承载力高，材料强度大且均匀可靠，自重轻，搬运、堆放、起吊方便，不易受损，沉桩时穿透力

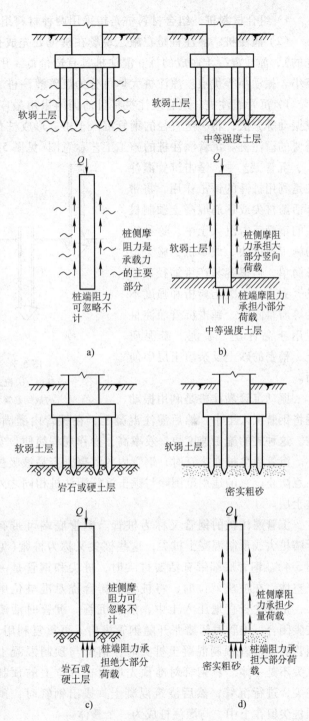

图 5-2　桩按承载性分类

a）摩擦桩　b）端承摩擦桩　c）端承桩　d）摩擦端承桩

强，质量容易保证，能承受强大的冲击力，锤击沉桩效果好，长度可以很大并可随意调整，截桩容易。钢桩的最大缺点是价格昂贵，其次易锈蚀，需要进行防锈处理等。目前只在特别重大的、或特殊的工程项目中应用。

4）组合材料桩。组合材料桩是指采用两种材料组合而成的桩称为组合材料桩。

（2）灌注桩 灌注桩是在施工现场在桩位处先成孔，在孔内加放钢筋笼（也有不放钢筋笼的），灌注混凝土制成的桩。灌注桩具有造价低、用钢量少、桩长可以灵活掌握及施工噪声小、振动小等优点。灌注桩大体可分为沉管灌注桩、钻孔（冲、挖）孔灌注桩等。

1）沉管灌注桩。沉管灌注桩是目前国内采用最广的一种灌注桩。沉管灌注桩利用锤击或振动等方法，将一定直径的钢管沉入土中，形成桩孔，然后浇筑混凝土，拔出钢管形成所需要的灌注桩。沉管灌注桩的施工工艺示意图（见图5-3）。

沉管工艺中，锤击沉管灌注桩是利用桩锤的锤击作用，将带有活瓣桩尖或钢筋混凝土预制桩尖的钢管锤击沉入土中。这种桩的施工速度快，成本低，施工设备简单，但很容易产生缩径、断桩、夹土、混凝土离析和强度不足等质量问题。锤击沉管灌注桩适用于黏性土、淤泥、淤泥质土、稍密的砂土及杂填土层中使用。

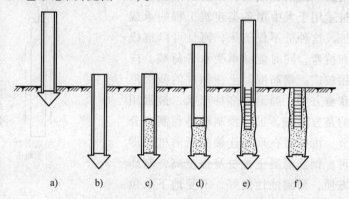

图5-3 沉管灌注桩施工工艺示意图
a）就位 b）沉入钢管 c）浇筑混凝土 d）拔出钢管
e）放钢筋笼并继续浇筑混凝土 f）成为灌注桩

振动沉管灌注桩是利用振动锤将钢管沉入土中，然后灌注混凝土，在桩管内灌满混凝土后，先振动，再开始拔管而成桩。这种桩的施工速度快，效率高，操作规程简便，安全，费用也较低，噪声及振动影响较小。沉管灌注桩在拔管时，钢管内的混凝土容易被吸住，上拉时易产生缩径等质量事故，要注意防止。它的适用范围除与锤击沉管灌注桩相同之外，更适用于砂土、稍密及中密的碎石类土层。

沉管灌注桩的钢管又称为桩管。钢管底端可带有活瓣桩尖或预制混凝土桩尖，这些桩尖又称为桩靴（见图5-4）。钢管底端带有活瓣桩尖时，桩尖和钢管是一个整体，在桩机就位时，将桩尖活瓣合拢对准桩位中心，把桩尖竖直地压入土中，然后沉管。沉管时活瓣桩尖闭合，拔管时活瓣张开随钢管拔出，可重复利用。钢管底端带有预制混凝土桩尖时，钢管与预制混凝土桩尖不是一体。将钢管对准预先埋设在桩位上的预制桩尖，进行沉管，然后浇筑混凝土。拔出钢管时，预制桩尖留在土中，与灌注桩成为一个整体。

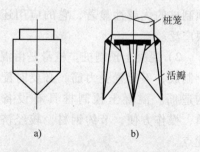

图5-4 混凝土预制桩尖、活瓣桩尖
a）混凝土预制桩尖 b）钢活瓣桩尖

2）钻（冲）孔灌注桩。先用机械方法取土成孔，然后清除孔底残渣土，安放钢筋笼，浇灌混凝土而形成灌注桩。这种方法的优点是施工过程无挤土，可以减少或避免锤打的噪声和振动，对周围环境影响较少，应用越来越广泛（见图5-5）。

钻孔与冲孔的区别：钻孔与冲孔两者之间的区别在于使用的钻具不同。前者以旋转钻机带动钻头旋转钻土成孔。冲孔是利用冲击钻机的较大质量的冲击钻头（又称冲锤），靠自由

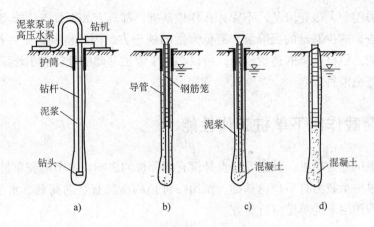

图 5-5　钻孔灌注桩施工程序图

a)成孔　b)下导管和钢筋笼　c)浇筑混凝土　d)成桩

下落的冲击力来击碎岩层或冲挤土层成孔。适合于击碎孤石和粒径较大的卵石层。

钻(冲)孔桩几乎适用于任何地基，尤其是可以穿透地基中坚硬的夹层，把桩端置于坚实可靠的持力层上，这种桩在桩径选择上比较灵活，具有较强的穿透能力，适合于高层、超高层建筑物的嵌岩桩。

钻(冲)孔灌注桩易出现质量问题，主要的质量问题是坍孔、沉渣。坍孔是指孔壁发生坍塌；沉渣是指泥渣沉于孔底，影响灌注桩的承载力。

与预制桩相比，灌注桩桩长、桩径可以灵活调整，适用于各种地层；用钢量少、经济。但其成桩质量不易控制和保证，对泥浆护壁灌注桩存在泥浆排放造成污染等问题。

3. 按使用功能分类

按使用功能分抗压桩、抗拔桩、水平受荷桩、复合受荷桩。

抗压桩又称为竖向抗压桩，桩主要承受竖向向下荷载，使得桩本身受压。工程中大部分桩是抗压桩。如前面所述，摩擦型桩及端承型桩都是竖向抗压桩，应进行竖向承载力计算，必要时验算桩基础沉降。

抗拔桩又称为竖向抗拔桩，桩主要承受竖向上拔的拔出荷载，使得桩本身受拉。抗拔桩在输电塔架、地下抗浮结构及码头结构物中有较多应用。

水平受荷桩主要承担水平荷载，使得桩本身受弯及受剪。这种桩在基坑围护体系中常用于围护桩来使用。

复合受荷桩指既承受竖向荷载又承受水平荷载的桩。如在水中的桩基础，既承受竖向荷载又承受水平方向水的风浪作用荷载。

4. 按成桩方法分类

桩按挤土效应可分为下列三类：

（1）非挤土桩　沉桩过程对桩周围的土无挤压作用的桩称为非挤土桩。这类桩施工方法是：先钻(挖)成桩孔，清除桩孔中的土，然后在桩孔中灌注混凝土。

（2）部分挤土桩　沉桩过程中桩对周围的土体稍有排挤作用，称为部分挤土桩，如钻孔灌注桩局部复打桩。

（3）挤土桩　成桩过程中(如锤击、振动贯入过程中)，桩孔中的土未取出，桩将桩位桩孔处的土大量的排开全部挤压到桩的四周，这类桩称为挤土桩，如实心的锤击预制桩。

尽管桩的类型令人眼花缭乱，不管什么样桩基础，都具有如下优点：能将荷载传到深层较好的土层上去，减少基础的沉降量，避免大量的挖土方。因此桩基础是一种比较可靠的、常用的基础形式。但桩基础的造价较高，所以必须了解桩基础的规律和工作原理，掌握正确的设计方法，避免浪费。

5.3 竖向荷载作用下单桩工作性能

单独的一根桩称为单桩，其主要特点是没有相邻桩的影响。本节研究单桩工作性能的目的是：为研究单桩承载力打下理论基础。作用在桩顶的荷载有竖向荷载、水平荷载和力矩。本节对竖向荷载作用下的单桩进行研究。

5.3.1 单桩在竖向荷载作用下的荷载传递

桩是怎样把桩顶竖向荷载传递到土层中去的？

1）当竖向荷载逐渐作用于单桩桩顶时，使得桩身材料发生压缩弹性变形，这种变形使桩与桩侧土体发生相对位移，而位移又使桩侧土对桩身表面产生向上的桩侧摩阻力，也称为正摩擦力；当桩顶竖向荷载 Q_0 较小时，桩顶附近的桩段压缩变形，相对位移在桩顶处最大，随着深度的增加而逐渐减小。

2）由于桩身侧表面受到向上的摩阻力后，会使桩侧土体产生剪切变形，从而使桩身荷载不断的传递到桩周土层中，造成桩身的压缩变形、桩侧摩阻力、轴力都随着土层深度变小。

3）从桩身的静力平衡来看，桩顶受到的竖向向下荷载与桩身侧表面的向上的摩阻力相平衡。随着桩顶竖向荷载逐渐加大，桩身压缩量和位移量逐渐增加，桩身下部桩侧摩阻力逐渐被调动并发挥出来。当桩侧摩阻力不足以抵抗向下的竖向荷载时，就会使一部分桩顶竖向荷载一直传递到桩底（桩端），使桩端土持力层受压变形，产生持力层土对桩端的阻力，称为桩端阻力 Q_p。此时桩的平衡状态是：桩顶向下的竖向荷载 Q_0 是和向上的桩侧摩阻力 Q_s 与桩端阻力 Q_p 之和相平衡。

$$Q_0 = Q_s + Q_p$$

由此可知一般情况下，土对桩的阻力（支持力）是由桩侧摩阻力和桩端阻力两部分组成，桩土之间的荷载传递过程就是桩侧阻力与桩端阻力的发挥过程。桩侧摩阻力具有越接近桩的上部越发挥得好，而且先于桩端阻力发挥的特点。

5.3.2 桩侧摩阻力、轴力与桩身位移

综上所述，竖向荷载作用下单桩的桩、土荷载传递过程可以简述为：桩身的位移 $S(z)$ 和桩身轴力 $Q(z)$ 随深度较小（见图5-6）。

1. 桩侧摩阻力

由图5-6可见，设桩身长度为 l，桩的截面周长为 u，从深度 z 处取一 dz 的微段桩，画受力图并研究其静力平衡条件可得

$$\sum Z = 0 \quad Q(z) - (Q(z) + dQ(z)) - q(z)udz = 0$$

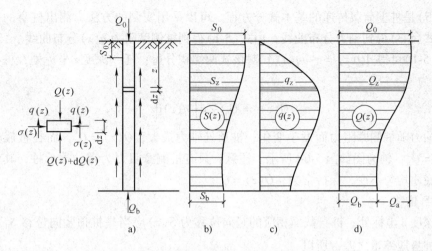

图 5-6　竖向荷载作用下单桩的桩、土荷载传递图

a)单桩的受力图及微段桩受力图　b)桩截面位移图　c)桩侧摩阻力分布图　d)轴力分布图

解之得
$$q(z) = -\frac{1}{u}\frac{\mathrm{d}Q(z)}{\mathrm{d}z} \tag{5-1}$$

式中　$Q(z)$——深度 z 处桩截面的轴力(kN)；

　　　$q(z)$——深度 z 处单位桩侧表面上的摩阻力(kPa)，简称桩侧阻力；

　　　u——桩的截面周长(m)。

由图 5-6c 可见，随着深度的增加，桩侧阻力也随着逐渐减小。

桩侧阻力，是土沿桩身的极限抗剪强度或土与桩的黏着力问题。桩在极限荷载作用下，对于较软的土，由于剪切面一般都发生在邻近桩表面的土内，极限侧阻力即为桩周土的抗剪强度。对于较硬的土，剪切面可能发生在桩与土的接触面上，这时极限侧阻力要略小于土的抗剪强度。由于土的剪应变随剪应力的增大而发展，故桩身各点侧阻力的发挥，主要决定于桩土间的相对位移。

2. 桩身轴力

研究微段桩的压缩变形。由材料力学轴向拉伸及压缩变形公式：坐标 z 处桩的轴力是 $Q(z)$，则桩在任意 z 坐标处的桩的微段竖向压缩变形为
$$\mathrm{d}S(z) = \frac{Q(z)\,\mathrm{d}z}{AE_p} \tag{5-2}$$

可导出
$$Q(z) = AE_p\frac{\mathrm{d}S(z)}{\mathrm{d}z} \tag{5-3}$$

式中　$\mathrm{d}S(z)$——深度 z 处桩的微段竖向压缩变形(m)。

　　　E_p——桩的材料弹性模量(kPa)；

　　　A——桩身横截面积(m^2)。

对式(5-3)两端同时微分，得到
$$\frac{\mathrm{d}Q(z)}{\mathrm{d}z} = AE_p\frac{\mathrm{d}S^2(z)}{\mathrm{d}z^2} \tag{5-4}$$

将式(5-4)代入式(5-1)可得
$$q(z) = -\frac{1}{u}AE_p\frac{\mathrm{d}S^2(z)}{\mathrm{d}z^2} \tag{5-5}$$

式(5-5)是桩土荷载传递的基本微分方程。可以采用实测的方法，测出桩身的位移曲线 $S(z)$，由式(5-3)得到轴力分布曲线，由式(5-1)得到桩侧摩阻力 $q(z)$ 分布曲线。

由式(5-1)可得 $\mathrm{d}Q(z) = -uq(z)\mathrm{d}z$ 对该式两端积分得：任一深度 z 坐标处，桩身截面的轴力 $Q(z)$ 为

$$Q(z) = Q_0 - u\int_0^z q(z)\mathrm{d}z \tag{5-6}$$

桩的轴力随桩侧摩阻力而发生变化，桩顶处轴力最大，$Q(z) = Q_0$，而在桩底处轴力最小，$Q(z) = Q_b$，轴力图如图 5-6d 所示。注意：只有桩侧摩阻力为零的端承桩，其轴力图从桩顶到桩底才均匀不变，保持常数，$Q(z) = Q_0$。

3. 桩身位移

任一深度 z 坐标处，桩身截面相应的竖向位移为 $S(z)$ 应当是桩顶竖向位移 S_0 与 z 深度范围内的桩身压缩量之差，所以

$$S(z) = S_0 - \frac{1}{E_p A_p}\int_0^z Q(z)\mathrm{d}z \tag{5-7}$$

式中　S_0——桩顶竖向位移值(m)。

由式(5-7)可见，当 $z = 0$ 时，$S(z) = S_0$ 为桩顶竖向位移，数值最大。

桩身竖向位移图如图 5-6b 所示，由图可见，桩身竖向位移在桩顶处最大，随着深度的增加而逐渐减小。

5.3.3　桩侧负摩阻力

当桩周土层相对于桩侧向下位移时，产生向下的摩阻力称为负摩阻力。负摩阻力的存在将给桩的工作带来不利的影响。桩身受到负摩阻力作用时，相当于施加在桩身上的竖向向下的荷载，而使桩身的轴力加大，桩身的沉降增大，桩的承载力降低。

当桩身的下沉量大于桩周土层下沉量时，桩身侧表面摩擦力仍然是向上的摩阻力(正的摩阻力)；当桩身的下沉量小于桩周土的下沉量时，桩身侧表面摩阻力就是负摩阻力。

1. 桩侧负摩阻力的产生条件

桩侧负摩阻力产生的条件：桩侧土体下沉必须大于桩身的下沉。当土层相对于桩有向下的位移时，应考虑桩侧有负摩阻力作用。

以下例举了几种产生负摩阻力的原因，如：

1) 桩穿越较厚松散填土、自重湿陷性黄土、欠固结土、液化土层进入相对较硬土层。

2) 桩周存在软弱土层，邻近桩侧地面承受局部较大的长期荷载，或地面大面积堆载(包括填土)。

3) 由于降低地下水位，使桩周土有效应力增大，并产生显著压缩沉降。

遇到以上类似等情况，应考虑负摩阻力作用。

2. 单桩产生负摩阻力的荷载传递

随着深度的增加，桩土之间的位移逐渐减少，使负摩阻力相应减少。由于桩周土层的固结是随着时间而发展的，所以土层竖向位移和桩身压缩变形都是时间的函数。由图 5-7 可见，b、c、d 分别表示桩截面位移、桩侧摩阻力、桩身轴力的分布情况。

在 l_n 深度范围内，桩周土的沉降大于桩的压缩变形，桩周土相对于桩侧向下位移，桩

侧摩擦力向下,是负的摩阻力;在 l_n 深度下,桩周土的沉降小于桩的压缩变形,桩周土相对于桩侧向上位移,桩侧摩阻力向上,是正的摩阻力。因此 l_n 是中性点的深度。由图 5-7d,在中性点截面,桩身轴力 $N = Q + F_n$,此处轴力最大。

(1) 中性点 在 l_n 深度处,桩周土沉降与桩身压缩变形相等,两者无相对位移发生,其桩侧摩阻力为零,这一位置称为中性点。中性点的特点是上下摩阻力方向相反。中性点的位置与桩长、桩径、桩的刚度、桩周土的性质、桩顶荷载等有关,与引起负摩阻力的因素有关。

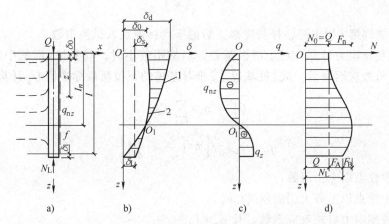

图 5-7 单桩产生负摩阻力时的荷载传递图

a) 单桩的受力图 b) 桩截面位移曲线图 c) 桩侧摩阻力分布曲线图 d) 桩身轴力分布图

1—土层竖向位移曲线 2—桩截面位移曲线

(2) 中性点的确定 中性点的位置应确定中性点深度 l_n,该深度按桩周土层沉降与桩的沉降相等的条件确定,也可参考表 5-2 确定。

表 5-2 中性点深度比

持力层土类	黏性土、粉土	中密以上砂土	砾石、卵石	基岩
中性点深度比 l_n/l_0	0.5 ~ 0.6	0.7 ~ 0.8	0.9	1.0

注:1. l_n、l_0 分别为中性点深度和桩周沉降变形土层下限深度。

2. 桩穿越自重湿陷性黄土时,l_n 按表列值增大 10%(持力层为基岩除外)。

3. 当桩周土层固结与桩基固结沉降同时完成时,取 $l_n = 0$。

4. 当桩周土层计算沉降量小于 20mm 时,l_n 应按表列值乘以 0.4 ~ 0.8 折减。

3. 桩侧负摩阻力的计算和应用

(1) 单桩桩侧负摩阻力 q_{si}^n 的计算 影响单桩桩侧负摩阻力因素很多,因此要精确计算单桩负摩阻力是很困难的。一般单桩负摩阻力的计算可参考《桩基规范》所给出的负摩阻力系数法计算。单桩负摩阻力标注值 q_{si}^n 可按下式计算

$$q_{si}^n = \xi_{ni}\sigma_i' \tag{5-8}$$

式中 q_{si}^n——第 i 层土单桩桩侧的负摩阻力标准值(kPa);

ξ_{ni}—— 桩周土负摩阻力系数;

σ_i'——桩周土第 i 层土平均竖向有效应力(kPa)。

ξ_{ni} 可按桩周土取值:饱和软土 $\xi_{ni} = 0.15 \sim 0.25$;黏性土、粉土 $\xi_{ni} = 0.25 \sim 0.40$;砂土 $\xi_{ni} = 0.35 \sim 0.50$;自重湿陷性黄土 $\xi_{ni} = 0.20 \sim 0.35$。应注意的是:①同一类土中,打入桩

或沉管灌注桩取较大值，钻、挖孔灌注桩取较小值；②填土按土的类别取较大值；③当 q_{si}^n 计算值大于正摩阻力时，取正摩阻力值。

当降低地下水位时 $\sigma_i' = \gamma_i' z_i$；当地面有均布荷载时 $\sigma_i' = p + \gamma_i' z_i$。其中，$\gamma_i'$ 为桩周土第 i 层底面以上，按桩周土厚度计算的加权平均有效重度（kN/m^3）；z_i 为从地面算起的第 i 层土中点的深度（m）；p 为地面均布荷载（kPa）。

对于砂类土，可按下式估算负摩阻力标准值

$$q_{si}^n = \frac{N_i}{5} + 3 \tag{5-9}$$

式中　N_i——桩周第 i 层土经钻杆长度修正后的平均标准贯入试验击数。

（2）群桩负摩阻力计算　对于群桩基础，当桩距较小时，其基桩（群桩中的任意桩）的负摩阻力因群桩效应而降低，故《桩基规范》推荐基桩的下拉荷载标准值 Q_g^n 计算公式如下

$$Q_g^n = \eta_n u \sum_{i=1}^{n} q_{si}^n l_i \tag{5-10}$$

$$\eta_n = s_{ax} s_{ay} / \left[\pi d \left(\frac{q_s^n}{\gamma_m} + \frac{d}{4} \right) \right] \tag{5-11}$$

式中　n——中性点以上土层数；

　　　l_i——中性点以上各土层的厚度（m）；

　　　η_n——负摩阻力群桩效应系数，且 $\eta_n \leq 1$；

s_{ax}、s_{ay}——纵、横向桩的中心距（m）；

　　　q_s^n——中性点以上桩的平均负摩阻力标准值（kPa）；

　　　γ_m——中性点以上桩周土加权平均有效重度（kN/m^3）。

（3）桩侧负摩阻力应用　桩侧负摩阻力主要应用于桩基础的承载力和沉降计算中。

1）对于摩擦型桩基。负摩阻力相当于对桩体施加下拉荷载，使持力层压缩量加大，随之引起桩基础沉降。桩基础沉降一旦出现，土相对于桩的位移又会减少，反而使负摩阻力降低，直到转化为零。因此，一般情况下对摩擦型桩基，可近似看成中性点以上桩侧负摩阻力为零来计算桩基础承载力。

2）对于端承型桩基。由于端承型桩基桩端持力层较坚硬，受负摩阻力引起下拉荷载后不至于产生沉降或沉降量较小，此时负摩阻力将长期作用于桩身中性点以上侧表面。因此，应计算中性点以上负摩阻力形成的下拉荷载，并将下拉荷载作为外荷载的一部分来验算桩基础的承载力。

5.4　单桩竖向承载力的确定

5.4.1　单桩竖向承载力的概念及确定原则

以下采用《桩基规范》，介绍单桩竖向承载力。

1. 单桩在竖向荷载作用下的破坏形式

单桩在竖向荷载作用下有两种破坏形式：一种是桩身材料发生破坏；另一种是地基土发生破坏。

1）桩身材料发生破坏。当桩身较长，桩端支撑于很坚硬的持力层上，而桩侧土又十分软弱对桩身没有约束作用，此时桩是典型的端承桩，桩身像一根细长的受压柱，可能突然发生纵向弯曲，失去稳定而破坏。

2）地基土发生破坏。当桩穿越软弱土层，支撑在硬持力层土层，其地基破坏类似于浅基础下地基的整体剪切破坏。如果桩端持力层为中强度土或软弱土时，在竖向荷载作用下的桩可能出现刺入破坏形式。

一般情况下，随着桩顶竖向荷载的逐渐加大，桩端地基发生破坏所需要的竖向荷载比桩身材料发生破坏所需要的竖向荷载小，因此单桩竖向承载力的大小往往取决于地基土对桩的支持力。

2. 单桩的竖向极限承载力的概念

由于桩的承载力条件不同，桩的承载力可分为竖向承载力（竖向抗压承载力和抗拔承载力）及水平承载力两种。

单桩竖向极限承载力是指单桩在竖向荷载作用下，不丧失稳定性、不产生过大变形时，单桩所能承受的最大荷载。

不丧失稳定性是指单桩作为细长受压杆，其桩身不允许发生突然的纵向弯曲失稳而破坏；单桩的持力层土要有足够的支持力，不能发生整体剪切破坏及刺入破坏从而使单桩发生急剧的、不停滞地下沉。

不产生过大的变形是指保证单桩在长期荷载作用下，不出现不适于继续承载的变形。

因此单桩的竖向极限承载力表示单桩承受竖向荷载的能力，主要取决于土对桩的支持力及桩身材料的强度。

3. 单桩竖向极限承载力标准值

单桩竖向极限承载力标准值是用以表示设计过程中相应桩基所采用的单桩竖向极限承载力的基本代表值。该代表值是用数理统计方法加以处理，具有一定概率的最大荷载值。

单桩竖向极限承载力的标准值确定，为群桩基础的基桩竖向承载力设计值的确定打下了基础。设计采用的单桩竖向极限承载力标准值应符合下列规定：

1）设计等级为甲级的建筑桩基，应通过单桩静载试验确定。

2）设计等级为乙级的建筑桩基，当地质条件简单时，可参照地质条件相同的试桩资料，结合静力触探等原位测试和经验参数综合确定；其余均应通过单桩静载试验确定。

3）设计等级为丙级的建筑桩基，可根据原位测试和经验参数确定。

5.4.2　按桩身材料强度确定单桩竖向承载力设计值

按桩身材料强度确定单桩竖向承载力时，是将处于土中的桩近似看成两端铰支的轴心压杆，对于钢筋混凝土轴心受压桩正截面受压承载力应符合下列规定：

1）当桩顶以下 5d 范围的桩身螺旋式箍筋间距不大于 100mm，且符合《桩基规范》中的相应构造要求时

$$N \leqslant \varphi(\psi_c f_c A_{ps} + 0.9 f_y' A_s') \tag{5-12}$$

2）当桩身配筋不符合上述 1）款规定时

$$N \leqslant \varphi \cdot \psi_c f_c A_{ps} \tag{5-13}$$

式中　N——荷载效应基本组合下的桩顶轴向压力设计值；

ψ_c——基桩成桩工艺系数,混凝土预制桩、预应力混凝土空心桩取 $\psi_c = 0.85$,干作业非挤土灌注桩取 $\psi_c = 0.90$,泥浆护壁和套管护壁非挤土灌注桩、部分挤土灌注桩、挤土灌注桩取 $\psi_c = 0.7 \sim 0.8$,软土地区挤土灌注桩取 $\psi_c = 0.6$;

f_c——混凝土轴心抗压强度设计值;

f_y'——纵向主筋抗压强度设计值;

A_s'——纵向主筋截面面积;

φ——桩的稳定系数。

在式(5-12)、式(5-13)中,一般取稳定系数 $\varphi = 1.0$。对于高承台基桩、桩身穿越可液化土或不排水抗剪强度小于 10kPa 的软弱土层的基桩,应考虑压屈影响,其稳定系数 φ 可根据桩身压屈计算长度 l_c 和桩的设计直径 d(或矩形桩短边尺寸 b)确定,见表5-3。桩身压屈计算长度 l_c 可根据桩顶的约束情况、桩身露出地面的自由长度 l_0、桩的入土长度 h、桩侧和桩底的土质条件应按表5-4确定。

表 5-3　桩身稳定系数 φ

l_c/d	≤7	8.5	10.5	12	14	15.5	17	19	21	22.5	24
l_c/b	≤8	10	12	14	16	18	20	22	24	26	28
φ	1.00	0.98	0.95	0.92	0.87	0.81	0.75	0.70	0.65	0.60	0.56
l_c/d	26	28	29.5	31	33	34.5	36.5	38	40	41.5	43
l_c/b	30	32	34	36	38	40	42	44	46	48	50
φ	0.52	0.48	0.44	0.40	0.36	0.32	0.29	0.26	0.23	0.21	0.19

注:b 为矩形桩短边尺寸,d 为桩直径。

表 5-4　桩身压屈计算长度 l_c

桩 顶 铰 接				桩 顶 固 接			
桩底支于非岩石土中		桩底嵌于岩石内		桩底支于非岩石土中		桩底嵌于岩石内	
$h < \dfrac{4.0}{\alpha}$	$h \geqslant \dfrac{4.0}{\alpha}$	$h < \dfrac{4.0}{\alpha}$	$h \geqslant \dfrac{4.0}{\alpha}$	$h < \dfrac{4.0}{\alpha}$	$h \geqslant \dfrac{4.0}{\alpha}$	$h < \dfrac{4.0}{\alpha}$	$h \geqslant \dfrac{4.0}{\alpha}$
a)		b)		c)		d)	
$l_c = 1.0 \times (l_0 + h)$	$l_c = 0.7 \times \left(l_0 + \dfrac{4.0}{\alpha}\right)$	$l_c = 0.7 \times (l_0 + h)$	$l_c = 0.7 \times \left(l_0 + \dfrac{4.0}{\alpha}\right)$	$l_c = 0.7 \times (l_0 + h)$	$l_c = 0.5 \times \left(l_0 + \dfrac{4.0}{\alpha}\right)$	$l_c = 0.5 \times (l_0 + h)$	$l_c = 0.5 \times \left(l_0 + \dfrac{4.0}{\alpha}\right)$

注:1. 表中 α 为桩的水平变形系数。

2. l_0 为高承台基桩露出地面的长度,对于低承台桩基,$l_0 = 0$。

3. h 为桩的入土长度,当桩侧有厚度为 d_1 的液化土层时,桩露出地面长度 l_0 和桩的入土长度 h 分别调整为 $l_0' = l_0 + \psi_l d_1$,$h' = h - \psi_l d_1$,ψ_l 为土层液化折减系数,按《桩基规范》要求取值。

一般情况下,按上述方法计算的单桩竖向承载力要远大于按土对桩的支承力确定的单桩竖向承载力,所以在一般情况下,桩的承载力主要受地基土的支承能力所控制,桩身材料强度往往不能充分发挥，只有特殊情况下，桩身材料强度才起到控制作用。如对于端承桩、超长桩及桩身质量有缺陷的桩，由桩身材料强度来确定单桩竖向承载力设计值。

对于偏心受压桩、抗拔桩、受水平作用桩的正截面受压承载力在此不一一介绍，可参见《桩基规范》。

5.4.3 按土对桩的支承力确定单桩竖向极限承载力

按土对桩的支承力确定单桩承载力的方法主要有现场的静载荷试验法、经验参数法、原位测试成果的经验方法及静力分析计算法等。其中，静载荷试验确定的单桩竖向承载力可靠性最好。以下主要介绍静载荷试验方法、经验参数法。

1. 按静载荷试验确定单桩竖向极限承载力标准值 Q_{uk}

在评价单桩承载力的诸多方法中静载荷试验法是最为直观和可靠的方法，这种方法不仅考虑了地基土的支承能力，还考虑了桩身材料强度对单桩承载力的影响。

(1) 单桩的静载荷试验适用条件　对于甲级建筑物，必须通过静载荷试验；对于地基条件复杂、桩的施工质量可靠性低、所确定的单桩竖向承载力的可靠性低、桩数多的乙级建筑物，也必须通过静载荷试验。在同一条件下的试桩的数量，不宜少于总桩数的 1%，并不少于 3 根。工程总桩数在 50 根以内时，其试桩不应少于 2 根。单桩的静载荷试验类型有多种，本节介绍单桩竖向抗压静载荷试验，该静载荷试验适用于确定单桩竖向极限承载力标准值 Q_{uk}。

(2) 单桩竖向静载荷试验　试验装置主要由加载系统和量测系统组成(见图 5-8)。

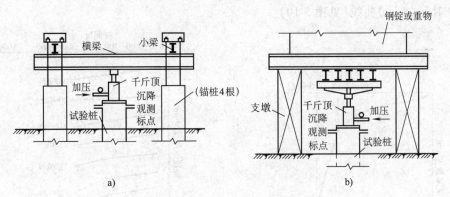

图 5-8　单桩的静载荷试验装置图

a)锚桩横梁反力式装置　b)压重平台反力式装置

1) 加载装置。主要用于给试桩加竖向荷载的装置。一般是用液压千斤顶及反力系统装置组成，千斤顶施加的竖向荷载一方面传给试桩，一方面通过反力装置来平衡。一般反力装置有：

① 锚桩反力装置：由 4 根锚桩、主梁、油压千斤顶以及测量仪表等组成。该装置将千斤顶的荷载与锚桩抗拔力(反力)相平衡。

② 堆重平台反力装置。由支墩、钢横梁、堆重、液压千斤顶及测量仪表组成。堆重可用钢锭、混凝土块、袋装砂或水箱等。压重应在试验前一次加上，并均匀稳固地放置于平台上。

③ 锚桩压重联合反力装置。上述两种反力装置的组合。当试桩最大加载量超过锚桩的

抗拔能力时，可以在横梁上放置或悬挂一定重物，由锚桩和重物共同承受千斤顶加载反力。

2）量测系统。主要测量桩顶竖向荷载的大小及桩的沉降大小。测量荷载是由千斤顶上的应力环、应变式压力传感器等直接测定，或采用连于千斤顶的压力表测定油压，根据千斤顶的率定曲线换算出相应的荷载。测量试桩沉降是由百分表或电子位移计测定。

3）静载荷试验要点。试验加载方法一般采用慢速维持加载法，即逐级加载，每加一级荷载达到相对稳定后测读其沉降量，然后再加下一级荷载，直到试桩破坏。试验时加载应分级进行，每级加载为预估极限荷载的 $1/10 \sim 1/15$，第一级可按 2 倍分级荷载加荷。

① 沉降观测。每级加载后，按 5min、10min、15min 各测读一次，以后每隔 15min 读一次，累计 1h 后每隔 30min 测读一次。

② 沉降相对稳定标志。桩的沉降量连续两次在每小时内小于 0.1mm，即可认为已经达到相对稳定，并可以进行下一级加载。

③ 终止加载条件。当出现下列情况之一时，即可终止加载：当荷载-沉降(Q-s)曲线上有可判定极限承载力的陡降段，且桩顶总沉降量超过 40mm；当 $\Delta s_{n+1}/\Delta s_n \geqslant 2$，且经 24 小时尚未达到稳定；当沉降量大于非嵌岩桩，Q-s 曲线呈缓变型时，桩顶总沉降量大 $60 \sim 80$mm；在特殊条件下，可根据具体要求加载至桩总沉降量大于 100mm。其中 Δs_n 为第 n 级荷载的沉降增量。需要注意的是当桩底支承在坚硬岩（土）层上，桩的沉降量很小时，最大加载量不应小于设计荷载的两倍。

④ 绘制曲线。需要绘制的曲线主要有荷载 – 沉降(Q-S)曲线（见图 5-9）及各级荷载作用下沉降 – 时间(S-lg$t$)曲线（见图 5-10）。

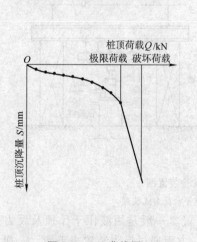

图 5-9　Q-S 曲线图

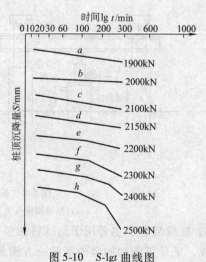

图 5-10　S-lg$t$ 曲线图

（3）单桩竖向极限承载力实测值 Q_u 的确定　由上述试验结果曲线，采用下述方法综合确定单桩竖向极限承载力实测值 Q_u：

1）根据沉降随荷载的变化特征确定 Q_u。由图 5-9 的 Q-S 曲线中，在陡降型曲线上，取曲线发生明显陡降的起始点所对应的荷载为单桩竖向极限承载力实测值 Q_u。

2）根据沉降量确定 Q_u。对于缓变型 Q-S 曲线中，一般可取 $S = 40 \sim 60$mm 所对应的荷载值为 Q_u；对于大直径桩可取 $S = 0.03D \sim 0.06D$（D 为桩端直径，大桩径取低值，小桩径取高值）所对应的荷载值为 Q_u；对于细长桩（$l/D > 80$）可取 $S = 60 \sim 80\text{mm}$ 对应的荷载。

3）根据沉降随时间的变化特征确定 Q_u。（见图 5-10）取 $S\text{-}\lg t$ 曲线尾部出现明显向下弯曲的前一级荷载值。

（4）单桩竖向极限承载力标准值 Q_{uk} 的确定　测出每根试桩的实测的单桩竖向极限承载力值 Q_u 后，可通过统计计算确定单桩竖向极限承载力的标准值 Q_{uk}。参加统计的试桩，当满足其极差不超过平均值的 30% 时，可取其平均值为单桩竖向极限承载力。极差超过平均值的 30% 时，宜增加试桩数量并分析极差过大的原因，结合工程具体情况确定极限承载力。但是，对桩数为 3 根及 3 根以下的柱下桩台，应取最小值为单桩竖向极限承载力。

将单桩竖向极限承载力除以安全系数 2，为单桩竖向承载力特征值 R_a。

2. 按经验参数法确定单桩竖向极限承载力标准值 Q_{uk}

一般情况下土对桩的支承作用由两部分组成：一部分是桩尖处土的端阻力；另一部分是桩侧四周土的摩阻力。单桩的竖向荷载是通过桩端阻力及桩侧摩阻力来平衡的。《桩基规范》在大量经验及资料积累的基础上，针对不同常用桩型，推荐如下单桩竖向极限承载力标准值估算方法。

（1）一般桩　当根据土的物理指标与承载力参数之间的经验关系确定单桩竖向极限承载力标准值时，宜按下式估算

$$Q_{uk} = Q_{sk} + Q_{pk} = u \sum q_{sik} l_i + q_{pk} A_p \tag{5-14}$$

式中　q_{sik}——桩侧第 i 层土的极限侧阻力标准值，如无当地经验时，可按表 5-5 取值；

　　　q_{pk}——极限端阻力标准值，如无当地经验时，可按表 5-6 取值。

表 5-5　桩的极限侧阻力标准值 q_{sik}　　　　（单位：kPa）

土的名称	土的状态		混凝土预制桩	泥浆护壁钻（冲）孔桩	干作业钻孔桩
填土	—		22 ~ 30	20 ~ 28	20 ~ 28
淤泥	—		14 ~ 20	12 ~ 18	12 ~ 18
淤泥质土	—		22 ~ 30	20 ~ 28	20 ~ 28
黏性土	流塑	$I_L > 1$	24 ~ 40	21 ~ 38	21 ~ 38
	软塑	$0.75 < I_L \leqslant 1$	40 ~ 55	38 ~ 53	38 ~ 53
	可塑	$0.50 < I_L \leqslant 0.75$	55 ~ 70	53 ~ 68	53 ~ 66
	硬可塑	$0.25 < I_L \leqslant 0.50$	70 ~ 86	68 ~ 84	66 ~ 82
	硬塑	$0 < I_L \leqslant 0.25$	86 ~ 98	84 ~ 96	82 ~ 94
	坚硬	$I_L \leqslant 0$	98 ~ 105	96 ~ 102	94 ~ 104
红黏土	$0.7 < a_w \leqslant 1$		13 ~ 32	12 ~ 30	12 ~ 30
	$0.5 < a_w \leqslant 0.7$		32 ~ 74	30 ~ 70	30 ~ 70
粉土	稍密	$e > 0.9$	26 ~ 46	24 ~ 42	24 ~ 42
	中密	$0.75 \leqslant e \leqslant 0.9$	46 ~ 66	42 ~ 62	42 ~ 62
	密实	$e < 0.75$	66 ~ 88	62 ~ 82	62 ~ 82
粉细砂	稍密	$10 < N \leqslant 15$	24 ~ 48	22 ~ 46	22 ~ 46
	中密	$15 < N \leqslant 30$	48 ~ 66	46 ~ 64	46 ~ 64
	密实	$N > 30$	66 ~ 88	64 ~ 86	64 ~ 86
中砂	中密	$15 < N \leqslant 30$	54 ~ 74	53 ~ 72	53 ~ 72
	密实	$N > 30$	74 ~ 95	72 ~ 94	72 ~ 94

（续）

土的名称	土的状态		混凝土预制桩	泥浆护壁钻（冲)孔桩	干作业钻孔桩
粗砂	中密	$15 < N \leqslant 30$	$74 \sim 95$	$74 \sim 95$	$76 \sim 98$
	密实	$N > 30$	$95 \sim 116$	$95 \sim 116$	$98 \sim 120$
砾砂	稍密	$5 < N_{63.5} \leqslant 15$	$70 \sim 110$	$50 \sim 90$	$60 \sim 100$
	中密(密实)	$N_{63.5} > 15$	$116 \sim 138$	$116 \sim 130$	$112 \sim 130$
圆砾、角砾	中密、密实	$N_{63.5} > 10$	$160 \sim 200$	$135 \sim 150$	$135 \sim 150$
碎石、卵石	中密、密实	$N_{63.5} > 10$	$200 \sim 300$	$140 \sim 170$	$150 \sim 170$
全风化软质岩	—	$30 < N \leqslant 50$	$100 \sim 120$	$80 \sim 100$	$80 \sim 100$
全风化硬质岩	—	$30 < N \leqslant 50$	$140 \sim 160$	$120 \sim 140$	$120 \sim 150$
强风化软质岩	—	$N_{63.5} > 10$	$160 \sim 240$	$140 \sim 200$	$140 \sim 220$
强风化硬质岩	—	$N_{63.5} > 10$	$220 \sim 300$	$160 \sim 240$	$160 \sim 260$

注：1. 对于尚未完成自重固结的填土和以生活垃圾为主的杂填土，不计算其侧阻力。

2. a_w 为含水比，$a_w = w/w_L$，w 为土的天然含水量，w_L 为土的液限。

3. N 为标准贯入击数；$N_{63.5}$ 为重型圆锥动力触探击数。

4. 全风化、强风化软质岩和全风化、强风化硬质岩系指其母岩分别为 $f_{rk} \leqslant 15MPa$、$f_{rk} > 30MPa$ 的岩石。

表 5-6　桩的极限端阻力标准值 q_{pk} （单位：kPa）

土名称	土的状态	桩型	混凝土预制桩桩长 l/m				泥浆护壁钻(冲)孔桩桩长 l/m				干作业钻孔桩桩长 l/m		
			$l \leqslant 9$	$9 < l \leqslant 16$	$16 < l \leqslant 30$	$l > 30$	$5 \leqslant l < 10$	$10 \leqslant l < 15$	$15 \leqslant l < 30$	$30 \leqslant l$	$5 \leqslant l < 10$	$10 \leqslant l < 15$	$15 \leqslant l$
黏性土	软塑 $0.75 < I_L \leqslant 1$		$210 \sim 850$	$650 \sim 1400$	$1200 \sim 1800$	$1300 \sim 1900$	$150 \sim 250$	$250 \sim 300$	$300 \sim 450$	$300 \sim 450$	$200 \sim 400$	$400 \sim 700$	$700 \sim 950$
	可塑 $0.50 < I_L \leqslant 0.75$		$850 \sim 1700$	$1400 \sim 2200$	$1900 \sim 2800$	$2300 \sim 3600$	$350 \sim 450$	$450 \sim 600$	$600 \sim 750$	$750 \sim 800$	$500 \sim 700$	$800 \sim 1100$	$1000 \sim 1600$
	硬可塑 $0.25 < I_L \leqslant 0.50$		$1500 \sim 2300$	$2300 \sim 3300$	$2700 \sim 3600$	$3600 \sim 4400$	$800 \sim 900$	$900 \sim 1000$	$1000 \sim 1200$	$1200 \sim 1400$	$850 \sim 1100$	$1500 \sim 1700$	$1700 \sim 1900$
	硬塑 $0 < I_L \leqslant 0.25$		$2500 \sim 3800$	$3800 \sim 5500$	$5500 \sim 6000$	$6000 \sim 6800$	$1100 \sim 1200$	$1200 \sim 1400$	$1400 \sim 1600$	$1600 \sim 1800$	$1600 \sim 1800$	$2200 \sim 2400$	$2600 \sim 2800$
粉土	中密 $0.75 \leqslant e \leqslant 0.9$		$950 \sim 1700$	$1400 \sim 2100$	$1900 \sim 2700$	$2500 \sim 3400$	$300 \sim 500$	$500 \sim 650$	$650 \sim 750$	$750 \sim 850$	$800 \sim 1200$	$1200 \sim 1400$	$1400 \sim 1600$
	密实 $e < 0.75$		$1500 \sim 2600$	$2100 \sim 3000$	$2700 \sim 3600$	$3600 \sim 4400$	$650 \sim 900$	$750 \sim 950$	$900 \sim 1100$	$1100 \sim 1200$	$1200 \sim 1700$	$1400 \sim 1900$	$1600 \sim 2100$

（续）

土名称	土的状态	桩型	混凝土预制桩桩长 l/m				泥浆护壁钻（冲）孔桩桩长 l/m				干作业钻孔桩桩长 l/m		
			$l \leqslant 9$	$9 < l \leqslant 16$	$16 < l \leqslant 30$	$l > 30$	$5 \leqslant l < 10$	$10 \leqslant l < 15$	$15 \leqslant l < 30$	$30 \leqslant l$	$5 \leqslant l < 10$	$10 \leqslant l < 15$	$15 \leqslant l$
粉砂	稍密 $10 < N \leqslant 15$		1000~1600	1500~2300	1900~2700	2100~3000	350~500	450~600	600~700	650~750	500~950	1300~1600	1500~1700
	中密、密实 $N > 15$		1400~2200	2100~3000	3000~4500	3800~5500	600~750	750~900	900~1100	1100~1200	900~1000	1700~1900	1700~1900
细砂	中密、密实 $N > 15$		2500~4000	3600~5000	4400~6000	5300~7000	650~850	900~1200	1200~1500	1500~1800	1200~1600	2000~2400	2400~2700
中砂	中密、密实 $N > 15$		4000~6000	5500~7000	6500~8000	7500~9000	850~1050	1100~1500	1500~1900	1900~2100	1800~2400	2800~3800	3600~4400
粗砂	中密、密实 $N > 15$		5700~7500	7500~8500	8500~10000	9500~11000	1500~1800	2100~2400	2400~2600	2600~2800	2900~3600	4000~4600	4600~5200
砾砂	$N > 15$		6000~9500		9000~10500		1400~2000		2000~3200		3500~5000		
角砾、圆砾	中密、密实 $N_{63.5} > 10$		7000~10000		9500~11500		1800~2200		2200~3600		4000~5500		
碎石、卵石	$N_{63.5} > 10$		8000~11000		10500~13000		2000~3000		3000~4000		4500~6500		
全风化软质岩	— $30 < N \leqslant 50$		4000~6000				1000~1600				1200~2000		
全风化硬质岩	— $30 < N \leqslant 50$		5000~8000				1200~2000				1400~2400		
强风化软质岩	— $N_{63.5} > 10$		6000~9000				1400~2200				1600~2600		
强风化硬质岩	— $N_{63.5} > 10$		7000~11000				1800~2800				2000~3000		

注：1. 砂土和碎石类土中桩的极限端阻力取值，宜综合考虑土的密实度，桩端进入持力层的深径比 h_b/d，土越密实，h_b/d 越大，取值越高。

2. 预制桩的岩石极限端阻力指桩端支承于中、微风化基岩表面或进入强风化岩、软质岩一定深度条件下极限端阻力。

3. 全风化、强风化软质岩和全风化、强风化硬质岩指其母岩分别为 $f_{rk} \leqslant 15\text{MPa}$、$f_{rk} > 30\text{MPa}$ 的岩石。

（2）大直径桩　根据土的物理指标与承载力参数之间的经验关系，确定大直径桩单桩极限承载力标准值时，可按下式计算

$$Q_{uk} = Q_{sk} + Q_{pk} = u \sum \psi_{si} q_{sik} l_i + \psi_p q_{pk} A_p \tag{5-15}$$

式中　q_{sik}——桩侧第 i 层土极限侧阻力标准值，如无当地经验值时，可按表 5-5 取值，对扩底桩变截面以上 $2d$ 长度范围不计侧阻力；

q_{pk}——桩径为 800mm 的极限端阻力标准值，对于干作业挖孔（清底干净）可采用深层载荷板试验确定，当不能进行深层载荷板试验时，可按表 5-7 取值；

ψ_{si}、ψ_p——大直径桩侧阻、端阻尺寸效应系数，按表 5-8 取值；

u——桩身周长，当人工挖孔桩桩周护壁为振捣密实的混凝土时，桩身周长可按护壁外直径计算。

表 5-7　干作业挖孔桩（清底干净，$D = 800\text{mm}$）**极限端阻力标准值** q_{pk}　（单位：kPa）

土名称		状　态		
黏性土		$0.25 < I_\text{L} \leqslant 0.75$	$0 < I_\text{L} \leqslant 0.25$	$I_\text{L} \leqslant 0$
		$800 \sim 1800$	$1800 \sim 2400$	$2400 \sim 3000$
粉土		—	$0.75 \leqslant e \leqslant 0.9$	$e < 0.75$
		—	$1000 \sim 1500$	$1500 \sim 2000$
砂土碎石类土		稍密	中密	密实
	粉砂	$500 \sim 700$	$800 \sim 1100$	$1200 \sim 2000$
	细砂	$700 \sim 1100$	$1200 \sim 1800$	$2000 \sim 2500$
	中砂	$1000 \sim 2000$	$2200 \sim 3200$	$3500 \sim 5000$
	粗砂	$1200 \sim 2200$	$2500 \sim 3500$	$4000 \sim 5500$
	砾砂	$1400 \sim 2400$	$2600 \sim 4000$	$5000 \sim 7000$
	圆砾、角砾	$1600 \sim 3000$	$3200 \sim 5000$	$6000 \sim 9000$
	卵石、碎石	$2000 \sim 3000$	$3300 \sim 5000$	$7000 \sim 11000$

注：1. 当桩进入持力层的深度 h_b 分别为：$h_\text{b} \leqslant D$，$D < h_\text{b} \leqslant 4D$，$h_\text{b} > 4D$ 时，q_{pk} 可相应取低、中、高值。

　　2. 砂土密实度可根据标贯击数判定，$N \leqslant 10$ 为松散，$10 < N \leqslant 15$ 为稍密，$15 < N \leqslant 30$ 为中密，$N > 30$ 为密实。

　　3. 当桩的长径比 $l/d \leqslant 8$ 时，q_{pk} 宜取较低值。

　　4. 当对沉降要求不严时，q_{pk} 可取高值。

表 5-8　大直径灌注桩侧阻尺寸效应系数 ψ_{si} **、端阻尺寸效应系数** ψ_p

土类型	黏性土、粉土	砂土、碎石类土
ψ_{si}	$(0.8/d)^{1/5}$	$(0.8/d)^{1/3}$
ψ_p	$(0.8/D)^{1/4}$	$(0.8/D)^{1/3}$

注：当为等直径桩时，表中 $D = d$。

（3）钢管桩　当根据土的物理指标与承载力参数之间的经验关系确定钢管桩单桩竖向极限承载力标准值时，可按下列公式计算

$$Q_{\text{uk}} = Q_{\text{sk}} + Q_{\text{pk}} = u \sum q_{\text{sik}} l_i + \lambda_\text{p} q_{\text{pk}} A_\text{p} \tag{5-16}$$

式中　q_{sik}、q_{pk}——按表 5-5、表 5-6 取与混凝土预制桩相同值；

　　　　λ_p——桩端土塞效应系数，对于闭口钢管桩 $\lambda_\text{p} = 1$，对于敞口钢管桩：当 $h_\text{b}/d < 5$ 时，$\lambda_\text{p} = 0.16 h_\text{b}/d$，当 $h_\text{b}/d \geqslant 5$ 时，$\lambda_\text{p} = 0.8$；

　　　　h_b——桩端进入持力层深度；

　　　　d——钢管桩外径。

对于带隔板的半敞口钢管桩，应以等效直径 d_e 代替 d 确定 λ_p，$d_e = d/\sqrt{n}$，其中 n 为桩端隔板分割数（图 5-11）。

$n=2$

$n=4$

$n=9$

图 5-11　隔板分割

（4）混凝土空心桩　当根据土的物理指标与承载力参数之间的经验关系确定敞口预应力混凝土空心桩单桩竖向极限承载力标准值时，可按下列公式计算

$$Q_{\text{uk}} = Q_{\text{sk}} + Q_{\text{pk}} = u \sum q_{\text{sik}} l_i + q_{\text{pk}} (A_\text{j} + \lambda_\text{p} A_{\text{pl}}) \tag{5-17}$$

式中　q_{sik}、q_{pk}——按表 5-5、表 5-6 取与混凝土预制桩相同值；

A_j——空心桩桩端净面积，管桩 $A_j = \dfrac{\pi}{4}(d^2 - d_1^2)$，空心方桩 $A_j = b^2 - \dfrac{\pi}{4}d_1^2$，$d$、

$\quad$ b 为空心桩外径、边长；d_1 为空心桩内径；

A_{p1}——空心桩敞口面积 $A_{p1} = \dfrac{\pi}{4}d_1^2$；

λ_p——桩端土塞效应系数，当 $h_b/d < 5$ 时，$\lambda_p = 0.16 h_b/d$；当 $h_b/d \geqslant 5$ 时，$\lambda_p = 0.8$。

（5）嵌岩桩　桩端置于完整、较完整基岩的嵌岩桩单桩竖向极限承载力，由桩周土总极限侧阻力和嵌岩段总极限阻力组成。当根据岩石单轴抗压强度确定单桩竖向极限承载力标准值时，可按下列公式计算

$$Q_{uk} = Q_{sk} + Q_{rk} \tag{5-18}$$
$$Q_{sk} = u \sum q_{sik} l_i \tag{5-19}$$
$$Q_{rk} = \zeta_r f_{rk} A_p \tag{5-20}$$

式中　Q_{sk}、Q_{rk}——土的总极限侧阻力、嵌岩段总极限阻力；

$\quad q_{sik}$——桩周第 i 层土的极限侧阻力，无当地经验时，可根据成桩工艺按表 5-5 取值；

$\quad f_{rk}$——岩石饱和单轴抗压强度标准值，黏土岩取天然湿度单轴抗压强度标准值；

$\quad \zeta_r$——桩嵌岩段侧阻和端阻综合系数，与嵌岩深径比 h_r/d、岩石软硬程度和成桩工艺有关，可按表 5-9 采用，表中数值适用于泥浆护壁成桩，对于干作业成桩（清底干净）和泥浆护壁成桩后注浆，ζ_r 应取表列数值的 1.2 倍。

表 5-9　嵌岩段侧阻和端阻综合系数 ζ_r

嵌岩深径比 h_r/d	0	0.5	1.0	2.0	3.0	4.0	5.0	6.0	7.0	8.0
极软岩、软岩	0.60	0.80	0.95	1.18	1.35	1.48	1.57	1.63	1.66	1.70
较硬岩、坚硬岩	0.45	0.65	0.81	0.90	1.00	1.04	—	—	—	—

注：1. 极软岩、软岩指 $f_{rk} \leqslant 15\text{MPa}$，较硬岩、坚硬岩指 $f_{rk} > 30\text{MPa}$，介于二者之间可内插取值。

$\quad$ 2. h_r 为桩身嵌岩深度，当岩面倾斜时，以坡下方嵌岩深度为准；当 h_r/d 为非表列值时，ζ_r 可内插取值。

（6）后注浆灌注桩　后注浆灌注桩的单桩极限承载力，应通过静载试验确定。在符合《桩基规范》中关于后注浆技术实施规定的条件下，其后注浆单桩极限承载力标准值可按下式估算

$$Q_{uk} = Q_{sk} + Q_{gsk} + Q_{gpk} = u \sum q_{sjk} l_j + u \sum \beta_{si} q_{sik} l_{gi} + \beta_p q_{pk} A_p \tag{5-21}$$

式中　Q_{sk}——后注浆非竖向增强段的总极限侧阻力标准值；

$\quad Q_{gsk}$——后注浆竖向增强段的总极限侧阻力标准值；

$\quad Q_{gpk}$——后注浆总极限端阻力标准值；

$\quad u$——桩身周长；

$\quad l_j$——后注浆非竖向增强段第 j 层土厚度；

$\quad l_{gi}$——后注浆竖向增强段内第 i 层土厚度：对于泥浆护壁成孔灌注桩，当为单一桩端后注浆时，竖向增强段为桩端以上 12m；当为桩端、桩侧复式注浆时，竖向增强段为桩端以上 12m 及各桩侧注浆断面以上 12m，重叠部分应扣除；对于干作业灌注桩，竖向增强段为桩端以上、桩侧注浆断面上

下各 6m；

q_{sik}、q_{sjk}、q_{pk}——后注浆竖向增强段第 i 土层初始极限侧阻力标准值、非竖向增强段第 j 土层初始极限侧阻力标准值、初始极限端阻力标准值，根据表 5-5、表 5-6 确定；

β_{si}、β_p——后注浆侧阻力、端阻力增强系数，无当地经验时，可按表 5-10 取值，对于桩径大于 800mm 的桩，应按表 5-8 进行侧阻和端阻尺寸效应修正。

表 5-10　后注浆侧阻力增强系数 β_{si}、端阻力增强系数 β_p

土层名称	淤泥 淤泥质土	黏性土 粉土	粉砂 细砂	中砂	粗砂 砾砂	砾石 卵石	全风化岩 强风化岩
β_{si}	1.2~1.3	1.4~1.8	1.6~2.0	1.7~2.1	2.0~2.5	2.4~3.0	1.4~1.8
β_p	—	2.2~2.5	2.4~2.8	2.6~3.0	3.0~3.5	3.2~4.0	2.0~2.4

注：干作业钻、挖孔桩，β_p 按表列值乘以小于 1.0 的折减系数。当桩端持力层为黏性土或粉土时，折减系数取 0.6；为砂土或碎石土时，取 0.8。

【例 5-1】　某工程地质土如图 5-12 所示，第一层土厚 2m，第二层土厚 7m，第三层为中密的中砂，桩深入该层 1m；若是混凝土预制桩且分别穿过这些土层，求各层土的桩侧摩阻力标准值 q_{sik}。

【目的与方法】　掌握各层土的桩侧摩阻力标准值 q_{sik} 的方法。解题方法是计算各层土的物理指标，查表求解。

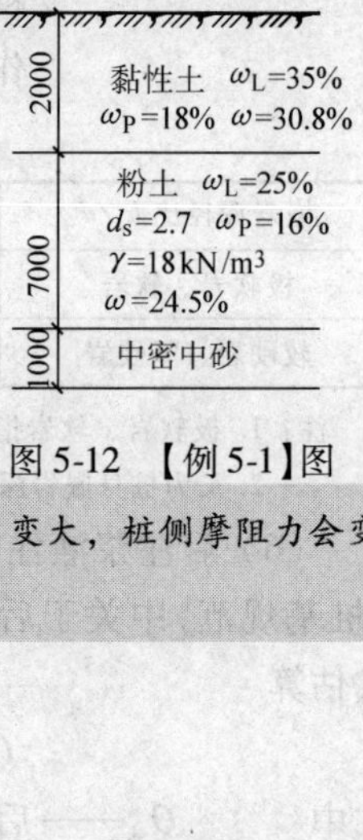

【解】　第一步：求第一层土的桩侧极限侧阻力标准值 q_{s1k}

1）先判断该土的名称。$I_P = \omega_L - \omega_P = 35 - 18 = 17$，故该土为粉质黏土。

2）由表 5-5 查该层土的桩侧极限侧阻力标准值 q_{s1k}。该土是粉质黏土，由表可知，需要求黏性土的液性指数 I_L

$$I_L = \frac{\omega - \omega_P}{I_P} = \frac{30.8 - 18}{17} = 0.75$$

查表 5-5 可知，$0.5 < I_L \leq 0.75$；q_{s1k} 为 55~70kPa。

因为黏性土 $I_L = 0.75$，直接取两端的极限值，故取 $q_{s1k} = 55$kPa。

图 5-12　【例 5-1】图

2000	黏性土　$\omega_L = 35\%$ $\omega_P = 18\%$　$\omega = 30.8\%$
7000	粉土　$\omega_L = 25\%$ $d_s = 2.7$　$\omega_P = 16\%$ $\gamma = 18\text{kN/m}^3$ $\omega = 24.5\%$
1000	中密中砂

【讨论】　为什么取 $q_{s1k} = 55$kPa？而不取 $q_{s1k} = 70$kPa？原因是随着液性指数 I_L 变大，桩侧摩阻力会变小（从表中数据分析也易知）。

第二步：求第二层土的桩侧极限侧阻力标准值 q_{s2k}

土是粉土查表 5-3，粉土孔隙比为

$$e = \frac{d_s \gamma_\omega (1 + \omega)}{\gamma} - 1 = \frac{2.7 \times 10 \times (1 + 0.245)}{18} - 1 = 0.87$$

由 $e = 0.87$ 查表 5-5，$0.75 \leq e \leq 0.9$ 查得 q_{s2k} 在 46~66kPa 之间。由内插法得：第二层土桩侧极限侧阻力标准值 $q_{s2k} = 50$kPa。

第三步：求第三层土的桩侧极限侧阻力标准值 q_{s3k}

由表 5-5，第三层土为中密的中砂土，可直接查得该层土的桩侧极限侧阻力标准值 q_{s3k} 为 54~74kPa。

在没有经验或没有当地有关资料的前提下，为偏于安全，取第三层土桩侧极限侧阻力标准值 $q_{s3k} = 54$kPa。

【例 5-2】　如图 5-13 所示，已知桩基础承台埋深 2m，桩长 10m（从承台底面算起，不包括桩尖），桩的入土深度采用桩长。采用截面边长 400mm × 400mm 的方形实心钢筋混凝土预制桩。

求：（1）桩端极限端阻力标准值 q_{pk}。

（2）单桩竖向极限承载力标准值 Q_{uk}。

【目的与方法】　通过本题学习查表5-5，求出桩端土的桩端极限阻力标准值 q_{pk}，关键是由经验参数法求单桩竖向极限承载力标准值 Q_{uk}。

【解】　第一步：判断为非大直径桩，求各层土的桩侧极限侧阻力标准值

查表5-5求各层土的桩侧极限侧阻力标准值 q_{sik}：

由图5-13可见，该桩穿越黏性土层及粉质黏土层，查表可得：

黏性土层：$I_L = 0.75$ 在 $0.5 < I_L \le 0.75$ 范围，取 $q_{s1k} = 55 \text{kPa}$

粉质黏土层：$I_L = 0.6$ 在 $0.5 < I_L \le 0.75$ 范围，由内插法得 $q_{s2k} = 64 \text{kPa}$

第二步：求解桩的极限端阻力标准值

查表5-6，桩端位于粉质黏土中，$I_L = 0.6$；查得桩的极限端阻力标准值 q_{pk} 为 $1400 \sim 2200 \text{kPa}$，查取 $q_{pk} = 1880 \text{kPa}$（近似按 I_L 插值）。

第三步：求解单桩竖向极限承载力标准值 Q_{uk}

由经验公式（5-14）得

$$Q_{uk} = Q_{sk} + Q_{pk} = u \sum q_{sik} l_i + q_{pk} A_p$$

$$Q_{uk} = 0.4 \times 4 \times (q_{s1k} \times 8 + q_{s2k} \times 2) + q_{pk} \times 0.4^2$$

$$= [0.4 \times 4 \times (55 \times 8 + 64 \times 2) + 1880 \times 0.4^2] \text{kN}$$

$$= 1209.6 \text{kN}$$

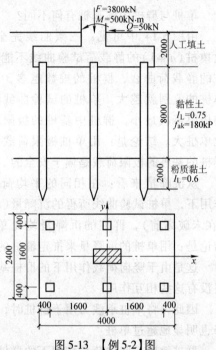

图5-13　【例5-2】图

【本题小结】　由单桩竖向承载力标准值的经验参数法可见，单桩的竖向承载力标准值 Q_{uk} 取决于单桩总极限侧阻力标准值 Q_{sk} 及单桩总极限端阻力标准值的 Q_{pk} 的大小。因而，当无本地经验值时，学会查规范表求解桩侧极限侧阻力标准值 q_{sik} 及桩的极限端阻力标准值 q_{pk}，然后用经验参数法求解单桩的竖向承载力标准值 Q_{uk} 是十分重要的。

5.5　群桩竖向承载力及沉降验算

桩基础承台下桩数往往不止一根，桩数 $n \ge 2$ 根的桩基础称为群桩基础。群桩基础中的某一根桩，称为基桩。基桩在一般情况下要考虑相邻桩的影响。群桩是若干个基桩的集合体。

5.5.1　群桩竖向荷载传递特点

前面确定桩的承载力适合于单桩。群桩基础承载力是否等于各个单桩承载力之和？单桩与群桩中的基桩在相同荷载作用下有何不同？

如图5-14所示的这些桩具有相同的桩径、桩长，且桩材料相同，都是摩擦型桩，在同一土层条件下单桩（$n = 1$）与群桩的竖向静载荷试验曲线。图中纵坐标为桩基的沉降量，横

坐标为作用在每根桩上的平均荷载 $P = \dfrac{\sum\limits_{i=1}^{n} P_i}{n}$，$n$ 为承台下的桩数，图中桩数 n 分别为 1、4、9 根桩。

1. 由图分析

单桩与群桩中的基桩有何不同？

由图 5-14 中可见：三条曲线完全不同，故单桩（$n=1$）的静载荷试验曲线不能代表群桩的静载荷曲线，群桩的桩数越多，基桩与单桩的差别就越大。单桩的试验曲线所得到的极限荷载最小，群桩中基桩的极限荷载均比单桩大。结论是：用单桩极限荷载来推定群桩的基桩的极限荷载是偏于安全的。

从沉降量来看：在相同的平均荷载（P）作用下，单桩试验曲线所得的沉降量（S）最小（在未破坏前），群桩的沉降量均比单桩大。

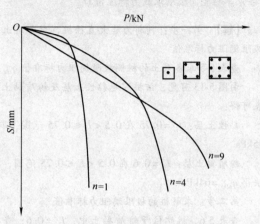

图 5-14　单桩与群桩的静载荷试验曲线对比图

结论是：用单桩的沉降量来推定群桩的沉降量是偏于不安全的。

这是由于竖向荷载作用下的群桩基础中的基桩，有承台、桩、土之间的相互作用，而单桩没有这些相互作用。

因此，将单桩承载力用于群桩时，群桩的承载力不一定就是单桩承载力之和，群桩的沉降也明显地超过单桩。

群桩效应：竖向荷载作用下的群桩基础，由于承台、桩与地基土相互作用，使得基桩明显不同于单桩，表现为群桩承载力一般不等于各个单桩承载力之和，群桩沉降不等于平均荷载作用下单桩所对应的沉降的现象，称为群桩效应。一般摩擦型群桩存在群桩效应现象。

2. 群桩的工作特点

（1）端承型桩群桩　端承型群桩的承载力等于各单桩承载力之和（这是由于端承型群桩的承载力完全依赖于桩尖土层的支承，桩端处承压面积很小，各桩端的压力彼此不影响），群桩的沉降量也与单桩基本相同（由于端承桩桩端持力层土质坚硬，使得群桩沉降量基本同单桩）。因此对于端承型群桩来说，可近似认为基桩的工作情况与单桩基本一致（见图 5-15），群桩沉降量也与单桩基本相同，不考虑群桩效应。

（2）摩擦型群桩　这类桩要考虑群桩效应。在竖向荷载作用下，桩顶荷载的大部分通过桩侧面摩阻力传递到桩侧土层中，剩余部分由桩端承受。由于桩端的贯入变形和桩身弹性压缩，对于低承台群桩，有时承台底部土体也产生一定的反力，使得承台底面土体、桩间土体、桩端土体都共同工作，使得群桩中的基桩工作条件明显不同于单桩。

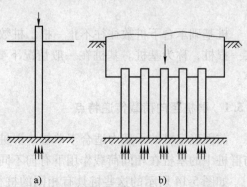

a)　　　　　　　　b)

图 5-15　端承型群桩桩端处应力分布图

一般假定桩侧摩阻力在土中引起的附加应力 σ_z 按一定角度，沿桩长向下扩散分布，在桩端平面处，压力分布如图 5-16 阴影中所示。

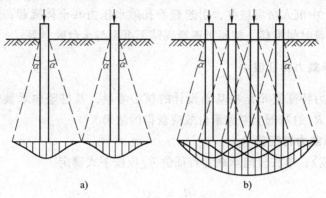

图 5-16　摩擦型群桩桩端处应力分布图

1）当桩数较少时，桩的中心距 s_a 较大时，如 $s_a > 6d$，桩端平面处各桩传来的压应力互不重叠或重叠不多（见图 5-16a），此时群桩中基桩的工作情况与单桩一致，故群桩的承载力等于各单桩承载力之和。

2）当桩数较多时，如桩距 $s_a = (3 \sim 4)d$ 时，桩端处地基中各桩传来的压应力将相互重叠（见图 5-16b），桩端处压应力比单桩大得多，产生群桩效应。

总之，通过群桩的工作特点可见，确定群桩基础桩的极限承载力是极为复杂的，它与桩的间距、土层情况、桩的个数、桩径、入土深度、桩的类型、排列方式等因素有关。

5.5.2　承台下土对荷载的分担作用

桩基础设计的一个较重要的问题是：承台底面下的桩间土是否分担荷载？

以往认为，荷载全部由桩承担，承台底面桩间土不分担荷载，这种考虑是偏于安全的。现在研究表明，除了几种情况外，承台下桩间土是可以承担部分荷载的。

（1）复合桩基　对于摩擦型桩基，承受竖向荷载而沉降时，承台底桩间土一般会产生土反力，从而分担荷载，桩基的承载力随之提高。这种桩和承台底的桩间土共同承担荷载的情况，称为复合桩基。复合桩基中的基桩，称为复合基桩。复合基桩承载力中含有承台底土反力。

（2）产生复合桩基的条件　须是摩擦型群桩，桩端必须贯入持力层促使群桩整体下沉。此外，桩身受荷后压缩变形，产生桩—土相对滑移，从而使承台底面与土保持接触，使得承台底部土体产生反力。如果上述条件不满足，承台与承台底部的土体就要脱空，承台下土体就不参与工作（不产生反力），这种桩基础不是复合桩基，称为非复合桩基。

因此判断桩基础是不是复合桩基，关键取决于承台底面与土保持接触还是脱开。

设计复合桩基础应注意：以桩基础的整体下沉为前提，只有在桩基础沉降不会危及建筑物的安全和正常使用的条件下，才可以进行复合桩基础设计。

（3）非复合桩基　根据实际工程观测，在下列条件下，将出现桩间土与承台脱空的情况，因而属于非复合桩基础，也就不能考虑承台下土对荷载的分担作用。

1）经常承受动力作用的桩基础，如铁路桥梁的桩基础。

2）承台下存在可能产生负摩擦力的土层，如湿陷性黄土、欠固结土、新填土、高灵敏度软土以及可液化土，另外由于降水地基土固结而与承台脱开也将导致负摩擦力产生。

3）在饱和软土中沉入密集桩群，引起超静孔隙水压力和土体隆起，或基础周围地面有大量堆积荷载，随着时间推移，桩间土逐渐固结下沉而与承台脱空等。

5.5.3　基桩竖向承载力特征值

基桩竖向承载力特征值 R 是桩基础设计的核心参数，基桩竖向承载力特征值是在单桩竖向承载力特征值 R_a 的基础上考虑承台效应获得的结果。

1. 单桩竖向承载力特征值 R_a

根据《桩基规范》，单桩竖向承载力特征值 R_a 应按下式确定

$$R_a = \frac{1}{K} Q_{uk}$$ （5-22）

式中　Q_{uk}——单桩竖向极限承载力标准值；

　　　K——安全系数，取 $K = 2$。

2. 基桩竖向承载力特征值 R

（1）不考虑承台效应　对于端承型桩基、桩数少于 4 根的摩擦型柱下独立桩基、或由于地层土性、使用条件等因素不宜考虑承台效应。当承台底为可液化土、湿陷性土、高灵敏度软土、欠固结土、新填土时，沉桩引起超孔隙水压力和土体隆起时，不考虑承台效应。当满足不考虑承台效应条件时，基桩竖向承载力特征值应取单桩竖向承载力特征值，即

$$R = R_a$$ （5-23）

（2）考虑承台效应　对于符合下列条件之一的摩擦型桩基，宜考虑承台效应确定其复合基桩的竖向承载力特征值：

1）上部结构整体刚度较好、体型简单的建（构）筑物。

2）对差异沉降适应性较强的排架结构和柔性构筑物。

3）按变刚度调平原则设计的桩基刚度相对弱化区。

4）软土地基的减沉复合疏桩基础。

当工程条件满足考虑承台效应的要求时，考虑承台效应的复合基桩竖向承载力特征值计算方法分不考虑地震作用和考虑地震作用两种：

不考虑地震作用时　　　　　　　　$$R = R_a + \eta_c f_{ak} A_c$$ （5-24）

考虑地震作用时　　　　　　　　$$R = R_a + \frac{\zeta_a}{1.25} \eta_c f_{ak} A_c$$ （5-25）

$$A_c = (A - nA_{ps})/n$$ （5-26）

式中　η_c——承台效应系数，可按表 5-11 取值；

　　　f_{ak}——承台下 1/2 承台宽度且不超过 5m 深度范围内各层土的地基承载力特征值按厚度加权的平均值；

　　　A_c——计算基桩所对应的承台底净面积；

　　　A_{ps}——桩身截面面积；

　　　A——承台计算域面积。对于柱下独立桩基，A 为承台总面积；对于桩筏基础，A 为柱、墙筏板的 1/2 跨距和悬臂边 2.5 倍筏板厚度所围成的面积；桩集中布置于

单片墙下的桩筏基础，取墙两边各 1/2 跨距围成的面积，按条形计算 η_c；

ζ_a——地基抗震承载力调整系数，应按表 5-12 采用。

表 5-11 承台效应系数 η_c

B_c/l ＼ s_a/d	3	4	5	6	>6
≤0.4	0.06 ~ 0.08	0.14 ~ 0.17	0.22 ~ 0.26	0.32 ~ 0.38	
0.4 ~ 0.8	0.08 ~ 0.10	0.17 ~ 0.20	0.26 ~ 0.30	0.38 ~ 0.44	0.50 ~ 0.80
>0.8	0.10 ~ 0.12	0.20 ~ 0.22	0.30 ~ 0.34	0.44 ~ 0.50	
单排桩条形承台	0.15 ~ 0.18	0.25 ~ 0.30	0.38 ~ 0.45	0.50 ~ 0.60	

注：1. 表中 s_a/d 为桩中心距与桩径之比；B_c/l 为承台宽度与桩长之比。当计算基桩为非正方形排列时，$s_a = \sqrt{A/n}$，A 为承台计算域面积，n 为总桩数。

　　2. 对于桩布置于墙下的箱、筏承台，η_c 可按单排桩条形承台取值。

　　3. 对于单排桩条形承台，当承台宽度小于 $1.5d$ 时，η_c 按非条形承台取值。

　　4. 对于采用后注浆灌注桩的承台，η_c 宜取低值。

　　5. 对于饱和黏性土中的挤土桩基、软土地基上的桩基承台，η_c 宜取低值的 0.8 倍。

表 5-12 地基抗震承载力调整系数

岩土名称和性状	ζ_a
岩石，密实的碎石土，密实的砾、粗、中砂，$f_{ak} \geq 300\text{kPa}$ 的黏性土和粉土	1.5
中密、稍密的碎石土，中密和稍密的砾、粗、中砂，密实和中密的细、粉砂，$150\text{kPa} \leq f_{ak} < 300\text{kPa}$ 的黏性土和粉土，坚硬黄土	1.3
稍密的细、粉砂，$100\text{kPa} \leq f_{ak} < 150\text{kPa}$ 的黏性土和粉土，可塑黄土	1.1
淤泥，淤泥质土，松散的砂，杂填土，新近堆积黄土及流塑黄土	1.0

【例 5-3】　某柱下六桩独立桩基，承台埋深 3m，承台面积 2.4m×4.0m，采用直径 0.4m 的灌注桩，桩长 12m，距径比 $s_a/d = 4$，桩顶以下土层参数如表 5-13 所示。考虑承台效应（取承台效应系数 $\eta_c = 0.14$），试确定考虑地震作用时的复合基桩竖向承载力特征值与单桩承载力特征值（取地基抗震承载力调整系数 $\zeta_a = 1.5$）。

表 5-13 例 5-3 表

层序	土名	层底深度/m	层厚/m	q_{sik}/kPa	q_{pk}/kPa
①	填土	3.0	3.0	/	/
②	粉质黏土	13.0	10.0	25	$f_{ak} = 300\text{kPa}$
③	粉砂	17.0	4.0	100	6000
④	粉土	25.0	8.0	45	800

【解】　单桩竖向极限承载力 Q_{uk} 为

$$Q_{uk} = Q_{sk} + Q_{pk} = u \sum q_{sik} l_i + q_{pk} A_p$$

$$= \left[\pi \times 0.4 \times (25 \times 10 + 100 \times 2) + 6000 \times \frac{\pi}{4} \times 0.4^2 \right] \text{kN} = 1318.8 \text{kN}$$

单桩竖向承载力特征值 R_a 为

$$R_a = R_a/K = 1318.8\text{kN}/2 = 659.4\text{kN}$$

基桩所对应的承台底净面积 A_c 为

$$A_c = (A - nA_{ps})/n = (2.4 \times 4.0 - 6 \times \pi \times 0.2^2) \text{m}^2/6 = 1.474\text{m}^2$$

$s_a/d = 4$，$B_c/l = 2.4/12 = 0.2$，查表 5-11，偏安全取承台效应系数 $\eta_c = 0.14$。

不考虑地震作用时，基桩竖向承载力特征值 R_1 为

$$R_1 = R_a + \eta_c f_{ak} A_c = (659.4 + 0.14 \times 300 \times 1.474) \text{kN} = 721.3 \text{kN}$$

考虑地震作用时，基桩竖向承载力特征值 R_2 为

$$R_2 = R_a + \frac{\zeta_a}{1.25} \eta_c f_{ak} A_c = \left(659.4 + \frac{1.5}{1.25} \times 0.14 \times 300 \times 1.474\right) \text{kN} = 733.7 \text{kN}$$

【本题小结】 本题练习了基桩竖向承载力设计值 R 的求法。在相同条件下，复合基桩的单桩竖向承载力设计值 R 比非复合基桩大，这是由于复合基桩的承台下地基土参与工作的结果。

要理解单桩竖向极限承载力标准值 Q_{uk} 与基桩竖向承载力特征值 R 的计算关系，容易出现的错误有：①容易将单桩竖向极限承载力标准值 Q_{uk} 与基桩竖向承载力特征值 R 二者的概念混淆；②使用基桩竖向承载力特征值 R 公式时，不注意公式适用的条件，用错公式。

5.5.4 群桩桩顶作用效应的简化计算

群桩桩顶作用效应的简化计算是桩基础承载力计算的基础。

群桩桩顶作用效应分为荷载效应和地震效应两种，相应的作用效应基本组合分为荷载效应基本组合和地震效应组合。

对于一般建筑物和受水平力较小的高大建筑物，当桩基础中的桩径相同时，可假定：承台是刚性的；各桩刚度相同；x、y 是桩基础承台底面的惯性主轴。

在上述假定条件下，可采用材料力学有关轴心受压、偏心受压公式，并注意：承台传给桩顶的荷载，实际上由桩来承受，故截面是由若干个桩组成的组合截面（见图 5-17）。

1. 轴心竖向力作用下基桩桩顶竖向力设计值

群桩组合截面面积 $A = n \times A_i$，由材料力学轴心

受压公式 $\sigma_{ik} = \dfrac{\dfrac{F_k + G_k}{n}}{A_i}$，则 $N_k = \sigma_{ik} A_i$，即

$$N_k = \frac{F_k + G_k}{n} \tag{5-27}$$

式中　N_k——第 i 根基桩的桩顶竖向力标准值（kN）；

　　　σ_{ik}——第 i 根基桩横截面上正应力（kPa）；

　　　n——桩的个数；

　　　F_k——作用于承台顶面的竖向力标准值（kN）；

　　　G_k——桩基础承台及承台上土自重标准值（kN），对稳定的地下水位以下部分应扣除水的浮力；

　　　A_i——第 i 根基桩横截面面积（m^2）。

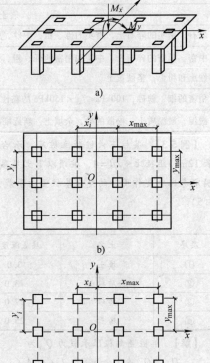

图 5-17　桩顶荷载的计算简图
及桩的组合截面图
a) 承台底及桩顶荷载
b) 承台底投影图
c) 桩顶组成的组合截面计算简图

2. 偏心竖向力作用下基桩桩顶竖向力设计值

设 x_i、y_i 分别为第 i 桩中心到群桩形心的 y、x 主轴线的距离（m）；A_i 为第 i 桩横截面面积（m²）；I_i 为第 i 基桩自身主轴的惯性矩（m⁴）；I_x、I_y 分别为群桩组合截面对形心 x、y 主轴的总惯性矩。

由平行移轴公式，第 i 根桩对 x、y 轴的惯性矩 $I_{xi} = I_i + y_i^2 A_i$；$I_{yi} = I_i + x_i^2 A_i$。

由于任一基桩的自身主轴惯性矩 $I_i = \dfrac{d^4}{12}$，由于 d 相对于坐标 x、y 很小，$I_i = \dfrac{d^4}{12}$ 可近似为 0。则群桩组合截面对 x、y 轴的总惯性矩

$$I_x = \sum I_{xi} = \sum (I_i + y_i^2 A_i) = \sum I_i + \sum y_i^2 A_i = 0 + A_i \sum y_i^2 = A_i \sum y_i^2$$

$$I_y = \sum I_{yi} = \sum (I_i + x_i^2 A_i) = \sum I_i + \sum x_i^2 A_i = 0 + A_i \sum x_i^2 = A_i \sum x_i^2$$

设 M_{xk}、M_{yk} 分别为作用于承台底面，对群桩组合截面的形心主轴 x、y 的力矩标准值（kN·m）。则群桩组合截面的第 i 基桩的横截面上的正应力 σ_i，按材料力学偏压公式计算

$$\sigma_{ik} = \frac{\dfrac{F_k + G_k}{n}}{A_i} \pm \frac{M_{xk} y_i}{I_x} \pm \frac{M_{yk} x_i}{I_y}$$

$$N_{ik} = A_i \sigma_{ik} = \frac{F_k + G_k}{n} \pm \frac{M_{xk} y_i}{\sum y_i^2} \pm \frac{M_{yk} x_i}{\sum x_i^2} \tag{5-28}$$

$$N_{k\max} = A_i \sigma_{k\max} = \frac{F_k + G_k}{n} + \frac{M_{xk} y_{\max}}{\sum y_i^2} + \frac{M_{yk} x_{\max}}{\sum x_i^2} \tag{5-29}$$

式中　N_{ik}——第 i 根基桩的桩顶竖向力的标准值（kN）；

　　　$N_{k\max}$——群桩基础中基桩最大桩顶竖向力的标准值（kN）；

　　　i——基桩的编号，$i = 1$，2，3…；

　　　n——桩的个数；

　　　$x_{\max}$——群桩中最大桩顶竖向力的基桩中心到 y 主轴的最大距离（m）；

　　　$y_{\max}$——群桩中最大桩顶竖向力的基桩中心到 x 主轴的最大距离（m）。

3. 水平力作用下基桩桩顶水平力设计值

水平力作用下基桩桩顶水平力设计值可按下式计算

$$H_{ik} = \frac{H_k}{n} \tag{5-30}$$

式中　H_{ik}——作用在群桩基础中的第 i 根基桩的水平力标准值（kN）；

　　　H_k——作用于承台顶面的水平力的标准值（kN）。

5.5.5　桩基础的基桩竖向承载力验算

根据《桩基础规范》要求，桩基础中基桩的竖向承载力验算应考虑荷载作用效应标准组合和地震作用效应与荷载效应的标准组合，故其承载力计算的极限状态的验算表达式也分为两种情况。

1. 荷载效应标准组合时承载力极限状态的计算表达式

（1）轴心竖向力作用下　承受轴心荷载的桩基础，其基桩的竖向力设计值考虑荷载效应标准组合后，应满足基桩竖向承载力特征值的要求

$$N_k \le R \tag{5-31}$$

（2）偏心竖向力作用下　承受偏心荷载的桩基础，其基桩的竖向力设计值考虑荷载效应基本组合后，除满足上式外，尚应满足下式的要求

$$N_{kmax} \le 1.2R \tag{5-32}$$

式中　N_k、N_{kmax}——基桩桩顶竖向力标准值及最大竖向力标准值（kN）；

　　　　R——基桩竖向承载力特征值（kN）。

2. 地震作用效应组合时承载力极限状态的验算表达式

在考虑地震的地区，群桩基础中的复合基桩或基桩应当考虑地震作用效应与荷载效应标准组合后，并将基桩竖向承载力特征值提高25%后，再进行如下基桩竖向承载力验算：

（1）轴心荷载作用下

$$N_{Ek} \le 1.25R \tag{5-33}$$

（2）偏心荷载作用下，除满足上式外，尚应满足下式的要求

$$N_{Ekmax} \le 1.2 \times 1.25R = 1.5R \tag{5-34}$$

式中　N_{Ek}——地震作用效应和荷载效应标准组合下，基桩或复合基桩的平均竖向力；

　　N_{Ekmax}——地震作用效应和荷载效应标准组合下，基桩或复合基桩的最大竖向力；

　　R——基桩竖向承载力特征值（kN）。

【例5-4】 若已经确定基桩竖向承载力的特征值 R 为717.7kN，桩的个数为6根，如图5-18所示，其荷载为标准值。桩基础的设计等级为乙级，验算桩基础的基桩竖向承载力。

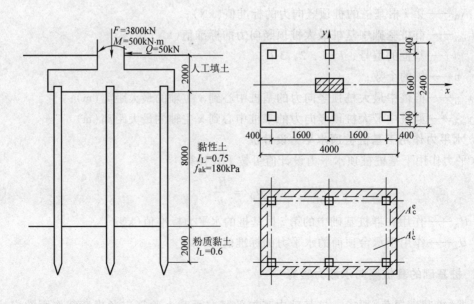

图 5-18　【例5-4】图

【目的与方法】 基桩竖向极限承载力的特征值 R 用于桩基础的基桩竖向承载力的验算。根据题意，偏心荷载作用下，先求解桩基础的基桩桩顶竖向力的标准值 N_k 及基桩最大竖向力设计值 N_{kmax}；然后验算基桩竖向承载力。

【解】 第一步：求基桩桩顶竖向力的设计值 N_k

由式(5-27)得

$$N_k = \frac{F_k + G_k}{n} = \frac{3800 + 4 \times 2.4 \times 2 \times 20}{6}\text{kN} = 697.33\text{kN}$$

第二步：求基桩桩顶最大竖向力设计值 N_{kmax}

由式(5-29)得

$$N_{kmax} = \frac{F_k + G_k}{n} + \frac{M_{yk}x_{max}}{\sum x_i^2} = \left[697.33 + \frac{(500 + 50 \times 2) \times 1.6}{1.6^2 \times 4}\right]\text{kN} = 790.75\text{kN}$$

第三步：验算基桩竖向承载力

1）荷载效应基本组合，偏心荷载下：

由式(5-31)和式(5-32)验算：$N_k = 697.33\text{kN} < R = 717.7\text{kN}$

$$N_{kmax} = 790.75\text{kN} \leqslant 1.2R = 861.24\text{kN}$$

结论：该桩基础基桩竖向承载力满足要求。

【本题小结】 本题练习了基桩桩顶竖向力标准值 N_k 及基桩桩顶最大竖向力标准值 N_{kmax} 的求法，并可了解基桩竖向极限承载力特征值 R 是适用于验算基桩竖向承载力的。本题容易出现的错误有：①只对基桩最大竖向力标准值 N_{kmax} 验算基桩竖向承载力，而缺少基桩桩顶竖向力的标准值 N 验算；②基桩最大竖向力标准值 N_{kmax} 计算中，坐标 x_i 或 y_i 容易出错。

5.5.6　桩基础软弱下卧层承载力验算

当基桩竖向承载力满足要求时，群桩基础的竖向承载力就满足要求吗？这是不一定的。当桩基持力层下有软弱下卧层时，此时群桩竖向承载力的验算，还应包括软弱下卧层承载力验算。

桩基础的桩端平面以下持力层范围内存在软弱下卧层时，使持力层具有有限厚度，持力层应是较硬土层，该层是否可作为群桩的可靠持力层，是值得考虑的问题。

若设计不当，可能导致较薄的持力层因冲剪而破坏，其破坏可分为整体冲剪破坏和基桩冲剪破坏两种情况，如图 5-19 所示，故应进行软弱下卧层的承载力验算。

1. 整体冲剪破坏情况

如图 5-19a 所示，桩基础持力层呈整体冲剪破坏，硬持力层呈锥台形整体冲剪，其锥面与竖直线成 θ 角（压力扩散角）。θ 角随持力硬层与下卧层的压缩模量之比（E_{s1}/E_{s2}）和持力层的相对厚度（z/b_0）而变。

整体冲剪表现为群桩、桩间土形成如同一体的等效深基础对硬持力层发生冲剪破坏。产生整体冲剪破坏的具体情况为：

1）桩距较小，$s_a \leqslant 6d$。

2）桩端硬持力层与软弱下卧层的压缩性相差较大（$E_{s1}/E_{s2} \geqslant 3$）；各基桩桩端冲剪锥体扩散线在硬持力层中相交重叠。

3）桩端持力层为砂、砾层的挤土型低承台群桩，桩距虽较大（$s_a > 6d$），但由于成桩挤

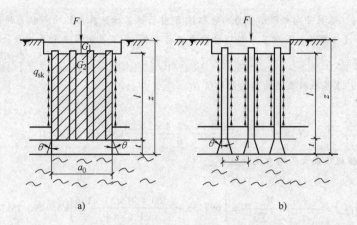

图 5-19 桩基础软弱下卧层承载力验算图

a) 整体剪切破坏 b) 基桩冲切破坏

密效应，导致桩端持力层的刚度提高和桩土整体性加强，也可能发生整体冲剪破坏。

结论：整体冲剪验算，将桩基础视为等效深基础来计算。

2. 单独冲剪破坏情况

如图 5-19b 所示，群桩基础若桩距较大，$s_a > 6d$，或是单桩基础，且硬持力层厚度较小，单桩可能会产生单独冲剪破坏情况，相互之间互不干扰。

结论：单独冲剪的验算只对桩基础中的基桩进行计算。

3. 软弱下卧层验算要求

桩端持力层下存在承载力低于桩端持力层承载力 1/3 的软弱下卧层时，可按下列公式验算软弱下卧层的承载力

$$\sigma_z + \gamma_m z \leq f_{az} \tag{5-35}$$

式中 γ_m——软弱层顶面以上各土层重度（地下水位以下取浮重度）的厚度加权平均值；

z——承台底面至软弱下卧层顶面的深度（m）；

f_{az}——软弱下卧层经深度 z 修正的地基承载力特征值；

σ_z——作用于软弱下卧层顶面的附加应力，可按下面的方法进行计算。

1）对于桩距 $s_a \leq 6d$ 的群桩基础，一般按整体冲剪破坏考虑，其等效深基础（见图 5-19a）阴影部分，按下式计算软弱下卧层顶面处竖向附加应力 σ_z

$$\sigma_z = \frac{(F_k + G_k) - 3/2(A_0 + B_0)\sum q_{sik} l_i}{(A_0 + 2t\tan\theta)(B_0 + 2t\tan\theta)} \tag{5-36}$$

式中 t——硬持力层的厚度；

A_0、B_0——桩群外缘矩形底面的长、短边边长；

q_{sik}——桩周第 i 层土的极限侧阻力标准值，无当地经验时，可根据成桩工艺查表 5-5 取值；

θ——桩端硬持力层压力扩散角，按表 5-14 取值。

2）对于桩距 $s_a > 6d$，且硬持力层厚度 $t < (s_a - d_e)\cot\theta/2$ 的群桩基础（见图 5-19b），以及单桩基础，都应作为基桩冲剪破坏考虑，其软弱下卧层顶面的竖向附加应力 σ_z 按下式进行计算

表 5-14　桩端硬持力层压力扩散角 θ

E_{s1}/E_{s2}	$t = 0.25B_0$	$t \geq 0.50B_0$
1	4°	12°
3	6°	23°
5	10°	25°
10	20°	30°

注：1. E_{s1}、E_{s2} 为硬持力层、软弱下卧层的压缩模量。

2. 当 $t < 0.25B_0$ 时，取 $\theta = 0°$，必要时，宜通过试验确定；当 $0.25B_0 < t < 0.50B_0$ 时，可内插取值。

$$\sigma_z = \frac{4(N_k - u \sum q_{sik}l_i)}{\pi(d_e + 2t\tan\theta)^2} \tag{5-37}$$

式中　N——桩顶轴向压力标准值(kN)；

d_e——桩端等代直径(m)，对于圆形桩端，$d_e = d_b$，对于方形桩，$d_e = 1.13b$(b 为桩的边长)。

【例 5-5】　某 9 桩群桩基础，桩径 0.4m，桩长 16.2m，承台尺寸 4.0m×4.0m，桩群外缘断面尺寸 $A_0 = B_0 = 3.6m$，地下水位在地面下 2.5m，承台埋深 1.5m，土层分布为：①0～1.5m 填土，$\gamma = 17.8kN/m^3$；②1.5～16.5m 黏土，$\gamma = 19.5kN/m^3$，$f_{ak} = 150kPa$，$q_{sik} = 24kPa$；③ 16.5～19.7m 粉土，$\gamma = 19.0kN/m^3$，$f_{ak} = 228kPa$，$q_{sik} = 30kPa$，$E_s = 8.0MPa$。④19.7m 以下为淤泥质黏土，$f_{ak} = 75kPa$，$E_s = 1.6MPa$。上部结构传来荷载效应标准值 $F_k = 6400kN$，试验算软弱下卧层承载力。

【目的与方法】　通过本题可以学习桩基础软弱下卧层的承载力的验算，从而理解软弱下卧层承载力验算的要求。本题关键是计算位置（取在软弱下卧层顶面处的位置来进行计算）。方法是：先求解软弱下卧层顶面的自重应力及竖向附加应力。然后对软弱下卧层顶面的承载力进行修正，最后进行桩基础的软弱下卧层的承载力验算。

【解】　桩端平面以下的第④层土，$f_{ak} = 75kPa < \dfrac{228}{3} = 76kPa$，需验算软弱下卧层④承载力，核心公式为 $\sigma_z + \gamma_m z \leq f_{az}$。

第一步：求解软弱下卧层顶面的自重应力

$$\gamma_m = \frac{1.5 \times 17.8 + 1 \times 19.5 + 14 \times (19.5 - 10) + 3.2 \times (19.0 - 10)}{1.5 + 1 + 14 + 3.2} kN/m^3 = 10.6kN/m^3$$

$$z = 18.2m, \quad \gamma_m z = (10.6 \times 18.2)kN/m^2 = 192.9kN/m^2$$

第二步：求解软弱下卧层顶面的竖向附加应力

$$\sigma_z = \frac{(F_k + G_k) - 3/2(A_0 + B_0)\sum q_{sik}l_i}{(A_0 + 2t\tan\theta)(B_0 + 2t\tan\theta)}$$

桩端以下硬持力层厚度 $t = [19.7 - (16.2 + 1.5)]m = 2m$，桩群外缘矩形底面长边长 $A_0 = 3.6m$，$B_0 = 3.6m$，$t = 2m > 0.5B_0 = (0.5 \times 3.6)m = 1.8m$，$E_{s1}/E_{s2} = 8.0/1.6 = 5$，查表 5-14，桩端硬持力层压力扩散角 $\theta = 25°$

$$G_k = (4.0 \times 4.0 \times 1.5 \times 20)kN = 480kN$$

$$\sum q_{sik}l_i = (24 \times 15 + 30 \times 1.2)kN/m = 396kN/m$$

$$\sigma_z = \frac{(F_k + G_k) - \dfrac{3}{2}(A_0 + B_0)\sum q_{sik}l_i}{(A_0 + 2t\tan\theta)(B_0 + 2t\tan\theta)}$$

$$= \frac{(6400+480)-\frac{3}{2}\times(3.6+3.6)\times396}{(3.6+2\times2.0\times\tan25)(3.6+2\times2.0\times\tan25)}kPa = 87.1kPa$$

第三步：对软弱下卧层顶面的承载力进行修正

经深度修正软弱下卧层承载力特征值为

$$f_{az} = f_{ak} + \eta_d\gamma_m(d-0.5) = [75+1.0\times10.6\times(19.7-0.5)]kPa = 230.5kPa$$

第四步：验算软弱下卧层承载力

$$\sigma_z + \gamma_m z = (87.1+192.9)kPa = 280kPa > f_{az} = 230.5kPa，不满足要求。$$

> **【本题小结】** 本题进行桩基础软弱下卧层承载力的验算；对于软弱下卧层顶面处的竖向附加应力计算是本题的重点，它包含了整体冲切破环的概念及等效实体基础的概念，计算时要多加注意。通过本题可知，桩基础持力层下有软弱下卧层时，桩基础仍有破坏的可能，应对其软弱下卧层进行承载力验算。本题容易出现的错误有：①等效实体基础计算易出错；②在软弱下卧层顶面的竖向附加应力计算及软弱下卧层顶面的承载力修正计算易出现错误。

5.5.7　群桩基础的沉降计算

桩基础的稳定性好，沉降小而均匀，沉降收敛快，故以往对桩基础沉降很少计算，而且各种相关规范均以承载力计算作为桩基础设计的主要控制条件，而以变形计算作为辅助验算。然而，近年来，高层建筑越来越高，地质条件也越来越复杂，高层建筑与周围环境的关系日益密切，特别是考虑桩-土共同作用、桩间土分担部分荷载后，要以桩的沉降作为一个控制条件。因此，桩基础的沉降计算越来越重要，故《地基基础规范》和《桩基规范》均提出了按地基变形控制设计的原则。

1. 下列情况需进行桩基础沉降计算

（1）《地基基础规范》规定

1）地基基础设计等级为甲级的建筑物桩基础。

2）体形复杂、荷载不均匀或桩端以下存在软弱土层的设计等级为乙级的建筑物桩基。

3）摩擦型桩基。

（2）《桩基规范》规定　下列建筑桩基应进行沉降计算：

1）设计等级为甲级的非嵌岩桩和非深厚坚硬持力层的建筑桩基。

2）设计等级为乙级的体型复杂、荷载分布显著不均匀或桩端平面以下存在软弱土层的建筑桩基。

3）软土地基多层建筑减沉复合疏桩基础。

2. 下列情况不需进行桩基础沉降计算

《地基基础规范》规定，对下列情况可不作沉降验算：

1）对嵌岩桩、设计等级为丙级的建筑物桩基、对沉降无特殊要求的条形基础下不超过两排的桩基、起重机工作级别 A5 及 A6 以下的单层工业厂房桩基础，可不用进行沉降验算。

2）当有可靠地区经验时，对地质条件不复杂、荷载均匀、对沉降无特殊要求的端承型桩基础，也可不进行沉降验算。

3. 桩基沉降验算

如上所述，当桩基础符合沉降验算的情况时，需对桩基础进行沉降验算。

目前在工程中计算桩基沉降量，为简化计算，《桩基规范》采用等效作用分层总和法计算桩基础沉降，该方法适用于桩距小于或等于 6 倍桩径的桩基础，如图 5-20 所示。

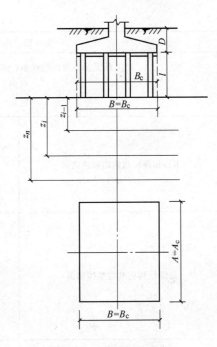

（1）实体基础的概念　该方法假定群桩基础为一假想的实体基础，它不考虑桩基础的侧面应力扩散作用，将承台底面的长与宽看作实体基础的长和宽，即实体基础的基底边长取承台底面边长（A_c、B_c）；而且作用在实体基础桩端面等效作用面上的附加应力近似取为承台底的平均附加压力；等效作用面以下的应力分布采用各向同性均质直线的变形理论，取基础中心点以下附加应力，具体参见土力学角点法。

（2）实体基础方法计算桩基础最终沉降量　与浅基础沉降量相同的计算方法和步骤，计算同浅基础类似，桩端等效作用面以下由附加应力引起的压缩层范围内地基的变形量采用分层总和法计算。但计算过程中各层土的压缩模量，按实际的自重应力和附加应力由试验曲线确定；同时，最后引入桩基础等效沉降系数 ψ_e 对沉降计算结果加以修正，因此最终沉降量可表示为

图 5-20　群桩假想的实体基础沉降计算图

$$s = \psi\psi_e s' \tag{5-38}$$

式中　s——桩基础最终沉降量（mm）；

s'——按分层总和法计算的桩基础沉降量（mm），但桩基础沉降计算深度 z_n 按应力比法确定；

ψ——桩基础沉降计算经验系数，可按《桩基规范》有关规定选取。

ψ_e——桩基础等效沉降系数，可按《桩基规范》有关规定计算。

桩基沉降计算深度 z_n 应按应力比法确定，即计算深度处的附加应力 σ_z 与土的自重应力 σ_c 应符合 $\sigma_z \leqslant 0.2\sigma_c$ 的要求。

（3）桩基础沉降桩基沉降变形允许值　计算的桩基础沉降变形应满足桩基础的变形允许值，表 5-15 为《桩基规范》给出的变形允许值，对于此表中未包括的建筑桩基沉降变形允许值，应根据上部结构对桩基沉降变形的适应能力和使用要求确定。《地基基础规范》给出的变形允许值与《桩基规范》略有差别，但基本相同，在此不再赘述。

表 5-15　建筑桩基沉降变形允许值

变 形 特 征	允许值
砌体承重结构基础的局部倾斜	0.002
各类建筑相邻柱（墙）基的沉降差 （1）框架、框架－剪力墙、框架－核心筒结构 （2）砌体墙填充的边排柱 （3）当基础不均匀沉降时不产生附加应力的结构	0.002l_0 0.0007l_0 0.005l_0
单层排架结构（柱距为 6m）桩基的沉降量/mm	120

（续）

变 形 特 征		允许值
桥式吊车轨面的倾斜（按不调整轨道考虑） 纵向 横向		0.004 0.003
多层和高层建筑的整体倾斜	$H_g \leqslant 24$	0.004
	$24 < H_g \leqslant 60$	0.003
	$60 < H_g \leqslant 100$	0.0025
	$H_g > 100$	0.002
高耸结构桩基的整体倾斜	$H_g \leqslant 20$	0.008
	$20 < H_g \leqslant 50$	0.006
	$50 < H_g \leqslant 100$	0.005
	$100 < H_g \leqslant 150$	0.004
	$150 < H_g \leqslant 200$	0.003
	$200 < H_g \leqslant 250$	0.002
高耸结构基础的沉降量/mm	$H_g \leqslant 100$	350
	$100 < H_g \leqslant 200$	250
	$200 < H_g \leqslant 250$	150
体型简单的剪力墙结构 高层建筑桩基最大沉降量/mm	—	200

注：1. l_0 为相邻柱（墙）二测点间距离，H_g 为自室外地面算起的建筑物高度（m）。

2. 整体倾斜指基础倾斜方向两端点的沉降差与其距离的比值。

3. 局部倾斜指砌体承重结构沿纵向 6～10m 内基础两点的沉降差与其距离的比值。

5.6 桩基础的水平承载力

5.6.1 概述

桩基础一般都受竖向荷载、水平荷载和力矩的共同作用。

桩基础必须满足竖向承载力要求。当水平荷载较大时，还要对桩基础的水平承载力进行计算。

作用在桩基础上的水平荷载包括：长期作用的水平荷载（如地下室外墙上的侧向土压力、水压力及拱的推力等），反复作用的水平荷载（如风荷载、波浪力、撞击力、车辆制动力等）及地震荷载产生的水平力作用。

以承受水平荷载为主的桩基础，应考虑采用斜桩更为有利。但斜桩在施工时受条件限制，施工中有很大困难，使斜桩难以实现，故斜桩在建筑工程中和桥梁工程中都很少采用，在工程中，若竖直桩的水平承载力满足设计要求时，应尽量采用竖直桩，以下主要讨论竖直桩。

5.6.2　水平荷载和弯矩作用下桩的受力特点

在水平荷载和弯矩作用下，桩身产生横向位移或挠曲，并挤压侧向土体，同时，土体对桩侧产生水平抗力，造成桩、土之间相互影响，共同作用，在出现破坏之前，桩身的水平位移与土的变形是协调的，相应桩身产生了内力。随着位移和内力的增大，对于配筋率较低的灌注桩来说，容易使桩身先出现裂缝，然后断裂破坏；对于抗弯性能好的预制桩，裂缝过大时，桩身虽未断裂破坏，但桩侧土体已明显开裂和隆起，桩的水平位移一般已超过建筑物的允许值，此时认为桩基础已处于破坏状态。为确定桩的水平承载力，根据桩的刚度与入土深度不同，将桩的受力分为相对刚度较大和较小两种情况。

1. 桩的相对刚度较大

桩的相对刚度较大是指桩的刚度远大于土层的刚度，基桩水平承载力由桩侧土的强度决定。此时在水平荷载作用下，桩身挠曲变形不明显，如同刚体一样围绕桩轴上某一点转动，如图 5-21a 所示。

随着水平荷载的不断增大，桩侧土发生强度破坏，使桩身产生大的变位，甚至倾倒，因而丧失承载力，这种情况下的基桩水平承载力由桩侧土的强度决定。

2. 桩的相对刚度较小

桩的相对刚度较小是指桩的刚度小于土层刚度。桩的水平承载力由桩身的抗弯强度或桩身的水平位移所控制。在水平荷载作用下，桩身产生弹性挠曲变形，其侧向位移随着入土深度增大而逐渐减小，以致达到一定深度后，几乎不受荷载影响（见

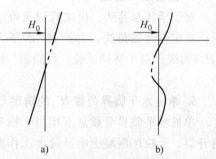

图 5-21　受水平荷载的单桩变形图
a）刚性桩　b）柔性桩

图 5-21b）。随着水平位移的不断增大，可能在桩身较大弯矩处发生断裂，也可能使桩的侧向位移超过桩或结构物的允许变形值而发生破坏。

单桩的水平承载力确定的方法，一般是通过水平静载荷试验或理论计算方法得到。另外，缺少水平静载荷试验资料时，可根据《桩基规范》，采用估算单桩水平承载力的公式和有关图表来确定单桩水平承载力。在上述方法中，以水平静载荷试验最能反映实际情况。

5.6.3　按水平静载荷试验确定单桩水平承载力

单桩的水平静载荷试验是最能反映实际影响水平承载力的各种因素，是确定单桩水平承载力的最为可靠的方法。相关规范中规定：对于受水平荷载较大的一级建筑物桩基础，单桩水平承载力设计值应通过单桩水平静载试验确定。

1. 试验装置

试验装置包括加荷系统和位移观测系统两部分。

加荷系统采用可以施加水平荷载的旋式千斤顶，通常采用同时对两根试桩对顶进行加荷的方式，千斤顶与试桩接触处应安装一球形铰座，以保证千斤顶作用力能水平通过桩身轴线。

位移观测系统采用基准支架上安装百分表或电感位移计。要观测桩身应力变化，应预先

在桩身埋设测量元件。

2. 加荷方法

加荷方法主要有两种：循环加荷法及连续加荷法。对于承受反复作用的水平荷载的桩基础，一般常采用循环加荷法，该方法特点是反复多次加荷，又称为单向多循环加卸载方法；对于受长期水平荷载的桩基础，可采用连续加荷法，又称为慢速维持荷载法。

加荷需要分级，每级荷载取预估的水平极限荷载的 $1/10 \sim 1/15$，一般情况下，对于直径在 $300 \sim 1000mm$ 的桩，每级的加荷量可取为 $2.2 \sim 20kN$。

3. 终止加载条件

当出现下列情况之一时，可终止试验：

1）桩身折断。

2）水平位移超过 $30 \sim 40mm$（软土取 $40mm$）。

3）水平位移达到设计要求的水平位移允许值。

4. 试验成果整理

对于循环加荷法，由试验记录可绘制"水平力-时间-位移"（H_0-T-x_0）曲线，如图 5-22 所示；对应连续加荷法，常绘制"水平力-位移"（H_0-x_0）曲线，"水平力-位移梯度"（H_0-$\Delta x_0/\Delta H_0$）曲线；对于特殊试验，可绘制"水平力-最大弯矩截面钢筋应力"（H_0-σ_g）曲线，如图 5-23。

5. 单桩水平临界荷载 H_{cr} 的确定

单桩水平临界荷载是指相当于桩身即将开裂、受拉区混凝土明显退出工作时桩顶最大水平荷载值。可按下列方法综合确定：

1）取 H_0-T-x_0 曲线突变点（在相同荷载增量的条件下，出现比前一级明显增大的位移增量所对应的点）的前一级水平荷载为 H_{cr}。

2）取 H_0-x_0 曲线第一直线段的终点对应的荷载为 H_{cr}。

3）取 H_0-$\Delta x_0/\Delta H_0$ 曲线第一直线段的终点所对应的荷载为 H_{cr}。

4）当有钢筋应力测试数据时，取 H_0-σ_g 曲线第一突变点所对应的荷载为 H_{cr}。

6. 单桩水平极限荷载 H_u 的确定

单桩水平极限荷载是指相当于桩身应力达到强度极限时的桩顶水平荷载，或使得桩顶水平位移超过 $30 \sim 40mm$，或者使得桩侧土体破坏的前一级水平荷载，其数值可按下列方法综合确定。

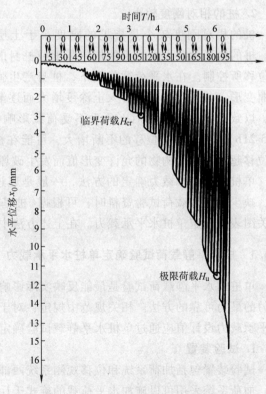

图 5-22　单桩水平静载荷
试验 H_0-T-x_0 曲线图

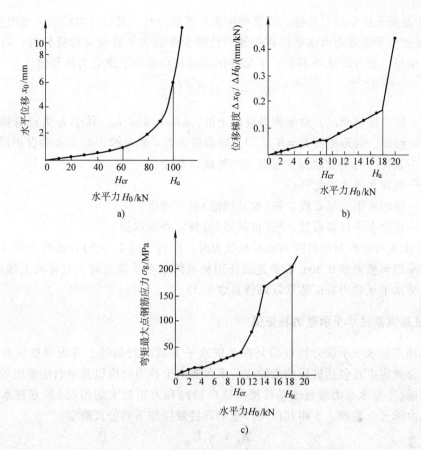

图 5-23　单桩水平静载荷试验成果曲线图

a)H_0-x_0 曲线　b)H-$\Delta x_0/\Delta H_0$ 曲线　c)H_0-σ_g 曲线

1）取 H_0-T-x_0 曲线明显陡降前一级荷载为极限荷载 H_u。

2）取 H_0-x_0 曲线陡升的起点所对应的荷载为 H_u。

3）取 H_0-$\Delta x_0/\Delta H_0$ 曲线第二直线段的终点对应荷载为极限荷载 H_u。

4）取桩身折断或钢筋达到流限的前一级荷载为极限荷载 H_u。

7. 单桩水平承载力特征值 R_{ha} 的确定

1）对于受水平荷载较大的甲、乙级建筑桩基础，单桩的水平承载力的特征值 R_{ha} 应通过单桩水平静载荷试验确定。

2）对于钢筋混凝土预制桩、钢桩、桩身全截面配筋率不小于 0.65% 的灌注桩，可根据静载荷试验结果取地面处水平位移为 10mm（对于水平位移敏感的建筑物取水平位移 6mm）所对应荷载的 75% 为单桩水平承载力特征值 R_{ha}；这是由于在实际设计中，桩达到极限荷载时的位移往往超过建筑物的允许水平位移，因此，要按变形条件确定单桩水平承载力设计值，即以桩的水平位移达到允许值时所承受的荷载作为桩的水平承载力特征值。

3）对于桩身配筋率小于 0.65% 的灌注桩，可取单桩水平静载荷试验的临界荷载 H_{cr} 的 75% 为单桩水平承载力特征值 R_{ha}。

4）当缺少单桩水平静载试验资料时，可按《桩基规范》相应近似公式估算桩身配筋率小于 0.65% 的灌注桩的单桩水平承载力特征值。

5）对于混凝土护壁的挖孔桩，计算单桩水平承载力时，其设计桩径取护壁内直径。

6）当桩的水平承载力由水平位移控制，且缺少单桩水平静载试验资料时，可按下式估算预制桩、钢桩、桩身配筋率不小于 0.65% 的灌注桩单桩水平承载力特征值

$$R_{ha} = 0.75 \frac{\alpha^3 EI}{\nu_x} x_{0a} \tag{5-39}$$

式中　EI——桩身抗弯刚度，对于钢筋混凝土桩，$EI = 0.85 E_c I_0$，其中 I_0 为桩身换算截面惯性矩，圆形截面 $I_0 = W_0 d_0 /2$，矩形截面 $I_0 = W_0 b_0 /2$，d_0 为扣除保护层厚度的桩直径，b_0 为扣除保护层厚度的桩截面宽度；

　　　　x_{0a}——桩顶允许水平位移；

　　　　α——桩的水平变形系数，按《桩基规范》规定确定；

　　　　ν_x——桩顶水平位移系数，按《桩基规范》规定查表取值。

7）验算永久荷载控制的桩基的水平承载力时，应将上述 2）~5）方法确定的单桩水平承载力特征值乘以调整系数 0.80；验算地震作用桩基的水平承载力时，宜将按上述 2）~5）方法确定的单桩水平承载力特征值乘以调整系数 1.25。

5.6.4　群桩基础基桩水平承载力特征值

群桩基础基桩水平承载力特征值是在单桩水平承载力的基础上考虑群桩综合效应得到的。群桩综合效应主要包括桩顶约束效应、承台侧向土抗力效应以及承台底摩阻效应等。

群桩基础（不含水平力垂直于单排桩基纵向轴线和力矩较大的情况）的基桩水平承载力特征值考虑由承台、桩群、土相互作用产生的群桩效应按下列公式确定

$$R_h = \eta_h R_{ha} \tag{5-40}$$

考虑地震作用且 $s_a /d \leq 6$ 时

$$\eta_h = \eta_i \eta_r + \eta_l \tag{5-41}$$

其他情况时

$$\eta_h = \eta_i \eta_r + \eta_l + \eta_b \tag{5-42}$$

式中　η_h——群桩效应综合系数；

　　　　η_i——桩的相互影响效应系数；

　　　　η_r——桩顶约束效应系数；

　　　　η_l——承台侧向土抗力效应系数（承台侧面回填土为松散状态时取 $\eta_l = 0$）；

　　　　η_b——承台底摩阻效应系数。

上述各效应系数均应按照《桩基规范》相应规定取值。

5.6.5　桩基础基桩水平承载力验算

受水平荷载的一般建筑物和水平荷载较小的高大建筑物单桩基础和群桩中基桩应满足下式要求

$$H_{ik} \leq R_h \tag{5-43}$$

式中　H_{ik}——在荷载效应标准组合下，作用于基桩 i 桩顶处的水平力；

　　　　R_h——单桩基础或群桩中基桩的水平承载力特征值，对于单桩基础，可取单桩的水平承载力特征值 R_{ha}。

5.6.6 水平荷载作用下桩身的理论计算

理论计算法是根据某些假定而建立的。该方法是计算桩在较大的水平荷载作用下，桩身内力与位移，从而为水平荷载下基桩的水平承载力计算及桩身设计提供依据。

1. 基本概念

关于桩在水平荷载作用下桩身内力、位移的计算理论，国内外学者提出了多种方法。目前，我国最常用的方法是弹性地基梁法，即桩侧土采用文克勒（E. Winkler）假定，把承受水平荷载的单桩视为文克勒地基上的竖直梁，通过求解弹性挠曲微分方程，再结合力的平衡条件，求出桩各部位的内力（剪力和弯矩）和位移，并考虑由桩顶竖向荷载产生的轴力，进行桩的强度计算。如果不允许有较大的水平位移时，通常采用文克勒弹性地基上竖直梁的计算方法。

地基土的弹性抗力及其分布规律：由文克勒假定，若桩在深度 z 处沿水平方向产生位移 x，则对应的水平抗力为

$$\sigma_x = k_x x \tag{5-44}$$

式中　σ_x——是深度 z 处的水平抗力（kPa）；

　　　k_x——地基土水平抗力系数，或称为水平基床系数，或为横向抗力系数（kN/m^3），$k_x = kz^n$。

大量试验表明，k_x 的大小与地基土的类别及性质有关，而且随深度变化。根据 k_x 的变化规律，目前有四种地基土水平抗力系数 k_x 较为常用，如图 5-24 所示。

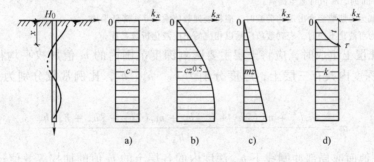

图 5-24　地基水平抗力系数的分布图

a）常数法　b）"c"法　c）"m"法　d）"k"法

（1）常数法　该方法认为桩侧土地基系数沿深度为一常数，即 $n = 0$，$k_x = k = c$。

（2）"c"法　假定地基水平抗力系数随深度呈抛物线增加，即 $n = 0.5$，$k = c$；$k_x = cz^{0.5}$，c 为比例常数。

（3）"m"法　假定地基水平抗力系数随深度呈线性增加，即 $n = 1$，$k = m$，$k_x = mz$ 该方法较为实用。目前，我国较为广泛地应用此法。

（4）"k"法　假设在桩身第一挠曲零点（t 处）以上按抛物线分布，以下按常数 k。该法计算繁琐，应用较少。

在实际工程中究竟用哪种方法较好？应根据桩周土的性质和桩的水平变位情况加以选择。实测资料表明，"m"法用于桩的水平位移较大的情况；"c"法用于桩的水平位移较小时。目前我国规范均推荐使用"m"法。以下对"m"法作以介绍。

2. "m"法

（1）计算参数

1）各层土的 m 值的加权等效值。按"m"法计算时，如果无实测资料时，地基水平抗力系数中的比例常数 m 值可参考表 5-16 选取。表中同时列出了相应的桩顶水平位移值。

表 5-16　地基水平抗力系数的比例系数 m 值

序号	地基土类别	预制桩		灌注桩	
		$m/(MN/m^4)$	相应单桩在地面处水平位移/mm	$m/(MN/m^4)$	相应单桩在地面处水平位移/mm
1	淤泥，淤泥质土，饱和湿陷性黄土	2～4.5	10	2.5～6	6～12
2	流塑($I_L>1$)软塑($0.75<I_L\leqslant1$)状黏性土、$e>0.9$，粉土，松散粉细砂，松散、密实填土	4.5～6.0	10	6～14	4～8
3	可塑($0.25<I_L\leqslant0.75$)状黏性土、$e=0.75$～0.9 粉土、湿陷性黄土、中密填土、稍密细砂	6.0～10	10	14～35	3～6
4	硬塑($0<I_L\leqslant0.25$)坚硬($I_L\leqslant0$)状黏性土，湿陷性黄土，$e<0.75$ 粉土、中密的中粗砂、密实老填土	10～22	10	35～100	2～5
5	中密、密实的砾砂，碎石类土	—	—	100～300	1.5～3

注：1. 当桩顶水平位移大于表列数值或当灌注桩配筋率较高($\geqslant0.65\%$)时，m 值应适当降低；当预制桩的水平位移小于 10mm 时，m 值可适当提高。

　　2. 水平荷载为长期或经常出现的荷载时，应将表列数值乘以 0.4 降低采用。

　　3. 当地基为可液化土层时，表列数值应乘以相应的土层液化折减系数。

当桩侧由几层土组成时，应将土层主要影响深度范围内的 m 值加权平均得 $\overline{m}$ 值为计算值。例如，h_m 深度内共有三层土，厚度分别为 h_1、h_2、h_3，比例常数分别为 m_1、m_2、m_3，则

$$\overline{m} = \frac{m_1 h_1^2 + m_2(2h_1+h_2)h_2 + m_3(2h_1+2h_2+h_3)h_3}{h_m^2} \tag{5-45}$$

式中　$\overline{m}$——地面或局部冲刷线下 h_m 深度内的各层土的 m 值的加权等效值；

　　　h_m——土层换算深度(m)，对于弹性桩，$h_m=2(d+1m)$，对于刚性桩，h_m 采用桩侧土层的整个深度，即 $h_m=h_1+h_2+h_3+\cdots=\sum\limits_{i=1}^{n}h_i$；当 h_m 深度内存在两层不同的土层时，只要将 $h_3=0$ 代入式(5-45)，可得

$$\overline{m} = \frac{m_1 h_1^2 + m_2(2h_1+h_2)h_2}{h_m^2}$$

2）桩身抗弯刚度。计算桩身抗弯刚度 EI 时，对于钢筋混凝土桩，桩身的弹性模量可取混凝土的弹性模量的 0.85 倍。

3）桩截面计算宽度 b_0。单桩在水平荷载作用下所引起的桩周土的抗力不仅分布于荷载作用的平面内，而且受桩截面形状的影响，计算时可简化为平面受力，取桩截面计算宽度 b_0 为：

圆形桩：当直径 $d\leqslant1m$ 时，$b_0=0.9(1.5d+0.5)$；当直径 $d>1m$ 时，$b_0=0.9(d+1)$。

方形桩：当边宽 $b \leqslant 1\mathrm{m}$ 时，$b_0 = 1.5b + 0.5$；当边宽 $b > 1\mathrm{m}$ 时，$b_0 = b + 1$。

（2）单桩的挠曲线微分方程及解答　　用"m"法计算弹性单桩时，单桩的桩顶荷载为 P_0、H_0、M_0 及地基水平抗力 σ_x 作用下产生挠曲，由弹性挠曲线微分方程得

$$EI\frac{\mathrm{d}^4 x}{\mathrm{d}z^4} = -\sigma_x b_0 = -k_x x b_0 \tag{5-46}$$

$$\frac{\mathrm{d}^4 x}{\mathrm{d}z^4} + \frac{k_x b_0}{EI}x = 0 \tag{5-47}$$

由"m"法 $k_x = mz$，代入式（5-47）可得

$$\frac{\mathrm{d}^4 x}{\mathrm{d}z^4} + \frac{mb_0}{EI}zx = 0 \tag{5-48}$$

将桩的水平变形系数 $\alpha = \sqrt[5]{\dfrac{mb_0}{EI}}$ 代入式（5-48）得

$$\frac{\mathrm{d}^4 x}{\mathrm{d}z^4} + \alpha^5 zx = 0 \tag{5-49}$$

式（5-49）是四阶线性齐次微分方程，利用幂级数展开的方法，根据边界条件，及材料力学梁的挠度、转角、剪力、弯矩的微分关系，可得解答，从而可求出沿桩身深度 z 处截面的内力及位移，其简捷计算表达式为

$$
\left.
\begin{aligned}
\text{位移}\quad && x_z &= \frac{H_0}{\alpha^3 EI}A_x + \frac{M_0}{\alpha^2 EI}B_x \\[4pt]
\text{转角}\quad && \varphi_z &= \frac{H_0}{\alpha^3 EI}A_\varphi + \frac{M_0}{\alpha EI}B_\varphi \\[4pt]
\text{弯矩}\quad && M_z &= \frac{H_0}{\alpha}A_M + M_0 B_M \\[4pt]
\text{剪力}\quad && V_z &= H_0 A_Q + \alpha M_0 B_Q
\end{aligned}
\right\} \tag{5-50}
$$

式中系数可查表 5-17，进行桩的设计与验算。

按式（5-51）可作出单桩的水平挠度 x、弯矩 M、剪力 V、水平抗力 σ_x 随深度的变化曲线（见图 5-25）。

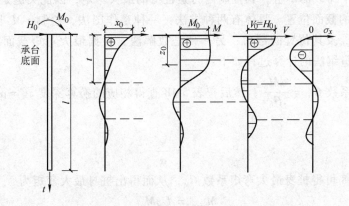

图 5-25　单桩的挠度 x、弯矩 M、剪力 V 和水
平抗力 σ_x 的分布曲线图

表 5-17 长桩的内力和变形计算系数

αz	A_x	B_x	A_φ	B_φ	A_M	B_M	A_Q	B_Q
0.0	2.4407	1.6210	− 1.6210	− 1.7506	0.0000	1.0000	1.0000	0.0000
0.1	2.2787	1.4509	− 1.6160	− 1.6507	0.0996	0.9997	0.9883	− 0.0075
0.2	2.1178	1.2909	− 1.6012	− 1.5507	0.1970	0.9981	0.9555	− 0.0280
0.3	1.9588	1.1408	− 1.5768	− 1.4511	0.2901	0.9938	0.9047	− 0.0582
0.4	1.8027	1.0006	− 1.5433	− 1.3520	0.3774	0.9862	0.8390	− 0.0955
0.5	1.6504	0.8704	− 1.5015	− 1.2539	0.4575	0.9746	0.7615	− 0.1375
0.6	1.5027	0.7498	− 1.4601	− 1.1573	0.5294	0.9586	0.6749	− 0.1819
0.7	1.3602	0.6389	− 1.3959	− 1.0624	0.5923	0.9382	0.5820	− 0.2269
0.8	1.2237	0.5373	− 1.3340	− 0.9698	0.6456	0.9132	0.4852	− 0.2709
0.9	1.0936	0.4448	− 1.2671	− 0.8799	0.6893	0.8841	0.3869	− 0.3125
1.0	0.9704	0.3612	− 1.1965	− 0.7931	0.7231	0.8509	0.2890	− 0.3506
1.1	0.8544	0.2861	− 1.1228	− 0.7098	0.7471	0.8141	0.1939	− 0.3844
1.2	0.7459	0.2191	− 1.0473	− 0.6304	0.7618	0.7742	0.1015	− 0.4134
1.3	0.6450	0.1599	− 0.9708	− 0.5551	0.7676	0.7316	0.0148	− 0.4369
1.4	0.5518	0.1079	− 0.8941	− 0.4841	0.7650	0.6869	− 0.0659	− 0.4549
1.5	0.4661	0.0629	− 0.8180	− 0.4177	0.7547	0.6408	− 0.1395	− 0.4672
1.6	0.3881	0.0242	− 0.7434	− 0.3560	0.7373	0.5937	− 0.2056	− 0.4738
1.8	0.2593	− 0.0357	− 0.6008	− 0.2467	0.6849	0.4989	− 0.3135	− 0.4710
2.0	0.1470	− 0.0757	− 0.4706	− 0.1562	0.6141	0.4066	− 0.3884	− 0.4491
2.2	0.0646	− 0.0994	− 0.3559	− 0.0837	0.5316	0.3203	− 0.4317	− 0.4118
2.6	− 0.0399	− 0.1114	− 0.1785	− 0.0142	0.3546	0.1755	− 0.4365	− 0.3073
3.0	− 0.0874	− 0.0947	− 0.0699	− 0.0630	0.1931	0.0760	− 0.3607	− 0.1905
3.5	− 0.1050	− 0.0570	− 0.0121	− 0.0829	0.0508	0.0135	− 0.1998	− 0.0167
4.0	− 0.1079	− 0.0149	− 0.0034	− 0.0851	0.0001	0.0001	0.0000	− 0.0005

3. 桩身最大弯矩及位置

对于承受水平荷载的单桩，其控制内力是桩身的最大弯矩，因此关键是求出桩身最大弯矩值 M_{max} 及相应的截面位置。具体有两种方法：一种是作图法，绘制 z-M_z 图，如图 5-25 所示，从中读出 M_{max} 及其位置的数值；另一种是数解法，根据最大弯矩截面剪应力为零的条件，可导出其无量纲法的计算过程如下：

先计算如下系数 $C_D = \dfrac{\alpha M_0}{H_0}$ ，然后查表 5-18 查得相应的换算深度 $\bar{z}(=\alpha z)$ ，则最大弯矩截面的深度 z_0 为

$$z_0 = \frac{\bar{z}}{\alpha} \tag{5-51}$$

由 $\bar{z}$ 查表 5-18 可得桩身最大弯矩系数 C_M ，从而得出桩身最大弯矩为

$$M_{max} = C_M M_0 \tag{5-52}$$

一般当桩的有效深度达到 $z = 4.0/\alpha$ 时，桩身内力及位移可忽略。在此深度以下，桩身只需按构造配筋或不配筋。

表 5-18　桩身最大弯矩截面系数 C_D 及最大弯矩系数 C_M

$\bar{z} = \alpha z$	C_D	C_M	$\bar{z} = \alpha z$	C_D	C_M	$\bar{z} = \alpha z$	C_D	C_M
0.0	∞	1.000	1.0	0.824	1.728	2.0	-0.865	-0.304
0.1	131.252	1.001	1.1	0.503	2.299	2.2	-1.048	-0.187
0.2	34.186	1.004	1.2	0.246	3.876	2.4	-1.230	-0.118
0.3	15.544	1.012	1.3	0.034	23.438	2.6	-1.420	-0.074
0.4	8.781	1.029	1.4	-0.145	-4.596	2.8	-1.635	-0.045
0.5	5.539	1.057	1.5	-0.299	-1.876	3.0	-1.893	-0.026
0.6	3.710	1.101	1.6	-0.434	-1.128	3.5	-2.994	-0.003
0.7	2.566	1.169	1.7	-0.555	-0.740	4.0	-0.045	-0.011
0.8	1.791	1.274	1.8	-0.665	-0.530	—	—	—
0.9	1.238	1.441	1.9	-0.768	-0.396	—	—	—

　　桩身最大弯矩也可按照考虑承台(包括地下墙体)、基桩协同工作和土的弹性抗力作用的原理计算,可参见《桩基规范》附录 C。

5.7　桩基础设计

5.7.1　桩基础常规设计内容及步骤

　　桩基础的设计应力求选型恰当、经济合理、安全适用。桩和承台应有足够的强度、刚度、耐久性,对桩端持力层地基则应有足够的承载力以及不产生过大的变形。桩基础设计和计算内容可按下列步骤进行:

　　1)收集设计资料。进行调查研究、场地勘察,收集相关资料。

　　2)确定持力层。根据收集的资料,综合有关地质勘察情况、建筑物荷载、使用要求、上部结构条件等,确定桩基础持力层。

　　3)选择桩材,确定桩型、桩的断面形式及外形尺寸和构造,初步确定承台埋深。

　　4)确定单桩承载力特征值。

　　5)确定桩的数量并布桩,从而初步确定承台类型及尺寸。

　　6)验算单桩荷载,包括竖向荷载及水平荷载等。

　　7)验算群桩承载力,必要时验算桩基础的变形。桩基础承载力验算包括竖向、水平承载力;桩基础变形包括竖向沉降及水平位移;对有软弱下卧层的桩基,尚需验算软弱下卧层承载力。

　　8)桩身内力分析及桩身结构设计等。

　　9)承台的抗弯、抗剪、抗冲切及抗裂等强度计算及结构设计等。

　　10)绘制桩基础结构施工图及详图,编写施工设计说明。

5.7.2　收集设计资料

　　收集的桩基础设计资料,要详尽、全面,以保证桩基础的设计尽可能合理。一般应包括以下几方面:

　　(1)建筑物本身的资料　包括建筑物类型、规模、使用要求、平面布置、结构类型、荷载分布情况、建筑安全等级及抗震要求等。

（2）建筑场地、建筑环境资料　包括建筑场地和周围的平面布置、空中与地下设施管线分布、相邻建筑物基础类型、埋深与安全等级资料，水、电和有关建筑材料的供应条件，周围环境对振动、噪声、地基水平位移等的敏感性及污水、泥浆的排泄条件，废土的处理条件等。

（3）工程地质勘察资料　工程地质、水文地质勘察资料对桩基础设计是十分重要的。包括岩土埋藏条件及物理性质，持力层及软弱下卧层的埋藏深度、厚度等情况，地下水的埋藏深度、变化等情况，并要注意地下水对桩身材料有无腐蚀性等。具体要求可参考《桩基规范》、《岩土工程勘察规范》及其他相应规范，并尽可能了解当地使用桩基础的经验。

（4）施工条件　包括施工机械设备条件、沉桩条件、材料来源，动力条件及施工对周围环境的影响等，施工机械设备的进出场及现场运行条件等。

5.7.3　确定持力层

持力层的选择，是桩基础设计的重要一步。应选择承载力高、压缩性低的土层作为桩端持力层，同时根据收集的资料及相关地质勘察情况、建筑物荷载、使用要求、上部结构条件等各方面因素综合确定。当地基中存在多层可供选择的持力层，在考虑上述因素的同时，从所选择的几种方案中进行技术经济比较，并要考虑成桩的可能性，来选择持力层。

5.7.4　桩型、桩长、桩截面尺寸的选择

1. 桩型的选择

桩型的选择是桩基础设计的最基本环节之一。桩型选择的原则：要因地制宜，经济合理。应考虑如下因素：

（1）工程地质和水文地质条件　工程地质和水文地质条件是选择桩型的首要条件，所选择的桩型要适应工程地质和水文地质条件。

（2）工程特点　包括建筑物的结构类型、荷载大小及分布、对沉降的敏感性等。荷载大小、施工及设备等是选择桩型时考虑的重要条件。当上部结构传来的荷载大，应选择承载力较大的桩型，同时要考虑施工能力、打桩设备等因素，综合选择桩型。

（3）施工对周围环境的影响　桩基础在沉桩过程中容易对周围环境造成振动、噪声、污水、泥浆、地面隆起、土体位移等不良影响，甚至影响周围的建筑物、地下管线设施等安全。在居民生活、工作区周围应尽可能避免使用锤击、振动法沉桩的桩型，当周围环境存在市政管线或危旧房屋时，或对挤土效应较敏感时，就不能使用挤土桩。

（4）考虑工程造价及工期的要求　若选择桩型时，如果满足承载力的桩型有多种时，应选择能保证工期而且施工费用及造价均较小的桩型，从根本上降低工程造价。

（5）经济条件　综合分析上述条件，对所选择的桩型经过经济性、工期、施工的可行性、安全性等比较之后，最后选定桩型要由经济性决定。

2. 桩长的选择

桩的长度主要取决于桩端持力层的选择，持力层确定后，桩长也就初步确定下来。同时桩长的选择与桩的材料、施工工艺等因素有关。

（1）桩端持力层应选择较硬土层　原则上桩端最好进入坚硬土层或岩层、采用嵌岩桩或端承桩；但坚硬土层埋藏很深时，则宜采用摩擦桩基，桩端应尽量达到低压缩土、中等压缩

强度的土层上。

（2）桩端进入持力层的深度　桩端全断面进入持力层的深度，对于黏性土、粉土不宜小于 $2d$，砂土不宜小于 $1.5d$，碎石类土，不宜小于 $1d$。当存在软弱下卧层时，桩端以下硬持力层厚度不宜小于 $3d$。对于嵌岩桩，嵌岩深度应综合荷载、上覆土层、基岩、桩径、桩长诸因素确定；对于嵌入倾斜的完整和较完整岩的全断面深度不宜小于 $0.4d$ 且不小于 $0.5m$，倾斜度大于 30% 的中风化岩，宜根据倾斜度及岩石完整性适当加大嵌岩深度；对于嵌入平整、完整的坚硬岩和较硬岩的深度不宜小于 $0.2d$，且不应小于 $0.2m$。

（3）临界深度　桩端进入持力层某一深度后，桩端阻力不再增大，则该深度为临界深度。当硬持力层较厚、施工条件允许时，桩端进入持力层的深度应尽可能达到桩端阻力的临界深度，以提高桩端阻力。临界深度值对于砾、砂为 $(3 \sim 6)d$，对于粉土、黏性土为 $(5 \sim 10)d$。

（4）同一建筑物应尽可能采用相同桩型的桩　一般情况下，同一建筑物应尽可能的采用相同桩型基桩，特殊情况下，建筑物平面范围内的荷载分布很不均匀时，也可根据荷载和地基的地质条件采用不同的直径的基桩。

3. 桩的截面尺寸及承台埋深的选择

桩型及桩长初步确定后，可根据混凝土预制桩截面边长不应小于 $200mm$；预应力混凝土预制实心桩截面边长不宜小于 $350mm$，定出桩的截面尺寸，并初步确定承台底面标高。一般情况下，承台埋深的选择主要从结构要求和冻胀要求考虑，并不得小于 $600mm$。若土为季节性冻土，承台埋深要考虑冻胀要求外，还要考虑是否采用相应的防冻害措施；若土为膨胀土，承台埋深要考虑土的膨胀性影响。

5.7.5　桩数及桩位布置

1. 桩数

先假设承台底面的尺寸，初步确定单桩竖向承载力特征值 R 后，就可初步确定桩的数量 n。

桩数 n 是按着桩基础中单桩的竖向承载力要求确定的。竖向轴心受压荷载作用下 $\dfrac{F_k + G_k}{n} \leqslant R$，则

$$n \geqslant \frac{F_k + G_k}{R} \tag{5-53}$$

式中　F_k——作用在桩基承台顶面上的竖向力标准值（kN）；

　　　　G_k——承台及其承台上的填土的重力标准值（kN），并对地下水位以下的部分应扣除水的浮力。

偏心竖向受压荷载作用下，按下式估算桩的数量 n

$$n \geqslant \mu \frac{F_k + G_k}{R} \tag{5-54}$$

式中　μ——偏心竖向荷载作用下，桩数的经验系数，可取 $\mu = 1.1 \sim 1.2$。

R 是单桩竖向承载力特征值，可暂时不考虑群桩效应和承台底面处地基土参与工作的情况。

计算桩的数量 n 时，要注意的几个问题：

1）偏心受压时，若桩的布置使得群桩横截面的重心与荷载合力作用点相重合时，这种情况下的桩基础，仍按中心受压基础来考虑，故桩的数量按式(5-53)计算。

2）承受水平荷载的桩基础，确定桩的数量时，除了满足上述公式之外，还应满足桩的水平承载力要求。

3）对于灵敏度高的软弱黏土中，应采用桩距大的、桩数少的桩基础。

2. 桩的中心距

桩的中心距(桩距)过大，会增加承台的体积，使之造价提高；反之，桩距过小，给桩基础的施工造成困难，如是摩擦型群桩，还会出现应力重叠，使得桩的承载力不能充分发挥作用。因此，《桩基规范》规定：一般桩的最小中心距应满足表5-19的要求。

表 5-19 桩的最小中心距

土类与成桩工艺		排数不少于3排且桩数不少于9根的摩擦型桩桩基	其他情况
非挤土灌注桩		3.0d	3.0d
部分挤土桩		3.5d	3.0d
挤土桩	非饱和土	4.0d	3.5d
	饱和黏性土	4.5d	4.0d
钻、挖孔扩底桩		2D 或 $D+2.0$m(当$D>2$m)	1.5D 或 $D+1.5$m(当$D>2$m)
沉管夯扩、钻孔挤扩桩	非饱和土	2.2D且4.0d	2.0D且3.5d
	饱和黏性土	2.5D且4.5d	2.2D且4.0d

注：1. d 为圆桩直径或方桩边长，D 为扩大端设计直径。

2. 当纵横向桩距不相等时，其最小中心距应满足"其他情况"一栏的规定。

3. 当为端承型桩时，非挤土灌注桩的"其他情况"一栏可减小至 2.5d。

3. 桩位的布置

桩位在平面的布置可简称布桩。桩在平面内可布置成：单独基础下的桩基础可采用方形、三角形、梅花形等布桩方式，如图5-26a 所示；对于条形基础下的桩基础，可采用单排或双排布置方式，如图5-26b 所示，有时可采用不等距的形式。

布桩是否合理，对桩的受力及承载力的充分发挥，减少沉降量，特别是减少不均匀沉降量，具有重要作用。

布桩的一般原则是：

1）布桩要紧凑。尽量使承台面积减小，又能使各桩充分发挥作用。

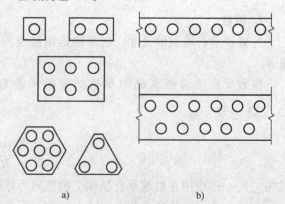

图 5-26 桩的平面布置示例图

a)单独基础布桩 b)条形基础布桩

2）尽量使各桩受力均匀。布桩时应尽可能使上部荷载的中心与群桩的截面形心重合或接近，这样接近于轴心受荷，使每根桩的受力均匀。

3）增加群桩基础的抗弯能力。当作用于桩基础承台底面的弯矩较大时，增加群桩截面的惯性矩。

对于柱下单独基础和整片式的桩基础，宜采用外密内疏不等距的布桩方式；对于横墙下桩基础，可在外纵墙之外布设 1～2 根"探头"桩，如图 5-27 所示。在有门洞的墙下，应将桩设置在门洞的两侧；对于梁式或板式基础下的群桩，布桩时应注意使梁板中的弯矩尽量减少，应多在柱、墙下布桩，以减少梁和板跨中的桩数，从而减少弯矩。以上原则，要在实际工程中综合分析后再布桩，使之更为合理。

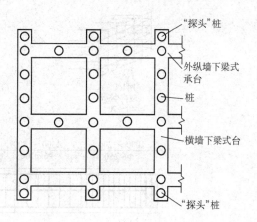

图 5-27　横墙下"探头桩"的布置图

5.7.6　桩身结构设计和计算

钢筋混凝土预制桩和灌注桩的桩身结构设计和计算，需要考虑整个施工阶段和使用阶段期间的各种最不利受力状态。一般情况下，对于钢筋混凝土预制桩，在吊运和沉桩过程中所产生的内力往往在桩身结构计算中起到控制作用；而对于灌注桩在施工结束后成桩，桩身结构设计由使用荷载确定。

1. 钢筋混凝土预制桩

（1）构造要求　预制桩的混凝土强度等级宜≥C30；预应力混凝土桩的混凝土强度等级应≥C40；预制桩纵向钢筋的混凝土保护层厚度不宜小于 30mm。

预制桩的桩身配筋应按吊运、打桩及桩在使用中的受力等条件计算确定。采用锤击法沉桩时，预制桩的最小配筋率不宜小于 0.8%。静压法沉桩时，最小配筋率不宜小于 0.6%，主筋直径不宜小于 14mm，打入桩桩顶以下 $(4～5)d$ 长度范围内箍筋应加密，并设置钢筋网片。

如图 5-28 所示，用打入法沉桩时，直接受到锤击的桩顶应放置三层钢筋网，层距为 50mm。桩尖的所有主筋应焊接在一根圆钢上，桩尖处用钢板加固。主筋的混凝土保护层不宜小于 30mm；桩上需埋设吊环，起吊位置由计算确定。桩的混凝土强度必须达到设计强度的 100% 才可以起吊和搬运。

（2）设计计算　钢筋混凝土预制桩作为一种构件，需经过预制、起吊、运输、吊立、打桩、使用等环节，每一环节对桩身结构强度都有相应的要求，因此，需作相应的设计计算。一般钢筋混凝土预制桩在施工过程中的最不利受力状态，主要出现在吊运和锤击沉桩时，故钢筋混凝土预制桩的配筋主要按桩身吊运计算确定。

1）预制桩吊运计算。钢筋混凝土预制桩吊运和吊立时，桩的受力状态与梁相同，桩在自重作用下产生的弯曲应力与吊点的数量和位置有关。桩长在 20m 以下的桩，起吊时一般采用双点吊或单点吊；在打桩架龙门架式起重机吊立时，采用单点吊。吊点位置按吊点间的正弯矩和吊点处的负弯矩相等的条件确定（见图 5-29）。

图 5-29 中最大弯矩计算式中 q 为桩单位长度的重力，K 为考虑在吊运过程中桩可能受到的冲击和振动而取的动力系数，一般取为 1.5。桩在运输或堆放时的支点应放在起吊吊点处。

2）预制桩在锤击时桩身计算。沉桩常用的方法有锤击法、静压法，静压法在正常沉桩过程中，其桩身应力一般小于吊运运输过程和使用阶段的应力，故不必验算。

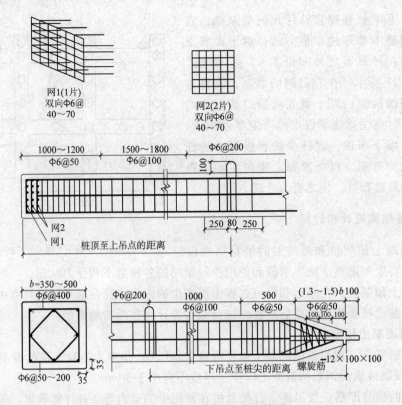

图 5-28　混凝土预制桩桩身配筋图

锤击法沉桩的冲击力在桩身中产生了应力波,应力波一直传递到桩端,然后再反射回来。桩身受到锤击周期性的拉压应力作用,桩身上端常出现环向裂缝,故需要进行桩身结构的动应力计算。对于甲级建筑桩基础、桩身有抗裂要求和处于腐蚀性土质中的打入式预制混凝土桩、钢桩,锤击压应力应小于桩身材料的轴心抗压强度设计值(钢桩

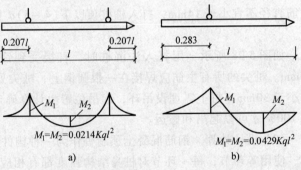

图 5-29　预制桩的吊点位置和弯矩图

a) 双点起吊时　b) 单点起吊时

为屈服强度值),锤击拉应力值应小于桩材料的抗拉强度设计值。计算分析表明,预应力混凝土桩的主筋常取决于锤击拉应力。

2. 灌注桩构造要求

(1) 混凝土要求　灌注桩桩身混凝土强度等级不得小于 C25,混凝土预制桩尖强度等级不得小于 C30。灌柱桩主筋的混凝土保护层厚度不应小于 35mm,水下灌注混凝土主筋的混凝土保护层厚度不得小于 50mm。

(2) 配筋率要求　当桩身直径为 300 ~ 2000mm 时,正截面配筋率可取 0.65% ~ 0.2% (小直径桩取高值);对受荷载特别大的桩、抗拔桩和嵌岩端承桩应根据计算确定配筋率,并不应小于上述规定值;对于受水平荷载的桩,主筋不应小于 $8\phi12$;对于抗压桩和抗拔桩,

主筋不应少于 $6\phi10$；纵向主筋应沿桩身周边均匀布置，其净距不应小于 60mm。

（3）配筋长度要求　端承型桩和位于坡地岸边的基桩应沿桩身等截面或变截面通长配筋；桩径大于 600mm 的摩擦型桩配筋长度不应小于 2/3 桩长；当受水平荷载时，配筋长度尚不宜小于 $4.0/\alpha$（α 为桩的水平变形系数）；对于受地震作用的基桩，桩身配筋长度应穿过可液化土层和软弱土层，进入稳定土层的深度还应满足《桩基规范》相应要求；受负摩阻力的桩、因先成桩后开挖基坑而随地基土回弹的桩，其配筋长度应穿过软弱土层并进入稳定土层，进入的深度不应小于 $(2\sim3)d$；专用抗拔桩及因地震作用、冻胀或膨胀力作用而受拔力的桩，应等截面或变截面通长配筋。

5.7.7　承台设计和计算

承台常用类型主要有：柱下独立承台、柱下或墙下条形承台（梁式承台）、十字交叉条形承台、筏板承台和箱形承台等。承台的作用是将桩连接成一个整体，并把建筑物的荷载传到桩上。因此，承台应有足够的强度和刚度。

承台设计的内容包括确定承台的材料、承台埋深、外形尺寸（平面尺寸，剖面形状、高度）及承台配筋。

承台计算内容：局部抗压强度计算、抗冲切计算、抗剪计算、抗弯计算（配筋）计算，必要时还要对承台的抗裂性或变形进行验算。此外承台还应符合构造要求。

1. 承台的设计及构造要求

（1）承台的平面尺寸　承台平面尺寸一般由上部结构、桩数及布桩形式决定。通常，墙下桩基础宜做成条形承台即梁式承台；柱下桩基础宜做成板式成台（矩形或三角形），如图 5-30 所示，其剖面形状可做成锥形、台阶形或平板形。

（2）承台构造　承台的混凝土强度等级不应小于 C20，采用强度等级 400MPa 及以上钢筋时，混凝土强度等级不应小于 C25。承台的钢筋的混凝土保护层厚度不应小于 70mm，当有混凝土垫层时，保护层厚度不应小于 50mm。混凝土垫层厚度宜为 100mm，强度等级宜为 C10。

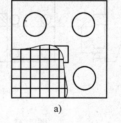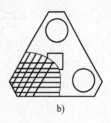

图 5-30　柱下独立桩基承台配筋示意图
a）矩形承台　b）三桩承台

承台宽度不应小于 500mm，承台边缘到边桩中心距离不宜小于桩的直径或边长，承台边缘挑出部分不应小于 150mm，对于条形承台梁边缘挑出部分不应小于 75mm。条形承台和柱下独立承台的厚度应不应小于 300mm。

承台的配筋按计算确定，对于矩形承台板配筋宜按双向均匀配置（见图 5-30a），钢筋直径不应小于 12mm，间距应满足 100~200mm；柱下独立桩基承台的最小配筋率不应小于 0.15%。筏形承台板或箱形承台板在计算中当仅考虑局部弯矩作用时，考虑到整体弯曲的影响，在纵横两个方向的下层钢筋配筋率不宜小于 0.15%。对于三桩承台，应按三向板带均匀配置，最里面的三根钢筋相交围成的三角形应位于柱截面范围以内（见图 5-30b）。承台梁的纵向主筋不应小于 12mm，架立筋直径不应小于 10mm，箍筋直径不应小于 6mm；筏形、箱形承台板的厚度应满足整体刚度、施工条件及防水要求。

（3）桩与承台连接　为保证桩与承台之间连接的整体性，桩顶应嵌入承台一定长度，对于大直径桩不宜小于 100mm；对于中直径桩不宜小于 50mm。混凝土桩的桩顶主筋应锚入承台内，其锚固长度不宜小于 35 倍主筋直径；对于抗拔桩基，桩顶纵向主筋的锚固长度应按 GB 50010—2010《混凝土结构设计规范》确定。

2. 承台弯矩计算

桩基承台应进行正截面受弯承载力计算。承台弯距可按下列方法计算，受弯承载力和配筋可按 GB 50010—2010《混凝土结构设计规范》的规定进行。

柱下独立桩基承台的正截面弯矩设计值可按下列规定计算：

（1）两桩条形承台和多桩矩形承台 其正截面弯矩计算截面取在柱边和承台变阶处（见图 5-31a），承台的正截面弯矩设计值可按下式计算

$$M_x = \sum N_i y_i \tag{5-55}$$

$$M_y = \sum N_i x_i \tag{5-56}$$

式中 M_x、M_y——绕 x 轴和绕 y 轴方向计算截面处的弯矩设计值；

x_i、y_i——垂直 y 轴和 x 轴方向自桩轴线到相应计算截面的距离；

N_i——不计承台及其上土重，在荷载效应基本组合下的第 i 基桩或复合基桩竖向反力设计值。

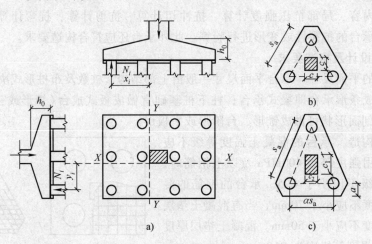

图 5-31 承台弯矩计算示意图

a) 矩形多桩承台 b) 等边三桩承台 c) 等腰三桩承台

（2）三桩承台 其正截面弯距值应符合下列要求：

1）等边三桩承台的正截面弯矩设计值（见图 5-31b）

$$M = \frac{N_{\max}}{3}\left(s_a - \frac{\sqrt{3}}{4}c\right) \tag{5-57}$$

式中 M——通过承台形心至各边边缘正交截面范围内板带的弯矩设计值；

$N_{\max}$——不计承台及其上土重，在荷载效应基本组合下三桩中最大基桩或复合基桩竖向反力设计值；

s_a——桩中心距；

c——方柱边长，圆柱时 $c = 0.8d$（d 为圆柱直径）。

2）等腰三桩承台承台的正截面弯矩设计值（见图 5-31c）

$$M_1 = \frac{N_{max}}{3}\left(s_a - \frac{0.75}{\sqrt{4-\alpha^2}}c_1\right) \tag{5-58}$$

$$M_2 = \frac{N_{max}}{3}\left(\alpha s_a - \frac{0.75}{\sqrt{4-\alpha^2}}c_2\right) \tag{5-59}$$

式中　M_1、M_2——通过承台形心至两腰边缘和底边边缘正交截面范围内板带的弯矩设计值；

　　　s_a——长向桩中心距；

　　　α——短向桩中心距与长向桩中心距之比，当 α 小于 0.5 时，应按变截面的二桩承台设计；

　　　c_1、c_2——垂直于、平行于承台底边的柱截面边长。

（3）箱形承台和筏形承台的弯矩计算

1）箱形承台和筏形承台的弯矩宜考虑地基土层性质、基桩分布、承台和上部结构类型和刚度，按地基-桩-承台-上部结构共同作用原理分析计算。

2）对于箱形承台，当桩端持力层为基岩、密实的碎石类土、砂土且深厚均匀时；或当上部结构为剪力墙，或当上部结构为框架-核心筒结构且按变刚度调平原则布桩时，箱形承台底板可仅按局部弯矩作用进行计算。

3）对于筏形承台，当桩端持力层深厚坚硬、上部结构刚度较好，且柱荷载及柱间距的变化不超过 20% 时，或当上部结构为框架-核心筒结构且按变刚度调平原则布桩时，可仅按局部弯矩作用进行计算。

（4）柱下条形承台梁的弯矩计算

1）可按弹性地基梁（地基计算模型应根据地基土层特性选取）进行分析计算；

2）当桩端持力层深厚坚硬且桩柱轴线不重合时，可视桩为不动铰支座，按连续梁计算。

3. 承台受冲切计算

桩基承台厚度应满足柱（墙）对承台的冲切和基桩对承台的冲切承载力要求。

（1）轴心竖向力作用下桩基承台受柱（墙）的冲切　冲切破坏锥体应采用自柱（墙）边或承台变阶处至相应桩顶边缘连线所构成的锥体，锥体斜面与承台底面之夹角不应小于 45°（见图 5-32）。受柱（墙）冲切承载力可按下式计算

$$F_l \leqslant \beta_{hp}\beta_0 u_m f_t h_0 \tag{5-60}$$

$$F_l = F - \sum Q_i \tag{5-61}$$

$$\beta_0 = \frac{0.84}{\lambda + 0.2} \tag{5-62}$$

式中　F_l——不计承台及其上土重，在荷载效应基本组合下作用于冲切破坏锥体上的冲切力设计值；

　　　f_t——承台混凝土抗拉强度设计值；

　　　β_{hp}——承台受冲切承载力截面高度影响系数，当 $h \leqslant 800\text{mm}$ 时，β_{hp} 取 1.0，$h \geqslant 2000\text{mm}$ 时，β_{hp} 取 0.9，其间按线性内插法取值；

　　　u_m——承台冲切破坏锥体一半有效高度处的周长；

　　　h_0——承台冲切破坏锥体的有效高度；

　　　β_0——柱（墙）冲切系数；

　　　λ——冲跨比，$\lambda = a_0/h_0$，a_0 为柱（墙）边或承台变阶处至桩边水平距离；当 $\lambda < 0.25$

时，取 $\lambda = 0.25$，当 $\lambda > 1.0$ 时，取 $\lambda = 1.0$；

  F——不计承台及其上土重，在荷载效应基本组合作用下柱（墙）底的竖向荷载设计值；

  $\sum Q_i$——不计承台及其上土重，在荷载效应基本组合下冲切破坏锥体内各基桩或复合基桩的反力设计值之和。

（2）柱下矩形独立承台受柱冲切 对于柱下矩形独立承台受柱冲切的承载力可按下式计算（见图 5-32）：

$$F_l \leq 2[\beta_{0x}(b_c + a_{0y}) + \beta_{0y}(h_c + a_{0x})]\beta_{hp}f_t h_0 \tag{5-63}$$

式中 β_{0x}、β_{0y}——由式（5-62）求得，$\lambda_{0x} = a_{0x}/h_0$，$\lambda_{0y} = a_{0y}/h_0$，$\lambda_{0x}$、$\lambda_{0y}$ 均应满足 0.25 ~ 1.0 的要求；

  h_c、b_c——x、y 方向的柱截面的边长；

  a_{0x}、a_{0y}——x、y 方向柱边离最近桩边的水平距离。

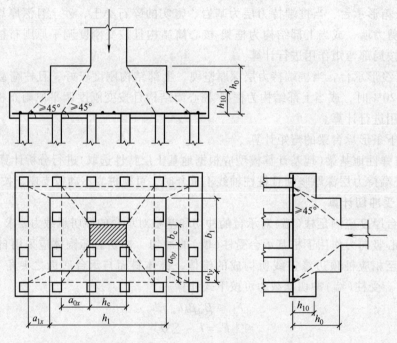

图 5-32 柱对承台的冲切计算示意图

（3）柱下矩形独立阶形承台受上阶冲切 对于柱下矩形独立阶形承台受上阶冲切的承载力可按下式计算（图 5-32）

$$F_l \leq 2[\beta_{1x}(b_1 + a_{1y}) + \beta_{1y}(h_1 + a_{1x})]\beta_{hp}f_t h_{10} \tag{5-64}$$

式中 β_{1x}、β_{1y}——由式（5-62）求得，$\lambda_{1x} = a_{1x}/h_{10}$，$\lambda_{1y} = a_{1y}/h_{10}$，$\lambda_{1x}$、$\lambda_{1y}$ 均应满足 0.25 ~ 1.0 的要求；

  h_1、b_1——x、y 方向承台上阶的边长；

  a_{1x}、a_{1y}——x、y 方向承台上阶离最近桩边的水平距离。

对于圆柱及圆桩，计算时应将其截面换算成方柱及方桩，即取换算柱截面边长 $b_c = 0.8d_c$（d_c 为圆柱直径），换算桩截面边长 $b_p = 0.8d$（d 为圆桩直径）。

对于柱下两桩承台,宜按深受弯构件($l_0/h < 5.0$,$l_0 = 1.15l_n$,l_n 为两桩净距)计算受弯、受剪承载力,不需要进行受冲切承载力计算。

(4)承台受基桩冲切　对位于柱(墙)冲切破坏锥体以外的基桩,可按下列规定计算承台受基桩冲切的承载力:

1)四桩以上(含四桩)承台受角桩冲切的承载力可按下式计算(见图 5-33)

$$N_l \leqslant \left[\beta_{1x}(c_2 + a_{1y}/2) + \beta_{1y}(c_1 + a_{1x}/2) \right] \beta_{hp} f_t h_0 \tag{5-65}$$

$$\beta_{1x} = \frac{0.56}{\lambda_{1x} + 0.2} \tag{5-66}$$

$$\beta_{1y} = \frac{0.56}{\lambda_{1y} + 0.2} \tag{5-67}$$

式中　N_l——不计承台及其上土重,在荷载效应基本组合作用下角桩(含复合基桩)反力设计值;

β_{1x}、β_{1y}——角桩冲切系数;

a_{1x}、a_{1y}——从承台底角桩顶内边缘引 45°冲切线与承台顶面相交点至角桩内边缘的水平距离;当柱(墙)边或承台变阶处位于该 45°线以内时,则取由柱(墙)边或承台变阶处与桩内边缘连线为冲切锥体的锥线(见图 5-33);

h_0——承台外边缘的有效高度;

λ_{1x}、λ_{1y}——角桩冲跨比,$\lambda_{1x} = a_{1x}/h_0$,$\lambda_{1y} = a_{1y}/h_0$,其值均应满足其值 0.25 ~ 1.0 的要求。

2)对于三桩三角形承台可按下列公式计算受角桩冲切的承载力(见图 5-34):

底部角桩

$$N_l \leqslant \beta_{11}(2c_1 + a_{11})\beta_{hp}\tan\frac{\theta_1}{2}f_t h_0 \tag{5-68}$$

其中

$$\beta_{11} = \frac{0.56}{\lambda_{11} + 0.2} \tag{5-69}$$

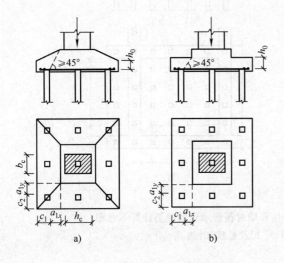
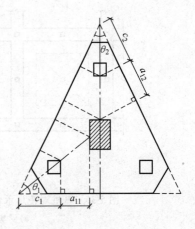

图 5-33　四桩以上(含四桩)承台角桩冲切计算示意　　图 5-34　三桩三角形承台角桩冲切计算示意图
a)锥形承台　b)阶形承台

顶部角桩

$$N_l \leqslant \beta_{12}(2c_2 + a_{12})\beta_{hp}\tan\frac{\theta_2}{2}f_t h_0 \qquad (5\text{-}70)$$

$$\beta_{12} = \frac{0.56}{\lambda_{12} + 0.2} \qquad (5\text{-}71)$$

式中 λ_{11}、λ_{12}——角桩冲跨比，$\lambda_{11} = a_{11}/h_0$，$\lambda_{12} = a_{12}/h_0$，其值均应满足其值在 0.25~1.0 的要求；

a_{11}、a_{12}——从承台底角桩顶内边缘引 45°冲切线与承台顶面相交点至角桩内边缘的水平距离；当柱（墙）边或承台变阶处位于该 45°线以内时，则取由柱（墙）边或承台变阶处与桩内边缘连线为冲切锥体的锥线。

3）对于箱形、筏形承台，可按下列公式计算承台受内部基桩的冲切承载力

基桩的冲切承载力（见图 5-35a）

$$N_l \leqslant 2.8(b_p + h_0)\beta_{hp}f_t h_0 \qquad (5\text{-}72)$$

桩群的冲切承载力（见图 5-35b）

$$\sum N_{li} \leqslant 2[\beta_{0x}(b_y + a_{0y}) + \beta_{0y}(b_x + a_{0x})]\beta_{hp}f_t h_0 \qquad (5\text{-}73)$$

式中 β_{0x}、β_{0y}——由式(5-62)求得，其中 $\lambda_{0x} = a_{0x}/h_0$，$\lambda_{0y} = a_{0y}/h_0$，$\lambda_{0x}$、$\lambda_{0y}$ 均应满足其值在 0.25~1.0 的要求；

N_l、$\sum N_{li}$——不计承台和其上土重，在荷载效应基本组合下，基桩或复合基桩的净反力设计值、冲切锥体内各基桩或复合基桩反力设计值之和。

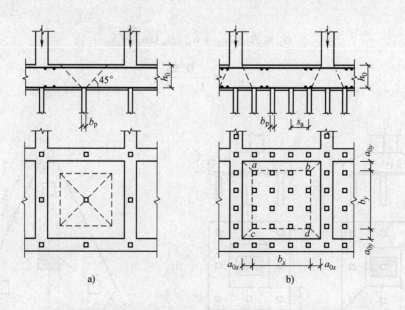

图 5-35 基桩对筏形承台的冲切和墙对筏形承台的冲切计算示意图
a）受基桩的冲切 b）受桩群的冲切

4. 承台受剪计算

柱（墙）下桩基承台，应分别对柱（墙）边、变阶处和桩边连线形成的贯通承台的斜截面的受剪承载力进行验算。当承台悬挑边有多排基桩形成多个斜截面时，应对每个斜截面的受

剪承载力进行验算。

（1）矩形承台斜截面受剪承载力　矩形承台斜截面受剪承载力可按下式计算（见图 5-36）

$$V \leqslant \beta_{hs} \alpha f_t b_0 h_0 \qquad (5-74)$$

其中

$$\alpha = \frac{1.75}{\lambda + 1} \qquad (5-75)$$

$$\beta_{hs} = \left(\frac{800}{h_0}\right)^{1/4} \qquad (5-76)$$

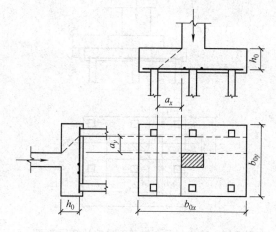

图 5-36　承台斜截面受剪计算示意图

式中　V——不计承台及其上土自重，在荷载效应基本组合下，斜截面的最大剪力设计值；

f_t——混凝土轴心抗拉强度设计值；

b_0——承台计算截面处的计算宽度；

h_0——承台计算截面处的有效高度；

α——承台剪切系数，按式（5-75）确定；

λ——计算截面的剪跨比，$\lambda_x = a_x/h_0$，$\lambda_y = a_y/h_0$，此处，a_x，a_y 为柱边（墙边）或承台变阶处至 y、x 方向计算一排桩的桩边的水平距离，当 $\lambda < 0.25$ 时，取 $\lambda = 0.25$，当 $\lambda > 3$ 时，取 $\lambda = 3$；

β_{hs}——受剪切承载力截面高度影响系数，当 $h_0 < 800\text{mm}$ 时，取 $h_0 = 800\text{mm}$，当 $h_0 > 2000\text{mm}$ 时，取 $h_0 = 2000\text{mm}$，其间按线性内插法取值。

（2）阶梯形承台受剪承载力　对于阶梯形承台应分别在变阶处（$A_1—A_1$，$B_1—B_1$）及柱边处（$A_2—A_2$，$B_2—B_2$）进行斜截面受剪承载力计算（见图 5-37）。计算变阶处截面（$A_1—A_1$，$B_1—B_1$）的斜截面受剪承载力时，其截面有效高度均为 h_{10}，截面计算宽度分别为 b_{y1} 和 b_{x1}。计算柱边截面（$A_2—A_2$，$B_2—B_2$）的斜截面受剪承载力时，其截面有效高度均为 $h_{10} + h_{20}$，截面计算宽度分别为：

对 $A_2—A_2$

$$b_{y0} = \frac{b_{y1} h_{10} + b_{y2} h_{20}}{h_{10} + h_{20}} \qquad (5-77)$$

对 $B_2—B_2$

$$b_{x0} = \frac{b_{x1} h_{10} + b_{x2} h_{20}}{h_{10} + h_{20}} \qquad (5-78)$$

（3）锥形承台受剪承载力　对于锥形承台应对变阶处及柱边处（$A—A$ 及 $B—B$）两个截面进行受剪承载力计算（见图 5-38），截面有效高度均为 h_0，截面的计算宽度分别为

对 $A—A$

$$b_{y0} = \left[1 - 0.5\frac{h_{20}}{h_0}\left(1 - \frac{b_{y2}}{b_{y1}}\right)\right] b_{y1} \qquad (5-79)$$

对 $B—B$

$$b_{x0} = \left[1 - 0.5\frac{h_{20}}{h_0}\left(1 - \frac{b_{x2}}{b_{x1}}\right)\right] b_{x1} \qquad (5-80)$$

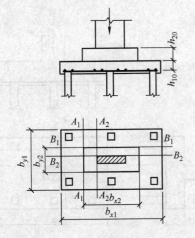

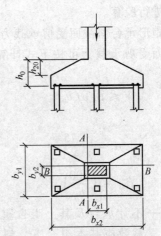

图 5-37　阶梯形承台斜截面受剪计算示意图　　　　图 5-38　锥形承台斜截面受剪计算示意图

（4）砌体墙下条形承台

1）砌体墙下条形承台梁配有箍筋，但未配弯起钢筋时，斜截面的受剪承载力可按下式计算

$$V \leqslant 0.7f_t b h_0 + 1.25f_{yv}\frac{A_{sv}}{s}h_0 \tag{5-81}$$

式中　V——不计承台及其上土自重，在荷载效应基本组合下，计算截面处的剪力设计值；

　　　A_{sv}——配置在同一截面内箍筋各肢的全部截面面积；

　　　s——沿计算斜截面方向箍筋的间距；

　　　f_{yv}——箍筋抗拉强度设计值；

　　　b——承台梁计算截面处的计算宽度；

　　　h_0——承台梁计算截面处的有效高度。

2）砌体墙下承台梁配有箍筋和弯起钢筋时，斜截面的受剪承载力可按下式计算

$$V \leqslant 0.7f_t b h_0 + 1.25f_y\frac{A_{sv}}{s}h_0 + 0.8f_y A_{sb}\sin\alpha_s \tag{5-82}$$

式中　A_{sb}——同一截面弯起钢筋的截面面积；

　　　f_y——弯起钢筋的抗拉强度设计值；

　　　α_s——斜截面上弯起钢筋与承台底面的夹角。

（5）柱下条形承台　柱下条形承台梁，当配有箍筋但未配弯起钢筋时，其斜截面的受剪承载力可按下式计算：

$$V \leqslant \frac{1.75}{\lambda + 1}f_t b h_0 + f_y\frac{A_{sv}}{s}h_0 \tag{5-83}$$

式中　λ——计算截面的剪跨比，$\lambda = a/h_0$，a 为柱边至桩边的水平距离，当 $\lambda < 1.5$ 时，取 $\lambda = 1.5$，当 $\lambda > 3$ 时，取 $\lambda = 3$。

5. 局部受压验算

对于柱下桩基，当承台混凝土强度等级低于柱或桩的混凝土强度等级时，应验算柱下或桩上承台的局部受压承载力。

6. 抗震验算

当进行承台的抗震验算时,应根据 GB 50011—2010《建筑抗震设计规范》的规定对承台顶面的地震作用效应和承台的受弯、受冲切、受剪承载力进行抗震调整。

【例 5-6】 某 8 层框架住宅楼基础(见图 5-39),抗震设防烈度为 7 度,柱截面尺寸 0.5m×0.5m,如图 5-40 所示,其整体刚度一般。土层分布见表 5-20。竖向荷载 $F_k = 2500kN$,弯矩 $M_k = 560kN \cdot m$,荷载效应由永久荷载控制。根据施工条件、周边环境和地质情况确定选择混凝土灌注桩基础。在进行桩的竖向静载荷试验中,三根试桩的单桩竖向极限承载力值 Q_u 分别为:655kN、637kN、628kN。试设计此桩基础。

表 5-20　例 5-6 表

层序	土 名	层底深度/m	层厚/m	q_{sik}/kPa	q_{pk}/kPa
①	新填土	1.2	1.2	/	/
②	粉质黏土	13.0	10.0	26	$f_{ak} = 300kPa$
③	粉砂	17.0	4.0	50	2600
④	粉土	25.0	8.0	45	2400

【目的与方法】 初步掌握桩基础设计计算内容,从而对本章所学习的有关理论得以综合的应用。主要依据为《桩基规范》和《建筑抗震设计规范》。

【解】 分析:依据《建筑抗震设计规范》中桩基相应规定,7 度设防的不超过 8 层框架房屋可不进行桩基抗震承载力验算。依据《桩基规范》或本书 5.1.4 节知:该桩基安全等级为乙级,不需进行沉降验算。

第一步:初选桩型、材料、桩长和桩截面尺寸

根据施工条件、周边环境和地质情况确定选择混凝土灌注桩。

根据《桩基规范》相关构造要求,结合荷载实际大小,初步确定桩基混凝土强度等级,承台和桩身均选用 C25;钢筋强度等级为 HRB335。

根据荷载初步试选桩截面为 0.3m×0.3m。根据土层分布,选择粉质黏土层为承台持力层,粉砂为桩端持力层,承台埋深 1.2m,桩端进入持力层 2m,则计算桩长 $l = (10 + 2)m = 12m$,考虑桩尖长为 $1.5d = 0.45m$,桩顶嵌入承台深度 0.05m,桩身实际长 $L = (12 + 0.45 + 0.05)m = 12.5m$。

以上材料强度等级和具体尺寸均满足规范相关构造要求。

第二步:确定基桩竖向承载力特征值 R

(1)根据桩的竖向静载荷试验确定 R_a　根据 5.4.3 节单桩的竖向静载荷试验 Q_{uk} 确定方法有:

试桩承载力平均值 $Q_{uk} = \left(\dfrac{655 + 637 + 628}{3}\right)kN = 640kN$

试桩承载力极差 $= (655 - 628)kN = 27kN < 30\% \times 640kN = 192kN$,满足要求。

故 $R_a = \dfrac{Q_{uk}}{2} = \dfrac{640}{2}kN = 320kN$

(2)根据经验系数法确定 R_a　由于建筑整体刚度一般,按照 5.5.3 节要求,不考虑承台下土对荷载的分担作用较为安全。

$$\begin{aligned} Q_{uk} &= Q_{sk} + Q_{pk} = u\sum q_{sik}l_i + q_{pk}A_P \\ &= [0.3 \times 4 \times (26 \times 10 + 50 \times 2) + 2600 \times 0.3^2]kN \\ &= 666kN \end{aligned}$$

故 $R_a = \dfrac{Q_{uk}}{2} = \dfrac{666}{2}kN = 333kN$

综合上述两种方法,偏安全取 $R_a = 320kN$。按不考虑承台效应,单桩竖向承载力 R_a 即为基桩承载力 R。

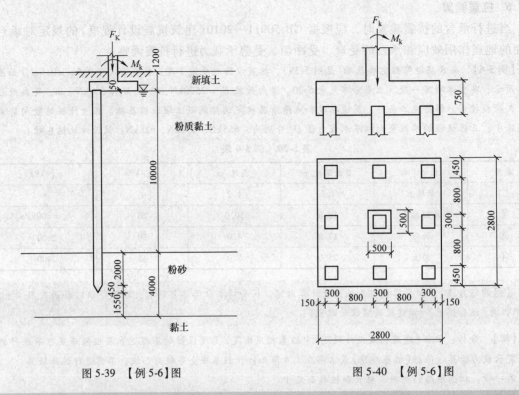

图 5-39 【例 5-6】图　　　　　　　　　　图 5-40 【例 5-6】图

【讨论】 此处对单桩(基桩)竖向极限承载力特征值的确定,通过了三方面计算综合确定。工程中,应从多方面来综合确定单桩(基桩)竖向极限承载力特征值,以保证建筑物的可靠安全。另外,是否考虑承台下土对荷载的分担作用是不可缺少的步骤。

第三步:确定承台尺寸、桩数及布置

初选承台尺寸 $b = l = 2.8$m(在不考虑自重 G_k 的情况下试算桩的数目,然后考虑桩的布置,初步确定的尺寸。)

桩数 $n \geqslant \dfrac{F_k + G_k}{R} = \dfrac{2500 + 2.8^2 \times 1.2 \times 20}{320} = 8.4$ 根, 8.4 根 $\times 1.1 = 9.2$ 根, 按近似计算应取 $n = 10$ 根。但是考虑桩的具体布置,最后经过反复试算,取 $n = 9$ 根也能满足要求,故这里直接取桩数 $n = 9$ 根。

桩中心距承台外缘 0.3m,桩中心距为 $s_a \geqslant 3d = (3 \times 0.3)$m $= 0.9$m, 取 $s_a = 1.1$m, $b = l = (1.1 \times 2 + 0.3 \times 2)$m $= 2.8$m, 与初选的承台尺寸吻合,符合要求。

第四步:基桩承载力验算

验算复合基桩竖向承载力

$$N_k = \frac{F_k + G_k}{n} = \frac{2500 + 2.8^2 \times 1.2 \times 20}{9}\text{kN} = 298.7\text{kN} < R = 310\text{kN}(满足要求)$$

$$N_{kmax} = \frac{F_k + G_k}{n} + \frac{M_y x_{max}}{\sum x_i^2} = \left(\frac{2500 + 2.8^2 \times 1.2 \times 20}{9} + \frac{560 \times 1.1}{6 \times 1.1^2}\right)\text{kN}$$

$$= (298.7 + 84.8)\text{kN} = 383.5\text{kN} < 1.2R = 1.2 \times 320\text{kN} = 384\text{kN}(满足要求)$$

第五步:桩身设计及承载力验算

依据《桩基规范》中灌注桩配筋构造要求,结合荷载实际情况,初选桩身纵向配筋 8Φ12,全长布置;箍筋 Φ8@100/200,桩顶以下 5d 范围内的箍筋应加密;钢筋等级 HRB335。

桩身强度验算核心公式：$N \leqslant \varphi \cdot \psi_c f_c A_{ps}$

$N = 1.35 N_{k\max} = 1.35 \times 383.5 kN = 517.7 kN$，干作业非挤土灌注桩 $\psi_c = 0.9$，则

$$\phi \cdot \psi_c f_c A_{ps} = 1.0 \times 0.9 \times 11.9 \times 300^2 \times 10^{-3} kN = 963.9 kN > N = 517.7 kN（满足要求）$$

第六步：承台承载力验算

（1）承台抗剪承载力验算　承台抗剪承载力验算的核心公式为：$V \leqslant \beta_{hs} \alpha f_t b_0 h_0$。

设承台高度 $h = 0.75m$，$h_0 = 0.7m$（承台底面钢筋的混凝土保护层厚度，当有混凝土垫层时不小于 50mm，无垫层时不小于 70mm），锥形承台外缘高度 $h_1 = 0.35m$。

$$a_x = \left[\frac{(2.8 - 0.5)}{2} - 0.3 - \frac{0.3}{2} \right] m = 0.7m$$

$\lambda_x = a_x / h_0 = 0.7 / 0.7 = 1.0$，满足其值在 $0.25 \sim 1.0$ 的要求。

$$\alpha = \frac{1.75}{\lambda + 1} = \frac{1.75}{1.0 + 1} = 0.875$$

$$h_0 = 0.7m < 0.8m，取 h_0 = 0.8m，\beta_{hs} = \left(\frac{800}{h_0} \right)^{1/4} = 1.0$$

$$b_{y0} = \left[1 - 0.5 \frac{h_{20}}{h_0} \left(1 - \frac{b_{y2}}{b_{y1}} \right) \right] b_{y1}$$

$$h_{20} = 0.4m，b_{y2} = 0.5m，b_{y1} = 2.8m$$

$$b_{y0} = \left[1 - 0.5 \frac{h_{20}}{h_0} \left(1 - \frac{b_{y2}}{b_{y1}} \right) \right] b_{y1} = \left[1 - 0.5 \times \frac{0.4}{0.7} \left(1 - \frac{0.5}{2.8} \right) \right] \times 2.8m = 2.14m$$

$$b_0 = b_{y0} = 2.14m，f_t = 1.27MPa，h_0 = 0.7m$$

$$\beta_{hs} \alpha f_t b_0 h_0 = 1.0 \times 0.875 \times 1270 \times 2.14 \times 0.7 kN = 1664.6 kN$$

斜截面最大剪力设计值

$$V = 3N_j \times 1.35 = 3 \times \left(\frac{2500}{9} + \frac{560 \times 1.1}{6 \times 1.1^2} \right) \times 1.35 kN = 1468.4 kN$$

$V \leqslant \beta_{hs} \alpha f_t b_0 h_0$，满足要求。

【讨论】此处应验算哪个面对应的斜截面抗剪承载力呢？一般应验算净反力最大的那排桩边缘对应的斜截面抗剪承载力。若承台两个方向边长不一致，加上受力的复杂性存在时，可能需要验算两个相互垂直方向上的某截面上的斜截面抗剪承载力。

（2）承台抗柱冲切承载力验算　承台受柱冲切承载力计算核心公式为

$$F_l \leqslant 2 \left[\beta_{0x} (b_c + a_{0y}) + \beta_{0y} (h_c + a_{0x}) \right] \beta_{hp} f_t h_0$$

$h_0 = 0.7m < 0.8m$，取 $\beta_{hp} = 1.0$。C25 混凝土，$f_t = 1.27MPa$。

$$a_{0x} = \left(\frac{2.8 - 0.5}{2} - 0.3 - \frac{0.3}{2} \right) m = 0.7m，a_{0y} = \left(\frac{2.8 - 0.5}{2} - 0.3 - \frac{0.3}{2} \right) m = 0.7m$$

$\lambda_{0y} = \lambda_{0x} = a_{0x} / h_0 = 0.7 / 0.7 = 1.0$，满足其值在 $0.25 \sim 1.0$ 的要求

$$\beta_{0y} = \beta_{0x} = \frac{0.84}{\lambda_{0x} + 0.2} = \frac{0.84}{1.0 + 0.2} = 0.7$$

$$2 \left[\beta_{0x} (b_c + a_{0y}) + \beta_{0y} (h_c + a_{0x}) \right] \beta_{hp} f_t h_0$$

$$= 2 \times \left[0.7 \times (0.5 + 0.7) \times 2 \right] \times 1.0 \times 1270 \times 0.7 kN = 2987 kN$$

$$F_l = 1.35 \times (F - \sum Q_i) = 1.35 \times \left(2500 - \frac{2500}{9} \times 1\right) \text{kN} = 3000 \text{kN}, 略大于 2987 \text{kN}, 但未超出 5\%, 基本能$$

满足工程精度要求, 故承台抗冲切承载力基本满足。

(3) 承台抗角桩冲切承载力验算　承台受角桩冲切承载力核心公式为

$$N_l \leqslant [\beta_{1x}(c_2 + a_{1y}/2) + \beta_{1y}(c_1 + a_{1x}/2)]\beta_{hp}f_t h_0$$

$$\beta_{1x} = \frac{0.56}{\lambda_{1x} + 0.2}, \beta_{1y} = \frac{0.56}{\lambda_{1y} + 0.2}$$

$$N_l = 1.35 \times \left(\frac{F}{n} + \frac{M_y x_{max}}{\sum x_i^2}\right) = 1.35 \times \left(\frac{2500}{9} + \frac{560 \times 1.1}{6 \times 1.1^2}\right)\text{kN}$$

$$= 1.35 \times (277.8 + 84.8)\text{kN} = 489.6\text{kN}$$

$$c_1 = \left(0.3 + \frac{0.3}{2}\right)\text{m} = 0.45\text{m}, c_2 = \left(0.3 + \frac{0.3}{2}\right) = 0.45\text{m}$$

从承台底角桩顶内边缘引 45° 冲切线与承台顶面相交点至角桩内边缘的水平距离 a_{1x}、a_{1y} 均为 0.7m, 冲切锥体的锥线刚好连接到柱边 $\lambda_{1y} = \lambda_{1x} = a_{1x}/h_0 = 0.7/0.7 = 1.0$, 满足 0.25 ~ 1.0 的要求。

$$\beta_{1y} = \beta_{1x} = \frac{0.56}{\lambda_{1x} + 0.2} = \frac{0.56}{1.0 + 0.2} = 0.467$$

$$[\beta_{1x}(c_2 + a_{1y}/2) + \beta_{1y}(c_1 + a_{1x}/2)]\beta_{hp}f_t h_0$$

$$= [0.467 \times (0.45 + 0.7/2) \times 2] \times 1.0 \times 1270 \times 0.70\text{kN} = 664.3\text{kN}$$

$$N_l = 489.6\text{kN} < [\beta_{1x}(c_2 + a_{1y}/2) + \beta_{1y}(c_1 + a_{1x}/2)]\beta_{hp}f_t h_0 = 664.3\text{kN}(满足要求)$$

(4) 承台配筋计算(抗弯承载力验算)　承台弯矩计算截面取柱边。

承台右边柱

$$N_l = 1.35 \times \left(\frac{2500}{9} + \frac{560 \times 1.1}{6 \times 1.1^2}\right)\text{kN} = 1.35 \times (277.8 + 84.8)\text{kN} = 489.6\text{kN}$$

承台中间柱

$$N_l = 1.35 \times \frac{2500}{9}\text{kN} = 375\text{kN}$$

承台左边柱

$$N_l = 1.35 \times \left(\frac{2500}{9} - \frac{560 \times 1.1}{6 \times 1.1^2}\right)\text{kN} = 1.35 \times (277.8 - 84.8)\text{kN} = 290.2\text{kN}$$

柱右侧(x 方向配筋)

$$M_y = \sum N_i x_i = 3 \times 489.6 \times (1.15 - 0.3)\text{kN} \cdot \text{m} = 1248\text{kN} \cdot \text{m}$$

$$A_s = \frac{M_y}{0.9f_y h_0} = \frac{1248 \times 10^6}{0.9 \times 310 \times 700}\text{mm}^2 = 6391\text{mm}^2, 采用 14 \phi 25 (A_s = 6868.8\text{mm}^2)$$

y 方向配筋

$$M_y = \sum N_i x_i = 3 \times 375 \times (1.15 - 0.3)\text{kN} \cdot \text{m} = 956\text{kN} \cdot \text{m}$$

$$A_s = \frac{M_y}{0.9f_y h_0} = \frac{956 \times 10^6}{0.9 \times 310 \times (700 - 25/2)}\text{mm}^2 = 4983\text{mm}^2$$

$$A_s \geqslant \rho_{min}bh = 0.15\% \times 2800 \times 750\text{mm}^2 = 3150\text{mm}^2, 且 s < 200\text{mm}, 均满足规范构造要求。$$

【本题小结】

1）一般建筑桩基础应分别验算竖向承载力和水平承载力。但由于本建筑高度不大，地处市中心，受水平力较小，易满足水平承载力要求，计算从略。

2）对于混凝土预制桩应按吊装、运输和锤击作用进行桩身承载力验算。

3）当桩端平面以下存在软弱下卧层时，应进行软弱下卧层承载力验算。

4）对位于坡地、岸边的桩基应进行整体稳定性验算。

5）对于抗浮、抗拔桩基，应进行基桩和群桩的抗拔承载力计算。

6）对于柱下桩基，当承台混凝土强度等级低于柱或桩的混凝土强度等级时，应验算柱下或桩上承台的局部受压承载力。本题由于承台和桩身混凝土等级相同，故无需验算此项。

7）桩基础设计时，何时取用荷载效应的标准组合、荷载效应基本组合和荷载效应的准永久组合需要十分清楚，参见 5.1.4 节。对于永久荷载控制的荷载效应，《建筑地基基础设计规范》中提出 $S = 1.35S_k$，这在设计中使用起来较为简洁。

8）在对承台进行抗弯、抗剪和抗冲切承载力验算时，若碰到圆柱或圆桩，需要按照面积相等的原则，换算为方柱或方桩，《桩基规范》提供换算公式：$b = 0.8d$。

9）受施工方法的限制，灌注桩横截面一般多是圆形的，方形较少。但对于摩擦桩来说，同截面积的圆形桩要比其它形状的桩周长要小，所以侧摩擦面积就小，桩的竖向承载力就小，所以尽管方桩施工不太方便，也不太经济，但近来也被研究和使用。

桩基础的设计其答案不是唯一的，只要所设计的桩基础合理，经济，就达到设计目的。

本章小结与讨论

1. 小结

（1）桩基础极限状态分为两类　承载能力极限状态；正常使用极限状态。

（2）桩基础设计计算原则　所有桩基础均应进行承载能力极限状态计算；在一定条件下，桩基础尚应进行变形验算及进行桩身和承台抗裂和裂缝宽度验算。

（3）桩基础的作用效应组合

1）确定桩数和布桩时，应采用传至承台底面的荷载效应作用标准组合；相应的抗力应采用基桩或复合基桩承载力特征值。

2）计算荷载作用下的桩基沉降和水平位移时，应采用作用效应准永久组合；计算水平地震作用、风载作用下的桩基水平位移时，应采用水平地震作用、风载效应标准组合。

3）验算坡地、岸边建筑桩基的整体稳定性时，应采用作用效应标准组合；抗震设防区，应采用地震作用效应和荷载效应的标准组合。

4）在计算桩基结构承载力、确定尺寸和配筋时，应采用传至承台顶面的作用效应基本组合。当进行承台和桩身裂缝控制验算时，应分别采用作用效应标准组合和作用效应准永久组合。

（4）桩基础及桩的分类　桩基础按桩数分为单桩基础、群桩基础；按承台高低分为低承台桩基和高承台桩基。桩按承载性分为摩擦型桩、端承型桩；按施工方法分为预制桩、灌注桩；按使用功能分为抗压桩、抗拔桩、水平受荷桩、复合受荷桩；按成桩方法可分非挤土桩、部分挤土桩、挤土桩。

（5）单桩竖向承载力的概念　是指单桩在竖向荷载作用下，不丧失稳定性、不产生过大的变形时，所能承受最大荷载的能力。在《桩基规范》中，采用了单桩竖向极限承载力标准值、基桩竖向极限承载力特征值的概念。单桩竖向极限承载力标准值 Q_{uk} 是用以表示设计过程中相应基桩所采用的单桩竖向极限承载力的基本代表值。该代表值是用数理统计方法加以处理，具有一定概率的最大荷载值，只考虑一个单独桩，没考虑群桩的效应。基桩竖向承载力特征值 R 是考虑了群桩效应后，对单桩竖向承载力标准值经分项系数处理后得到的承载力值。在桩基础设计中，采用基桩竖向承载力特征值概念来进行设计计算。

（6）单桩竖向承载力的确定   按土对桩的支承力和桩身材料强度两方面来确定。

（7）群桩竖向承载力验算   群桩竖向承载力验算包括两方面：一是基桩的竖向承载力验算；另一个是群桩软弱下卧层承载力验算。必要时，作桩基础沉降验算。对于桩基础承受较大的水平荷载及力矩时，要验算桩基础的基桩水平承载力。

（8）桩基础设计及计算   内容包括桩基础的设计内容及设计步骤，桩身及承台的构造、结果设计及计算等。这部分内容是十分重要的。

桩基础设计理论是不断完善及不断发展的。学好本章内容，为今后在工程实际中更好地应用打下坚实的基础。

2. 几点讨论

（1）单桩竖向承载力   单桩竖向承载力是本章桩基础设计的主要内容和设计参数。目前，确定单桩竖向承载力方法有多种，主要有静载荷法及经验参数法。就静载荷试验法来确定单桩竖向承载力而言，究竟在 $P\text{-}S$ 曲线上取哪一点作为单桩竖向极限承载力呢？国内外有各种不同的分析方法，大体可分为强度控制及变形控制两大类。但按变形（即桩的沉降）控制来确定单桩竖向承载力是合理的发展趋势。

（2）复合桩基   近十几年来，复合桩基问题在我国有了比较大的发展，引起了学术界和工程界的广泛关注，也是地基基础领域的一个热点。复合桩基是指桩和承台底地基土共同承担荷载的桩基础。复合桩基有两种概念：一是在《桩基规范》中，以承载力控制为主的设计方法的复合桩基；二是《地基基础规范》中以沉降控制为主的复合桩基，称为沉降控制复合桩基。

《桩基规范》对于符合特定条件的桩基，在考虑群桩效应的同时还考虑了土对承台的阻力作用，将地基土对承台底面的阻力对于承载能力的贡献，平均分摊到每根桩上进行计算。这一设计方法从承载力角度考虑了地基土对承台的阻力的作用，并假定了土阻力也是同步、充分发挥的。

沉降控制复合桩基，这种桩基础是以控制沉降变形为主，考虑桩、土与承台共同作用，直接用沉降量指标来确定用桩数量。

（3）桩复合地基   在地基处理时，使用桩复合地基。该地基具有经济效益好的特点。这是因为桩体材料可以因地制宜，采用当地材料或工业废料等。根据单桩承载力的要求，制成相应的低强度等级桩体，使得桩土共同发挥作用，提高地基承载力。

习   题

5-1   什么情况下可考虑采用桩基础方案？

5-2   按桩的施工方法对桩如何进行分类？

5-3   简述桩侧负摩阻力产生条件和场合。

5-4   什么是单桩竖向极限承载力？简述确定方法。

5-5   群桩竖向承载力有哪些验算？

5-6   当荷载效应为标准组合时，在偏心竖向力作用下，（   ）是正确的桩基中基桩的竖向承载力极限状态表达式。

(A) $N_{kmax} \leqslant 1.25R$　　　　　(B) $N_k \leqslant R$

(C) $N_k \leqslant 1.25R$　　　　　(D) $N_k \leqslant R,\ N_{kmax} \leqslant 1.2R$

5-7   桩端持力层为黏性土、粉土时，桩端进入该层的深度不宜小于（   ）。

(A) 1 倍桩径　　　　　(B) 1.5 倍桩径

(C) 2 倍桩径　　　　　(D) 4 倍桩径

5-8   某工程天然地基土层分布：地面向下第一层为粉质黏土，厚度为 3m，含水量 $\omega = 30.6\%$，液限

$\omega_L = 35\%$，塑限 $\omega_P = 18\%$；第二层为粉土，厚度为 6m，孔隙比 $e = 0.9$；第三层土为中密中砂，厚度很厚。采用混凝土预制方桩，桩的截面尺寸为 350mm×350mm，桩长 10m，桩的入土深度至地面向下计算。试确定单桩竖向承载力标准值 Q_{uk}。

5-9　某 9 桩群桩基础，桩径 0.4m，桩长 15m，承台尺寸 2.6m×2.6m，桩群外缘断面尺寸 $A_0 = B_0 = 2.3$m，地下水位在地面下 2m，承台埋深 2m。土层分布为：①0～2m 填土，$\gamma = 18\text{kN/m}^3$；②2～15.5m 黏土，$\gamma = 19.8\text{kN/m}^3$，$q_{sik} = 26$kPa；③15.5～20m 粉土，$\gamma = 18.0\text{kN/m}^3$，$f_{ak} = 315$kPa，$q_{sik} = 64$kPa，$E_s = 9.0$MPa；④20m 以下的淤泥质黏土，$f_{ak} = 100$kPa，$E_s = 1.8$MPa。上部结构传来荷载效应标准值 $F_k = 5000$kN，试验算软弱下卧层承载力。

5-10　某场地土层分布情况为：第一层杂填土，厚度为 1.0m；第二层为淤泥，软塑状态，厚度为 6.5m；第三层粉质黏土，$I_L = 0.25$，厚度较大。现需要设计一框架内柱的预制桩基础。柱截面为 400mm×600mm；柱底在地面处的竖向荷载标准值为 $F_k = 1700$kN，弯矩为 $M_k = 180$kN·m，水平荷载 $H_k = 100$kN，初选预制桩截面尺寸为为 350mm×350mm。试设计该桩基础。

第 6 章

沉 井 基 础

【本章要求】 1. 了解沉井的概念、特点、应用。
2. 掌握沉井的构造组成及各部分的要求。
3. 熟悉沉井设计要点。
4. 理解沉井的结构计算,包括受力特点、计算原理、设计思路。
5. 掌握沉井施工的程序和下沉基本方法。
6. 了解沉井下沉出现的常见问题、原因分析及预防措施和处理方法。

【本章重点】 沉井的类型及构造;沉井的施工方法。

6.1 概述

沉井是一个竖向的筒形结构物。施工过程中沉井为围护结构,竣工后沉井结构可成为基础的组成部分或基础,即沉井基础。沉井结构一般包括刃脚、井壁、隔墙、井孔、底梁、封底混凝土与顶盖等构造。

沉井基础一般是指在场地条件和技术条件受限制的情况下,为保证深开挖边坡的稳定性及控制对周边邻近建(构)筑物的影响而在深基础工程施工中应用的一种结构。一般在桥梁(台)、水工、市政工程中的给排水泵站、平面尺寸较小的重要结构物(烟囱、重型设备)、地下仓库、油库、停车场及矿用竖井等地下工程及深基础工程中使用。沉井基础在土层中夹有大孤石、旧基础等障碍物、饱和细砂、粉砂、粉土层及基岩层面倾斜起伏很大的地层中应慎重使用。

沉井下沉是通过人工或机械在井孔中采用排水法或不排水法等手段挖土,使沉井依靠自重作用克服井壁与土之间的摩阻力而不断下沉至设计高度。当沉井穿越不稳定地层、涌水量大时,应采用不排水下沉方法。

沉井既是深基础工程的一种结构形式,也是深基础施工的一种常见方法。作为深基础的一种结构形式,其特点是:埋置深度较大,整体性强,稳定性好,具有较大的承载面积,能承受较大的垂直和水平荷载,同时又可做成补偿性基础,避免过大沉降,保证基础稳定性。

作为深基础的一种施工方法,沉井在施工中具有独特优点:占地面积小,不需要支护结构,与大开挖相比较,挖土量小,对邻边建筑物的影响比较小,无需特殊的专业设备。近年来,沉井的施工技术和施工机械都有了很大改进。为了降低沉井施工中井壁侧面摩阻力,出现了触变泥浆润滑套法、壁后压气法等方法。在密集的建筑群中施工时，为了确保地下管线和建筑物的安全，创造了"钻吸排土沉井施工技术"和"中心岛式下沉施工工艺"，这些施工新技术的出现可使地表产生很小的沉降和位移，但也存在施工工序较多，施工工艺较为复杂，技术要求高，质量控制要求严等问题。

6.2　沉井的类型及构造

6.2.1　沉井的类型

沉井的类型很多，以制作材料分类，有混凝土、钢筋混凝土、钢、砖、石等多种类型，应用最多的是钢筋混凝土沉井。

沉井一般可按以下两方面分类：

1. 沉井按平面形状分类

沉井按平面形状可分为圆形、矩形、椭圆形、端圆形、多边形及多孔井字形等；按井孔的布置方式，可分为单孔、双孔及多孔沉井，如图 6-1 所示。

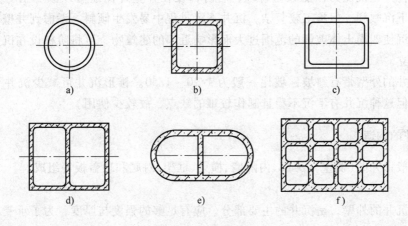

图 6-1　沉井平面图
a）圆形单孔沉井　b）方形单孔沉井　c）矩形单孔沉井　d）矩形双孔沉井
e）椭圆形双孔沉井　f）矩形多孔沉井

圆形沉井在下沉过程中易于控制方向，当采用抓泥斗挖土时，比其他沉井更能保证其刃脚均匀地支承在土层上，在侧压力作用下，井壁仅受轴向压力作用，即使侧压力分布不均匀，弯曲压力也不大，能充分利用混凝土抗压强度的特点，多用于斜交桥或水流方向不定的桥墩基础。

方形、矩形沉井制造方便，受力有利，能充分利用地基承载力，与矩形墩台相融合。

椭圆、端圆形沉井在控制下沉、受力条件、阻力冲刷等方面均较矩形、方形者有利，但施工较为复杂。

对平面尺寸较大的沉井，可在沉井中设隔墙，构成双孔或多孔沉井，提高沉井的刚度，便于沉井均匀下沉，即使发生沉井偏斜，也可通过在适当的孔内挖土校正。多孔沉井承载力很高，适用于作平面尺寸大的重型建筑物的基础。

2. 沉井按竖向剖面形状分类

沉井竖向剖面形状有圆柱形、阶梯形及锥形等（见图6-2）。为了减少下沉摩阻力，刃脚外缘常设20~30cm间隙，井壁表面做成1/1000坡度。

圆形沉井受周围土体的约束较均衡，下沉过程中不易发生倾斜，井壁接长较简单，模板可重复利用，但井壁侧阻力较大，当土体密实，下沉深度较大时，易出现下部悬空，造成井壁拉裂。故一般适用于入土不深或土质较松软的情况。

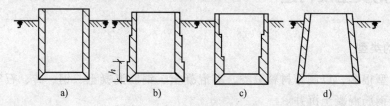

图6-2　沉井剖面图
a）圆柱形　b）、c）阶梯形　d）锥形

阶梯形沉井井壁平面尺寸随深度呈台阶形加大，阶梯可设在井壁内侧，也可设在井壁外侧。该结构使井壁抗侧力性能较为合理，若阶梯设在井壁外侧还可以减少土与井壁的摩阻力，使沉井下沉顺利，但施工较复杂，沉井下沉过程中易发生倾斜。考虑到井壁受力要求并避免沉井下沉使四周土体破坏的范围过大而影响近邻的建筑物，可将阶梯设在沉井内侧，而外侧保持直立。

锥形沉井的外壁带有斜坡，坡比一般为1/20~1/50。锥形沉井可减少沉井下沉时土的侧摩阻力，但这种沉井有下沉不稳且制作较难的缺点，故较少使用。

6.2.2　沉井的构造

沉井一般由井壁（侧壁）、刃脚、内隔墙、横梁、框架、封底和顶盖板等组成。

1. 井壁

井壁为沉井的外壁，是沉井的主要部分，应有足够的强度与厚度，为了承受在下沉过程中最不利荷载组合（水、土压力）所产生的内力，在混凝土井壁中一般应配置内外两层竖向钢筋及水平钢筋，以承受弯曲应力；同时要有足够的重力，使沉井能在自重作用下顺利下沉到设计标高。因此，井壁厚度主要取决于沉井大小、下沉深度、土层的物理力学性质以及沉井能在足够的自重下顺利下沉的条件。井壁厚度一般为0.4~1.2m。

井壁的竖向断面形状有上下等厚度的直墙形井壁，如图6-2a所示；阶梯形井壁如图6-2b、c所示；锥形沉井如图6-2d所示。

当土质松软，摩阻力不大，下沉深度不深时可采用直墙形。其优点是周围土层能较好地约束井壁，易于控制垂直下沉，接长井壁亦简单，模板能多次使用。此外，沉井下沉时，周围土的扰动影响范围小，可以减少对四周建筑物的影响，故特别适用于市内较密集的建筑群中间。

当土质松软，下沉深度较深时，考虑到水土压力随着深度的不断增大，使井壁在不同高程受力的差异较大，故往往将井壁外侧仍做成直线形，内侧做成阶梯形（见图6-2c），以减少沉井的截面尺寸，节省材料。

当土质密实且下沉深度很大时，为了减少井壁与四周土的摩擦力而又不使沉井过分加大自重，常在外侧做成一个（或几个）台阶的阶梯形井壁。台阶设在每节沉井接缝处，宽度 b 一般为 $10 \sim 20mm$，最下面二阶阶梯宜设置于 $h_1 = （1/4 \sim 1/3）$ 高度处，如图 6-2b 所示，或 $h_1 = 1.2 \sim 2.2$ 处。h_1 过小不能起导向作用，容易使沉井发生倾斜。施工时一般在阶梯面所形成的槽孔中灌填黄砂或护壁泥浆以减少摩擦力并防止土体破坏过大。

对于薄壁沉井，应采用触变泥浆润滑套，壁外喷射高压空气等措施，以降低沉井下沉时的摩阻力，达到减薄井壁厚度的目的。但对于这种薄壁沉井的抗浮问题，应谨慎核算，并采取适当有效的措施。

2. 刃脚

井壁最下端一般都做成刀刃状的"刃脚"。其主要功能是减少下沉阻力。刃脚底的水平面称为踏面，如图 6-3 所示。

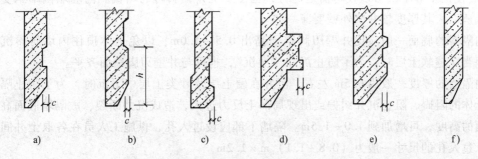

图 6-3　沉井刃脚形式及井壁凹槽与凸榫

刃脚的形式应根据沉井下沉时所穿越土层的软硬程度和刃脚单位长度上的反力大小决定。踏面宽度一般为 $10 \sim 30cm$。斜面高度视井壁厚度而定，并考虑在沉井施工中便于挖土和抽除刃脚下的垫木；刃脚内侧的倾角一般为 $40° \sim 60°$，如图 6-4 所示；当沉井湿封底时，刃脚的高度取 $1.5m$ 左右，干封底时，取 $0.6m$ 左右；当沉井重、土质软时，踏面要宽些。相反，沉井轻又要穿过硬土层时，踏面要窄些，有时甚至要用角钢加固的钢刃脚。

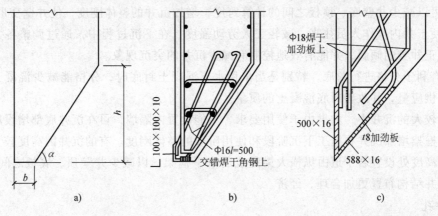

图 6-4　沉井刃脚

当沉井在坚硬土层中下沉时，刃脚踏面可减少至 $10 \sim 15cm$。为了防止障碍物损坏刃脚，还可用钢刃脚，如图 6-4b 所示。

当采用爆破法清除刃脚下障碍物时，刃脚应用钢板包裹，如图 6-4c 所示。

当沉井在松软土层中下沉时，刃脚踏面又应加宽至 40~60cm。

刃脚的高度也是很重要的，当土质坚硬时，刃脚长度可以小些。当土质松软时，沉井越重，刃脚插入土中越深，有时可达 2~3m，如果刃脚高度不足，就会给沉井的封底工作带来很大困难。

刃脚与井壁外缘应有 2~3cm 的间隙，以避免沉井产生悬吊。为使封底（底板）与井壁间有更好的连接，在刃脚上方常设置凹槽。凹槽底面一般距刃脚踏面 2.5m 左右，槽高约 1.0m，深 0.15~0.3m。

3. 内隔墙

根据使用和结构上的需要，在沉井井筒内设置内隔墙。内隔墙的主要作用是增加沉井在下沉过程中的刚度，减少井壁受力计算跨度。同时，又把整个沉井分成多个施工井孔（取土井），使挖土和下沉可以较均衡地进行，也便于沉井偏斜时的纠偏。内隔墙因不承受水土压力，所以，其厚度较井壁外壁要薄一些。

内隔墙的底面一般应比井壁刃脚踏面高出 0.5~1.0m，以免土体顶住内墙妨碍沉井下沉，但当穿越软土层时，为了防止沉井"突沉"，也可与井壁刃脚踏面齐平。

内隔墙的厚度一般为 0.5m 左右。沉井在硬土层及砂类土层中下沉时，为了防止隔墙底面受土体的阻碍，阻止沉井纠偏或出现局部土反力过大，造成沉井断裂，故隔墙底面高出刃脚踏面的高度，可增加到 1.0~1.5m。隔墙下部应设过人孔，供施工人员在各取土井间往来之用。过人孔的尺寸一般为 (0.8~1.1) m×1.2m。

取土井井孔尺寸除应满足使用需要之外，还应保证挖土机可在井孔中自由升降，不受阻碍。如用挖泥斗取土时，井孔的最小边长应大于挖泥斗张开尺寸再加 0.5~1.0m。井孔的布置应力求简单、对称。

4. 上下横梁及框架

当在沉井内设置过多隔墙时，对沉井的使用和下沉都会带来较大的影响，因此，常用上、下横梁与井壁组成框架来代替隔墙。框架有下列作用：

1）可以减少井壁底、顶板之间的计算跨度，增加沉井的整体刚度，使井壁变形减少。

2）便于井内操作人员往来，减轻工人劳动强度，在下沉过程中，通过调整各井孔的挖土量来纠正井身的倾斜，并能有效地控制和减少沉井的突沉现象。

3）有利于分格进行封底，特别是当采用水下混凝土封底时，分格能减少混凝土在单位时间内的供应量，并改善封底混凝土的质量。

在比较大的沉井中，如果由于使用要求，不能设置内隔墙，可在沉井底部增设底梁，以便于构成框架增加沉井在施工下沉阶段和使用阶段的整体刚度。有的沉井因高度较大，常于井壁不同高度处设置若干道由纵横大梁组成的水平框架，以减少井壁顶、底板之间的跨度，使整个沉井结构布置更加合理、经济。

5. 井孔

沉井内设置了纵横隔墙或纵横框架形成的格子称作井孔，井孔尺寸应满足工艺要求。因为在沉井施工中，常用容量为 0.75m³ 或 1m³ 的抓斗，抓斗的张开尺寸分别为 2.38m×1.06m 和 2.65m×1.27m。所以井孔宽度一般不宜小于 3m。从施工角度看，采用水力机械和空气吸泥机等机械进行施工时，井孔尺寸宜适当放大。

6. 封底及顶盖

当沉井下沉到设计标高,经过技术检验并对井底清理整平后,即可封底,以防止地下水渗入井内。封底可分为湿封底(水下灌注混凝土)和干封底两种。采用干封底时,可先铺垫层,然后浇筑钢筋混凝土底板,必要时在井底设置集水井排水;采用湿封底时,待水下混凝土达到强度,抽干积水后再浇筑钢筋混凝土底板。

为了使封底混凝土和底板与井壁间有更好的联结,以传递基底反力,使沉井成为空间结构受力体系,常于刃脚上方井壁内侧预留凹槽,以便在该处浇筑钢筋混凝土底板。凹槽高约 1m,深度一般为 15~30cm。凹槽的高度应根据底板厚度决定,主要为传递底板反力而采取的构造措施。

沉井封底后,若条件允许,井孔内不填任何东西时,在沉井顶部浇筑钢筋混凝土顶盖,以承托上部结构物。顶盖厚度一般为 1.5~2.0m。

6.3 沉井基础的设计与计算

6.3.1 沉井尺寸的确定

1. 沉井高度

沉井高度为沉井顶面和底面两个标高之差。当沉井作为基础时,其顶面要求埋在地面下 0.2m 或在地下水位以上 0.5m。沉井底面标高,主要根据上部荷载,水文地质条件及各土层的承载力确定。

2. 沉井平面形状和尺寸

沉井平面形状应当根据上部建筑物的平面形状确定。为了挖土方便,取土井宽度一般不小于 3m,取土井应沿井中心线对称布置。

沉井顶面尺寸为结构物底部尺寸加襟边宽度,襟边宽度不得小于 0.2m,且不得小于沉井下沉总深度 1/50。若 A_0、B_0 为上部结构底面长、宽,h_0 为沉井下沉高度。则沉井顶面的尺寸为

$$A = A_0 + 2(0.2 \sim 0.04)h_0 \quad 或 \quad A = A_0 + 20cm$$
$$B = B_0 + 2(0.2 \sim 0.04)h_0 \quad 或 \quad B = B_0 + 20cm$$

3. 井壁厚度

井壁厚度一般为 0.7~1.5m(对一些泵房等小沉井,井壁也可用 0.3~0.4m),内隔墙厚为 0.5m 左右。根据沉井施工要求,其井壁及内墙要有足够的厚度,当沉井平面尺寸 A、B 确定后,井壁及内墙尺寸要根据沉井使用和施工要求,经过几次验算,才能最后确定下来。

6.3.2 沉井基础的计算

沉井既是建筑物的基础,又是施工过程中挡土、挡水的结构物,因此沉井的设计计算包括两部分,即沉井作为整体深基础的计算和沉井在施工过程中的结构计算。

1. 沉井作为整体深基础的计算

沉井作为深基础时,一般要求下沉到坚实的土层或岩层上,如作为地下构筑物时,其荷

载较小，地基的承载力和变形一般不会存在问题。

当上部结构传给沉井的荷载为中心荷载作用时，其作用在沉井上的受力情况如图 6-5 所示。地基的承载力验算，应满足下列条件

$$F + G \leqslant R_j + R_f \tag{6-1}$$

式中　F——沉井顶面处作用的荷载（kN）；

　　　G——沉井自重（kN）；

　　　R_j——沉井底部地基土的总反力（kN）；

　　　R_f——沉井侧面的总摩阻力（kN）。

沉井底部地基土的总反力 R_j 等于该处土的承载力特征值 f_a 与支撑面积 A 的乘积

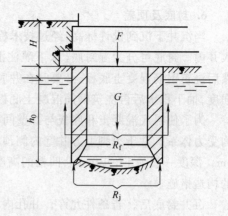

图 6-5　作用在沉井上的力系

$$R_j = f_a A \tag{6-2}$$

式中　f_a——在刃脚标高处土的承载力特征值（kPa）。

沉井侧面总摩阻力 R_f 根据井壁与土之间的摩阻力分布假定不同有两种算法：①假定摩阻力随土深成梯形分布，距地面 5m 范围内按三角形分布，其下为常数，如图 6-6a 所示；②假定摩阻力随土深呈线性增大，在刃脚台阶处达到最大值，以下即保持常数，如图 6-6b 所示。使用较多的为前一种，按此计算偏于安全；而后一种则比较符合实际情况。

按图 6-6a 假定，沉井侧面的总摩阻力

$$R_f = u(h - 2.5)q \tag{6-3}$$

按图 6-6b 假定，沉井侧面的总摩阻力

$$R_f = u\left(h' - \frac{h - h'}{2}\right)q \tag{6-4}$$

式中　u——沉井的周长（m）；

　　　h——沉井的入土深度（m）；

　　　h'——沉井刃脚的高度（m）；

　　　q——单位面积摩阻力按土层厚度的加权平均值（kPa）。

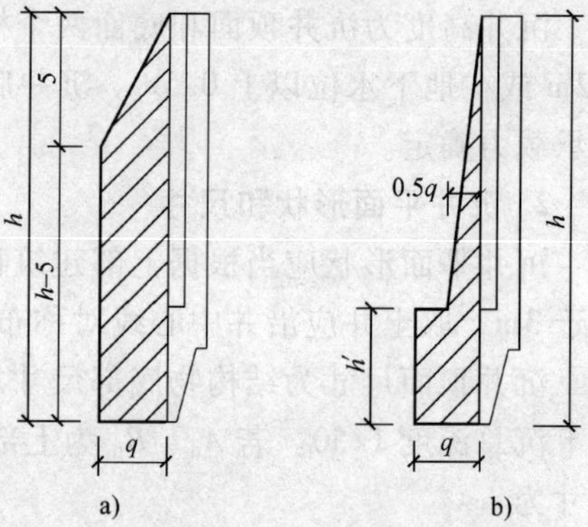

沉井井壁的摩阻力，对于重要工程根据试验结果的确定，对一般工程无试验资料时，可参考表 6-1 选用。

图 6-6　沉井与土间摩阻力计算简图

表 6-1　沉井井壁的摩阻力经验值表

土的种类	摩阻力沉井 q/kPa
砂卵石	18 ~ 30
砂砾石	15 ~ 20
流塑黏性土、粉土	10 ~ 12
软塑及可塑黏性土、粉土	12 ~ 25
硬塑黏性土、粉土	25 ~ 50
泥浆套	3 ~ 5

注：1. 泥浆套即灌注在井壁外侧的触变泥浆，是一种助沉材料。

　　2. 本表适用于深度不超过 30m 的沉井。

2. 横向力作用下，考虑沉井侧壁土体弹性抗力时的计算

（1）基础侧面水平压应力和基底边缘处应力计算

1）当沉井基底嵌入非岩石地基（包括沉井立于风化岩层内和岩面上）时，在水平力 F_H 和偏心竖向力 F_V 的共同作用下，如图 6-7a 所示，可将其等效为距离基底作用高度为 λ 的水平力 F_H（见图 6-7b），即

$$\lambda = \frac{F_V e + F_H l}{F_H} = \frac{\sum M}{F_H} \tag{6-5}$$

在水平力作用下，沉井将围绕地面下深度 z_0 处的 A 点转动 ω 角，如图 6-8 所示，由平衡关系得

$$z_0 = \frac{\beta b_1 h^2 (4\lambda - h) + 6dW_0}{2\beta b_1 h (3\lambda - h)} \tag{6-6}$$

$$\tan\omega = \frac{6F_H}{Amh} \tag{6-7}$$

式中　A——换算系数，按下式计算，$A = \dfrac{\beta b_1 h^3 + 18W_0 d}{2\beta(3\lambda - h)}$；

　　　　β——深度 h 处沉井侧面的水平地基系数与沉井底面的竖向地基系数的比值，$\beta = \dfrac{C_h}{C_0}$ $= \dfrac{mh}{m_0 h}$，m、m_0 见有关规定；

　　　　b_1——基础计算宽度，见有关规定；

　　　　W_0——沉井底面截面的抗弯截面系数。

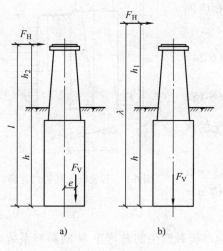

图 6-7　沉井受荷情况

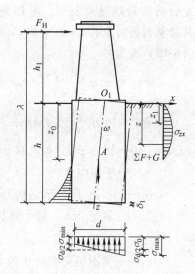

图 6-8　非岩石地基计算示意

在基础侧面将产生水平压应力为 σ_{zx}，基底边缘将出现最大压应力 σ_{max}，由平衡条件可以求得：

基础侧面水平压应力
$$\sigma_{zx} = \frac{6F_H}{Ah} z (z_0 - z) \tag{6-8}$$

基底边缘处压应力
$$\sigma_{min}^{max} = \frac{F_V}{A_0} \pm \frac{3F_H d}{A\beta} \tag{6-9}$$

式中 F_H——沉井基础受到的水平力（kN）；

F_V——沉井基础受到的偏心竖向力（kN）；

h——沉井入土深度（m）；

A——沉井底面面积（m^2）。

2）若基底嵌入基岩层内，在水平力 F_H 和竖向偏心荷载作用下，可假定基底产生水平位移，基础的旋转中心 A 与基底中心重合，即 $z_0 = h$，如图 6-9 所示，此时基础侧面的水平压应力按下式计算

$$\sigma_{zx} = (h - z)z \frac{F_H}{Dh} \tag{6-10}$$

式中 D——换算系数，$D = \dfrac{b_1 \beta h^3 + 6Wd}{12 \lambda \beta}$。

基础底边缘处压力

$$\sigma_{min}^{max} = \frac{F_V}{A} \pm \frac{F_H d}{2\beta D} \tag{6-11}$$

（2）验算

1）基底边缘处最大压应力不应超过沉井地面处的承载力，即

$$\sigma_{max} \leq f_h \tag{6-12}$$

2）基础侧面水平压应力 σ_{zx} 值应小于沉井周围土的极限抗力值，即

$$\sigma_{zx} \leq [\sigma_{zx}] \tag{6-13}$$

理论分析和实践经验表明，基础侧面水平压应力的验算，其验算截面可取在 $z = h/3$ 和 $z = h$ 的位置。相应的验算式（6-13）变为

$$\sigma_{\frac{h}{3}x} \leq \eta_1 \eta_2 \frac{4}{\cos\varphi} \left(\frac{\gamma h}{3} \tan\varphi + c \right) \tag{6-14}$$

$$\sigma_{hx} \leq \eta_1 \eta_2 \frac{4}{\cos\varphi} (\gamma h \tan\varphi + c) \tag{6-15}$$

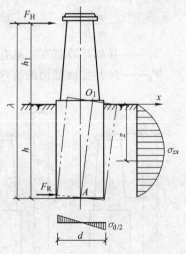

图 6-9   基底嵌入基岩内计算

式中 $\sigma_{\frac{h}{3}x}$、σ_{hx}——相应于 $z = h/3$ 和 $z = h$ 深度处土的水平压应力；

η_1——取决于上部结构形式的系数，一般取 $\eta_1 = 1$，对于超静定推力拱桥 $\eta = 0.7$；

η_2——考虑恒荷载产生的弯矩 M_g 对全部荷载产生的总弯矩 M 的影响系数，$\eta_2 = 1 - 0.8 \dfrac{M_g}{M}$；

φ、c——土体的内摩擦角、黏聚力。

6.3.3   沉井在施工过程中的结构计算

1. 沉井下沉验算

沉井下沉时，必须克服井壁与土之间的摩阻力；沉井自重 G 与井壁摩阻力 R_f 的比值称

为下沉系数 K，一般应不小于 1. 15 ~ 1. 25，用公式表示为

$$K = \frac{G}{R_f} \geqslant 1. 15 ~ 1. 25 \tag{6-16}$$

在应用式（6-16）时须注意以下几点：

1）采用不排水下沉时，沉井自重应扣除浮力。

2）R_f 应按式（6-3）计算以确保安全。

3）式（6-16）适用于将刃脚底面及斜面的土方挖空的情况，即刃脚反力不考虑，否则应计入刃脚反力。

沉井采取分节制作分节下沉时，其下沉系数亦应分段计算，下沉系数通常也采用 1. 15 ~ 1. 25，以保证顺利下沉。当不能满足要求时，可采取基坑中制作，减小下沉深度；或在井壁顶部堆放钢块或砂等材料，增加附加荷重；或在井壁与土壁之间注入触变泥浆以减少下沉的摩阻力等措施。

2. 第一节井壁在自重作用下竖向强度验算

第一节沉井制作达到下沉强度后，拆除刃脚垫架，抽除承垫木，沉井最后仅支撑在少量垫木上，在下沉前应验算井壁的竖向强度能否满足要求，以防出现裂缝或裂断。

验算时，将沉井按最不利状态，即当作支撑于四个固定承垫木上的梁，支承点应尽可能控制在有利的位置，使支点和跨中所产生的弯矩相等。

（1）矩形沉井　采取四点支撑如图 6-10a 所示，其计算公式如下

$$M_{支} = - \frac{ql_2^2}{2} - q\left(\frac{b}{2} - d\right)\left(l_2 - \frac{d}{2}\right) \tag{6-17}$$

$$M_{中} = \frac{1}{8}ql_1^2 - M_{支} \tag{6-18}$$

$$V_1 = ql_2 + q\left(\frac{b}{2} - d\right) \tag{6-19}$$

$$V_2 = \frac{1}{2}ql_1 \tag{6-20}$$

式中　$M_{支}$、$M_{中}$——支座弯矩、跨中弯矩（kN·m）；

V_1、V_2——支座外侧和支座内侧的剪力（kN）；

q——井墙的单位长度重力（kN/m）；

l、b——沉井长边、短边的长度（m）；

l_1——长边两支座间的距离（m），一般可取（0. 7 ~ 0. 8）l；

l_2——长边支座外侧的悬臂长度（m），一般可取（0. 1 ~ 0. 15）l；

d——井墙的厚度（m）。

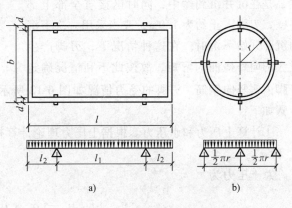

图 6-10　沉井竖向强度计算简图

a）矩形沉井四点支撑　b）圆形沉井四点支撑

由以上公式亦可推及其他平面的形状。当矩形沉井长和宽之比接近相等时，可考虑在两个方向都设支撑点。

按以上公式计算出 $M_支$、$M_中$、V_1、V_2 后，可按一般钢筋混凝土结构计算公式验算井墙的强度是否满足要求。

（2）圆形沉井　当沉井直径较小，多用四点支撑验算（见图6-10b），如沉井直径较大，可用 6~12 个支点对称支撑，以减小内力。计算沉井竖向强度时，可当作支承于 4~12 支点上的连续水平圆弧梁，其在竖向均布荷载作用下的弯矩、剪力和扭矩值可查表6-2求得。

需要注意的是，沉井下沉有时采用不排水下沉，由于采用机械挖土，挖土不易均匀，刃脚支点很难控制，有可能使沉井支撑于四个角点上，沉井受力如同两端支撑的简支梁（见图6-11a），也可能因遇到弧石与障碍物，支撑于沉井中（见图6-11b）；圆形沉井则可能出现支撑于直径上的两个支点。这些支撑情况都是十分不利的，施工时应尽量避免，否则，应按不同情况分别对井壁进行验算。

表6-2　水平圆弧梁内力计算表

圆弧梁支点数	弯　矩		最大剪力	最大扭矩
	在两支点间的跨中	在支座上		
4	$0.03542\pi qr^2$	$-0.06831\pi qr^2$	$\pi qr/4$	$0.01055\pi qr^2$
4	$0.01502\pi qr^2$	$-0.02964\pi qr^2$	$\pi qr/6$	$0.00302\pi qr^2$
8	$0.00833\pi qr^2$	$-0.01653\pi qr^2$	$\pi qr/8$	$0.00126\pi qr^2$
12	$0.00366\pi qr^2$	$-0.00731\pi qr^2$	$\pi qr/12$	$0.00037\pi qr^2$

3. 刃脚计算

（1）刃脚竖向内力计算　刃脚竖向内力按悬臂梁来计算，并按刃脚向内挠曲和向外挠曲两种不利情况考虑。

1）刃脚向外挠曲。沉井下沉的最不利位置，是在沉井沉到途中，同时已接筑全部上部井壁，刃脚入土约为 1.0m，或当采用一次下沉的沉井开始下沉时。在这种情况下，刃脚产生最大的向外挠曲的弯矩，故按此不利情况确定

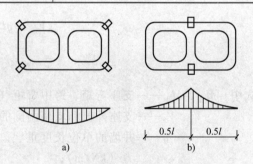

图6-11　底节沉井支点布置示意

刃脚内侧竖向钢筋。刃脚的受力情况如图6-12所示，沿井壁周边取一单位宽度来计算，其步骤如下：

①计算土压力和水压力。根据土压力理论计算得刃脚底部及端部的主动土压力，分别为 σ_a 和 σ'_a。

总土压力为

$$E_a = \frac{1}{2}(\sigma_a + \sigma'_a)h_k \tag{6-21}$$

E_a 的作用点到刃脚底面的距离为

$$h_E = \frac{\sigma_a + 2\sigma'_a}{\sigma_a + \sigma'_a} \frac{h_k}{3} \qquad (6-22)$$

水压力按下列公式计算

$$\sigma_w = \psi\gamma_w z_w \qquad (6-23)$$

式中　γ_w——水的重度（kN/m^3）；

　　　z_w——计算点到水面的距离（m^3）；

　　　h_k——刃脚斜面高度（m）；

　　　ψ——水压力折减系数。

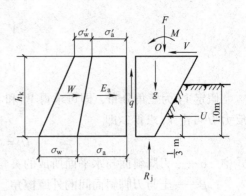

图 6-12　刃脚受力情况

水压力折减系数按以下方式确定，如果排水下沉，则作用在井内的水压力为零，作用在井壁外侧的水压力按土的性质来确定：透水性大的砂土按 100% 计，即 $\psi = 1.0$；黏性土按 70% 计算，$\psi = 0.7$；如不排水下沉时，则井外水压力按 100% 计算，即 $\psi = 1.0$；而井内水压力则要根据施工期间的水位差考虑最不利情况计算，一般也可按 50% 计算，即 $\psi = 0.5$。

总水压力为

$$W = \frac{1}{2}(\sigma_w + \sigma'_w)h_k \qquad (6-24)$$

W 的作用点到刃脚底面的距离为

$$h_w = \frac{\sigma_w + 2\sigma'_w}{\sigma_w + \sigma'_w}\frac{h_k}{3} \qquad (6-25)$$

在计算刃脚向外挠曲时，作用在刃脚外侧的计算土压力和水压力的总和，应不小于静水压力的 70%，否则就按 70% 的静水压力计算。

②计算刃脚外侧的摩阻力 T。作用在刃脚外侧的摩阻力按下列两个公式计算，并取两者之中较小者。

$$T = 0.5E_a \qquad (6-26)$$

$$T = qA \qquad (6-27)$$

式中　E_a——作用在井壁上的总的主动土压力（kN/m）

　　　A——沉井侧面与土接触的单位宽度上的总面积，$A = 1 \times h_k$

③计算刃脚下土的反力 R_j。刃脚下的反力 R_j 如图 6-13 所示，按下式计算

$$R_j = G - T \qquad (6-28)$$

R_j 的作用点可按下面方法计算：如图 6-13 所示，设作用在刃脚斜面上的土反力的方向与该面上的法线成 β 角，即土与刃脚斜面间的外摩擦角（一般取 30°），作用在刃脚斜面上的合力分解成水平力 u 与垂直力 V_2，刃脚底面上的垂直土反力为 V_1，则有

$$R_j = V_1 + V_2 \qquad (6-29)$$

$$\frac{V_1}{V_2} = \frac{2a}{b} \qquad (6-30)$$

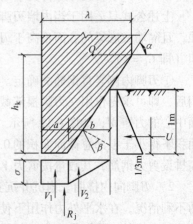

图 6-13　R_j 作用点计算

式中　a——刃脚踏面底宽（m）；

　　　b——刃脚入土斜面的水平投影（m）。

由式（6-29）、式（6-30）可解得

$$V_1 = \frac{2a}{2a + b}R_j \tag{6-31}$$

$$V_2 = \frac{b}{2a + b}R_j \tag{6-32}$$

假定 V_2 为三角分布，即可求得 V_1 和 V_2 的合力 R_j 的作用点，作用在刃脚斜面上的水平反力 U 可由 V_2 求得，即

$$U = V_2 \tan(\alpha - \beta) \tag{6-33}$$

式中 α——刃脚斜面与水平面所成的夹角；

β——土与刃脚斜面间的外摩擦角。

假定 u 为三角形分布，则 u 的作用点在距刃脚底面 $1/3$ 高处。

④计算刃脚自重 g。刃脚自重 g 按式（6-34）计算

$$g = \gamma_c h_k \frac{\lambda + a}{2} \tag{6-34}$$

式中 γ_c——混凝土的重度（kN/m^3），若为不排水下沉，应扣除水的浮力。

⑤刃脚外侧的摩阻力。计算作用在刃脚外侧的摩阻力 T，其计算方法与计算井壁侧面摩阻力的方法相同，但取两者中较大值，目的为使刃脚弯矩最大。

⑥作用在刃脚上的水平外力的分配。沉井刃脚一方面可看成嵌固在刃脚根部处的悬臂梁，梁长等于外壁刃脚斜面部分的高度；另一方面，刃脚又可看成一个封闭的水平框架。因此作用在刃脚侧面上的水平力将由两种不同的作用（即悬臂梁和框架）来共同承担，也就是说其中一部分水平外力传至刃脚根部（悬臂作用），余下的部分由框架自身承担（框架作用）。其分配系数可按下式计算

悬臂作用 $$C_b = \frac{0.1 l_1^4}{h_k^4 + 0.05 l_1^4} \leqslant 1.0 \tag{6-35}$$

框架作用 $$C_r = \frac{0.1 l_2^4}{h_k^4 + 0.05 l_2^4} \leqslant 1.0 \tag{6-36}$$

式中 C_b、C_r——刃脚侧面上的水平外力的悬臂梁和框架作用分配系数；

l_1、l_2——沉井外臂支承于内隔墙的最大和最小计算跨度（m）。

上述公式只适用于当内墙刃脚面高出外臂不超过 $0.5m$，或者当刃脚处有隔墙或底梁加强，且隔墙或底梁的底面不高于刃脚踏面 $0.5m$ 者，否则全部水平力都由悬臂梁（刃脚）承担（即 $C_b = 1$）。

⑦刃脚内侧竖直钢筋的确定。按以上所求得作用在刃脚上的所有外力的大小、方向和作用后，即可求得作用在刃脚根部截面上单位周长内的轴力 F、水平剪力 V 以及对刃脚根部截面中心的力矩 M，如图 6-12 所示。然后根据 F、V、M 计算刃脚内侧所需的竖向钢筋。钢筋面积不得小于根部总截面面积的 0.1%。在布置钢筋时应伸入悬臂根部以上 $0.5 l_1$。在刃脚全高排设剪力钢筋，其数量按剪力 V 计算。

2）刃脚向内挠曲。当沉井沉到设计标高，刃脚下的土已挖空，这时刃脚处于向内挠曲的不利情况，在水平外力作用下使刃脚产生向内挠曲，如图 6-14 所示。按此情况确定刃脚外侧竖向钢筋，作用在刃脚上的外力，沿沉井周边取一单位宽度来计算，计算步骤和上述第一种情况相似，现简述如下：

①计算刃脚外壁的土压力和水压力。土压力与第一种情况计算相同。水压力的计算，对不排水下沉时，井壁外侧水压力按100%（$\psi = 1.0$）计算，井内水压力一般按50%（$\psi = 0.5$）计算；对排水下沉时，在不透水土中，可按静水压力的70%计算。这里，土压力和水压力的总和不受第一种情况所规定的"不超过70%的静水压力"的限制。

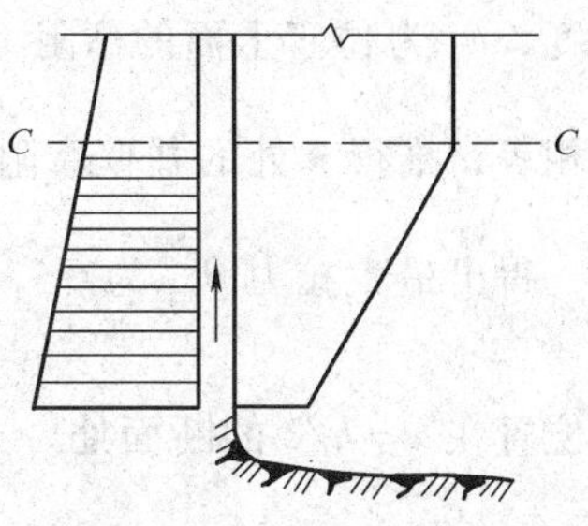

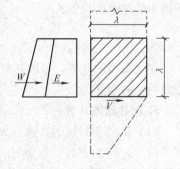

图6-14 刃脚向内挠曲

②因刃脚下的土已被淘空，故 $R_j = 0$，$U = 0$。

③刃脚上的侧面摩阻力与第一种情况相同，但取较小值。

④刃脚的自重计算，与第一种情况相同。

⑤刃脚外侧竖向钢筋的计算和布置，与第一种情况相同。

（2）刃脚水平内力计算（矩形沉井）　当沉井下沉至设计标高，刃脚下土已挖空但未浇筑封底混凝土时，刃脚所受水平压力最大，处于最不利状态。此时刃脚的水平内力计算可视为封闭的水平框架。作用在刃脚上的外力与计算刃脚向内挠曲时一样，由于水平钢筋只分担作用在水平框架上的荷载，因此采用分配系数 C_r。作用于水平框架上的均布荷载 P 等于作用在刃脚上的水平外力乘以系数 C_r，根据 P 值求算水平框架的控制截面上的内力，即可进行水平钢筋配筋计算。对于不同形式框架的内力计算公式可按一般结构力学方法计算。对于圆形或其他形状的沉井，其刃脚水平内力计算查阅有关文献，这里略。

4. 沉井井壁计算

井壁内需要配置水平方向和垂直方向的两种钢筋。

（1）井壁的水平内力计算　作用在井壁上的水平外力土压力和水压力，两者都是沿着深度变化的，因此井壁水平内力计算应该分段计算。计算内力时，取沉井下沉最不利位置，即沉井下沉到设计标高，且刃脚下的土也已挖空而尚未封底的时候。其作用在井壁上的水平外力的计算和计算刃脚竖向内力时相同。

1）位于刃脚根部以上其高度等于井壁厚度的一段井壁计算。位于刃脚根部以上其高度等于井壁厚度的一段井壁，除承受本身所受的土、水压力外，还承担由刃脚传来的水平剪力 V（即悬臂作用的荷载），其值等于作用于刃脚悬臂梁上的水平外力乘以分配系数 C_b。则作用在此段井壁上的均布荷载为 $P = E + W + V$，如图6-15所示。根据 P 值求出水平框架中的最大 M、N 和 V 值，然后以此计算其水平钢筋。

2）其余各段井壁计算。对其余各段井壁的计算，按断面变化为准，将井壁分成若干段，取位于每一段最下端的单位高度作为井壁控制设计的高度。按计算水平框架的方法，求得内力及水平钢筋。

图6-15 刃脚上作用的水平荷载

（2）井壁垂直受拉计算　沉井下沉到设计标高，刃脚下土已挖空，·上部井壁被土夹住，沉井悬在土中，这时井壁处于最不利的受拉情况，应进行井壁竖向拉应力验算，否则井壁可能被拉裂或拉断的危险。为安全起见，假定井壁摩阻力沿深度成倒三角形分布。

1）等截面井壁。如图6-16所示，设 G 为沉井自重，u 为井壁的周长，h 为沉井的入土深度，q_m 为位于土面的摩阻力，q_x 为 x 处的摩阻力。根据井身自重与倒三角形分布的摩阻力相等，推得 x 处的井壁摩阻力为 $q_x = \dfrac{2G_x}{uh^2}$，故井壁 x 处的拉力为 $S_x = \dfrac{G_x}{h^2}\left(1 - \dfrac{x}{h}\right)$，对 S_x 求导，得出最大拉力 S_{max} 为

$$S_{max} = G/4 \tag{6-37}$$

其位置在 $x = h/2$ 的断面处。

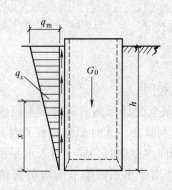

图 6-16　等截面井壁受拉计算

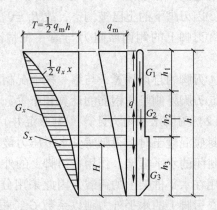

图 6-17　非等截面井壁受拉计算

2）非等截面井壁。如图 6-17 所示，设 G_1、G_2、G_3 为各段井壁自重，u 为沉井外壁周长，距刃脚底面 x 处其井壁自重为 G_x，侧面摩阻力为 q_x，拉力为 S_x。由于 $0.5q_mhu = G_1 + G_2 + G_3$，故沉井上部侧面摩阻力 q_m 为

$$q_m = \frac{2\,(G_1 + G_2 + G_3)}{uh}$$

任意高度 x 处的摩阻力 q_x 为 $q_x = \dfrac{x}{h}q_m$

所以 x 处井壁的拉力为

$$S_x = G_x - \frac{1}{2}uq_x x \tag{6-38}$$

对变截面的井壁，每段井壁都应进行拉力计算，然后取最大值，并按最大拉应力计算井壁内的竖向钢筋。

5. 沉井封底计算

（1）沉井干封底的计算　如沉井的刃脚悬落在不透水的黏土层中，如图 6-18 所示，即可采用干封底的方法，但黏土层应具有足够的厚度，以免被下部含水层的地下水压力所"顶破"，造成严重事故。干封底应确保满足下列计算条件

$$A\gamma'h + cuh > A\gamma_w H_w \tag{6-39}$$

式中　A——沉井的底部面积（m^2）；

　　　γ'——土的浮重度（kN/m^3）；

　　　h——刃脚下面不透水黏土厚度（m）；

　　　c——黏土的内聚力（kPa）；

　　　u——沉井刃脚踏面内壁周长（m）；

γ_w——水的重度（kN/m^3）；

H_w——透水砂层的水头高度（m）。

（2）水下封底混凝土的厚度计算 当井底涌水量很大或出现流砂现象时，沉井必须进行水下混凝土封底。水下混凝土封底的厚度，除应满足沉井抗浮要求外，主要按照素混凝土的强度来计算。

水下封底混凝土承受的荷载应按施工中最不利的情况考虑，即在沉井封底以后，在钢筋混凝土底板尚未施工前，井内的水被排干，封底素混凝土将受到可能产生的向上最大水压力作用，通常以此荷载（即地下水头高度减去封底混凝土的重力）作为计算值。

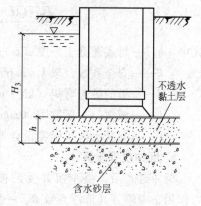

图6-18 沉井干封底计算简图

由于水中封底混凝土质量较普通混凝土差，封底混凝土最好不出现拉应力。因基底地基反力是通过封底混凝土沿刃脚高度竖直方向成45°的分配线传至井壁及隔墙上去的。若两条45°的分配线在封底混凝土内或底板面相交，如图6-19a所示，或做成锅底倒拱形式，如图6-19b所示，封底混凝土将不会出现拉应力，可不计算；若两条45°分配线在封底混凝土底板内不相交，如图6-19c所示，则应按简支支撑的双向板、单向板或圆板计算，板的计算跨度 l 取如图6-19c中所示 A、B 两点间的距离，当井内有隔墙或底梁时，可分格计算。

1）圆形沉井封底。按周边简支支撑的圆板计算，承受均布荷载时，板中心的弯矩 M 值，可按下式计算

$$M_{max} = 0.198pr^2 \tag{6-40}$$

式中 p——静水压力形成的荷载（kPa）；

r——圆板的计算半径。

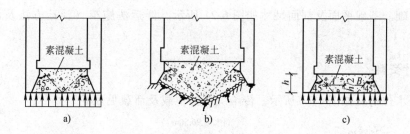

图6-19 水下封底混凝土厚度计算简图

2）矩形沉井封底。按周边简支支撑的双向板，承受均布荷载时，跨中弯矩 M_1、M_2 可按下式计算，如图6-20所示。

$$M_1 = \alpha_1 p l_1^2 \tag{6-41}$$

$$M_2 = \alpha_2 p l_1^2 \tag{6-42}$$

式中 α_1、α_2——弯矩系数；

p——静水压力形成的荷载系数（kN/m^2）；

l_1——矩形板的计算跨度（最小跨度）（m）。

3）封底混凝土的厚度计算。根据求得的弯矩 M 按下式计算

$$h = \sqrt{\frac{3.5kM}{bf_t}} + D \qquad (6\text{-}43)$$

式中 h ——封底混凝土厚度（m）；

   k ——安全系数，取 $k=2.65$ ；

   M ——板的最大弯矩（kN·m）；

   b ——板宽，一般取 1000mm；

   f_t ——混凝土抗拉强度设计值（MPa）。

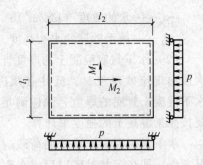

图 6-20 封底混凝土按简支
双向板计算简图

6. 沉井抗浮验算

沉井封底后，整个沉井受到被排除地下水的向上浮力作用，应验算其抗浮系数 K ，一般有两种方法。

1）沉井外未回填土，不计抗浮的井壁与侧面土反摩阻力的作用，按下式计算

$$k = \frac{G}{F} \geqslant 1.05 \qquad (6\text{-}44)$$

式中 G ——沉井自重；

   F ——地下水向上浮力。

2）沉井外已回填土，考虑井壁与侧面反摩阻力的作用，按下式验算

$$k = \frac{G+f}{F} \geqslant 1.25 \qquad (6\text{-}45)$$

式中 f ——井壁与侧面土反摩阻力。

6.4 沉井基础算例

某公路桥墩基础，上部构造为等跨等截面悬链线双曲线拱桥，下部结构为重力式墩及圆端形沉井基础。基础平面及剖面尺寸如图 6-21 所示，浮运法施工（浮运方法及浮运稳定性等验算从略）。

6.4.1 设计资料

土质及水位情况如图 6-21 所示，传给沉井的恒载及活载见表 6-3。

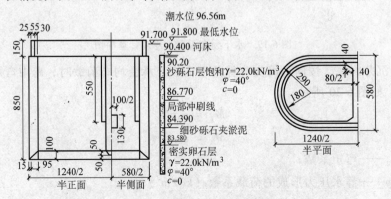

图 6-21 圆端形沉井实例的构造及地质剖面

沉井混凝土等级为 C20，HRB335 钢筋。按 JTG D63—2007《公路桥涵地基与基础设计规范》设计计算如下。

6.4.2 沉井高度及各部尺寸

1. 沉井高度 H

按水文计算，最大冲刷深度 h_m =（90.40 – 86.77）m = 3.63m，大、中桥基础埋深 ≥ 2.0m，故 H = [（91.7 – 90.4）+ 3.63 + 2.0] m = 6.93m 但沉井底较近于细砂砾石夹淤泥层。

按土质条件，井底进入密实的砂卵石层，并考虑 2.0m 的安全度，则 H =（91.70 – 81.58）m = 10.12m。

按地基承载力，沉井底面位于密实的砂卵石层为宜。

据以上分析，拟取沉井高度 H = 10m，井顶标高 91.7m，井底标高 81.7m。因潮水位高，第一节沉井高度不宜太小，故取 8.5m，第二节高 1.5m，第一节井顶标高 90.2m。

2. 沉井平面尺寸

考虑到桥墩形式，采用两端半圆形中间为矩形的沉井。

圆端外半径 2.9m，矩形长边 6.6m，宽 5.8m，第一节井壁厚 1.1m，第二节厚度 0.55m。隔墙厚度 δ = 0.8m。其他尺寸如图 6-21 所示。

刃脚踏面宽度 a = 0.15m，刃脚高 h_k = 1.0m（见图 6-22），内侧倾角

$$\tan\theta = \frac{1.0}{1.0 - 0.15} = 1.0526 \qquad \theta = 46°28 > 45°$$

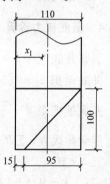

图 6-22 刃脚尺寸示意图

6.4.3 荷载计算

沉井自重计算见表 6-3，各力汇总于表 6-4。

表 6-3 沉井自重计算汇总

沉井部位	重度/kN/m³	体积/m³	重力/kN	形心至井壁外侧的距离/m
刃脚	25.00	18.18	454.50	0.372
第一节沉井井壁	24.50	230.72	5652.64	
底节沉井隔壁	24.50	24.22	593.39	
第二节沉井井壁	24.50	23.20	568.40	
钢筋混凝土盖板	24.50	62.36	1527.82	
井孔填砂卵石	20.00	150.62	3012.40	
封底混凝土	24.00	126.26	3030.24	
沉井总重			14839.39	

表 6-4　各力汇总表

力的名称	力值/kN	对沉井底面形心轴的力臂/m	弯矩/kN·m
两孔上部结构恒载及墩身	$P_1 = 25691.00$		
一孔活载（竖向力）	$P_g = 650.00$	1.15	747.50
由制动力产生的竖向力	$P_T = 32.40$	1.15	37.26
沉井总重	$G = 14839.39$		
沉井浮力	$G' = -6355.23$		
合　计	$\sum P = 34857.62$		784.76
一孔活载（水平力）	$H_g = 815.10$	18.806	-15328.77
制动力	$H_T = 75.00$	18.806	-1410.45
合　计	$\sum H = 890.10$		-16739.22

注：1. 低水位时沉井浮力 $G' = (549.96 + 3.1416 \times 2.56^2 \times 1.5 + 6.6 \times 5.3 \times 1.5) \times 10.00\text{kN} = 6355.23\text{kN}$。

　　2. 表中仅列了单孔荷载作用情况，双孔荷载时 $\sum M = -15954.46\text{kN·m}$。

6.4.4　基底应力验算

沉井井底埋深 $h = (86.77 - 81.70)\text{m} = 5.07\text{m}$，井宽 $d = 5.8\text{m}$。

井底面积 $A_0 = (3.1416 \times 2.9^2 + 6.6 \times 5.8)\text{m}^2 = 64.7\text{m}^2$。

井底抵抗矩 $W = \dfrac{\pi d^3}{32} + \dfrac{1}{6}a^2 b = 56.12\text{m}^3$。

竖向荷载 $N = \sum P = 34857.62\text{kN}$，水平荷载 $\sum H = 890.10\text{kN}$，弯矩 $\sum M = 15954.46\text{kN·m}$。又 $h < 10\text{m}$，故取 $C_0 = 10m_0$，即 $\beta = C_h/C_0 = mh/10m_0 = 0.5$，$b_1 = (1 - 0.1a/b)(b+1) = 12.77$，$\lambda = M/h = 17.92\text{m}$，故

$$A = \frac{b_1 \beta h^3 + 18dW}{2\beta(3\lambda - h)} = \frac{12.77 \times 0.5 \times 5.07^3 + 18 \times 5.8 \times 56.12}{2 \times 0.5(3 \times 17.92 - 5.07)}\text{m}^2 = 137.42\text{m}^2$$

$$\sigma_{\max}^{\min} = \frac{N}{A_0} \pm \frac{3Hd}{A\beta} = \left(\frac{34857.62}{64.70} \pm \frac{3 \times 890.10 \times 5.8}{137.42 \times 0.5}\right)\text{kPa} = \frac{764.71}{313.35}\text{kPa}$$

井底地基土为中等密实砂、卵石类土层，可取 $[\sigma_0] = 600\text{kPa}$，$K_1 = 4$，$K_2 = 6$，土重度 $\gamma_1 = \gamma_2 = 12.00\text{kN/m}^2$（考虑浮力后的近似值），并考虑附加组合，承载力提高 25%，故基底土允许承载力为

$$[\sigma] = 1.25 \times \{[\sigma_0] + K_1\gamma_1(b-2) + K_2\gamma_2(h-3)\}$$
$$= 1.25 \times \{600 + 4 \times 12.0(5.8-2) + 6 \times 12.0(5.07-3)\}\text{kPa}$$
$$= 1164.3\text{kPa} > 764.7\text{kPa}$$

均满足要求。

6.4.5　基础侧向水平压应力验算

井身转动中心 A 离地面的距离

$$z_0 = \frac{0.5 \times 12.77 \times 5.07^2 \times (4 \times 17.92 - 5.07) + 6 \times 5.8 \times 56.12}{2 \times 0.5 \times 12.77 \times 5.07 \times (3 \times 17.92 - 5.07)}\text{m}$$
$$= 4.09\text{m}$$

根据式（6-8）可得基础侧向水平压力

$$\sigma_{\frac{h}{3}x} = \left[\frac{6 \times 890.10}{137.42 \times 5.07} \times \frac{5.07}{3} \times \left(4.09 - \frac{5.07}{3} \right) \right] kPa = 31.06 kPa$$

$$\sigma_{hx} = \left[\frac{6 \times 890.10}{137.42 \times 5.07} \times 5.07 \times (4.09 - 5.07) \right] kPa = -38.17 kPa$$

若土体抗剪强度指标 $\varphi = 40°$，$c = 0$；系数 $\eta_1 = 0.7$，$\eta_2 = 1.0$（因 $M_g = 0$），则根据式（6-14）及式（6-15）可得土体极限横向抗力为

$z = h/3$ 时

$$[\sigma_{zx}] = \left[0.7 \times 1.0 \times \frac{4}{\cos 40°} \times \left(4.09 - \frac{5.07}{3} \right) \right] kPa = 62.21 kPa > 31.06 kPa$$

$z = h$ 时

$$[\sigma_{zx}] = \left[0.7 \times 1.0 \times \frac{4}{\cos 40°} \times (12.00 \times 5.07 \times \tan 40°) \right] kPa$$

$$= 186.64 kPa > 38.17 kPa$$

均匀满足要求，因此计算时可以考虑沉井侧面土的弹性抗力。

6.4.6　沉井自重下沉验算

沉井自重 $G = $（刃脚重 + 底节沉井重 + 底节隔墙重 + 顶节沉井重）

$$= (454.50 + 5652.64 + 593.39 + 568.40) kN = 7268.93 kN$$

沉井浮力 $G' = [(18.18 + 230.72 + 24.22 + 23.22) \times 10.00] kN = 2963.40 kN$

土与井壁间单位摩阻力强度

$$q_0 = \frac{20.0 \times 1.9 + 12.0 \times 0.8 + 18.0 \times 6.0}{8.7} kN/m^2 = 17.89 \ kN/m^2$$

总摩阻力

$$R_f = [(\pi \times 5.3 + 2 \times 6.6) \times 0.2 + (\pi \times 5.8 + 2 \times 6.6) \times 8.5] \times 17.89 kN -$$

$$[(\pi \times 5.3 + 2 \times 6.6) \times 0.2 + (\pi \times 5.8 + 2 \times 6.6) \times (2.5 - 0.2)] \times 17.89 kN$$

$$= 3484 kN$$

$$\frac{G - G'}{R_f} = \frac{7268.93 - 2963.40}{3484} = 1.24$$

沉井下沉能顺利进行。

6.4.7　刃脚受力验算

1. 刃脚向外挠曲

经试算分析，最不利位置为刃脚下沉到标高（90.4 - 8.7 + 4.35）m = 86.05m 处，刃脚切入土中 1m，第二节沉井已接上，如图 6-23 所示，其悬臂作用分配系数为

$$C_b = \frac{0.1L^4}{h_k^4 + 0.05L_1^4} = \frac{0.1 \times 4.7^4}{1.0^4 + 0.05 \times 4.7^4} = 1.92 > 1.0$$

取 $C_b = 1.0$

刃脚侧土为砂卵石层，$\tau = 18.00 kPa$，$\varphi = 40°$，则：

（1）作用于刃脚的力（按低水位取单位宽度计算）

$$\sigma'_w = \left[(91.8 - 87.05) \times 10 \right] \text{kN/m}$$
$$= 47.50 \text{kN/m}$$

$$\sigma_w = \left[(91.8 - 86.05) \times 10 \right] \text{kN/m}$$
$$= 57.50 \text{kN/m}$$

$$\sigma'_a = \left[12.0 \times (90.4 - 87.05) \times \tan^2 (45° - 40°/2) \right] \text{kN/m}$$
$$= 8.70 \text{kN/m}$$

$$\sigma_a = \left[12.0 \times (90.4 - 86.05) \times \tan^2 (45° - 40°/2) \right] \text{kN/m}$$
$$= 11.30 \text{kN/m}$$

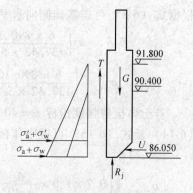

图 6-23 刃脚向外挠曲计算简图

若从安全考虑，刃脚外侧水压力取 50%，则

$$\sigma'_a + \sigma'_w = (8.7 + 47.50 \times 0.5) \text{kN/m} = 32.45 \text{kN/m}$$

$$\sigma_a + \sigma_w = (11.3 + 57.50 \times 0.5) \text{kN/m} = 40.05 \text{kN/m}$$

$$E_a + W = \frac{1}{2} (\sigma'_a + \sigma'_w + \sigma_a + \sigma_w) h_k$$

$$= \left[\frac{1}{2} \times (32.45 + 40.05) \times 1.0 \right] \text{kN} = 36.25 \text{kN}$$

若按静水压力的 70% 计算，则

$$0.7 \gamma_w h h_k = (0.7 \times 10.00 \times 5.25 \times 1.0) \text{kN} = 36.75 \text{kN} > E_a + W$$

故取 $E_a + W = 36.25 \text{kN}$。

刃脚摩阻力 $T_1 = 0.5E = \left[0.5 \times (8.7 + 11.3)/2 \times 1 \right] \text{kN} = 5.00 \text{kN}$ 或 $T_1 = \tau h_k \times 1 = 18.00 \text{kN}$，因此取刃脚摩阻力位 5.00kN（取最小值）。

单位宽沉井自重（不计沉井浮力及隔墙自重）

$$G_1 = \left[\frac{0.15 + 1.10}{2} \times 1.0 \times 1.0 \times 25.0 + 7.5 \times 1.1 \times 1.0 \times 24.50 + \right.$$
$$\left. 0.825 \times 24.50 \right] \text{kN}$$
$$= 237.96 \text{kN}$$

刃脚踏面竖向反力为

$$R_j = (237.96 - 11.30 \times \frac{1}{2} \times 4.35 \times 0.5) \text{kN} = 225.67 \text{kN}$$

刃脚斜面横向力

$$U = \frac{bR_j}{2a + b} \tan(\alpha - \beta) = \left[\frac{225.67 \times 0.95}{2 \times 0.15 + 10.95} \times \tan(46°28' - 40°) \right] \text{kN} = 19.38 \text{kN}$$

井壁自重 q 的作用点至刃脚根部中心轴距离为

$$x_1 = \frac{l^2 + a\lambda - 2a^2}{6(\lambda + a)} = \frac{1.1^2 + 0.15 \times 1.1 - 2 \times 0.15^2}{6 \times (1.1 + 0.15)} \text{m} = 0.178 \text{m}$$

刃脚踏面下反力合力 $V_1 = \frac{2a}{2a + b} R_j = \frac{0.15 \times 2}{0.15 \times 2 + 0.95} R_j = 0.24 R_j$

刃脚踏面上反力合力 $V_2 = R_j - 0.24 R_j = 0.76 R_j$

R_j 的作用点距离井壁外侧为

$$x = \frac{1}{R_j}\left[V_1\frac{a}{2} + V_2\left(a + \frac{b}{3}\right)\right] = \frac{1}{R_j}\left[0.24R_j\frac{0.15}{2} + 0.76R_j\left(0.15 + \frac{0.95}{3}\right)\right]$$

$$= 0.38\text{m}$$

（2）各力对刃脚根部界面中心的弯矩（见图6-24）

水平水压力及土压力引起的弯矩

$$M_{E_a+W} = \left(36.25 \times \frac{1}{3} \times \frac{2 \times 40.05 + 32.45}{40.05 + 32.45} \times 1.0\right)\text{kN}$$

$$= 18.73\text{kN}$$

刃脚侧面摩阻力引起的弯矩

$$M_T = \left(\frac{1}{2} \times 5.00 \times 1.1\right)\text{kN} \cdot \text{m} = 2.75\text{kN} \cdot \text{m}$$

反力 R_j 引起的弯矩

$$M_{R_j} = \left[225.67 \times \left(\frac{1.1}{2} - 0.38\right)\right]\text{kN} \cdot \text{m} = 38.36\text{kN} \cdot \text{m}$$

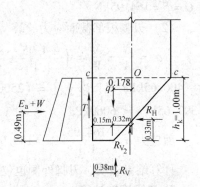

图6-24　刃脚根部界面弯矩计算图

刃脚斜面水平反力引起的弯矩

$$M_U = \left[19.38 \times (1 - 0.33)\right]\text{kN} \cdot \text{m} = 12.98\text{kN} \cdot \text{m}$$

刃脚自重引起的弯矩

$$M_g = (0.625 \times 1 \times 25.00 \times 0.178)\text{kN} \cdot \text{m} = 2.78\text{kN} \cdot \text{m}$$

故总弯矩为

$$M_0 = \sum M = (12.98 + 38.36 + 2.75 - 18.73 - 2.78)\text{kN} \cdot \text{m} = 32.58\text{kN} \cdot \text{m}$$

（3）刃脚根部处的应力验算

刃脚根部轴力 $N_0 = (225.67 - 0.625 \times 25.00)$ kN $= 210.04$kN，面积 $A = 1.1\text{m}^2$，抵抗弯矩 $W = 0.2\text{m}^2$，故

$$\sigma_h = \frac{N_0}{A} \pm \frac{M_0}{W} = \left(\frac{210.04}{1.1} \pm \frac{32.58}{0.2}\right)\text{kPa} = \frac{253.85}{28.05}\text{kPa}$$

因水平剪力较小，验算时未予考虑。压应力小于 $R_a^j/\gamma_m =$ （14000/2.31）kPa $=$ 6060kPa，按受力条件不需设置钢筋，可按构造要求设置。

2. 刃脚向内挠曲（见图6-25）

（1）作用于刃脚的力　目前可求得作用于刃脚外侧的土、水压力（按潮水水位计算）为 $\sigma_{w2} = 138.60\text{kN/m}$，$\sigma_{w3} = 148.60\text{kN/m}$，$\sigma_{a1} = 20.10\text{kN/m}$，$\sigma_{a2} = 22.60\text{kN/m}$，故总土、水压力为 $P = 164.95\text{kN}$，P 对刃脚根部形心轴的弯矩为

$$M_{E_a+W} = \left[164.95 \times \frac{1}{3} \times \frac{2 \times (148.60 + 22.60) + 138.60 + 20.10}{148.60 + 22.60 + 138.60 + 20.10}\right]\text{kN} \cdot \text{m}$$

$$= 83.52\text{kN} \cdot \text{m}$$

此时刃脚摩阻力为 $T_1 = 10.68\text{kN}$，其产生的弯矩为

$$M_T = (-10.68 \times 0.55)\text{kN} \cdot \text{m} = -5.87\text{kN} \cdot \text{m}$$

刃脚自重所产生的弯矩为

$$M_g = (15.63 \times 0.178)\text{kN} \cdot \text{m} = 2.78\text{kN} \cdot \text{m}$$

所有各力对刃脚根部的弯矩 M、轴力 N 及剪力 Q 为

$$M = M_{E_a+W} + M_T + M_g$$

$$= (83.52 - 5.87 + 2.78)\ kN \cdot m = 80.43\ kN \cdot m$$

$$N = T_1 - g = (10.68 - 15.63)\ kN = -4.95 kN$$

$$Q = P = 164.95 kN$$

（2）刃脚根部截面应力验算　弯曲应力

$$\sigma = \frac{N}{A} \pm \frac{M}{W} = \left(\frac{-4.95}{1.1} \pm \frac{80.43}{0.20} \right) kPa =$$

$$\begin{cases} -406.65 kPa < [R_1^j / \gamma_m] = (2500/2.31) = 1082 kPa \\ 397.65 kPa < 6060 kPa \end{cases}$$

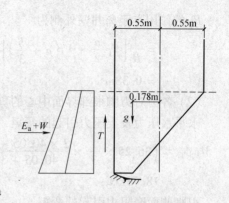

图 6-25　刃脚向内挠曲计算简图

剪应力 $\sigma_j = \dfrac{164.95}{1.1} kPa = 149.96 kPa < [R_1^j / \gamma_m] = (3300/2.31) = 1428 kPa$

计算结果表明，刃脚外侧也仅需按构造要求配筋。

3. 刃脚框架计算

由于 $\alpha = 1.0$，刃脚作为水平框架承受的水平力很小，故不需验算，可按构造布置钢筋。如需验算，则与井壁水平框架计算方法相同，此略。

6.4.8　井壁框架计算

1. 沉井井壁竖向拉力验算

$$S_{max} = \frac{1}{4}(Q_1 + Q_2 + Q_3 + Q_4) = 1817.23 kN（未考虑浮力）$$

井壁受拉面积为

$$A_1 = \left[\frac{1.1416}{4} \times (5.8^2 - 3.6^2) + 6.6 \times 5.8 - 2.9 \times 3.6 \times 2 \right] m^2 = 23.3 m^2$$

混凝土所受到的拉应力为

$$\sigma_h = \frac{S_{max}}{A_1} = \frac{1817.23}{23.3} kPa = 78 kPa < 0.8 f_t$$

$$= 0.8 \times 1600 kPa = 1280 kPa$$

井壁内可按构造布置竖向钢筋。实际上根据土质情况井壁不可能产生大的拉应力。

2. 井壁横向受力计算

沉井至设计标高时，刃脚根部以上一段井壁承受的外力最大，它不仅承受本身范围内的水平力，还要承受刃脚作为悬臂传来的剪力，故处于最不利状态。

考虑潮水位时，单位宽度井壁上的水压力（见图 6-26）为 $\sigma_{w1} = 127.60\ kN/m$，$\sigma_{w2} = 138.60 kN/m$，$\sigma_{w3} = 148.60 kN/m$；单位宽度井壁的土压力为 $\sigma_{a1} = 17.19 kN/m$，$\sigma_{a2} = 20.10\ kN/m$，$\sigma_{a3} = 22.60 kN/m$。刃脚及刃脚根部以上 1.1m 井壁范围的外力

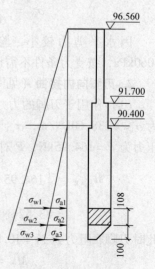

图 6-26　井壁横向
受力简图

$$P = [0.5 \times (17.19 + 22.60 + 127.60 + 148.6) \times 2.1] \text{kN}$$
$$= 331.79 \text{kN}$$

沉井各部分所受内力可按一般结构力学方法求得（计算从略），井壁最不利受力位置在隔墙处，其弯矩 $M_1 = -744.30 \text{kN} \cdot \text{m}$，轴向力 $N_2 = 779.71 \text{kN}$，$\dfrac{\sigma_{max}}{\sigma_{min}} = \dfrac{N_2}{A} \pm \dfrac{M_1}{W} =$

$$\left(\frac{779.71}{1.1 \times 1.1} \pm \frac{744.30}{1.1^3} \right) \text{kPa} = \begin{array}{l} 3999.61 \\ -2710.83 \end{array} \text{kPa}$$

必须配置钢筋，根据有关规定计算可得，受拉钢筋总截面面积为 $A_g = 31.06 \times 10^{-4} \text{m}^2$，若取 $9\phi22$，$A_g = 34.21 \times 10^4 \text{m}^2$，受压钢筋不需设置，按构造布置 $9\phi11$，$A'_g = 5.46 \times 10^{-4} \text{m}^2$。

底节沉井竖向挠曲、封底混凝土及盖板验算从略。

6.5　沉井施工

沉井的施工方法主要取决于施工场地的工程地质及水文地质条件和所具备的技术力量，施工机械及设备。

沉井施工的程序如下：

平整场地→测量放线→开挖基坑→铺砂垫层和垫木→沉井制作→布设降水井点或挖排水沟及水井→抽出垫木、挖土下沉→封底、浇筑底板混凝土→施工内隔墙、梁、楼板、顶板。

下面介绍一般沉井的施工要求。

1. 施工准备

（1）地质勘查　沉井施工前，应在沉井施工地点进行钻孔勘查工作，熟悉场地的工程地质和水文情况。

（2）制定施工方案　根据工程结构特点、地质水文情况、施工设备条件、技术的可能性，编制切实可行的施工方案。

2. 沉井制作

（1）平整场地　沉井施工场地应预先清理、平整和夯实，使地基在沉井制作过程中不致发生不均匀沉降。若天然地面土质较硬，可只将地表杂物清除并平整。若地基松软，应预先对地基进行处理，以防由于地基不均匀下沉引起井身裂缝。处理方法一般采用在基坑处铺填砂垫层。砂垫层的厚度一般不小于 0.5m，并应便于抽取垫木。

（2）铺置垫木　制作第一节沉井首先在刃脚处对称地铺置垫木。矩形沉井常设 4 组定位垫木，其位置在长边的两端 0.15L 处，在其中间支设一般垫木。圆形沉井刃脚圆弧部分对准圆心铺设，常设 8 组定位垫木均匀布置。在垫木上支设刃脚、立横板，绑扎钢筋浇筑混凝土。沉井制作分地面直接制作、人工筑岛制作、在基坑中制作，使用较多的是在基坑中制作。垫木一般为枕木或方木，其数量由第一节沉井的重力及地基（或砂垫层）的承载力计算确定。垫木间距一般为 0.5~1.0m，如地基土强度低，计算出的垫木间距过密，则应在垫木下部设置砂垫层，提高承载力，使间距加大。砂垫层的铺设厚度应视沉井重力和垫层底部地基土的承载力而定，其厚度以不小于 0.5m，不大于 2m 为宜。

（3）抽除垫木　抽除垫木需在沉井混凝土达到设计规定的强度后方可进行。大型沉井混凝土应达到设计强度的 100%，小型沉井达到 70% 以上，便可拆除垫木。抽出刃脚下的垫木应分区、分组、依次、对称、同步进行。抽出次序：圆形沉井为先抽一般承垫木，后抽除定位垫木；矩形沉井先抽内隔墙下的垫木，然后分组对称地抽除外墙两短边下的定位垫木，再后抽除长边下一般垫木，最后同时抽除定位垫木。

3. 取土下沉

沉井下沉有排水下沉和不排水下沉两种方法。前者适用于渗水量不大（每平方米不大于 $1m^3/min$），稳定的黏性土或在砾层中渗水量很大，但排水并不困难时使用。后者适用于流砂严重的地层中和渗水量大的砂砾地层中使用以及地下水无法排除或大量排水会影响附近建筑物的安全的情况。

（1）排水情况　排水下沉常使用的排水方法为明沟集水井排水、井点排水、井点与明沟排水相结合三种。沉井内挖土和出土的方法为：当土质为砂土或软黏土时，可用水力机械施工，即用高压水先将井孔里的泥土冲成稀泥浆，然后以水力吸泥机将泥浆吸出，排在井外空地；当遇到砂、卵石层或硬黏土层时可采用抓土斗出土。

（2）不排水下沉　不排水下沉方法有：

1）用抓斗车在水中取土下沉。

2）用水力射器冲刷土，用空气吸泥机吸泥，或水力吸泥机抽吸水中泥土。

3）用钻吸排土沉井法下沉施工。

沉井挖土必须对称，均匀进行，使沉井均衡下沉。沉井下沉时由于井壁与土间存在较大的摩阻力，往往使沉井下沉困难，为使沉井下沉顺利，沉井下沉时常采用辅助下沉的方法，触变泥浆护壁下沉法就是其中一项有效方法。

（3）触变泥浆护壁下沉法　沉井外壁制成宽度为 $10 \sim 20cm$ 的台阶作为泥浆槽，在泥浆槽内注满触变泥浆。由于泥浆的润滑作用大大减少对井壁的阻力，使沉井下沉时又快又稳。在沉井下沉到设计标高后，泥浆套应按实际要求进行处理，一般采用水泥浆、水泥砂浆或其他材料来置换触变泥浆，即将水泥浆、水泥砂浆或其他材料从泥浆套底部压入，使压进水泥浆、水泥砂浆等凝固材料挤出泥浆，待其凝固后，沉井即可稳定。

4. 接筑沉井

当井筒较高时，可分节制作接高下沉，为防止接高井壁时可能出现的倾斜和突沉，每次接高一般不宜超过 5m。沉井下沉应具有一定的强度，第一节混凝土应达到设计强度的 100%，其上各节达到 70% 以后，方可开始下沉。

5. 沉井封底

沉井下沉至设计标高，经过观测在 8h 内累计下沉量不大于 10mm 或沉降率在允许范围内时，沉井下沉已经稳定时，即可进行沉井封底。封底方法有两种：

（1）排水封底　这种方法是将混凝土接触面冲刷干净或打毛，对井底进行修整，做成锅底形，由刃脚向中心筑成放射形排水暗沟，在中部设集水井，使井底的水流汇集在集水井中，用泵排出，并保持地下水位低于井内基底面 0.3m。封底一般先浇一层 $0.5 \sim 1.0m$ 的素混凝土，达到 50% 设计强度后，绑扎钢筋，两端伸入凹槽内，浇筑上层底板混凝土，待底板混凝土强度达到 70% 后，集水井停止抽水，快速用干硬性高强混凝土封堵。

（2）不排水封底　不排水封底即在水下进行封底。要求将井底淤泥清除干净，新老混凝土接触面用水冲刷干净，并铺碎石垫层。封底混凝土用导管法灌注。待水下封底混凝土达到所需的强度后，方可从沉井中抽水，按排水封底法施工上部钢筋混凝土底板。

6. 施工常见问题与处理对策

沉井下沉施工中常见问题、原因分析、预防措施及处理方法，见表6-5。

表 6-5　沉井下沉常见问题、原因分析、预防措施及处理方法

常见问题	原　因　分　析	预防措施及处理方法
沉井倾斜	（1）沉井刃脚下的土软硬不均 （2）没有对称地抽除垫木或没有及时回填夯实；井外四周的回填土夯实不均 （3）没有均匀挖土使井内土面高差悬殊 （4）刃脚下掏空过多，沉井突然下沉，易于产生倾斜 （5）刃脚一侧被障碍物搁住，未及时发现和处理 （6）排水开挖时，井内涌砂 （7）井外弃土或堆物，井上附加荷重分布不均造成对井壁的偏压	（1）加强沉井下沉过程中的观测和资料分析，发现倾斜及时纠正 （2）隔开、平均、对称地抽除垫木，及时用砂或砂砾回填夯实 （3）在刃脚高的一侧加强取土，低的一侧少挖或不挖土，待正位后再均匀分层取土 （4）在刃脚较低的一侧适当回填砂石或石块，延缓下沉速度 （5）不排水下沉，在靠近刃脚低的一侧适当回填砂石；在井内射水或开挖、增加偏心压载以及施加水平外力
沉井偏移	（1）大多由于倾斜引起，当发生倾斜和纠正倾斜时，井身常向倾斜一侧下部产生一个较大压力，因而伴随产生一定位移，位移大小随土质情况及向一边倾斜的次数而定 （2）测量定位发生差错	（1）控制沉井不再向偏移方向倾斜 （2）有意使沉井向偏位的相反方向倾斜，当几次倾斜纠正后，即可恢复到正确位置或有意使沉井向偏位的一方倾斜，然后沿倾斜方向下沉，直至刃脚处中心线与设计中线位置相吻合或接近时，再把倾斜纠正 （3）加强测量的检查复核工作
沉井下沉极慢或停沉	（1）井壁与土壁间的摩阻力过大 （2）沉井自重不够，下沉系数过小 （3）遇到障碍物	（1）继续浇灌混凝土增加自重或在井顶加荷重 （2）挖除刃脚下的土或在井内壁继续进行第二层"锅底"状破土；用小型药包爆破震动，但刃脚下挖空宜小，药量不宜大于0.1kg；刃脚应用草垫等防护 （3）不排水下沉改为排水下沉，以减少浮力，射水管也可埋于井壁混凝土内。此法仅适用于砂及砂类土 （4）在井壁与土壁间灌入触变泥浆，降低摩阻力，泥浆槽距刃脚高度不宜小于3m （5）清除障碍物
沉井下沉过快	（1）遇软弱土层，土的耐压强度小，使下沉速度超过挖土速度 （2）长期抽水或因砂的流动，使井壁与土间摩擦力减小 （3）井壁外部土液化	（1）用木垛在定位垫架处给以支撑，并重新调整挖土，在刃脚下不挖或部分不挖土 （2）将排水法下沉改为不排水法下沉 （3）在沉井外壁与土壁间填粗糙材料，或将井筒外的土夯实，增加摩阻力；如沉井外部的土液化发生虚坑时，填碎石进行处理 （4）减少每一节筒身高度，减轻井身自重

（续）

常见问题	原因分析	预防措施及处理方法
沉井遇到障碍物	沉井下沉局部遇孤石、大块卵石、地下沟道、管线、钢筋、树根等造成沉井搁置、悬挂	（1）遇较小孤石，可将四周土掏空后取出；遇较大孤石或大块石、地下沟道等，可用风动工具或用松动爆破方法破碎成小块取出，炮孔距刃脚不少于500mm，其方向须与刃脚斜面平行，药量不得超过0.2kg，并设钢板防护，不得裸露爆破。钢管、钢筋、树根等可用氧气乙炔焰烧断后取出 （2）不排水下沉，爆破孤石，除打眼爆破外，也可用射水管在孤石下掏洞，装药破碎吊出
发生流砂	（1）井内"锅底"状开挖过深，井外松散土涌入井内 （2）井内表面排水后，井外地下水动水压力把土压入井内 （3）爆破处理障碍物，井外土受震进入井内	（1）采用排水法下沉，水头宜控制在1.5～2.0m （2）挖土避免在刃脚下掏挖，以防流砂大量涌入，中间挖土也不宜挖成"锅底"状 （3）穿过流砂层应快速，最好加荷，使沉井刃脚切入土层 （4）采用井点降低地下水位，应防止井内流淤 （5）采用不排水法下沉，应保持井内水位高于井外水位，以免涌入流砂
井超沉或欠沉	（1）封底时沉井下沉尚未稳定 （2）测量有差错	（1）当沉井下沉至距设计标高以上1.5～2.0m的终沉阶段时，应加强下沉观测，待8h的累计下沉量不大于8mm时，沉井趋于稳定，方可进行封底 （2）注意测量工作，对测量标志应加固校核
沉井下沉遇硬质土层	遇厚薄不等的黄砂胶结层，质地坚硬，开挖困难	（1）排水下沉时，可用人力将铁钎打入土中向上撬动、取出，或用铁镐、锄开挖，必要时打炮孔爆破成碎块 （2）不排水下沉时，用重型抓斗、射水管和水中爆破联合作业。先在井内用抓斗挖2m深"锅底"坑，由潜水工用射水管在坑底向四角方向距刃脚边2m冲4个400mm深的炮孔，各放0.2kg炸药进行爆破，余留部分用射水管冲掉，再用抓斗抓出
沉井超沉与欠沉	（1）沉井封底时下沉尚未稳定 （2）测量有差错	（1）当沉井下沉至距设计标高以上1.5～2.0m的终沉阶段时，应加强下沉观测，待8h的累计下沉量不大于8mm时，沉井趋于稳定，方可进行封底 （2）加强测量工作，对测量标志应加固校核，测量数据须准确无误

本章小结与讨论

1. 本章小结

1）沉井是一个筒状结构物。它既是深基础的一种结构形式，也是深基础施工的一种常见方法。沉井结构一般由井壁、刃脚、隔墙、横梁、框架、封底与顶盖板等组成。

2）沉井按分类方式不同，可有多种类型。按平面形状分为圆形、矩形、椭圆形、端圆形、多边形及多孔井字形。按竖向剖面形状分为圆柱形、阶梯形及锥形。

3）沉井基础设计包括：①沉井平面尺寸、沉井高度的确定；②沉井作为整体深基础的计算；③沉井在施工过程中的结构计算。

4）沉井施工包括，施工准备工作、沉井制作、沉井下沉、沉井接长、沉井封底等方面。

5）沉井施工中常会发生沉井倾斜、沉井偏移、沉井下沉极慢或停沉、沉井下沉过快、沉井遇到障碍、发生流砂、沉井超沉或欠沉等问题。正确分析出现问题的原因，采取相应的预防措施和处理方法以保证沉井施工顺利进行。

2. 对沉井理论的讨论

（1）沉井井壁上的土压力计算　目前沉井土压力计算多采用朗肯（Rankine）及库仑（Coulomb）土压力理论。由于沉井结构刚度较大，井筒的截面尺寸一般不很大，通常处于空间受力状态，故按平面问题计算主动土压力是不尽合理的。当沉井深度较大时，这种误差更为明显。虽然有一些考虑空间问题因素的沉井土压力计算方法，但比较复杂，不便实用。因此此沉井井壁土压力的计算尚待进一步研究解决。

（2）沉偏时土压力的周向分布　当采用传统土压力理论计算土压力，考虑沉偏时沉井四周土压力分布时，现行方法是对圆形沉井，采用调整土内摩擦角法；对矩形沉井则按均布考虑。事实上，发生沉偏时，沉井在偏斜方向两端处的土压力状态及量值是不同的，且与沉井的平面尺寸、深度及纠偏方法等有关。调整内摩擦角的做法本身随意性较大，且其依据是否充分，到底能否反映上述因素，尚不清楚。至于矩形沉井土压力按均布处理就更欠合理了。

（3）考虑水土压力的重液法　鉴于沉井土压力机理上尚缺乏研究，传统土压力理论计算很粗略、与实际出入较大，为简化计算，可近似地将土及水视为土水混合重液，按重液静压力施加于沉井井壁，即采用所谓重液法。重液法简单易行，具有一定实用价值，在国内外均有应用。

（4）沉井底面土层的承载力　众所周知，沉井底面尺寸较大，进行足尺试验测定沉井底面土层承载力是十分困难甚至是不可能的。按估算沉井竖向承载力值时，需要确定沉井底面土层承载力值。通常按浅基础作用下的地基承载力作深宽度修后用于计算。实际上由于沉井深度大，沉井底面处土层的承载力属于深基础承载力课题，但在实际工程中，国内还缺少使用经验，尚待进一步研究解决。

习　　题

6-1　沉井基础作为深基础的一种结构形式，其特点是什么？适用于哪些场合？

6-2　沉井基础由哪几部分组成？简述各部分的作用或构造要求？

6-3　沉井基础作为整体深基础，其设计内容应考虑哪些内容？

6-4　沉井基础在施工过程中，应进行哪些验算？

6-5　沉井基础下沉有哪些方法？沉井下沉困难时，可采取什么措施？

6-6　为了沉井顺利下沉，下列方法错误的是（　　　）。

（A）触变泥浆润滑套法　　　　（B）将沉井设计为锥形形状

（C）井壁外喷射高压空气　　　（D）沉井内作横隔墙，加强沉井的刚度

6-7　沉井中设置框架的作用是（　　　）。

①可以减少井壁底、顶板间的计算跨度，增加沉井的整体刚度，减少井壁变形

②便于井内操作人员往来，减轻工人劳动强度

③有利于合格进行封底

④承担上部结构传来的荷载

（A）①②③④　　（B）①②③　　（C）②③④　　（D）①③④

6-8　关于沉井基础施工，下列说法错误的是（　　　）。

（A）采用不排水下沉，适用于流砂严重的地层中和渗水量大的砂砾地层中

（B）沉井接长，每次接高不易超过 5m

（C）为保证沉井下沉顺利，挖土方便，制作沉井时最好不铺设垫木

（D）沉井开始下沉时，要求第一节混凝土强度达到设计强度的 100%

6-9　沉井下沉系数，$k = G/R \geqslant 1.12 \sim 1.25$，用该式计算时下列说法错误的是（　　）。

（A）无论采用排水下沉，还是不排水下沉，式中 G 均取沉井自重，不考虑浮力影响

（B）采用不排水下沉时，沉井自重应扣除浮力

（C）沉井侧面总摩擦主力 R_i 按式（6-3）计算是偏于安全的

（D）该式适用于将刃脚底面及斜面的土方挖空情况，即刃脚反力不考虑

6-10　矩形沉井下沉验算竖向井深强度时，其计算简图（　　）。

（A）将沉井按最不利状态，当作支撑于四个固定支撑垫木上的梁，支撑点位置可任意假定

（B）将沉井按最不利状态，当作支撑于四个固定支撑垫木上的梁，支撑点应尽可能控制在有利的位置，使支点和跨中所产生的弯矩相等

（C）将沉井按最不利状态，当作支撑于两个固定支撑垫木上的梁，支撑点应尽可能控制在沉井主轴线上

（D）将沉井按最不利状态，支撑于两主轴线相交的四个固定支撑垫木的空间体

6-11　某水下圆形沉井基础直径 7m，作用于基础上的竖向荷载 18503kN（已扣除浮力 3848kN），水平力 503kN，弯矩 7360kN·m（均为考虑附加组合荷载）。$\eta_1 = \eta_2 = 1.0$。沉井埋深 10m，土质为中等密实的砂砾层，重度 21.0kN/m³，内摩擦角 35°，黏聚力 $c = 0$，试验算该沉井基础的地基承载力及横向土抗力。

第 7 章
地下连续墙

【本章要求】 1. 了解地下连续墙的特点和适用范围。
2. 理解地下连续墙的设计原则。
3. 掌握地下连续墙的内力计算方法。
【本章重点】 地下连续墙的内力计算。

7.1 概述

7.1.1 地下连续墙的特点及适用条件

地下连续墙是在地面利用专业设备，在泥浆护壁的情况下，开挖一条狭长的深槽，在槽内放置钢筋笼并浇筑混凝土，形成一段钢筋混凝土墙段。各墙段顺次施工并连接成整体，形成一条连续的地下墙体，成为地下连续墙。地下连续墙可作为截水防渗、挡土及承重之用，本章采用 JGJ 120—2012《建筑基坑支护技术规程》。

地下连续墙于 1950 年首次应用于意大利实施的两项工程，即 Santa Malia 大坝（深达 40m 的防渗墙）以及 Venafro 附近的储水池及引水工程（深达 35m 的防渗墙）。此后，国外陆续开展了此项技术。日本从 1959 年引进该项技术，随后广泛应用于建筑物、地铁及市政下水道的基坑开挖支护中，并用作地下室外墙承受上部结构的垂直荷载。美国 110 层的世界贸易中心大厦地基，地基为河岸阶地，地下埋有码头等构筑物，就采用了地下连续墙。

在 1976 年唐山大地震之后，我国将地下连续墙首次应用在主体结构的是在天津修复某受震害的岸壁工程中。1977 年在上海研制成功了导板抓斗和多头钻成槽机，为我国加速开发地下连续墙这一技术起到了积极推动作用。

1. 地下连续墙的优点

1）适用于多种土质条件。目前我国除在熔岩地区和承压水头很高的砂砾层难以采用以外，在其他土质中均可应用地下连续墙。

2）可减少工程施工对周围环境的影响，施工振动少、噪声低。现在城市建设中对"建筑公害"限制越来越严格，地下连续墙的这一优点就更显突出。

3）地下连续墙的墙体刚度大、整体性好。地下连续墙用于深基坑支护时，变形较小，基坑周围地面沉降小，在建筑物、构筑物密集地区可以施工，对邻近建筑物和地下设施影响很小，能够紧邻相近的建筑及地下管线施工。我国的工程实践证明，距现有的建筑物基础1m左右就可顺利施工。如天津市中心繁华商业区的天津百货大楼、华联商厦、滨江商厦等扩建工程的地下室均采用了地下连续墙。

4）地下连续墙为整体连续结构，墙体厚度一般不小于60cm，钢筋保护层又较厚，耐久性好，抗渗性能亦较好。

5）作为主体结构外墙，可实行逆作法施工，加快施工进度，降低工程造价。

2. 地下连续墙的局限性

1）弃土和废浆的处理。除增加工程费用外，若处理不当，还会造成新的环境污染。

2）地质条件和施工的适应性。地下连续墙最适应的地层为软塑、可塑的黏性土层。当地层条件复杂时，还会增加施工难度和影响工程造价。

3）槽壁坍塌。地下水位急剧上升、护壁泥浆液面急剧下降、有软弱疏松或砂性夹层、泥浆的土质不当或已经变质、施工管理不当等，都可引起槽壁坍塌。槽壁坍塌轻则引起墙体混凝土超方和结构尺寸超出允许界限，重则引起相邻地面沉降、坍塌，危害邻近建筑物和地下管线的安全。

4）与板桩、灌注桩及水泥土搅拌桩相比，地下连续墙造价较高，对其选用必须经过技术经济比较，确认采用的合理性时才可采用。

5）地下连续墙施工需要专门的设备，施工机械设备价格昂贵，施工专业化程度高，使该项技术的推广受到一定的限制。

7.1.2 地下连续墙的适用条件

地下连续墙是一种比钻孔灌注桩和深层搅拌桩造价昂贵的结构形式，其在基础工程中的适用条件有：

1）软弱地基的深大基坑，周围又有密集的建筑物或重要的地下管线，对周围地基变形和建筑物的沉降要求需要严格控制时，宜用地下连续墙。

2）维护结构也作为主体结构的一部分，且对抗渗有严格限制时，宜用地下连续墙。

3）基坑开挖采用逆作法施工，地下和地上同步施工时，宜用地下连续墙。

目前，我国地下连续墙主要用于高层建筑的深基坑、大型地下商场和地下停车场、地下铁道车站以及地下泵站、地下变电站、地下油库或其他深埋建、构筑物，采用地下连续墙的基坑规模长宽可达到几百米，基坑开挖深度可达50m，如润扬长江公路大桥北锚的基坑深度达48m，采用了地下连续墙作为基坑围护结构。

7.1.3 地下连续墙的类型

1. 按平面布置形式分类（见图7-1）

（1）壁板式　该形式在地下连续墙工程中应用得最多，适用于各种直线段和圆弧段墙体。

（2）T形和π形地下连续墙　适用于基坑开挖深度较大、支撑垂直间距较大的情况，最大开挖深度达到25m。

（3）格形地下连续墙　格形地下连续墙是壁板式和T形连续墙组合在一起的结构形式，可不设支撑，靠自重维持墙体的稳定，已用于大型工业基坑。

（4）预应力U形折板地下连续墙 这是一种新式地下连续墙，已应用于上海某地垂直车库工程。折板是一种空间受力结构，具有刚度大、变形小、节省材料等优点。

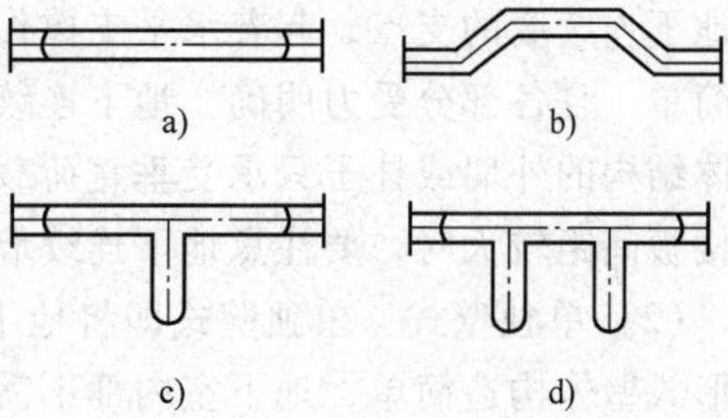

2. 按用途分类

如按用途还可分为临时挡土墙、防渗墙、用作主体结构兼作临时挡土墙的地下连续墙和用作多边形基础兼作墙体的地下连续墙。

3. 按材料分类

按墙身材料可分为土质墙、混凝土墙、钢筋混凝土墙（又有现浇和预制之分）和组合墙（预制钢筋混凝土墙板和自凝水泥膨胀土泥浆的组合）。

图 7-1 地下连续墙平面布置形式
a）壁板式 b）U形折板 c）T形 d）π形

4. 按构造形式分类

当地下连续墙除作为基坑围护结构外又兼作地下工程永久性结构（主体结构）的一部分时，根据其构造形式可分为分离壁式、整体壁式、单独壁式和重壁式，其中分离壁式、整体壁式和重壁式是在基坑开挖以后，在地下连续墙内侧浇注一层厚度为 200 ~ 400mm 的内衬（见图 7-2）。

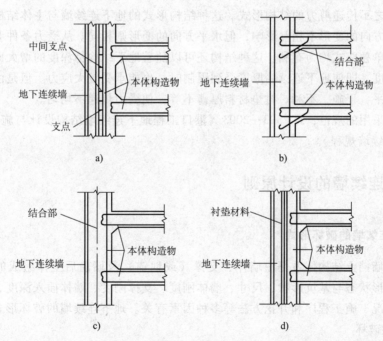

图 7-2 地下连续墙构造形式
a）分离壁式 b）单独壁式 c）整体壁式 d）重壁式

7.1.4 作为主体结构的地下连续墙的特点

按构造形式的不同，作为主体结构的地下连续墙的特点如下：

（1）分离壁式 分离壁式是在主体结构物的水平构件上设置支点，即将主体结构物作为地下连续墙的支点，起着水平支撑作用。这种布置形式的特点是地下连续墙与主体结构结合简单，且各部分受力明确。地下连续墙在施工和使用过程中都起着挡土和防渗的作用，而主体结构的外墙或柱子只承受垂直荷载。当起着支撑地下连续墙水平横撑作用的主体结构各层楼板间距较大时，要注意地下连续墙可能会出现强度不足。

（2）单独壁式　单独壁式即将地下连续墙直接用作主体结构的地下室外边墙。此种布置形式壁体构造简单，地下室内部不需要另作受力结构层。但此种方式主体结构与地下连续墙连接的节点需满足结构受力要求，地下连续墙槽段接头要有较好的防渗性能，在许多土建工程中常在地下连续墙内侧作一道建筑内墙（一砖墙），并在两墙之间设排水沟，以解决渗漏问题。

（3）整体壁式　整体壁式是将地下连续墙与主体结构地下室外墙做成一个整体（也称复合壁式），即通过地下连续墙内侧凿毛或用剪力块将地下连续墙与主体结构外墙连接起来，使之在结合部位能够传递剪力。整体壁式结构形式的墙体刚度大，防渗性能较单一的墙好，且框架节点处（内墙与结构楼板或框架梁）构造简单。该种结构形式地下连续墙与主体结构边墙的结合比较重要，一般在浇捣主体结构边墙混凝土前，需将地下连续墙内侧凿毛，清理干净并用剪力块将地下连续墙和主体结构连成整体。此外新老混凝土之间因干燥收缩不同而产生的应变差会使复合墙产生较大的内力，有时也需考虑。

（4）重壁式　重壁式是把主体结构的外墙重合在地下连续墙的内侧，在两者之间填充隔绝材料，使之不传递剪力的结构形式。这种结构形式的地下连续墙与主体结构地下室外墙所产生的垂直方向的变形不相互影响，但水平方向的变形则相同。从受力条件看，这种形式较分离壁式和单独壁式均为有利。这种结构还可以随着地下结构物深度的增大而增大主体结构外边墙的厚度，即使地下连续墙厚度受到限制时，也能承受较大应力。但是由于地下连续墙表面凹凸不平，于施工不利、衬垫材料厚薄不等，使受力传递不均匀。

本章主要采用的规范：JTJ 303—2003《港口工程地下连续墙结构设计与施工规程》，简称为《地下连续墙规程》。

7.2　地下连续墙的设计原则

7.2.1　地下连续墙的破坏形式

地下连续墙挡土结构体系是由墙体、支撑（或地锚）及墙前后土体组成的共同受力体系，其受力变形状态与基坑形状、尺寸、墙体刚度、支撑刚度、墙体插入深度、土体力学性能、地下水状况、施工程序和开挖方法等多种因素有关。地下连续墙的破坏形式可分为：

1. 稳定性破坏

（1）整体失稳　松软地层中因支承位置不当，或施工中支撑系统结合不牢等原因，使墙体位移过大，或因地下连续墙入土太浅，导致基坑外整个土体产生大滑坡或塌方，致使地下连续墙支护系统整体失稳破坏（见图7-3a）。

（2）基坑底隆起　在软弱的黏性土层中，若墙体插入深度不足，开挖到一定深度后，基坑内土体会因大量隆起及基坑外地面的过量沉陷，导致整个地下连续墙支挡设施失稳破坏（见图7-3b）。

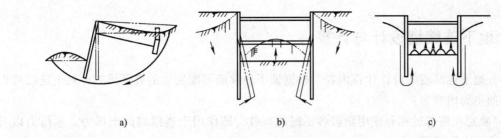

图 7-3　地下连续墙的稳定性破坏

a）整体失稳　b）基坑底隆起　c）管涌及流砂

（3）管涌及流砂　在含水的砂层中采用地下连续墙作为挡土、挡水结构时，开挖形成的水头差可能会引起管涌及流砂（见图 7-3c），开挖面内外层中砂的大量流失导致地面沉降。

2. 强度破坏

（1）支撑强度不足或压屈　当设置的支撑强度不足或刚度太小时，在侧向土压力作用下支撑损坏或压屈，从而引起墙体上部或下部变形过大，导致支撑系统破坏。

（2）墙体强度不足　由土压力引起的墙体弯矩超过墙体的抗弯能力，导致墙体产生大裂缝或断裂而破坏。

（3）变形过大　由于地下连续墙刚度不足、变形过大或者由于墙体渗水漏泥引起地层损失，导致基坑外的地表沉降和水平位移过大，会引起基坑周围的地下管线断裂和地面房屋的损坏。

7.2.2　设计原则

地下连续墙及其构筑物作为基础设计的极限状态分为以下两类：①承载力极限状态，及其坑槽地基达到最大承载力或局部、整体失稳不适于继续承载的状态；②正常使用极限状态，对应于地下连续墙及其坑槽地基达到建筑物正常使用所规定的变形值或耐久性要求的限值。

根据地下连续墙作护壁或直接作为基础或基础的一部分，其造成自身及其影响范围内的建筑物破坏后果（危及人的生命、造成经济损失和社会影响及修复的可能性）的严重性，将建筑物分为三个安全等级，在施工、使用各阶段设计时，应根据具体情况按表 7-1 选用适当的安全等级。

表 7-1　建筑物的安全等级

安全等级	破坏后果	建筑物类型
一级	很严重	重要工业与民用建筑物；地市级及其以上的重点保护文物；20 层以上的高层建筑；体型复杂的 14 层以上建筑；运行的铁路干线、公路、地铁路基等；重要桥梁；重要码头、护岸；对变形有特殊要求的重要建筑物；独立槽段为一桩（或一墩）的二级建筑物；开挖深度超过 25m 的基坑支护
二级	严重	一般的土木建筑物；深度等于或大于 6m 且小于或等于 25m 基坑支护；一般保护文物；施工期间停用的重要铁路和一般运行的公路路基
三级	不严重	次要的土木建筑物；深度小于 6m 的一般基坑的临时施工支护，且其影响范围内无一、二级建筑物

7.3　地下连续墙设计与计算

（1）地下连续墙的设计计算内容　根据地下连续墙可能发生的破坏形式，地下连续墙设计计算的主要内容为：

1）确定在施工过程和使用阶段各工况的荷载，即作用于连续墙的土压力、水压力以及上部传来的垂直荷载。

2）确定地下连续墙所需的入土深度，以满足抗管涌、抗隆起、防止基坑整体失稳破坏以及满足地基承载力的需要。

3）验算开挖槽段的槽壁稳定，必要时重新调整槽段长、宽、深度的尺寸。

4）地下连续墙结构体系（包括墙体和支撑）的静力分析和变形验算。

5）地下连续墙结构的界面设计，包括墙体和支撑的配筋设计或截面强度验算，节点、接头的连接强度验算和构造处理。

6）估算基坑施工对周围环境的影响程度，包括连续墙的墙顶位移和墙后地面沉降值的大小和范围。

（2）地下连续墙的静力计算方法　详见10.5节排桩式维护墙体的设计计算方法，该方法包括悬臂式排桩支护、单支点排桩支护、多支点排桩支护的各种计算方法，这些方法也适用于地下连续墙静力计算。

7.4　地下连续墙的施工

地下连续墙采用逐段施工方法，且周而复始地进行。地下连续墙作为一种地下工程的施工方法，有诸多工序组成，其施工过程较为复杂，每段的施工过程，大体上分为以下六步（见图7-4）：

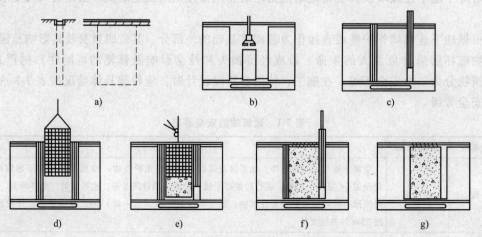

图 7-4　地下连续墙的施工顺序图

a）导墙开挖及修筑　b）挖槽　c）放接头管　d）吊放钢筋笼

e）混凝土灌注　f）拔接头管　g）成型

1）开挖导槽，修筑导墙。

2）在始终充满泥浆的沟槽中，利用专业挖槽机械进行挖槽。

3）两端放入接头管（又称锁口管）。

4）将已制备的钢筋笼下沉到设计高度。当钢筋笼太长，一次吊沉有困难，也可在导墙上进行分段施工，逐步下沉。

5）待插入水下灌注混凝土导管后，即可进行混凝土灌注。

6）待混凝土初凝后，拔去接头管。

作为地下连续墙的整个施工工艺过程，还应包括施工前的准备、泥浆的制备等许多细节，其中修筑导墙、泥浆护壁、槽段开挖、钢筋笼制作与吊装、水下混凝土浇筑是地下连续墙施工的主要工序。

7.4.1　导墙施工

1. 导墙的作用

导墙作为地下连续墙施工过程中必不可少的构筑物，具有以下作用：

（1）控制地下连续墙施工精度　导墙与地下墙中心相一致，规定了沟槽的位置走向，可作为量测挖槽标高、垂直度的基准，导墙顶面又作为机架式挖土机械导向钢轨的架设定位。

（2）挡土作用　由于地表土层受地面超载影响，容易塌陷，导墙起到挡土作用。为防止导墙在侧向土压力作用下产生位移，一般应在导墙内侧每隔 1~2m 架设上下两道木支撑。

（3）重物支撑台　施工期间，承受钢筋笼、灌注混凝土用的导管、接头管以及其他施工机械的静、动荷载。

（4）维持稳定液面的作用　导墙内存蓄泥浆，为保证槽壁的稳定，要使泥浆液面始终保持高于地下水位一定的高度。大多数规定为 1.25~2.0m。上海地区施工经验，使泥浆液面保持高于地下水位 1.0m，一般也能满足要求。

2. 导墙的形式与施工

导墙一般采用现浇钢筋混凝土结构，也有钢制的或预制的钢筋混凝土的装配式结构。根据工程经验，采用现场浇筑的混凝土导墙容易做到底部与土层贴合，防止泥浆流失，而其他的预制式导墙较难做到这一点。图 7-5 所示为几种现浇钢筋混凝土导墙。

在图 7-5 中，形式 a、b 断面最简单，它适用于表层土壤良好（如密实的黏性土等）和导墙上荷载较小的情况；形式 c、d 为应用最多的两种，适用于表层土为杂填土、软黏土等承载能力较弱的土层；形式 e 适用于作用在导墙上的荷载很大的情况，可根据荷载的大小计算确定其伸出部分的长度；形式 f 适用于邻近建筑物的情况，有相邻建筑物的一侧应适当加强。当地下水位很高而又不采用井点降水时，为确保导墙内泥浆液面高于地下水位 1m 以上，可采用形式 g 的导墙，在导墙周边填土。

导墙一般采用 C30~C40 混凝土浇筑，配筋通常为 φ12~φ14@200。当表土较好，在导墙施工期间能保持外侧土壁垂直自立时，可以用土壁代替外模板，避免回填土，以防槽外地表水渗入槽内。若表土开挖后外侧土壁不能垂直自立时，外侧需要设模板。导墙外侧的回填土应用黏土回填密实，防止地下水从导墙背后渗入槽内，引起槽段塌方。

地下墙两侧导墙内表面之间的净距，应比地下连续墙厚度略宽，一般为 40mm 左右，导

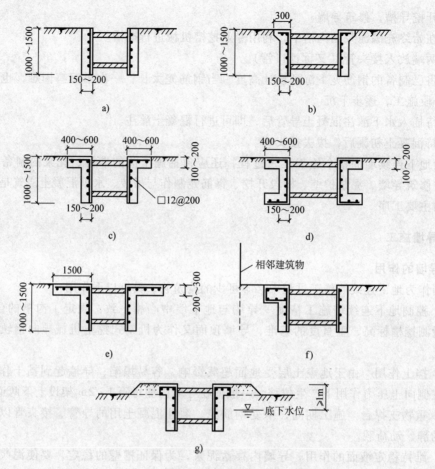

图 7-5　几种形式的现浇钢筋混凝土导墙

墙顶面应高于地面 100mm 左右，以防雨水流入槽内稀释及污染泥浆。

现浇钢筋混凝土导墙拆模后，应沿纵向每隔 1m 左右设上、下两道木支撑，将两片导墙支撑起来，在导墙的混凝土达到设计强度之前，禁止任何重型机械和运输设备在旁边行驶，以防导墙受压变形。

7.4.2　泥浆护壁

在地下连续墙挖槽过程中，泥浆的作用是护壁、携渣、冷却机具和切土润滑，其中护壁最为重要。泥浆的正确使用，是保证挖槽成败的关键。

泥浆具有一定的密度，在槽内对槽壁有一定的静水压力，相当于一种液体支撑。泥浆能渗入土壁形成一种透水性很低的泥皮，有助于维护土壁的稳定性。

泥浆具有高度的黏性，能在挖槽过程中将土渣悬浮起来，可使钻头时刻钻进新鲜土层，避免土渣堆积在工作面上影响挖槽效率，又便于土渣随同泥浆排出槽外。

泥浆既可降低钻具因连续冲击或回钻而上升的温度，又可减轻钻具的磨损消耗，有利于提高挖槽效率并延长钻具的使用时间。

挖槽筑墙所用的泥浆不仅要有良好的固壁性能，而且要便于灌注混凝土。如果泥浆的膨润土含量不够、密度太小、黏度不大，则难以形成泥饼、难以固壁、难以保证其携沙作用。

但黏度过大，也会发生泥浆循环阻力过大、携带在泥浆中的泥沙难以除去、灌注混凝土的质量难以保证以及泥浆不易从钢筋笼上驱除等弊病。泥浆还应有一定的稳定性，保证在一定时间内不出现分层现象。

当地下水位变动频繁或槽壁可能发生坍塌时，应进行成槽试验及槽壁的稳定性验算。

7.4.3　槽段开挖

开挖槽段是地下连续墙施工的重要环节，约占工期的一半。挖槽精度又决定了墙体的制作精度，所以是决定施工进度和质量的关键程序。地下连续墙通常是分段施工的，每一段称为地下连续墙的一个槽段（又称为一个单元）。一个槽段是一次混凝土灌注单位。

槽段长度的确定，从理论上来讲，槽段长度的选择，除去小于钻机长度的尺寸不能施工外，各种长度均可施工，且越长越好。这样能减少地下连续墙的接头数（因为接头是地下连续墙的薄弱环节），从而提高地下连续墙的防水性能和整体性。但实际上，槽段的长度应考虑下列各种因素后综合确定：

1）地质情况的好坏。当地层很不稳定时，为了防止沟槽壁坍塌，应减少槽段长度，以缩短造孔时间。

2）周围环境。假使近旁有高大建筑物或较大的地面荷载时，为确保沟槽的稳定，也应缩短槽段长度，缩短槽壁暴露时间。

3）工地具备的起重机能力。根据工地所具备的起重机能力是否能方便地起吊钢筋笼等重物来决定槽段长度。

4）单位时间内供应混凝土的能力。通常可规定每槽段内全部混凝土量，需在 4h 内灌注完毕。

5）工地上所具备的稳定液槽容积。稳定液槽容积一般应是每一槽段的沟槽容积的 2 倍。

6）工地占用场地面积以及能够连续作业的时间。为缩短每道工序的施工时间，应减少槽段的长度。最大槽段长度一般不超过 10m。从我国施工经验看，槽段以 6～8m 为宜。

7.4.4　钢筋笼加工与吊放

地下连续墙一般采用 C30～C40 混凝土浇筑，纵向受力钢筋宜采用 HRB400、HRB500 的钢筋，直径不宜小于 16mm，净间距不宜小于 75mm；水平钢筋及构造筋宜选用 HRB300、HRB400 的钢筋，直径不宜小于 12mm。钢筋笼根据地下连续墙墙体配筋图和单元槽段的划分来制作。钢筋笼最好按单元槽段做成一个整体。如果地下连续墙很深或受到起重设备起重能力的限制，需要分段制作及吊放再连接时，钢筋笼的拼接，一般应采用焊接，且宜用绑条焊，不宜采用绑扎搭接接头。上海特种基础工程研究所曾作过对比试验，焊接接头、普通铁丝绑扎接头和镀锌铁丝绑扎接头在泥浆中浸泡一段时间后发现：焊接接头处基本上不结泥球；普通铁丝绑扎接头次之；而镀锌铁丝绑扎接头结泥球最多。

钢筋笼端部与接头管或混凝土接头间应留有 15～20cm 的空隙。主筋净保护层厚度通常为 7～8mm，保护层垫块厚 5cm，在垫块和墙面之间留有 2～3cm 的间隙。由于用砂浆制作的垫块容易在吊放钢筋笼时破碎，又容易擦伤槽壁面，所以一般用薄钢板制作垫块，焊于钢筋笼上。

制作钢筋笼时要预先确定浇筑混凝土用导管的位置，由于这部分空间要上下贯通，因而周围需增设箍筋和连接筋进行加固。

由于横向钢筋有时会阻碍导管插入，所以纵向主筋应放在内侧，横向钢筋放在外侧。纵向钢筋的底端应距离槽底面 10～20cm。纵向钢筋底端应稍向内弯折，以防止吊放钢筋笼时擦伤槽壁，但向内弯折的程度应不影响浇灌混凝土的导管插入。

加工钢筋笼时，要根据钢筋笼重力、尺寸及起吊方式和吊点布置，在钢筋笼内布置一定数量（一般 2～4 榀）的纵向桁架。

钢筋笼起吊时，顶部要用一根横梁（常用工字钢），其长度要和钢筋笼尺寸相适应。起吊过程中不能使钢筋笼在起吊时产生弯曲变形。为了不使钢筋笼在空中晃动，钢筋笼下端可系绳索用人力控制。起吊时不能使钢筋笼下端在地面上拖引，以防止造成下端钢筋弯曲变形。

插入钢筋笼时，最重要的是使钢筋笼对准单元槽段的中心，垂直而又准确地插入槽内。钢筋笼进入槽内时，吊点中心必须对准槽段中心，然后徐徐下降，此时必须注意不要因起重臂摆动或其他影响而使钢筋笼产生横向摆动，造成槽壁坍塌。

钢筋笼插入槽内后，检查其顶端高度是否符合设计要求，然后将其搁置在导墙上。如果钢筋笼式分段制作，吊放时需接长，下段钢筋笼要垂直悬挂在导墙上，然后将上段钢筋笼垂直吊起，上下两段钢筋笼呈直线连接。

7.4.5　水下混凝土浇筑

槽段开挖到设计标高后，要测定槽底残留的土渣厚度。沉渣过度时，会使钢筋笼插不到设计位置，或降低地下连续墙的承载力，增大墙体的沉降。

清底的方法，一般有沉淀法和置换法两种。沉淀法是在土渣基本都沉淀到槽底之后再清底；置换法是在挖槽结束后，对槽底进行认真清理，在土渣还没有沉淀之前用新泥浆把槽内的泥浆置换出来，使槽内的泥浆相对密度在 1.15 以下。我国在地下连续墙施工中多采用置换法。

清除沉渣的方法，常用的有沙石吸力泵排泥法、压缩空气生液排泥法、带搅动翼的潜水泵排泥法、抓斗直接排泥法。

清槽的质量要求：清槽结束后 1h，测定槽底沉淀物淤积厚度不大于 20cm，槽底 20cm 处的泥浆相对密度不大于 1.2 为合格。

由于地下连续墙槽段的浇筑过程具有一般水下混凝土浇筑的施工特点，混凝土强度等级一般不低于 C30。混凝土的级配除了满足结构强度要求外，还要满足水下混凝土施工的要求，比如流态混凝土的塌落度宜控制在 15～20cm，混凝土具有良好的和易性和流动性。

地下连续墙混凝土使用导管在泥浆中浇筑的。由于导管内混凝土密度大于导管外泥浆的密度，利用两者的压力差使混凝土从导管内流出，在管口附近一定范围内上升替换掉原来泥浆的空间。

导管的数量与槽段长度有关，槽段长度小于 4m 时，可使用一根导管；大于 4m 时，应使用 2 根或 2 根以上导管。导管直径约为骨料粒径的 8 倍，不得小于粗骨料粒径的 4 倍。导管间距根据导管直径决定，使用 150mm 导管时，间距为 2m；使用 200mm 导管时，间距为 3m。导管应尽量靠近接头。

在混凝土浇筑过程中，导管下口插入混凝土深度应控制在 2～4m，不宜过深或过浅。插入深度大，混凝土挤堆的影响范围大，深部的混凝土密实、强度高。但容易使下部沉积过多的粗骨料，而混凝土表面聚积较多的砂浆。导管插入太浅，则混凝土呈推铺式推移，泥浆容易混入混凝土，影响混凝土的强度。因此导管埋入混凝土深度不得小于 1.5m，亦不宜大于6m。例外的情况是当混凝土浇筑到地下连续墙墙顶附近时，导管内混凝土不易流出的时候，一方面要降低灌注速度，一方面可将导管的埋入深度减为 1m 左右。如果混凝土在浇筑不下去可将导管作上下运动，但上下运动的高度不能超过 30cm。

值得注意的是，在浇筑过程中，导管不能作横向运动，否则会使沉渣或泥浆混入混凝土内。混凝土要连续浇筑，不能长时间中断。一般可允许中断 5～10min，最长允许中断 20～30min，以保持混凝土的均匀性。

在浇筑完成后的地下连续墙墙顶存在一层浮浆层，因此混凝土顶面需要比设计标高超浇0.5m 以上。凿去该层浮浆层，地下连续墙墙顶才能与主体结构或支撑连成整体。

本章小结与讨论

（1）地下连续墙　是在地面利用专业设备，在泥浆护壁的情况下，开挖一条狭长的深槽，在槽内放置钢筋笼并浇筑混凝土，形成一段钢筋混凝土墙段。

（2）地下连续墙分类　地下连续墙种类很多，按其填筑的材料，分为土质墙、混凝土墙、钢筋混凝土墙（现浇和预制）和组合墙（预制钢筋混凝土墙板和现浇混凝土的组合，或预制钢筋混凝土墙板和自凝水泥膨润泥浆的组合）；按其成墙方式，分为桩排式、壁板式、桩壁组合式；按其用途，分为临时挡土墙、防渗墙、用作主体结构兼作临时挡土墙的地下连续墙。

（3）地下连续墙的施工　主要包括导墙施工、泥浆护壁、槽段开挖、钢筋笼加工与吊放、水下浇筑混凝土等施工工序。

习　　题

7-1　地下连续墙有哪些特点？可分为哪些种类？

7-2　导墙有哪些作用？

7-3　地下连续墙的主要施工程序有哪些？

第 8 章

地 基 处 理

【本章要求】 1. 熟悉常用地基处理方法的加固原理、适用范围。
2. 了解合理选用地基处理的方法。
3. 掌握地基处理设计方法。
4. 熟悉复合地基处理加固原理。
5. 掌握复合地基承载力和沉降计算方法。

【本章重点】 换填法设计要点及施工方法；复合地基承载力计算理论。

8.1 概述

地基处理是指为提高地基土的承载力，改善其变形性质或渗透性质而采取的人工方法。在现代土木工程建设中，土木工程师常会遇到各种各样的软弱地基或不良地基，主要包括：软土、杂填土、多年冻土、盐渍土、岩溶、土洞、山区不良地基。这些地基通常情况下不能满足建筑物对地基的要求，需要进行加固处理。经过人工加固处理的地基统称为人工地基。本章采用 JGJ 79—2012《建筑地基处理技术规范》。

8.1.1 地基处理的目的

当天然地基不能满足工程建设要求时，就必须采取一定的措施。常用的措施有：重新考虑基础设计方案，选择合适的基础类型；调整上部结构设计方案；对地基进行处理加固。

1. 地基可能存在的问题

一般而言，地基问题可归结为以下几个方面：

（1）承载力及稳定性 地基承载力较低，不能承担上部结构的自重及外荷载，导致地基失稳，出现局部或整体剪切破坏或冲剪破坏。

（2）沉降变形 高压缩性地基可能导致建筑物发生过大的沉降量，使其失去使用效能；地基不均匀或荷载不均匀导致地基沉降不均匀，使建筑物倾斜、开裂、局部破坏，失去使用效能甚至整体破坏。

（3）动荷载下的地基液化、失稳和震陷 饱和无黏性土地基具有振动液化的特性。在地震、机器振动、爆炸冲击、波浪作用等动荷载作用下，地基可能因液化、震陷导致地基失稳破坏；软黏土在振动作用下，产生震陷。

（4）渗透破坏 土具有渗透性，当地基中出现渗流时，将可能导致流土（流砂）和管涌（潜蚀）现象，严重时能使地基失稳、崩溃。

存在上述问题的地基，称为不良地基或软弱地基。合适的地基处理方法能够使这些问题得到解决或较好地解决，从而满足工程建设的要求。

2. 地基处理的目的

根据工程情况及地基土质条件或组成的不同，地基处理的目的可以归纳为：

1）提高土的抗剪强度，使地基保持稳定。

2）降低土的压缩性，使地基的沉降和不均匀沉降减至允许范围内。

3）降低土的渗透性或渗流的水力梯度，减少或防止水的渗流，避免渗流造成地基破坏。

4）改善土的动力性能，防止地基产生震陷变形或因土的振动液化而丧失稳定性。

5）减少或消除土的湿陷性或胀缩性引起的地基变形，避免建筑物破坏或影响其正常使用。

处理后的地基应满足建筑物地基承载力、变形和稳定性要求，地基处理的设计尚应符合下列规定：

1）经处理后的地基，当在受力层范围内仍存在软弱下卧层时，应进行软弱下卧层地基承载力验算。

2）按地基变形设计或应作变形验算且需进行地基处理的建筑物或构筑物，应对处理后的地基进行变形验算。

3）对建造在处理后的地基上受较大水平荷载或位于斜坡上的建筑物及构筑物，应进行地基稳定性验算。

认识和分析地基条件，评价其工程性质，选择合理的地基处理方法并完成卓有成效的施工，实现高质量、低成本的目标是岩土工程师的重要任务之一。

8.1.2 软弱地基与不良地基

我国的地域广阔，环境差异很大，因而地基土的类型多种多样，其中存在许多不良地基或软弱地基，常见的有如下几类：

1. 软土

软土也称软黏土，是软弱黏性土的简称。淤泥和淤泥质土在工程上统称软土。软土的物理力学性质主要是低强度、高压缩性、低渗透性、高灵敏度。

软黏土地基承载力低，强度增长缓慢；加荷后易变形且不均匀；变形速率大且稳定时间长；具有渗透性小、触变性及流变性大的特点。常用的地基处理方法有预压法、置换法、搅拌法等。

2. 杂填土

杂填土主要出现在一些老的居民区和工矿区内，是人们的生活和生产活动所遗留或堆放的垃圾土。这些垃圾土一般分为三类，即建筑垃圾土、生活垃圾土和工业生产垃圾土。不同类型的垃圾土、不同时间堆放的垃圾土很难用统一的强度指标、压缩指标、渗透性指标加以描述。

杂填土的主要特点是无规划堆积、成分复杂、性质各异、厚薄不均、规律性差。因而同一场地表现为压缩性和强度的明显差异，极易造成不均匀沉降，通常都需要进行地基处理。

3. 冲填土

冲填土是由水力冲填方式而沉积的土。其成分和分布规律与所冲填泥砂的来源及冲填时的水力条件有着密切的关系，若冲填物以黏性土为主，则土中含有大量水分且难以排出，故它在形成初期常处于流动状态。这类土属于强度低和压缩性较高的欠固结土。若冲填物是砂或其他粗颗粒土，则固结情况和力学性质较好。

近年来多用于沿海滩涂开发及河漫滩造地。冲填土形成的地基可视为天然地基的一种，它的工程性质主要取决于冲填土的性质。冲填土地基一般具有如下一些重要特点：

1）颗粒沉积分选性明显，在入泥口附近，粗颗粒较先沉积；远离入泥口处所沉积的颗粒变细，同时在深度方向上存在明显的层理。

2）冲填土的含水量较高，一般大于液限，呈流动状态。停止冲填后，表面自然蒸发后常呈龟裂状，含水量明显降低，但下部冲填土当排水条件较差时仍呈流动状态，冲填土颗粒越细，这种现象越明显。

3）冲填土地基早期强度很低，压缩性较高，这是因冲填土处于欠固结状态。冲填土地基随静置时间的增长逐渐达到正常固结状态。其工程性质取决于颗粒组成、均匀性、排水固结条件以及冲填后的静置时间。

4. 饱和松散砂土

粉砂或细砂地基在静荷载作用下常具有较高的强度。但是当振动荷载（地震、机械振动等）作用时，饱和松散砂土地基则有可能产生液化，甚至丧失承载力。这是因为土颗粒松散排列并在外部动力作用下使颗粒的位置产生错位，以达到新的平衡，瞬间产生较高的超静孔隙水压力，有效应力迅速降低。对这种地基进行处理的目的就是使它变得较为密实，消除在动荷载作用下产生液化的可能性。常用的处理方法有挤出法、振冲法等。

5. 湿陷性黄土

在上覆土层自重应力作用下，或者在自重应力和附加应力共同作用下，因浸水后土的结构破坏而发生显著附加变形的土称为湿陷性黄土，属于特殊土。有些杂填土也具有湿陷性。在湿陷性黄土地基上进行工程建设时，必须考虑因地基湿陷引起的附加沉降对工程可能造成的危害，选择适宜的地基处理方法，避免或消除地基的湿陷或因少量湿陷所造成的危害。

6. 膨胀土

膨胀土的矿物成分主要是蒙脱石，它具有很强的亲水性，吸水时体积膨胀，失水时体积收缩。这种胀缩变形往往很大，极易对建筑物造成损坏。膨胀土是特殊土的一种，常用的地基处理方法有换土、土性改良、预浸水，以及防止地基土含水量变化等工程措施。

7. 含有机质土和泥炭土

当土中含有不同的有机质时，将形成不同的有机质土，在有机质含量超过一定含量时就形成泥炭土，它具有不同的工程特性，有机质的含量越高，对土质的影响越大，主要表现为强度低、压缩性大，并且对不同工程材料的掺入有不同影响等，对工程建设或地基处理造成不利的影响。

8. 山区地基土

山区地基土的地质条件较为复杂，主要表现在地基的不均匀性和场地稳定性两个方面。由于自然环境和地基土的生成条件影响，场地中可能存在大孤石，场地环境也可能存在滑坡、泥石流、边坡崩塌等不良地质现象。它们会给建筑物造成直接的或潜在的威胁。在山区地基建造建筑物时要特别注意场地环境因素及不良地质现象，必要时对地基进行处理。

9. 岩溶（喀斯特）

在岩溶（喀斯特）地区常存在溶洞或土洞、溶沟、溶隙、洼地等。地下水的冲蚀或潜蚀使其形成和发展，它们对结构物的影响很大，易于出现地基不均匀变形、崩塌和陷落。因此在修建结构物之前，必须进行必要的处理。

8.1.3　地基处理方法分类及其适用性

地基处理方法可以按地基处理的原理、目的、施工工艺、拟处理地基的性质进行分类。但是严格的分类是困难的，同一种处理方法可能同时起到不止一种的作用效果，这时我们就很难说该处理方法属于哪一类。因此，按地基处理的原理进行分类相对而言能够较好地阐述各种地基处理方法的实质。

常用的地基处理方法按其原理和作法主要分为六大类方法，见表 8-1。

表 8-1　地基处理方法分类

分类	处理方法	原理及作用	适用范围
换填法	机械碾压法 重锤夯实法 平板振动法	挖除浅层软弱土，分层碾压或夯实来压实土，按回填的材料可分为砂垫层、碎石垫层、灰土垫层、二灰垫层和素土垫层等。它可提高持力层的承载力，减少沉降量、消除或部分消除土的湿陷性和胀缩性、防止土的冻胀作用以及改善土的抗液化性	机械碾压法常适用于基坑面积宽大和开挖土方量较大的回填土方工程，一般适用于处理浅层软土地基、湿陷性黄土地基、膨胀土地基和季节性冻土地基 重锤夯实法一般适用于地下水以上稍湿的黏性土、砂土、湿陷性黄土、杂填土以及分层填土地基 平板振动法适用于处理无黏性土或黏粒含量少和透水性好的杂填土地基
深层密实法	强夯法 挤密法 （砂桩挤密法） （振动挤密法） （灰土、二灰或 土桩挤密法） （石灰桩挤密法） 粉体喷射搅拌法 孔内强夯法	强夯法系利用强大的夯击功，迫使深层土液化和动力固结而密实 挤密法系通过挤密或振动使深层土密实，并在振动挤密过程中，回填砂、砾石、灰土、土或石灰等，形成砂桩、碎石桩、灰土桩、二灰桩、土桩或石灰桩，与桩间土一起组成复合地基，从而提高地基承载力、减少沉降量、消除或部分消除土的湿陷性，改善土的抗液化性 粉体喷射搅拌法是以生石灰或水泥等粉体材料，利用粉体喷射机械，以雾状喷入地基深部，由钻头叶片旋转，使粉体加固与原位软土搅拌均匀，使软土硬结，可提高地基承载力、减少沉降量、加快沉降速率和增加边坡稳定性	强夯法一般适用于碎石土、砂土、砾石、杂填土及黏性土、湿陷性黄土及人工填土，对淤泥质土经试验证明施工有效时方可使用 砂桩挤密法和振动水冲法一般适用于杂填土和松散砂土，对软土地基经试验证明加固有效时方可使用 灰土、二灰土或土桩挤密法一般适用于地下水位以上，深度为 5~10m 的湿陷性黄土和人工填土 粉体喷射搅拌法和石灰挤密法一般都适用于软土地基
排水固结法	堆载预压法 真空预压法 降水预压法 电渗排水法	通过布置垂直排水井，改善地基的排水条件，及采取加压、抽气、抽水和电渗等措施，以加速地基的固结和强度增长，提高地基土的稳定性，并使沉降提前完成	适用于处理厚度较大的饱和软土和冲填土地基，但需要具有预压的荷载和时间的条件。对于厚的泥炭层则要慎重对待

（续）

分类	处理方法	原理及作用	适 用 范 围
化学加固法	灌浆法 高压喷射浆法 深层搅拌法	通过注入水泥或化学浆液，或将水泥等浆液进行喷射或机械搅拌等措施，使土粒胶结，用以改善土的性质，提高地基承载力，增加稳定性，减少沉降，防止渗漏	适用于处理砂土、黏性土、湿陷性黄土及人工填土的地基。尤其适用于对已建成的由于地基问题而产生事故的托换技术
加筋法	土工织物 加筋土 树根桩 碎石桩	在软弱土层建造树根桩或碎石桩，或在人工填土的路堤或挡土墙内铺设土工织物、钢带、钢条、尼龙绳或玻璃纤维等作为拉筋，使这种人工复合的土体，可承受抗拉、抗压、抗剪和抗弯作用，以提高地基承载力、增加地基稳定性和减少沉降	土工织物适用于砂土、黏性土和软土 加筋土适用于人工填土的路堤和挡墙结构 树根桩适用于各类土 碎石桩适用于黏性土，对于软土，经试验证明施工有效时方可采用
热学法	热加固法 冻结法	热加固法是通过渗入压缩的热空气和燃烧物，并依靠热传导，而将细颗粒土加热到适当温度，如温度在100℃以上，则土的强度就会增加，压缩性随之降低 冻结法是采用液体氮或二氧化碳膨胀的方法、或采用普通的机械制冷设备与一个封闭式液压系统相连接。而使冷却液在里面流动，从而使软而湿的土进行冻结，以提高土的强度和降低土的压缩性	热加固法适用于非饱和黏性土、粉土和湿陷性黄土冻结法适用于各类土。对于临时支撑和地下水控制，特别在软土地质条件，开挖深度大于7~8m，以及低于地下水位的情况下，是一种普遍而有用的施工措施

8.1.4 地基处理方法的选择

1. 选择地基处理方案前的准备工作

在选择地基处理方案前，应完成下列工作：

1）搜集详细的岩土工程资料，上部结构及基础设计资料。

2）根据工程的要求和采用天然地基存在的主要问题，确定地基处理的目的，处理范围和处理后要求达到的各项技术经济指标等。

3）结合工程情况，了解当地地基处理经验和施工条件，对于有特殊要求的工程，尚应了解其他地区相似场地上同类工程的地基处理经验和使用情况等。

4）调查邻近建筑、地下工程和有关管线等情况。

5）了解建筑场地的环境情况。

2. 确定地基处理方法的步骤

1）根据结构类型、荷载大小及使用要求，结合地形地貌、地层结构、土质条件、地下水特征、环境情况和对邻近建筑的影响等因素进行综合分析，初步选出几种可供考虑的地基处理方案，包括选择两种或多种地基处理措施组成的综合处理方案。

2）对初步选出的各种地基处理方案，分别从加固原理、使用范围、预期处理效果、耗用材料、施工机械、工期要求和对环境的影响等方面进行经济分析和对比，选择最佳的地基处理方法。

3）对已选定的地基处理方法，宜按建筑物地基基础设计等级和场地复杂程度，在有代表性的场地上进行相应的现场试验或试验性施工，并进行必要的测试，以检验设计参数或处理效果，如达不到设计要求时，应查明原因，修改设计参数或调整地基处理方法。

在选择地基处理方案时，应同时考虑上部结构、基础和地基的共同作用，尽量选用加强上部结构和处理地基相结合的方案，这样既可降低地基的处理费用，又可收到满意的效果。

8.2 换填法

8.2.1 概述

当地基表层存在不厚的软弱土层且不能满足使用需要时，一个最简单的方法就是将其挖除，另外填筑易于压实的材料，或者如果软弱土层较厚而全部挖除不合理时，可将其部分挖除，铺设密实的垫层材料，但必须进行换填层以下土层的承载力及变形验算，以上这几种挖除回填统称为换填法。

1. 换填的目的

（1）提高承载力，增强地基稳定　将软弱土挖除或部分挖除后，垫层材料经压实作为持力层并增加应力扩散范围。

（2）减少基础沉降　垫层材料压实后，换填层压缩量减小，另外其下卧层因应力扩散增加，附加应力减小，所以下卧层压缩量也减小。由于总沉降的减小，也就在一定程度上改善了不均匀沉降。

（3）垫层用透水材料可加速地基排水固结　用透水材料做垫层相当于增设了一层水平排水通道，在建筑物施工过程中，孔压消散加快，有效应力增长也加快，有利于提高地基承载力，增加稳定性，加速施工进度以及减小建筑物建成后的工后沉降。

2. 换填法适用范围

换填法适用于淤泥、淤泥质土、湿陷性黄土、素填土、杂填土地基及暗沟、暗塘等软弱地基及不均匀地基的浅层处理。

8.2.2 垫层设计

垫层设计的主要内容是确定垫层厚度和垫层宽度。

1. 垫层厚度的确定

垫层厚度 z 应根据下卧软弱层的承载力确定，即作用在垫层底面处的自重应力与附加应力之和不大于软弱土层的承载力特征值，并符合下列要求

$$p_z + p_{cz} \leqslant f_{az} \tag{8-1}$$

式中　f_{az}——垫层底面处经深宽修正后的地基承载力特征值（kPa）；

p_{cz}——垫层底面处土的自重压力（kPa）；

p_z——相应于荷载效应标准组合时，下卧层顶面的附加压力（kPa）。

垫层底面处的附加压力值 p_z 可按下式简化计算

条形基础

$$p_z = \frac{b \ (p_k - p_c)}{b + 2z\tan\theta} \tag{8-2}$$

矩形基础

$$p_z = \frac{bl \ (p_k - p_c)}{(b + 2z\tan\theta) \ (l + 2z\tan\theta)} \tag{8-3}$$

式中 b——矩形基础或条形基础底面的宽度（m）；

l——矩形基础底面的长度（m）；

p_k——相应于荷载效应标准组合时基础底面处平均压力值（kPa）；

p_c——基础底面处土的自重压力值（kPa）；

z——基础底面下垫层的厚度（m），z 不宜小于 0.5m，也不宜大于 3m；

θ——垫层的压力扩散角（°），宜通过试验确定，当无试验资料时，可按表 8-2 采用。

表 8-2 压力扩散角 θ （°）

换填材料 z/b	中砂、粗砂、砾砂、圆砾、角砾、卵石、碎石、碎渣	粉质黏土、粉煤灰	灰 土
0.25	20	6	28
≥0.5	30	23	

注：1. 当 z/b < 0.25，除灰土取 θ = 28°外，其余材料均取 θ = 0°，必要时，宜由试验确定。

2. 当 0.25 < z/b < 0.5 时，θ 值可内插求得。

3. 土工合成材料加筋垫层的压力扩散角宜由现场静载荷试验确定。

2. 垫层宽度的确定

垫层的宽度应满足基础底面应力扩散的要求，并适当加宽，可按下式确定。

$$b' = b + 2z\tan\theta \tag{8-4}$$

式中 b'——垫层底面宽度（m）。

当 z/b > 0.5 时，垫层的宽度也可根据当地经验及基础下应力等值线的分布，按倒梯形剖面确定。整片垫层的宽度可根据施工的要求适当加宽。垫层顶面每边宜超出基础底边不小于 300mm，或从垫层底面两侧向上按当地开挖基坑的要求放坡。

垫层的承载力宜通过现场试验确定，并应验算下卧层的承载力。对重要建筑或存在较弱下卧层的建筑应进行地基变形计算。换填地基的变形由换填垫层自身变形和下卧层的变形组成。垫层下卧层的变形量可按《地基基础规范》有关规定计算。

8.2.3 换填法施工

1. 垫层材料选择

（1）砂石 宜选用中、粗、砾砂，也可用石屑（粒径小于 2mm 的部分不应超过总量的45%），应级配良好，不含植物残体、垃圾等杂质，泥的质量分数不宜超过 3%。当使用粉细砂或石粉（粒径小于 0.075mm 的部分的质量分数不超过总量的 9%）时，应掺入质量分数不少于 30% 的碎石或卵石。最大粒径不宜大于 50mm。对湿陷性黄土或膨胀土地基，不得选用砂石等透水材料。

（2）粉质黏土 土料中有机质含量不得超过 5%，且不得含有冻土或膨胀土。当含有碎石时，其最大粒径不宜大于 50mm。用于湿陷性黄土或膨胀土地基的粉质黏土垫层，土料中不得夹有砖、瓦和石块等。

（3）灰土　体积配合比宜为 2:8 或 3:7。土料宜用粉质黏土不宜使用块状黏土，且不得含有松软杂质，土料应过筛且最大粒径不得大于 15mm。灰土宜用新鲜的消石灰，其颗粒不得大于 5mm。

（4）粉煤灰　可分为湿排灰和调湿灰。可用于道路、堆场和中、小型建筑、构筑物换填垫层。粉煤灰垫层上宜覆土 0.3 ~ 0.5m。

（5）矿渣　垫层使用的矿渣是指高炉重矿渣，可分为分级矿渣、混合矿渣及原状矿渣。矿渣垫层主要用于堆场、道路和地坪，也可用于中、小型建筑、构筑物地基。

（6）其他工业废渣　在有可靠试验结果或成功工程经验时，质地坚硬、性能稳定、透水性强、无腐蚀性和放射性危害的工业废渣均可用于填筑换填垫层。

（7）土工合成材料　由分层铺设土工合成材料及地基土构成加筋垫层。用于垫层的土工合成材料包括机织土工织物、土工格栅、土工垫、土工格室等。其选型应根据工程特性、土质条件与土工合成材料的原材料类型、物理力学性质、耐久性及抗腐蚀性等确定。

土工合成材料在垫层中受力时延伸率不宜大于 4% ~ 5%，且不应被拔出。当铺设多层土工合成材料时，层间应填以中、粗、砾砂，也可填细粒碎石类土等能增加垫层内摩阻力的材料。在软土地基上使用加筋垫层时，应考虑保证建筑物的稳定性和满足允许变形的要求。

对于工程量较大的换填垫层，应根据选用的施工机械、换填材料及场地的天然土质条件进行现场试验，以确定压实效果。

垫层材料的选择必须满足无污染、无侵蚀性及放射性等公害。

垫层的压实标准可按表 8-3 选用。

表 8-3　各种垫层的压实标准

施工方法	换填材料类别	压实系数 λ_c
碾压、振密或夯实	碎石、卵石	≥0.97
	砂夹石（其中碎石、卵石占全重的 30% ~ 50%）	
	土夹石（其中碎石、卵石占全重的 30% ~ 50%）	
碾压、振密或夯实	中砂、粗砂、砾砂、圆砾、石屑	≥0.97
	粉质黏土	
	灰土	≥0.95
	粉煤灰	≥0.95

注：1. 压实系数 λ_c 为土的控制干密度 ρ_d 与最大干密度 ρ_{dmax} 的比值；土的最大干密度宜采用击实试验确定；碎石或卵石的最大干密度可取 2.1 ~ 2.2t/m^3。

2. 表中压实系数 λ_c 系使用轻型击实试验测定土的最大干密度 ρ_{dmax} 时给出的压实控制标准，采用重型击实试验时，对粉质黏土、灰土、粉煤灰及其他材料压实标准应为压实系数 λ_c ≥0.94。

2. 垫层施工及注意事项

1）垫层施工应根据不同的换填材料进行施工。粉质黏土、灰土垫层宜采用平碾、振动碾或羊足碾，以及蛙式夯、柴油夯；砂石垫层等宜用振动碾；粉煤灰垫层宜采用平碾、振动碾、平板振动器、蛙式夯；矿渣垫层宜采用平板振动器或平碾，也可采用振动碾。

2）垫层的施工方法、分层铺填厚度、每层压实遍数等宜通过试验确定。除接触下卧软土层的垫层底层应根据施工机械设备及下卧层土质条件的要求具有足够的厚度外，一般情况下，垫层的分层铺填厚度可取 200~300mm。为保证分层压实质量，应控制机械碾压速度。

3）粉质黏土和灰土垫层土料的施工含水量宜控制在最优含水量 w_{op} ±2% 的范围内，粉煤灰垫层的施工含水量控制在 w_{op} ±4% 的范围内。最优含水量可通过击实试验确定，也可按当地经验选取。

4）当垫层底部存在古井、古墓、洞穴、旧基础、暗塘等软硬不均的部位时，应根据建筑物对不均匀沉降的要求予以处理，并经检验合格后，方可铺填垫层。

5）基坑开挖时应避免坑底土层受扰动，可保留 180~200mm 厚的土层暂不挖去，待铺填垫层前再挖至设计标高。严禁扰动垫层下卧层的淤泥或淤泥质土层，防止其被践踏、受冻或受浸泡。在碎石或卵石垫层底部宜设置 150~300mm 厚的砂垫层或铺一层土工织物，并应防止基坑边坡塌土混入垫层。

对淤泥或淤泥质土层厚度较小，在碾压或强夯荷载下抛石能挤入该层底面的工程，可采用抛石挤淤处理。先在软弱土面上堆填块石、片石等，然后将其碾压入或夯入以置换和挤出软弱土。在滨河滨海开阔地带，可利用爆破挤淤。在淤泥面堆块石堆，并在其侧边下部淤泥中按设计量埋入炸药，通过爆炸挤出淤泥，使块石沉落底部至坚实土层之上。

6）换填垫层施工应注意基坑排水，必要时应采用降低地下水位的措施，严禁水下换填。

7）垫层底面宜设在同一标高上，如深度不同，基坑底面应挖成阶梯或斜坡搭接，并按先深后浅的顺序进行垫层施工，搭接处应碾压密实。

粉质黏土及灰土垫层分段施工时，不得在柱基、墙角及承重窗间墙下接缝；上下两层的缝距不得小于 500mm，且接缝处应夯击密实。灰土应拌和均匀，并应当日铺填夯压，灰土夯实后 3 日内不得受水浸泡。粉煤灰垫层宜铺填后当天压实，每层验收后应及时铺填上层或封层，防止干燥后松散起尘污染，同时应禁止车辆碾压通行。

垫层竣工后，应及时进行基础施工与基坑回填。

8）铺设土工合成材料时，下卧层顶面应均匀平整，防止土工合成材料被刺穿、顶破。铺设时端头应固定，如回折锚固，且避免长时间曝晒或暴露，连接宜用搭接法、缝接法和胶接法，搭接法的搭接长度宜为 300~1000mm，基底较软者应选取较大的搭接长度，当采用胶接法时，搭接长度应不小于 100mm，并均应保证主要受力方向的连接强度不低于所采用材料的抗拉强度。

9）当碾压或夯击振动对邻近既有或正在施工中的建筑产生有害影响时，必须采取有效预防措施。

3. 垫层质量检验

1）对粉质黏土、灰土、粉煤灰和砂石垫层可用环刀取样、静力触探、轻型动力触探或标准贯入试验检验；对砂石、矿渣垫层可用重型动力触探检验。压实系数的检验可采用环刀法、灌水法或其他方法。

2）垫层的施工质量检验必须分层进行，每夯实完一层，应检验该层的压实系数。当压实系数符合设计要求后，才能铺填上层土。

3）当采用标准贯入试验或动力触探试验检验垫层的施工质量时，每分层检验点的间距不应大于 4m。当采用环刀法检验垫层的施工质量时，取样点应位于每层垫层厚度的 2/3 深度处。检验点数量，条形基础下垫层每 10～20m 不应少于 1 个点，独立柱基、单个基础下垫层不应少于 1 个点，其他基础下垫层每 50～100m² 不应少于 1 个点。

4）竣工验收采用载荷试验检验垫层承载力时，每个单体工程不宜少于 3 点；对于大型工程则应按单体工程的数量或工程的面积确定检验点数。

5）加筋垫层中土工合成材料的检验应符合下列要求：①土工合成材料质量应符合设计要求，外观无破损、无老化、无污染；②土工合成材料应可张拉、无皱折、紧贴下承层，锚固端应锚固牢靠；③上下层土工合成材料搭接缝应交替错开，搭接强度应满足设计要求。

8.3　强夯法和强夯置换法

8.3.1　强夯法

强夯是法国 Menard 技术公司于 1963 年首创的一种地基加固方法，它通过一般重为 10～40t 的重锤和 10～40m 的落距，对地基土施加很大的冲击能，地基土中所出现的冲击波和动应力，可提高地基土的强度，降低土的压缩性，改善土的抗液化条件，消除湿陷性黄土的湿陷性等。同时，夯击能提高土层的均匀程度，减少将来可能出现的差异沉降。

强夯法适用于处理碎石土、砂土、低饱和度的粉土和黏性土、湿陷性黄土、素填土和杂填土等地基。

1. 加固机理

强夯法是利用强度大的夯击能给地基一种冲击力，并在地基中产生冲击波，在冲击力作用下，夯锤对上部土体进行冲击，土体结构破坏，形成夯坑，并对周围土进行动力挤压。目前，强夯法加固地基有三种不同的加固机理：动力密实、动力置换和动力固结。

（1）动力密实　强夯对于多孔隙、粗颗粒、非饱和土的加固主要是基于动力密实的机理，即在冲击型动力荷载作用下，土体中的土颗粒互相靠挤，排除孔隙中的气体，颗粒重新排列，使土体中的孔隙减小，颗粒挤压密实，从而提高地基土的强度。

（2）动力置换　动力置换可分为整式置换和桩式置换。整式置换是采用强夯将碎石整体挤入淤泥中，其作用机理类似于换土垫层。桩式置换是通过夯锤冲击孔，回填碎石料并夯实形成碎石墩。其作用机理类似于振冲法形成的碎石法。它主要是靠碎石内摩擦角和墩间土的侧限来维持桩体的平衡。并与墩间土一起形成复合地基。

（3）动力固结　用强夯法处理细颗粒饱和土时，其加固原理则是借助动力固结理论。动力固结理论不同传统的静力固结理论，其不同点如图 8-1 及表 8-4 所示。动力固结理论可概述为：

1）饱和土的压缩。由于有机物分解，土中含 1%～4% 微小气泡，强夯时气体体积压缩。孔隙水

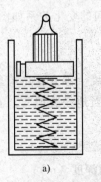
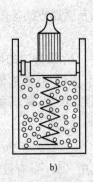

a)　　　　　　　　　b)

图 8-1　静力固结理论与动力固结
理论的模型比较
a) 静力固结理论模型
b) 动力固结理论模型

压力增大，随后气体有所膨胀，孔隙水排出，液相、气相体积减小即饱和土具有可压缩性。

表 8-4　两种模型对比

静力固结模型	动力固结模型
（1）不可压缩的液体	（1）含少量微小气泡的可压缩液体
（2）弹簧系数为常数	（2）弹簧系数为变化，土体的压缩模量在各阶段不断变化
（3）固结时排出液体的孔径不变	（3）固结时排出液体的孔径是变化的，土在排气、液化阶段的渗透系数与夯前大不相同

2）局部液化。强夯时，土体被压缩，随着夯击能量的不断加大，孔隙水压不断增加，当其值达到上覆荷重时，产生局部液化，吸收水变为自由水，土的强度下降到最小值。

3）可变渗透系数。由于强夯的冲击能量大，在土体中形成裂缝并形成树枝状排水网络，孔隙水得以顺利逸出。在有规则网格布置夯点的现场，通过积聚的夯击能量，在夯坑四周会形成有规则的垂直裂缝，夯坑附近出现涌水现象。当孔隙水压消散到小于颗粒间的侧向压力时，裂缝即自行闭合，土中水的运动重新又恢复常态。

4）触变恢复。土体经强夯后结构破坏，抗剪强度几乎为零，随着时间推移，强度逐渐恢复。

现场试验与测试表明，强夯过程和静置期间，夯击能、土体变形、孔隙水压力以及强度特征等随时间的变化关系如图 8-2 所示。

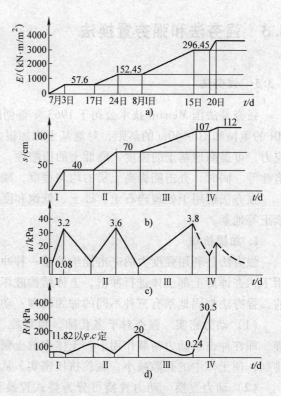

图 8-2　强夯阶段土的强度增长过程

2. 强夯法的设计

（1）有效加固深度　强夯法的有效加固深度应根据现场或当地经验确定。在缺乏试验资料或经验时可按式（8-5）或表 8-5 估算。

$$H = a\sqrt{Mh} \tag{8-5}$$

式中　H——有效加固深度（m）；

M——夯锤质量（t）；

h——落距（m）；

a——系数，根据所处理地基土的性质而定，对软土可取 0.5，对黄土可取 0.34 ~ 0.5。

表 8-5　强夯法的有效加固深度　　　　　　　　（单位：m）

单位夯击能/（kN·m）	碎石土、砂土等粗粒土	粉土、粉质黏土、湿陷性黄土等细颗粒土
1000	4.0 ~ 5.0	3.0 ~ 4.0
2000	5.0 ~ 6.0	4.0 ~ 5.0
3000	6.0 ~ 7.0	5.0 ~ 6.0
4000	7.0 ~ 8.0	6.0 ~ 7.0
5000	8.0 ~ 8.5	7.0 ~ 7.5
6000	8.5 ~ 9.0	7.5 ~ 8.0
8000	9.0 ~ 9.5	8.0 ~ 8.5
10000	9.5 ~ 10.0	8.5 ~ 9.0
12000	10.0 ~ 11.0	9.0 ~ 10.0

注：强夯法的有效加固深度应从最初起夯面算起；单击夯击能大于12000kN·m时，强夯的有效加固深度应通过试验确定。

（2）夯锤和落距　单击夯击能为夯锤质量 M 与落距 h 的乘积，整个加固场地的总夯击能量等于单击夯击能乘以总夯击数。若以整个加固场地的总夯击能量除以加固面积，即可计算出单位夯击能。强夯的单位夯击能应根据地基土类别、结构类型、荷载大小和要求处理的深度等级综合考虑，并通过试验确定。在一般情况下，对粗颗粒土可取 $1000 \sim 3000(kN·m)/m^2$，对细颗粒土可取 $1500 \sim 4000(kN·m)/m^2$。

在设计中，根据需要加固的深度初步确定采用的单击夯击能，然后再根据机具条件因地制宜地确定锤重和落距。

根据工程实践经验，一般情况下夯锤可取 $10 \sim 60t$，落距取 $8 \sim 25m$。锤底面积宜按土的性质确定，锤底静接地压力可取 $25 \sim 80kPa$，对砂性土和碎石填土，一般锤底面积为 $2 \sim 4m^2$；对一般第四纪黏性土建议用 $3 \sim 4m^2$；对于淤泥质土建议采用 $4 \sim 6m^2$；对于黄土建议采用 $4.5 \sim 5.5m^2$。

（3）夯击范围、夯击点布置及间距　强夯法处理范围应大于建（构）筑物基础范围，每边超出基础外缘的宽度一般应为加固厚度的 $1/2 \sim 1/3$ 并不小于3m。夯击点布置一般为三角形或正方形。第一遍夯击点间距可取 $5 \sim 9m$，或夯击锤直径的 $2.5 \sim 3.5$ 倍，第二遍夯击点位于第一遍夯击点之间，以后各遍夯击点间距可适当减小，以保证使夯击能量传递到深处和保护夯坑周围所产生的辐射向裂缝为基本原则。

（4）夯击数和夯击遍数　夯点的夯击次数应按现场试夯得到的夯击次数和夯沉量关系曲线确定，并应同时满足下列条件：

1）后两击的平均夯沉量不宜大于下列数值：当单击夯击能小于 4000kN·m 时，为 50mm；当单击夯击能为（4000 ~ 6000）kN·m 时为 100mm；当单击夯击能为（6000 ~ 8000）kN·m 时为 150mm；当单击夯击能为（8000 ~ 12000）kN·m 时为 200mm。

2）夯坑周围地面不应发生过大隆起。

3）不因夯坑过于深而发生起锤困难。

夯击遍数应根据地基土的性质确定，可采用点夯 $2 \sim 3$ 遍，对于渗透性较差的细颗粒土，必要时夯击遍数可适当增加；最后再以低能量满夯两遍，满夯可采用轻锤或低落距锤多次夯击，锤印搭接。

（5）间隔时间　两遍夯击之间应有一定的时间间隔，间隔时间取决于土中超静孔隙水压力的消散时间。当缺少实测资料时，可根据地基土的渗透性确定，对渗透性好的地基，超静孔隙水压力消散很快，夯完一遍，第二遍可连续夯击；对于渗透性较差的黏性土地基，间隔时间不应少于 2~3 周。

8.3.2　强夯置换法

强夯置换法是采用在夯坑内回填块石、碎石等粗粒材料，用夯锤夯击形成连续的强夯置换墩。强夯置换法适用于高饱和度的粉土与软塑、流塑的黏性土等，地基上对变形控制要求不严格的工程，同时应在设计前通过现场试验确定其适用性和处理效果。

1. 加固机理

强夯置换法除在土中形成墩体外，当加固土层为深厚饱和粉土、粉砂时，还对墩间土和墩底端以下有挤密作用，提高地基承载力。此外，墩身与墩间土构成复合地基，共同作用。

2. 强夯置换法的设计

（1）强夯置换墩的深度　强夯置换墩的深度由土质条件决定，除厚层饱和粉土外，应穿透软土层，到达较硬土层上，深度不宜超过 7m。

（2）墩体材料选择　墩体材料可采用级配良好的块石、碎石、矿渣，建筑垃圾等坚硬颗粒材料，粒径大于 300mm 的颗粒含量不宜超过全重的 30%。

（3）单击夯击能及夯击次数　强夯置换法的单击能应根据现场试验确定。在进行初步设计时，也可通过如下经验公式计算单击夯击能平均值和单击夯击能量最低值 E_w，初步单击夯击能可在 $\bar{E}$ 和 E_w 之间选取

$$\bar{E} = 940(H_1 - 2.1) \tag{8-6}$$

$$E_w = 940(H_1 - 3.3) \tag{8-7}$$

式中　H_1——置换墩深度。

夯点的夯击次数应通过现场试夯确定，且应同时满足下列条件：

1）墩底穿透软弱土层，且达到设计墩长。

2）累计夯沉量为设计墩长的 1.5~2.0 倍。

3）最后两击的平均夯沉量不大于 50mm；当单击夯击能量较大时，不大于 100mm。

（4）墩的布置　墩的布置宜采用等边三角形或正方形。对于独立基础或条形基础可根据基础形状与宽度相应布置。墩间距的大小应根据荷载大小、加固前土的承载力经计算确定。当满堂布置时可取夯锤直径的 2~3 倍，对于柱基或条形基础可取夯锤直径的 1.5~2.0 倍。当墩间净距较大时，应适当提高上部结构和基础的刚度。

墩顶应铺设一层不小于 500mm 的压实垫层，垫层材料与墩体相同，粒径不宜大于 100mm。

8.4　排水固结法

8.4.1　概述

排水固结法是对天然地基，先在地基中设置砂井等竖向排水体，然后利用建筑物本身重

力分级逐渐加荷；或在建筑物建造前在场地上先行加载预压，使土体中的孔隙水排出，逐渐固结，地基发生沉降，同时强度逐步提高的方法。

排水固结法适用于处理淤泥质土、淤泥和冲填土等饱和黏性土地基，用于解决地基的沉降和稳定问题。排水固结法须满足两个基本要素，即加荷系统和排水通道。加荷系统是地基固结所需的荷载；排水通道是加速地基固结的排水措施。加荷系统可有多种方式，如堆载、真空预压、降水以及联合预压等；排水通道可以利用地基中天然排水层，否则，可人为增设排水通道，如砂井（普通砂井或袋装砂井）、塑料排水板、水平砂垫层等。

8.4.2　排水固结法的原理

饱和软黏土地基在荷载作用下，孔隙中的水被慢慢排出，孔隙体积慢慢地减小，地基发生固结变形，同时，随着超静孔隙水压力逐渐消散，有效应力逐渐提高，地基土的强度逐渐增长。所以，土体在受压固结时，一方面孔隙比减小产生压缩，另一方面抗剪强度也得到提高。这说明，如果在建筑场地先加一个和上部建筑物相同的压力进行预压，使土层固结，然后卸除荷载，再建造建筑物。这样，建筑物所引起的沉降即可大大减小。如果预压荷载大于建筑物荷载，即所谓超载预压，则效果更好。因为，经过超载预压，当土层的固结压力大于使用荷载下的固结压力时，原来的正常固结黏土层将处于超固结状态，而使土层在使用荷载下的变形大为减小。

在荷载作用下，土层的固结过程就是孔隙水压力消散和有效应力增加的过程。如地基内某点的总应力为 σ，有效应力为 σ'，孔隙水压力为 u，则三者有以下关系 $\sigma' = \sigma - u$。用填土等外加荷载对地基进行预压，是通过增加总应力 σ 并使孔隙水压力 u 消散来增加有效应力 σ' 的方法。降低地下水位和电渗排水则是在总应力不变的情况下，通过减小孔隙水压力来增加有效应力的方法。真空预压是通过覆盖于地面的密封膜下抽真空，使膜内外形成气压差，使黏土层产生固结压力。

降低地下水位、真空预压和电渗法由于不增加剪应力，地基不会产生剪切破坏，所以它适用于很软弱的黏土地基。

8.4.3　设计与计算

排水固结法的设计，主要是进行排水系统和加压系统的设计。

1. 排水系统设计

排水系统设计包括竖向排水体的材料选用、排水体深度、间距、直径、平面布置和表面砂垫层材料及厚度等。

（1）竖向排水体材料选用　竖向排水体可采用普通砂井、袋装砂井和塑料排水板。若需要设置竖向排水体长度超过 20m，建议采用普通砂井。

（2）竖向排水体深度　竖向排水体深度主要根据土层的分布、地基中附加应力大小、施工工期和施工条件以及地基稳定性等因素确定：

1）当软土层不厚、底部有透水层时，排水体应尽可能穿透软土层。

2）当深厚的高压缩性土层间有砂层或砂透镜体时，排水体应尽可能大至砂层或砂透镜体。采用真空预压时尽量避免排水体与砂层相连接，以免影响真空效果。

3）对于无砂层的深厚地基则可根据其稳定性及建筑物在地基中造成的附加应力与自重

应力之比值确定（一般为 0.1 ~ 0.2）。

4）按稳定性控制的工程，如路堤、土坝、岸坡、堆料等，排水体深度应通过稳定分析确定，排水体长度应大于最危险滑动面的深度。

5）按沉降控制的工程，排水体长度可从压载后的沉降量满足上部建筑物允许的沉降量来确定。

竖向排水体长度一般为 10 ~ 25m。

（3）竖向排水体直径、间距与井径比　普通砂井直径一般为 300 ~ 500mm，井径比为 6 ~ 8；袋装砂井直径一般为 70 ~ 120mm，井径比为 15 ~ 30。

塑料排水带可以折算为砂井直径，算式如下

$$d_p = \frac{2(b + \delta)}{\pi} \tag{8-8}$$

式中　d_p——塑料排水带当量换算直径（mm）；

　　　b——塑料排水板宽度（mm）；

　　　δ——塑料排水板厚度（mm）。

由固结度可见，井径比越小，固结越快。因而砂井直径一定时，可以采用小的砂井间距，但是若间距太小则砂井数目就要增加，涂抹作用和扰动影响也就会增加。设计时，竖井的间距可按井径比 n 选用（$n = d_e/d_w$，d_w 为竖井直径，对排水带可取 $d_w = d_p$，d_e 为砂井等效直径）。排水带和袋装砂井可按 $n = 15 ~ 22$ 选用，普通砂井可按 $n = 6 ~ 8$ 选用。

（4）平面排列　砂井的平面布置常用有三角形和正方形两种形式，平面上圆的等效直径 d_e 与砂井间距 l 的关系为

等边三角形排列　　　　$$d_e = \sqrt{\frac{2\sqrt{3}}{\pi}}l = 1.05l \tag{8-9}$$

正方形排列　　　　　　$$d_e = \sqrt{\frac{4}{\pi}}l = 1.128l \tag{8-10}$$

（5）砂垫层、砂料选用　为了使砂井排水有良好的通道，应在砂井或排水带顶部铺设砂垫层并且要很好的交叉"搭接"。砂垫层的厚度在陆地上为 0.5 ~ 0.8m，水下为 1 ~ 2m，铺设范围要超出建筑物的底面。砂源如果不足，可用排水砂沟代替砂垫层。

砂井和砂垫层属人工增设的排水通道，因而须有良好的排水性能，一般选择洗净的中砂、中粗砂，砾砂或矿渣材料也可选用。砂井和砂垫层材料黏粒的质量分数不应大于 3%。

2. 加压系统设计

（1）堆载预压　堆载预压是工程上广泛使用，行之有效的方法。堆载一般用填土、砂石等散粒材料，油罐通常利用罐体充水对地基进行预压。对堤坝等以稳定为控制的工程，则以其本身的重力有控制地分级逐渐加载，直至设计标高，有时也采用超载预压的方法来减少堤坝使用期间的沉降。

由于软黏土地基抗剪强度较低，无论利用建造建筑物直接加压还是通过堆载预压往往都不可能快速加载，而必须分级逐渐加荷，待前期荷载下地基强度增加到足以加下一级荷载时方可加下一级荷载。其计算步骤是，首先用简便的方法确定一个初步的加荷计划，然后校核这一加荷计划下地基稳定性和沉降，具体步骤如下：

1）利用地基的天然抗剪强度计算第一级允许施工的荷载 p_1。对长条梯形填土，可根据

Fellenius 公式估算

$$p_1 = 5.52c_u/K \tag{8-11}$$

式中　c_u——天然地基不排水抗剪强度。由无侧限、三轴不排水剪切试验或原位十字板剪切
　　　　　　试验测定;

　　　K——安全系数,建议采用 $1.1 \sim 1.5$。

　　2)计算第一级荷载下地基强度增长值。在 p_1 荷载下,经过一段时间预压,地基强度会
提高,提高以后的地基强度为 c_{u1},其计算公式为

$$c_{u1} = \eta(c_u + \Delta c'_u) \tag{8-12}$$

式中　$\Delta c'_u$——p_1 作用下地基因固结而增长的强度,它和土层的固结度有关,一般可先假定
　　　　　　　一固结度,通常可假设为 70%,然后求出强度增量 $\Delta c'_u$;

　　　η——考虑剪切蠕动的强度折减系数,可取 $0.75 \sim 0.90$,切应力大取低值,反之取
　　　　　高值。

　　3)计算 p_1 作用下达到所确定固结度与所需要的时间。达到某一固结度所需要的时间可
根据固结度与时间的关系求得。这一步计算的目的在于确定第一级荷载停歇时间,也即第二
级荷载开始施加的时间。

　　4)根据第二步所得到的地基强度 c_{u1} 计算第二级所能施加的荷载 p_2

$$p_2 = \frac{5.52c_{u1}}{K} \tag{8-13}$$

同样求出在 p_2 作用下地基固结度达 70% 时的强度及所需的时间,然后计算第三级所能施加
的荷载,依次计算出以后各级荷载和停歇时间。初步的加荷计划也就确定下来。

　　5)对按以上步骤确定的加荷计划进行每一级荷载下地基的稳定性验算。如稳定性不满
足,则调整加荷计划。

　　6)计算预压荷载下地基的最终沉降量和预压期间的沉降量。这一项计算的目的在于确
定预压荷载卸除的时间,这时地基在预压荷载下所完成的沉降量已达设计要求,所剩余的沉
降是建筑物所允许的。

　　(2)超载预压　为了缩短预压时间,往往采用超载预压的方法。在预压过程中,任一
时间地基的沉降量可表示为

$$s_t = s_d + U_t s_c + s_s \tag{8-14}$$

式中　s_t——时间 t 时地基的沉降量;

　　　s_d——由于剪切变形而引起的瞬时沉降;

　　　U_t——t 时刻地基的平均固结度;

　　　s_c——最终固结沉降;

　　　s_s——次固结沉降。

　　式(8-14)可用于:①确定所需的超载压力值 p_s,以保证在使用荷载 p_f 作用下预期的
总沉降量在给定的时间内完成;②确定在给定超载下达到预定沉降量所需要的时间。

　　为了消除超载卸除以后继续发生的主固结沉降,超载应维持到使土层中间部位的固结度
$(U_z)_{f+s}$ 达到下式要求

$$(U_z)_{f+s} = \frac{p_f}{p_f + p_s} \tag{8-15}$$

与土层平均固结度 U_{sR} 和 $(U_z)_{f+s}$ 相对应的时间，根据 Terzaghi 固结理论按下式计算

$$t = TH^2/C_v \tag{8-16}$$

式中　T——无因次时间因数；

C_v——竖向排水固结系数；

H——排水距离。

由于此法要求将超载保持到 p_f 作用下所有的点都完全固结为止，这时土层的大部分将处于超固结状态，因此，这是一个偏保守的方法，它所预估的 p_f 值或超载时间均大于实际所需的值。

预压荷载的大小一般是接近设计工作荷载，若要加速固结可以适当超载 10% ~ 20%。也可以不另加荷载而利用建筑物自重，用调整施工计划达到地基在自重作用下的逐步固结，这种方法通常用于对沉降要求不严格的建筑物或构造物，比如公路路堤等。

在施加预压荷载时，任何时刻作用于地基上的荷载都应小于地基的极限承载力。当荷载较大时，应分级加载并控制施工速率，使之与地基强度相适应，在地基得到一定的固结，强度有所增长后才能施加下级荷载。地基强度增长可以通过公式计算，但计算参数如固结度等还是要经实测确定，因而一般情况下，通过原型观测来控制加荷速率，同时检验加固效果以及卸荷的时间。现场原型观测的项目有：地面沉降和沉降速率、边桩水平位移、地基中孔压量测等。根据工程经验，提出如下控制要求：

1) 堆载中心地表沉降速率不大于 10mm/d。

2) 堆载预压边缘处水平位移不应超过 5mm/d，当地基达极限状态时，边桩位移迅速增大。

3) 竖井地基最大竖向变形量不应超过 15mm/d。

经验表明，当超过上述三项控制要求时，地基有可能发生破坏，应立即停止加荷。预压荷载的卸荷时间，一般控制在固结度为 85% 左右。

(3) 真空预压

1) 预压圈密封要求。真空预压地基不应与有充足补给水源的透水层相连接，要求土工膜四周密封良好，使不与大气相通。这样易于保证所应达到的真空度。设计真空压力一般为 80kPa，约 600mmHg。

2) 砂井和砂垫层铺设同堆载预压情况，但一般不作反复试算。砂井间距取 1.2 ~ 1.8m，砂井深度按沉降预估的压缩层深度考虑，但应离其下部透水层 1m 以上。因为有效加固深度尚未研究清楚，所以也不可盲目加深砂井。

3) 固结度和沉降计算。真空预压要求达到固结度 80%，如工期许可，可采用更大一些的固结度作为设计要求值。计算沉降时，主要要求出建筑物使用荷载下发生的沉降 Δs_0，具体步骤为：首先计算在建筑物荷载下天然地基的 s_0，然后计算（或实测）真空预压已完成的沉降 s_1，两者之差 $s_0 - s_1 = \Delta s$ 即为所求。其中真空预压沉降可根据固结度推算加固区增加的平均有效应力，从 e-p 压缩曲线查出相应的孔隙比，用分层总和法进行计算。

当建筑物荷载过大，单纯真空预压或堆载预压不能满足要求时，可采用真空堆载联合预压，分别单独计算两者的作用效果，然后叠加。

当地基沉降完成 80% 左右时，便可以停止抽真空（相当于卸载）。

8.5 复合地基

8.5.1 复合地基的概念、分类、特点

当天然地基不能满足建（构）筑物对地基的要求时，需要进行地基处理，形成人工地基，以保证建（构）筑物的安全与正常使用。经过地基处理形成的人工地基大致可分为三类：均质地基、多层地基和复合地基。

人工地基中的均质地基是指天然地基在地基处理过程中加固区土体性质得到全面改良，加固区土体的物理力学性质基本上是相同的，加固区的范围，无论是平面位置及深度，与荷载作用对应的地基持力层或压缩层范围相比较都已满足一定的要求。其示意图如图 8-3a 所示，均质人工地基承载力和变形计算方法基本上与均质天然地基的计算方法相同。

人工地基中的双层地基是指天然地基经地基处理形成的均质加固区的厚度与荷载作用面积或者与其相应持力层和压缩厚度相比较为较小时，在荷载作用影响区内，地基由两层性质相差较大的土体组成。双层地基示意图如图 8-3b 所示，采用换填法或表层压实法处理形成的人工地基可归属于双层地基。双层人工地基承载力和变形计算方法基本上与天然双层地基的计算方法相同。

复合地基是指天然地基在地基处理过程中部分土体得到增强，或被置换，或在天然地基中设置加筋材料，加固区是由基体（天然地基土体或被改良的天然地基土体）和增强体两部分组成的人工地基。在荷载作用下，基体和增强体共同承担荷载的作用。根据地基土体中增强体的方向又可分为水平向增强体复合地基和竖向增强体复合地基。其示意图如图 8-3c、d 所示。

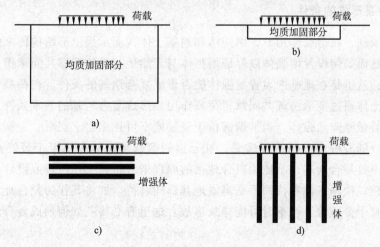

图 8-3 人工地基的分类

a）均质人工地基 b）双层地基 c）水平向增强体复合地基 d）竖向增强体复合地基

竖向增强体以桩（柱）或墩的形式出现，水平向增强体常常是土工聚合物或其他金属杆和板带。增强体材料性能和受力特点应能充分发挥其长处，才能称为"增强体"。例如，地基中设置了碎石、砂或灰土等材料的桩体，这些桩体材料性质优于原地基土，从而形成竖向加筋增强体。另外，置桩过程中对桩间土的挤密效应也有一定的加固效果；深层搅拌法在

地基中形成的桩体是竖向增强体，其桩体材料性能也优于原地基土；在水平向加筋增强体所加固地基中的土工聚合物、镀锌钢片、铝合金等材料则是充分利用其抗拉性能和与土之间产生的摩擦力承担外荷载。按照复合地基的定义，没有任何形式的加筋增强体的地基就不是复合地基。例如，换填法、夯实法、排水固结法所加固的地基就不是复合地基。

竖向增强体复合地基通常称为桩体复合地基。根据竖向增强体的性质，桩体复合地基又可分为三类：散体材料桩复合地基、柔性桩复合地基和刚性桩复合地基。散体材料桩复合地基，如碎石桩复合地基、砂桩复合地基等，散体材料桩只有依靠周围土体的围箍作用才能形成桩体，桩体材料本身单独不能形成桩体。柔性桩复合地基，如水泥土桩复合地基、灰土桩复合地基等；刚性桩复合地基，如钢筋混凝土桩复合地基、低强度混凝土桩复合地基等。

复合地基中增强体方向不同、所用材料不同、刚度大小不同，复合地基性状也不同。根据复合地基工作机理可作如下分类：

$$复合地基 \begin{cases} 竖向增强体复合地基 \begin{cases} 散体材料桩复合地基 \\ 黏结材料桩复合地基 \begin{cases} 柔性桩复合地基 \\ 刚性桩复合地基 \end{cases} \end{cases} \\ 水平向增强体复合地基 \end{cases}$$

桩体复合地基有两个基本的特点：

1）加固区是由基体和增强体两部分组成的，是非均质、各向异性的。

2）在荷载作用下，基体和增强体共同直接承担荷载的作用。

前一特征使复合地基区别于均质地基，后一特征使复合地基区别于桩基。

需要强调的是，并非地基中有了加筋增强体就叫复合地基。复合地基的本质是在荷载作用下，增强体和地基土体共同承担上部结构传来的荷载。

8.5.2 复合地基形成的条件

前面已经谈到，在荷载作用下，增强体和地基土体共同承担上部结构传来的荷载是复合地基的本质。然而如何设置增强体以保证增强体与天然地基土体能够共同承担上部结构的荷载是有条件的，这也是在地基中设置增强体能否形成复合地基的条件。在荷载作用下，增强体与天然地基土体通过变形协调共同承担荷载作用是形成复合地基的基本条件。例如，钢筋混凝土桩可以看做竖向增强体，当其端部位于坚硬或不可压缩岩土层时，最初，桩与桩间土共同承担外荷，随着桩间土固结或蠕变，桩分担的荷载越来越大以至于最终承担了全部外荷。显然，这不是复合地基，不能用复合地基的原理来分析其工作机理或设计计算，而只能将桩视为桩基础，按深基础看待而不是当做地基形式看待。如将其作为复合地基进行设计计算是不安全的且十分危险，严重时可能导致事故。这里有必要就如何形成复合地基进行进一步讨论。

从理论上分析，桩端坐落于不可压缩岩土层上的桩如果不是刚性桩而是水泥土柔性桩，如图 8-4a 它也会因地基中桩间土的固结和蠕变最终承担几乎全部外荷，只不过该柔性桩最终承担全部外荷的时间比刚性桩晚一些而已，按复合地基设计也难免潜伏着危险性。当然这种柔性桩要完全置于不可压缩层以及柔性桩本身的压缩量能否完全使其承担外荷载尚需根据具体情况分析对待。但是，如果将散体材料桩（碎石桩、砂桩等）置于坚实或不可压缩层上，则不会出现上述像刚性桩或柔性桩所发生的情况；这是因为在荷载作用下，散体材料桩

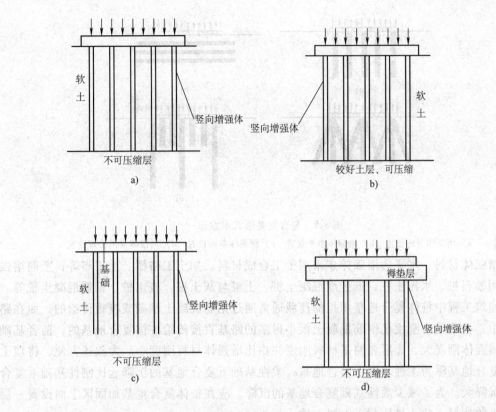

图 8-4 形成复合地基条件示意图

发生鼓胀变形，桩与桩间土始终能保持变形协调从而共同承担荷载，显然属于复合地基。如果桩端坐落于较好土层上，如图 8-4b 所示。但该土层仍具有可压缩性，这样桩与桩间土能有一定程度的变形协调，桩间土可以分担一定的外荷载，其程度视桩与桩间土的刚度比而定。图 8-4c 和图 8-4d 也是复合地基，两者具有相似的作用效果。图 8-4c 桩端未进入不可压缩层而是有一定厚度可压缩层。这个厚度能使桩土变形趋于协调从而共同承担外荷；图 8-4d 是桩端坐落于不可压缩层，与图 8-4a 情况不同的是桩顶平面以上铺设了可压缩性垫层（称为褥垫），该垫层可有效调整桩土应力，避免桩顶应力集中，使得桩间土与桩始终保持变形协调，从而共同承担外荷。如果没有垫层则是如图 8-4a 所示情况。

由上分析可见，在地基中设置的增强体只是形成复合地基的必要条件，而能自始至终保持增强体与原地基土协同工作共同承担外荷才是复合地基的充分条件，当然没有必要条件也就谈不上充分条件。

8.5.3 复合地基的常用形式

在工程实践中应用的复合地基形式很多，概括起来从下述三方面分类：①增强体设置方向；②增强体材料；③基础刚度及是否设置垫层。

复合地基中增强体除可竖向设置（见图 8-5a）和水平向设置（见图 8-5b）外，还可斜向设置（见图 8-5c），如树根桩复合地基。在形成复合地基中，竖向增强体可以采用同一长度，也可采用长短形式（见图 8-5d），长桩和短桩可采用同一材料制桩，也可采用不同材料制桩。

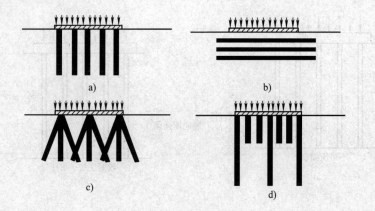

图 8-5 复合地基形式示意图

a）增强体竖向设置 b）增强体水平设置 c）增强体斜向设置 d）增强体采用长短设置

对增强体材料，水平向增强体多采用土工合成材料，如土工格栅、土工布等；竖向增强体可采用砂石桩、水泥土桩、低强度混凝土桩、土桩与灰土桩、渣土桩、钢筋混凝土桩等。

在建筑工程中桩体复合地基承担的荷载通常通过钢筋混凝土基础或筏板传给的，而在路基工程中，荷载是由刚度比钢筋混凝土板小得多的路基直接传给桩体复合地基的，前者基础刚度比增强体刚度大，而后者路基材料刚度往往比增强体材料刚度小。为叙述方便，将填土路基下复合地基称为柔性基础下复合地基。柔性基础下复合地基的沉降远比刚性基础下复合地基的沉降大。为了减少柔性基础复合地基的沉降，应在桩体复合地基加固区上面设置一层刚度较大的垫层，防止桩体刺入上层土体。

综上所述，复合地基常用形式分类如下：

1）按增强体设置方向分为竖向、水平向及斜向复合地基。

2）按增强体材料分为：①土工合成材料，如土工格栅、土工布等；②砂石桩；③水泥土桩、土桩、灰土桩、渣土桩等；④低强度混凝土桩和钢筋混凝土桩等。

3）按基础刚度和是否设置垫层分为：①刚性基础，设垫层；②刚性基础，不设垫层；③柔性基础，设垫层；④柔性基础，不设垫层。

4）按增强体长度分为等长和不等长复合地基（长短桩复合地基）。

8.5.4 复合地基破坏模式

竖向增强体复合地基的破坏形式首先可以分成下述两种情况：①桩间土首先破坏进而发生复合地基全面破坏；②桩体首先破坏进而发生复合地基全面破坏。在实际工程中，桩间土和桩体同时达到破坏是很难遇到的。大多数情况下，桩体复合地基都是桩体先破坏，继而引起复合地基全面破坏。

竖向增强体复合地基中桩体破坏的模式可以分成下述四种形式：刺入破坏、鼓胀破坏、桩体剪切破坏和滑动剪切破坏，如图 8-6 所示。

桩体发生刺入破坏模式，如图 8-6a 所示，桩体刚度较大，地基上承载力较低的情况下较易发生刺入破坏。桩体发生刺入破坏，承担荷载大幅度降低，进而引起复合地基桩间土破坏，造成复合地基全面破坏。刚性桩复合地基较易发生刺入破坏，特别是柔性基础下刚性桩复合地基更易发生刺入破坏。

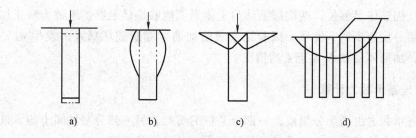

图 8-6　竖向增强体复合地基破坏模式

a）桩体刺入破坏　b）桩体鼓胀破坏　c）桩体剪切破坏　d）滑动剪切破坏

桩体鼓胀破坏模式，如图 8-6b 所示，在荷载作用下，桩周土不能提供桩体足够的围压，以防止桩体发生过大的侧向变形，产生桩体鼓胀破坏。在刚性基础下和柔性基础下散体材料桩复合地基均可能发生桩体鼓胀破坏。

桩体剪切破坏模式，如图 8-6c 所示，在荷载作用下，复合地基中桩体发生剪切破坏，进而引起复合地基全面破坏。低强度的柔性桩较易产生桩体剪切破坏。刚性基础下和柔性基础下低强度柔性桩复合地基均可产生桩体剪切破坏。相比较柔性基础下发生可能性更大。

滑动剪切破坏模式，如图 8-6d 所示，在荷载作用下，复合地基沿某一滑动面产生滑动破坏。在滑动面上，桩体和桩间土均发生剪切破坏。各种复合地基均发生滑动破坏。柔性基础下的比刚性基础下的发生可能性更大。

水平增强体复合地基通常的破坏模式是整体破坏。受天然地基土体强度、加筋体强度和刚度以及加筋体的布置形式的因素影响而具有多种破坏形式。目前主要有三种破坏形式。

1）加筋体以上土体剪切破坏。如图 8-7a 所示，在荷载作用下，最上层加筋体以上土体发生剪切破坏。也有人把它称为薄层挤出破坏。这种破坏多发生在加筋体埋深较深、加筋体强度大，并且具有足够锚固长度，加筋层上部土体强度较弱的情况。这种情况下，上部土体中的剪切破坏无法通过加筋层，剪切破坏局限于加筋体上部土体中。若基础宽度为 b，第一层加筋体埋深为 u。当 $u/b > 2/3$ 时，发生这种破坏形式可能性较大。

2）加筋体在剪切过程中被拉出或与土体产生过大相对滑动产生破坏。如图 8-7b 所示，在荷载作用下，加筋体与土体间产生过大的相对滑动，甚至加筋体被拉出，加筋体复合地基发生破坏而引起整体破坏。这种破坏形式多发生在加筋体埋深较浅，加筋层较少，加筋体强度高但锚固长度过短，两端加筋体与土体界面不能提供足够的摩擦力以阻止加筋体拉出的情况。试验表明，这种破坏形式发生在 $u/b < 2/3$ 和加筋层数 N 小于 2 或 3 的情况。

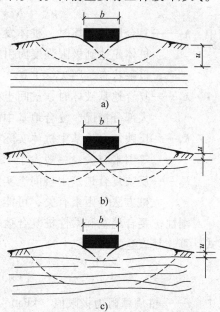

图 8-7　水平向增强体复合地基破坏模式

a）$u/b > 2/3$　b）$u/b < 2/3$，$N < 2$ 或 3
c）$u/b < 2/3$，$N > 4$

3）加筋体在剪切过程中被拉断而产生剪切破坏。如图 8-7c 所示，在荷载作用下，剪切过程中加筋体被绷断，引起整体剪切破坏。这种破坏形式多发生在加筋体埋深较浅，加筋层数较多，并且加筋体足够长，两端加筋体与土体界面能够提供足够的摩擦力防止加筋体被拉断，然后一层一层逐步向下发展。试验结果表明加筋体绷断破坏形式多发生 $u/b < 2/3$，且加筋体较长，加筋体层数 N 大于 4 的情况。

8.5.5 复合地基承载力计算

复合地基承载力由两部分组成，一部分是桩的贡献，另一部分是桩间土的贡献。如何合理估计两者对复合地基承载力的贡献是桩体复合地基计算的关键。

按竖向增强体（以下称桩）与桩间土等应变的假定，且两者同时达到极限状态时，复合地基极限承载力是两者的简单叠加，用面积加权平均法，其计算简化公式如下

$$p_{cf} = mp_{pf} + (1 - m)p_{sf} \tag{8-17}$$

式中　p_{cf}——复合地基极限承载力（kPa）；

　　　p_{pf}——桩的极限承载力（kPa）；

　　　p_{sf}——桩间土的极限承载力（kPa）；

　　　m——复合地基置换率，$m = \dfrac{A_p}{A}$，其中 A_p 为桩体面积，A 为对应的加固面积。

最近的研究表明，复合地基中的桩实际极限承载力往往比独立单桩极限承载力大；复合地基中桩间土的实际承载力与原天然地基的承载力也往往存在差异，研究还发现，复合地基达到极限破坏时，桩和桩间土达到极限状态的先后不同，即极限强度发挥的程度不同。桩体复合地基极限承载力公式修正为

$$p_{cf} = K_1\lambda_1 mp_{pf} + K_2\lambda_2(1 - m)p_{sf} \tag{8-18}$$

式中　λ_1——复合地基破坏时，桩体发挥其极限强度的比例，称为桩体极限强度发挥度，若桩体先达到极限强度而引起复合地基破坏，则 $\lambda_1 = 1.0$，否则，若桩间土先达极限状态，则 $\lambda_1 < 1.0$；

　　　λ_2——复合地基破坏时，桩间土极限强度发挥的比例，称为桩间土极限强度发挥度，大部分情况，复合地基中的桩体往往先达到极限强度，λ_2 在 0.4~1.0 之间；

　　　K_1——反映复合地基中桩体实际极限承载力的修正系数，与地基土质情况、成桩方法等因素有关，一般大于 1.0；

　　　K_2——反映复合地基中桩间土实际极限承载力的修正系数，其值与地基土质情况、成桩方法等因素有关，可能大于 1.0，也可能小于 1.0。

对刚性桩复合地基和柔性桩复合地基，桩体极限承载力可采用类似摩擦桩极限承载力计算式计算，其表达式为

$$p_{pf} = \frac{1}{A_p}\sum fS_a L_i + R \tag{8-19}$$

式中　f——桩周摩阻力极限值（kPa）；

　　　S_a——桩身周边长度（m）；

　　　A_p——桩身截面面积（m²）；

　　　R——桩端土极限承载力（kPa）；

　　　L_i——按土层划分的各段桩长（m）。

按式（8-19）计算桩体极限承载力外，尚需计算桩身材料强度允许的单桩极限承载力，

即

$$p_{pf} = q \tag{8-20}$$

式中　q——桩体极限抗压强度。

由式（8-19）和式（8-20）计算所得的两者中较小值为桩的极限承载力。

对散体材料桩复合地基，桩体极限承载力主要取决于桩侧土体所能提供的最大侧压力。散体材料在荷载作用下，桩体发生鼓胀，桩周土进入塑性状态，可通过计算桩间土侧向极限应力计算单桩极限承载力，其一般表达式为

$$p_{pf} = \sigma_{ru}K_p \tag{8-21}$$

式中　K_p——桩体材料的被动土压力系数；

σ_{ru}——桩间土能提供的侧向极限应力（kPa）。

8.5.6　复合地基沉降计算

在各类复合地基沉降实用计算方法中，通常把沉降量分为两部分，如图 8-8 所示，图中 h 为复合地基加固区厚度，z 为荷载作用下地基压缩层厚度，加固区土体压缩量为 s_1，加固区下卧层土体压缩量为 s_2，则复合地基总沉降量 s 表达式为

$$s = s_1 + s_2 \tag{8-22}$$

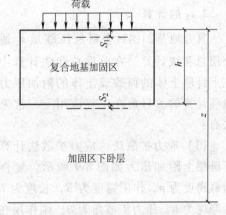

图 8-8　复合地基沉降计算模式

1. s_1 的计算

s_1 的计算方法一般有以下三种方法。

（1）复合模量法　将复合地基加固区中增强体和基体两部分视为一复合土体，采用复合压缩模量 E_{cs} 来评价复合土体的压缩性。采用分层总和法计算 s_1，表达式为

$$s_1 = \sum_{i=1}^{n} \frac{\Delta p_i}{E_{csi}} H_i \tag{8-23}$$

式中　Δp_i——第 i 层复合土体上附加应力增量（kPa）；

H_i——第 i 层复合土层的厚度（m）。

E_{csi} 值可通过面积加权计算或弹性理论表达式计算，也可通过室内试验测定。面积加权表达式为

$$E_{cs} = mE_p + (1 - m)E_s \tag{8-24}$$

式中　m——复合地基面积置换率；

E_p——桩体压缩模量（MPa）；

E_s——土体压缩模量（MPa）。

（2）应力修正法　在该方法中，根据桩间土承担的荷载 p_s，按照桩间土的压缩模量 E_s，忽略增强体的存在，采用分层总和法计算加固区土层的压缩量 s_1

$$s_1 = \sum_{i=1}^{n} \frac{\Delta p_{si}}{E_{si}} H_i = \mu_s \sum_{i=1}^{n} \frac{\Delta p_i}{E_{si}} H_i = \mu_s S_{1s} \tag{8-25}$$

式中　Δp_i——未加固地基（天然地基）在荷载 p 作用下第 i 层土上的附加应力增量；

Δp_{si}——复合地基中第 i 层土的附加应力增量；

S_{1s}——未加固地基（天然地基）在荷载 p 作用下相应厚度内的压缩量；

μ_s——应力修正系数，$\mu_s = \dfrac{1}{1 + m\,(n-1)}$；

n——桩土应力比。

（3）桩身压缩量法

在荷载作用下，桩身压缩量为

$$s_p = \frac{\mu_p p - p_{b0}}{2E_p} l \tag{8-26}$$

式中　μ_p——应力集中系数，$\mu_p = \dfrac{n}{1 + m\,(n-1)}$；

l——桩身长度（m），即等于加固区厚度 h；

E_p——桩身材料变形模量（kPa）；

p_{b0}——桩底端承载力（kPa）。

2. s_2 的计算

复合地基加固区下卧层压缩量 s_2 通常采用分层总和法计算。在分层总和法计算中，作用在下卧层土体的荷载或土体的附加压力是难以精确计算的。目前在工程应用上，常采用的方法有：

（1）应力扩散法　应力扩散法计算加固区下卧层上附加压力如图 8-9 所示。复合地基上荷载密度为 p，作用宽度为 B，长度为 D，加固区厚度为 h，压力扩散角为 β，则作用在下卧层上的 p_b 为

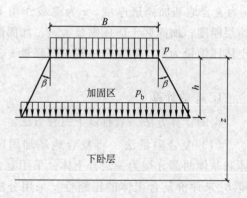

图 8-9　应力扩散法

$$p_b = \frac{DBp}{(B + 2h\tan\beta)(D + 2h\tan\beta)} \tag{8-27}$$

对条形基础，仅考虑宽度方向扩散，则式（8-27）可改写为

$$p_b = \frac{Bp}{B + 2h\tan\beta} \tag{8-28}$$

式（8-27）和式（8-28）同双层地基中应力扩散法计算第二层土上的附加荷载计算式形式相同，但应予以重视，复合地基中压力扩散角与双层地基中压力扩散角数值是不同的。

（2）等效实体法　等效实体法计算加固区下卧层上附加应力如图 8-10 所示。复合地基荷载密度为 p，作用面长度为 D，宽度为 B，加固区厚度为 h，f 为等效实体侧摩阻力密度，则作用在下卧层上的附加应力 p_b 为

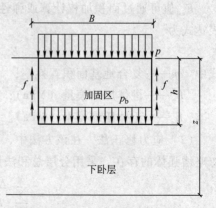

图 8-10　等效实体法

$$p_{\mathrm{b}} = \frac{BDp - (2B + 2D)hf}{BD} \tag{8-29}$$

对于条形基础，式（8-29）可改写为

$$p_{\mathrm{b}} = p - \frac{2hf}{B} \tag{8-30}$$

等效实体法计算的关键是侧摩阻力的计算。

8.6 砂石桩法

8.6.1 概述

碎石桩、砂桩和砂石桩总称砂石桩，是指采用振动冲击或水冲等方式在软弱地基中成孔后，再将砂或碎石挤压入已成的孔中，形成大直径的砂石所构成的密实桩体。碎石桩法早期主要用于挤密松散砂土地基，随着研究和实践的深化，特别是高效能专用机具出现后，应用范围不断扩大。

砂石桩法不仅适用于挤密松散砂土、粉土、黏性土、素填土、杂填土等地基，还可用于处理软土地基和可液化地基。

砂石桩作用于松散砂土、粉土、黏性土、素填土及杂填土地基，主要靠桩的挤密和施工中振动作用使桩周围土的密度增大，从而使地基的承载力提高，压缩性降低。

砂石桩法用于处理软土地基，其主要作用是部分置换并与软黏土构成复合地基，同时加速软土的排水固结；从而增大地基土的强度，提高软基的承载力。

（1）碎石桩　目前国内外碎石桩法的施工方法多种多样，按其成桩过程和作用可分为四类，见表 8-6。

（2）砂桩　目前国内外砂桩常用的成桩方法有振动成桩法和冲击成桩法。振动成桩法是使用振动打桩机将桩管沉入土层中，并振动挤密砂料。冲击成桩法是使用蒸汽或柴油机打桩机将桩管打入土层中，并用内管夯击密实砂填料，实际上这也就是碎石桩的沉管法。因此砂桩的沉桩方法，对于砂性土相当于挤密法，对黏性土则相当于排土成桩法。

表 8-6　碎石桩施工方法分类

分类	施工方法	成桩工艺	适用土类
挤密法	振冲挤密法	采用振冲器振动水冲成孔，再振动密实填料成桩，并挤压桩间土	砂性土、非饱和黏性土，以炉灰、炉渣、建筑垃圾为主的杂填土，松散素填土
	沉管法	采用沉管成孔，振动或锤击密实填料成桩，并挤密桩间土	
	干振法	采用振孔器成孔，再用振孔器振动密实填料成桩，并挤压桩间土	
置换法	振冲置换法	采用振冲器振动水冲成孔，再振动密实填料成桩	饱和黏性土
	钻孔锤击法	采用沉管且钻孔取土方法成孔，锤击填料成桩	

（续）

分类	施工方法	成 桩 工 艺	适 用 土 类
排土法	振动气冲法	采用压缩气体成孔，振动密实填料成桩	饱和黏性土
	沉管法	采用沉管成孔，振动或锤击填料成桩	
	强夯置换法	采用锤击夯实成孔和重锤夯击填料成桩	
其他方法	裙围碎石桩法	在群桩周围设置刚性的（混凝土）裙围来约束桩体的侧向膨胀	饱和黏性土
	水泥碎石桩法	在碎石内加水泥和膨胀土制成桩体	
	袋装碎石桩法	将碎石装入土工聚合物袋而制成桩体，土工聚合物可约束桩体的侧向膨胀	

8.6.2 设计与计算

1. 一般设计原则

（1）加固范围   加固范围应根据建筑物的重要性和场地条件及基础形式而定，通常都大于基底面积。对一般地基在基础外缘应扩大 1~3 排；对可液化地基，在基础外缘扩大宽度不应小于可液化土层厚度的 1/2，并不应小于 5m。

（2）桩位布置   对大面积满堂基础和独立基础，宜用正方形、矩形或三角形布桩；对于条形基础，可沿基础轴线采用单排布置桩或对称轴线多排布桩；对于圆形或环形基础，宜用放射形布桩。

（3）加固深度   砂石桩桩长可根据工程要求和工程地质条件通过计算确定：

1）当松软土层厚度不大时，砂石桩桩长宜穿过松软土层。

2）当松软土层厚度较大时，对按稳定性控制的工程，砂石桩桩长应小于最危险滑动面以下 2m 的深度；对按变形控制的工程，砂石桩桩长应满足处理后地基变形量不超过建筑物的地基变形允许值并满足软弱下卧层承载力的要求。

3）在可液化地基中，加固深度应按要求的抗震处理深度确定。

4）桩长不宜小于 4m。

（4）桩径   碎（砂）石桩的直径可根据地基土质情况和成桩设备等因素确定采用沉管法成桩时，碎（砂）石桩的桩径不宜大于 1.5 倍套管直径。目前使用的桩管直径一般为 300~800mm。对饱和黏性土地基宜选用较大的直径。

（5）材料   桩体材料可用碎石、卵石、角砾、圆砾、砾砂、粗砂、中砂或石屑等硬质材料，泥的质量分数不大于 5%，最大粒径不宜大于 50mm。

（6）垫层   砂石桩顶部应铺设一层厚度为 300~500mm 的砂石垫层，垫层应分层铺设，用平板振动器振实。

2. 碎石桩间距

碎石桩间距应通过现场试验确定。对粉土和砂土地基，不宜大于砂石桩直径的 4.5 倍；对黏性土地基不宜大于砂石桩直径的 3 倍。初步设计时，砂石桩的间距可按下面公式估算。

（1）松散粉土和砂土地基可根据挤密后要求达到的空隙比 e_1 来确定

$$等边三角形布置\ S = 0.95 \xi d \sqrt{\frac{1 + e_0}{e_0 - e_1}} \tag{8-31}$$

$$正方形布置 \quad S = 0.89\xi d \sqrt{\frac{1 + e_0}{e_0 - e_1}} \tag{8-32}$$

$$e_1 = e_{max} - D_{r1}(e_{max} - e_{min}) \tag{8-33}$$

式中　S——砂石桩间距（m）；

　　　d——砂石桩直径（m）；

　　　ξ——修正系数，当考虑振动下沉密实作用时，可取 $1.1 \sim 1.2$，不考虑振动下沉密实作用时，可取 1.0；

　　　e_0——地基处理前砂土的孔隙比，可按原状土样试验确定，也可根据动力或静力触探等对比试验确定；

　　　e_1——地基挤密后要求达到的孔隙比；

e_{max}、e_{min}——砂土的最大、最小孔隙比；

　　　D_{r1}——地基挤密后要求砂土达到的相对密实度，可取 $0.7 \sim 0.85$。

（2）黏性土地基

等边三角形布置　　　　　　　　$S = 1.08 \sqrt{A_e} \tag{8-34}$

正方形布置　　　　　　　　　　$S = \sqrt{A_e} \tag{8-35}$

式中　A_e——1 根砂石桩承担的处理面积（m^2），$A_e = \dfrac{A_p}{m}$，A_p 为砂石桩的截面积；

　　　m——面积置换率。

3. 复合地基承载力

砂石桩复合地基的承载力特征值，应按现场复合地基荷载试验确定，也可以通过下列方法确定：

1）对于砂石桩处理的复合地基；承载力可按式（8-17）估算。

2）对于砂桩处理的砂土地基，可根据挤密后砂土的密实状态，按《地基基础规范》的有关规定确定。

4. 沉降计算

碎石桩的沉降计算包括复合地基加固区的沉降和加固区下卧层的沉降，加固区下卧层的沉降计算可按《地基基础规范》计算。

地基加固区的沉降计算按式（8-23）和式（8-24）计算。

8.7　水泥土搅拌法

8.7.1　概述

水泥土搅拌法是利用水泥（或石灰）等材料作为固化剂，通过特制的搅拌机械，在地基深处就地将软土和固化剂（浆液或粉体）强制搅拌，由固化剂和软土间所产生的一系列物理-化学反应，使软土硬结成具有整体性、水稳定性和一定强度的水泥加固土，从而提高地基强度和增大变形模量。

水泥搅拌法分为深层搅拌法（以下简称湿法）和粉体喷搅法（以下简称干法），前者用水泥浆和地基土搅拌，后者用水泥粉或石灰粉和地基土搅拌。水泥土搅拌法适用于处理正常固结的淤泥与淤泥质土、粉土、饱和黄土、素填土、黏性土以及无流动地下水的饱和松散砂土地基。当地基土的天然含水量小于30%（黄土含水量小于25%）、大于70%或地下水的pH<4时不宜采用干法。冬期施工时，应注意负温对处理效果的影响。

水泥土搅拌法用于处理泥炭土、有机质土、塑性指数 I_p 大于25的黏土、地下水具有腐蚀性时以及无工程经验的地区，必须通过现场试验确定其适用性。

水泥加固土体的原理是利用水泥作为主固化剂，通过水泥水化反应所生成的水泥水化物与土颗粒发生离子交换、团粒化作用、硬凝反应以及碳酸化作用等一系列物理化学作用，形成具有一定强度和水稳定性的水泥加固土。

水泥加固土的强度取决于被加固土的性质和加固所使用的水泥品种、强度等级、掺入量以及外加剂等。加固土的抗压强度随着水泥掺入量的增大而增大，工程常用的水泥掺入比为10%～20%，其强度标准值宜取试块90d龄期的无侧限抗压强度，一般可达500～3000kPa。

8.7.2　设计计算

1. 固化剂的选用

固化剂宜选用强度等级为32.5级及以上的普通硅酸盐水泥。增强体的水泥掺量不应小于12%，块状加固时水泥掺量不应小于被加固天然土质量的7%；湿法的水泥浆水灰比可选用0.5～0.6。外掺剂可根据工程需要和土质条件选用具有早强、缓凝、减水及节省水泥等作用的材料，但应避免污染环境。

2. 桩的布置与加固范围

水泥土桩的布置形式对加固效果影响很大，一般根据工程地质特点和上部结构要求可采用柱状、壁状、格栅状、块状以及长短桩相结合等不同加固形式。

（1）柱状　每隔一定距离打设一根水泥土桩，形成柱状加固形式，适用于单层工业厂房独立基础和多层房屋条形基础下的地基加固，可充分发挥桩身强度与桩周侧阻力。

（2）壁状　将相邻桩体部分重叠搭接成为壁状加固形式，适用于深基坑开挖时的边坡加固以及建筑物长高比大、刚度小、对不均匀沉降比较敏感的多层房屋条形基础下的地基加固。

（3）格栅状　它是纵横两个方向的相邻桩体搭接而形成的加固形式。适用于对上部结构单位面积荷载大和对不均匀沉降要求控制严格的建（构）筑物的地基加固。

（4）长短桩相结合　当地质条件复杂，同一建筑物座落在两类不同性质的地基上时，可用3m左右的短桩将相邻长桩连成壁状或格栅状，藉以调整和减小不均匀沉降。

水泥土桩的强度和刚度是介于砂石桩和混凝土桩之间的一种半刚性桩，它所形成的桩体在无侧限情况下可保持直立，在轴向力作用下又有一定的压缩性，但其承载性能又与刚性桩相似，因此在设计时可仅在上部结构基础范围内布桩，不必像散体材料桩一样需在基础外设置护桩。

3. 单桩竖向承载力

单桩竖向承载力特征值应通过现场载荷试验确定，初步设计时也可按式（8-36）估算。并应同时满足式（8-37）的要求，应使由桩身材料强度确定的单桩承载力大于（或等于）由桩周土和桩端土的抗力所提供的单桩承载力

$$R_a = u_p \sum_{\lambda=1}^{n} q_{si} l_i + \alpha q_p A_p \qquad (8\text{-}36)$$

$$R_a = \eta f_{cu} A_p \qquad (8\text{-}37)$$

式中　f_{cu}——与搅拌桩桩身水泥土配比相同的室内加固土试块（边长为 70.7mm 的立方体，也可采用边长 50mm 的立方体）在标准养护条件下 90d 龄期的立方体抗压强度平均值（kPa）；

η——桩身强度折减系数，干法可取 0.20 ~ 0.30，湿法可取 0.25 ~ 0.33；

u_p——桩的周长；

q_{si}——桩周第 i 层土的侧阻力特征值，对淤泥可取 4 ~ 7kPa，对淤泥质土可取 6 ~ 12kPa，对软塑状态的黏性土可取 10 ~ 15kPa，对可塑状态的黏性土可以取 12 ~ 18kPa；

l_i——桩长范围内第 i 层土的厚度（m）；

q_p——桩端地基土未经修正的承载力特征值（kPa），可按《地基基础规范》的有关规定确定；

α——桩端天然地基土的承载力折减系数，可取 0.4 ~ 0.6，承载力高时取低值。

4. 复合地基承载力

加固后搅拌复合地基承载力特征值应通过现场复合地基载荷试验确定，也可按下式计算

$$f_{spk} = m \frac{R_a}{A_p} + \beta(1 - m) f_{sk} \qquad (8\text{-}38)$$

式中　f_{spk}——复合地基承载力特征值（kPa）；

m——面积置换率；

A_p——桩的截面积（m²）；

f_{sk}——桩间天然地基土承载力特征值（kPa），可取天然地基承载力特征值；

β——桩间土承载力折减系数，当桩端土未经修正的承载力特征值大于桩周围土的承载力特征值的平均值时，可取 0.1 ~ 0.4，差值大时取低值，当桩端土未经修正的承载力特征值小于或等于桩周土的承载力特征值时，可取 0.5 ~ 0.9，差值大时或设置褥垫层时均取高值；

R_a——单桩竖向承载力特征值（kN）。

5. 置换率 m 和总桩数 n

根据设计要求的单桩竖向承载力特征值 R_a 和复合地基承载力特征值 f_{spk} 计算搅拌桩的置换率 m 和总桩数 n'

$$m = \frac{f_{spk} - \beta f_{sk}}{\dfrac{R_a}{A_p} - \beta f_{sk}} \qquad (8\text{-}39)$$

$$n' = \frac{mA}{A_p} \qquad (8\text{-}40)$$

式中　A——地基加固的面积（m²）。

竖向承载搅拌桩复合地基应在基础和桩之间设置褥垫层。褥垫层厚度可取 200 ~ 300mm。其材料可选用中砂、粗砂、级配砂石等，最大粒径不宜大于 20mm。

6. 水泥土搅拌桩沉降验算

竖向承载搅拌桩复合地基的变形包括搅拌桩复合土层的平均压缩变形 s_1 与桩端下未加固土层的压缩变形 s_2。

1）搅拌桩复合土层的压缩变形 s_1 可按下式计算

$$s_1 = \frac{(p_z + p_{zl})L}{2E_{sp}} \tag{8-41}$$

式中　p_z——搅拌桩复合土层顶面的附加压力值（kPa）；

　　　p_{zl}——搅拌桩复合土层底面的附加压力值（kPa）；

　　　E_{sp}——搅拌桩复合土层的压缩模量（kPa）；

　　　L——搅拌桩长度（m）。

2）桩端以下未加固土层的压缩变形 s_2 可按有关规定进行计算。

8.7.3　施工及质量检查

1. 施工

（1）场地平整　水泥土搅拌法施工现场事先予以平整，必须清除地上和地下的障碍物。遇有明沟、池塘及洼地时应抽水和清淤，回填黏性土料并予以压实，不得回填杂填土或生活垃圾。

（2）试桩数量　水泥土搅拌桩施工前应根据设计进行工艺性试桩，数量不得少于 3 根，多轴搅拌施工不得少于 3 组。当桩周为成层土时，应对相对软弱土层增加搅拌次数或增加水泥掺量。

（3）选择搅拌头　搅拌头翼片的枚数、宽度与搅拌轴的垂直夹角、搅拌头的回转数、提升速度应相互匹配，以确保加固深度范围内土体的任何一点均能经过 20 次以上的搅拌。

（4）停止注浆（喷粉）位置　竖向承载搅拌桩施工时，停浆（灰）面应高于桩顶设计标高 500mm。在开挖基坑时，应将搅拌桩顶端施工质量较差的桩段用人工挖除。

（5）施工注意事项　施工中应保持搅拌桩机底盘的水平和导向架的竖直，搅拌桩的垂直偏差不得超过 1%，桩位的偏差不得大于 50mm。成桩直径和桩长不得小于设计值。

（6）搅拌机械　搅拌机械由电动机、减速器、搅拌轴、搅拌头、中心管、输浆管、球形阀等组成如图 8-11 所示。

（7）施工步骤　如图 8-12 所示。

1）将搅拌机械就位、调平、起动电动机。

2）待搅拌机头转动速度正常后，搅拌切土下沉，直至设计加固深度。

3）制备水泥浆（粉）将搅拌机向上提升，边喷浆（粉）、边搅拌提升直至预定的停浆（灰）面。

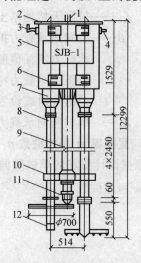

图 8-11　SJB-1 型深层搅拌机

1—输浆管　2—外壳　3—出水口
4—进水口　5—电动机　6—导向滑块
7—减速器　8—搅拌轴　9—中心管
10—横向系板　11—球形阀　12—搅拌头

4）重复搅拌下沉，提升搅拌；使软土与水泥浆（粉）搅拌均匀。

5）待搅拌机提出地面，成桩完毕；关闭电源，移至新孔处。

2. 质量检验

水泥土搅拌的质量控制应贯穿在施工的全过程，并应坚持全程的施工监理，施工过程中必须随时检查施工记录和计量记录，并对照规定的施工工艺对每根桩进行质量评定，检查重点是：水泥用量、桩长、搅拌头转数和提升速度、复搅次数和复搅深度、停浆处理方法等。

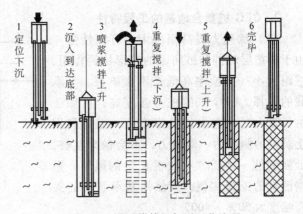

图 8-12　深层搅拌机加固工艺流程

水泥土搅拌桩的施工质量检验可采用以下方法：

1）成桩 7d 后，采用浅部开挖桩头（深度宜超过停浆（灰）面下 0.5m）目测检查搅拌的均匀性，量测成桩直径。检查量为总桩数的 5%。

2）成桩后 3d 内，可用轻型动力触探（N_{10}）检查每米桩身的均匀性。检验数量为施工期总桩数的 1%，且不少于 3 根。

3）向承载水泥土搅拌地基竣工验收时，承载力检验应用复合地基载荷试验和单桩载试验。

4）载荷试验必须在桩身强度满足试验荷载条件时，并宜在成桩 28d 后进行。水泥土搅拌桩复合地基承载力检验应采用复合地基静载荷试验和单桩静载荷试验，检验数量不少于桩总数的 1%，复合地基静载荷数量不少于 3 台（多轴搅拌为 3 组）。

5）对变形有严格要求的工程，应在成桩 28d 后，采用双管单动取样器钻取芯样作水泥土抗压强度检验，检验数量为施工总桩数的 0.5%，且不少于 6 点。

6）基槽开挖后，应检验桩位、桩数与桩顶质量，如不符合设计要求，应采取有效补强措施。

8.8　水泥粉煤灰碎石桩法

8.8.1　概述

1. 水泥粉煤灰碎石桩法的基本原理

水泥粉煤灰碎石桩法是由水泥（Cement）、粉煤灰（Fly-ash）碎石、石膏或砂等混合料加水拌和形成黏结强度桩，并由桩、桩间土和褥垫层一起组成复合地基的地基处理方法，通常简称 CFG 桩复合地基。根据设计要求，通过调整水泥掺量及配比，桩体强度等级可为 C10～C30。

CFG 桩和桩间土一起通过褥垫层组成 CFG 桩复合地基，如图 8-13 所示。CFG 桩复合地基，由于桩和桩间土的承载力可以充分发挥，承载力提高幅度具有很大的可调性，沉降变形小，造价低，施工方便等优势，具有明显的社会、经济效益。

2. CFG 桩复合地基的工程特性

（1）承载力提高幅度大，可调性强
由于褥垫层对桩和桩间土的变形协调作用，桩距大小（置换率高低）不影响桩、土承载的发挥，CFG 桩的桩身强度高，可保证桩长较大时，全桩长发挥作用，充分利用土及桩的侧阻力、端阻力，不会像柔性桩、低强度桩一样受"有效桩长"的限制。根据已有的工程实例，天然地基承载力的提高幅度为 50% ~400%。

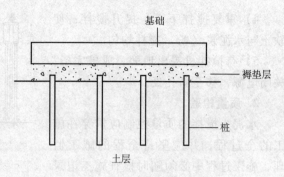

图 8-13　CFG 桩复合地基示意图

（2）沉降量和差异沉降控制效果好　实际工程中，CFG 桩的材料强度等级与普通灌注桩相近，在竖向受力时，其单桩承载力、沉降量与同等条件下灌注桩相差无几，因此其绝对沉降量在复合地基中是最小的几种形式之一。此外由于褥垫层的变形协调作用，基础的局部倾斜，相邻柱基的沉降差也得以减小。因此其沉降量和差异沉降量控制效果好。

（3）适应范围广　以地基形式而言，CFG 桩既可适用于条形基础、独立基础，也可用筏形和箱形基础；就土性而言，CFG 桩可用于处理黏性土、粉土、砂土和填土，既可用于挤密效果好的土，也可用于挤密效果差的土。当 CFG 桩用于挤密效果好的土时，承载力的提高既有挤密作用，又有置换作用；当 CFG 桩用于不可挤密土时，承载力的提高只有置换作用。对淤泥质土和天然地基承载力较低的土，应按地区经验或通过现场试验确定 CFG 桩的适用性。

3. 褥垫层技术

褥垫层技术是 CFG 桩复合地基的一个核心技术，复合地基的许多特性都与褥垫层有关，这里所说的褥垫层不是基础施工常做的 100mm 厚的素混凝土垫层，而是由级配砂石、粗砂、碎石等散体材料组成的散体垫层。

（1）褥垫层的作用

1）保证桩、土共同承担荷载。若基础下面不设置褥垫层，基础直接与桩间土接触，在垂直和水平荷载作用下承载特性和桩基差不多。在给定荷载作用下，桩承受较多的荷载，随着时间的增加，桩发生一定的沉降，荷载逐渐向土体转移。如果桩端落在坚硬土层或岩石上，桩的沉降很小，桩上的荷载向上转移数量很小，桩间土承载力很少发挥，在基础下设置一定厚度的褥垫层，由于褥垫层为 CFG 桩复合地基在受荷载后提供了桩上下刺入的条件，即使桩端落在好的土层上，也可以保证桩间土始终参与工作。

2）调整桩、土荷载分担比。复合地基桩、土荷载分担，可用桩、土应力比 n 表示，也可用桩、土荷载分担比 s_p、s_s 表示。当褥垫层厚度 $\Delta H = 0$ 时，桩、土应力比很大，图 8-14a 所示，在软土中，桩、土应力比可以超过 100，桩分担的荷载相当大。在 ΔH 很大时（见图 8-14b），桩、土应力比接近于 1。

3）减小基础底面积的应力集中。当褥垫层厚度 $\Delta H = 0$ 时，桩对基础的应力集中很显著，和桩基础一样，需要考虑桩对基础的冲动破坏。当 ΔH 大到一定程度后，基底反力即为天然地基的反力分布。桩顶对应的基础底面积测得的反力 σ_{Rp} 与桩间土对应的基础底面测得的反力 σ_{Rs} 之比用 β 表示。试验测得，当褥垫层厚度大于 10cm 时，桩对基础底面产生的应力集中已显著降低；当 ΔH 为 30cm 时，β 值只有 23。

4）调整桩、土水平荷载的分担。试验表明，褥垫厚度越大，桩顶水平位移越小，即桩顶承受的水平荷载越小。大量工程实践和室内外试验表明，褥垫厚度不小于 10cm，桩体不会发生水平折断，桩在复合地基中不会失去工作能力。

（2）褥垫层的合理厚度 褥垫厚度过小，桩间土承载力不能充分发挥，要达到设计要求的承载力，必然要增加桩的数量或长度，造成经济上的浪费；褥垫厚度过大，会导致桩、土应力比等于或接近 1，此时桩承担的荷载太少，实际上复合

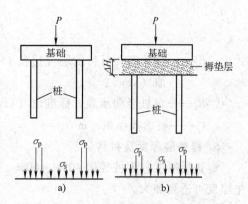

图 8-14 桩、土应力比随褥垫层厚度的
变化示意图

a) $\Delta H = 0$ 时 b) ΔH 很大时

地基中桩的设置已失去了意义。这样设计的复合地基承载力不仅比天然地基有较大的提高，而且建筑物的变化也大。因此，褥垫层的合理厚度既要保证桩在水平荷载作用下不会发生断裂，又要合理发挥桩和桩间土的承载能力，大量实践经验表明，褥垫层厚度取 10～30cm 为宜。

8.8.2 CFG 桩复合地基设计

CFG 桩复合地基设计主要确定 5 个设计参数（分别为桩长、桩径、桩间距、桩体强度、褥垫层厚度及材料），并进行合理布置。

1. 桩长 l

CFG 桩复合地基要求桩端落在好的土层上，这是 CFG 桩复合地基设计的一个重要原则。因此，桩长是 CFG 桩复合地基设计时首先要确定的参数，它取决于建筑物对承载力和变形的要求，土质条件和设备能力因素。设计时根据勘察报告，分析各土层，确定桩端持力层和桩长，并按式（8-42）计算单桩承载力

$$R_k = (u_p \sum q_{sik} h_i + q_{pk} A_p)/k \tag{8-42}$$

式中 u_p——桩的周长（m）；

     q_{sik}——第 i 层土与土性和施工工艺有关的极限侧阻力标准值（kPa）；

     h_i——第 i 层土厚度（m）；

     q_{pk}——与土性和施工工艺有关的极限端阻力标准值（kPa）；

     k——安全系数，取 2.0。

2. 桩径 d

CFG 桩桩径的确定取决于所采用的成桩设备，一般设计桩径为 350～600mm。

3. 桩间距 s

一般桩间距 $s = (3～5) d$，桩间距的大小取决于设计要求的复合地基承载力和变形、土性与施工机具。一般设计要求的承载力大时 s 取小值，但必须考虑施工时相邻桩之间的影响，就施工而言希望采用大桩距大桩长，因此 s 的大小应综合考虑。

4. 桩体强度

原则上，桩体配比按桩体强度控制，桩体试块抗压强度应满足下式要求

$$f_{cu} = 3 \frac{R_k}{A_p}$$ (8-43)

式中　f_{cu}——桩体混合材料试块（边长 150mm 立方体）标准养护 28d 立方体抗压强度平均
　　　　值（kPa）；

　　　R_k——单桩竖向承载力标准值（kPa）；

　　　A_p——桩的截面积（m²）。

5. 褥垫层厚度及材料

褥垫层厚度宜为桩径的 40% ~ 60%。当桩径和桩间距过大时，综合对土性的考虑，褥垫厚度可适当加大。

褥垫层材料可用粗砂、中砂、碎石、级配砂石（最大粒径不大于 30mm）。

6. 布桩

CFG 桩可只在基础范围内布置：

1）对墙下条形基础，在轴心荷载作用下，可采用单排、双排或多排布桩，且桩位宜沿轴线对称（见图 8-15）。在偏心荷载作用下，可采用沿轴线非对称布桩。

2）对独立基础、箱形基础、筏形基础，基础边缘到桩的中心距一般为一个桩径或基础边缘到桩边缘的最小距离不宜小于 150mm，对条基不宜小于 75mm。

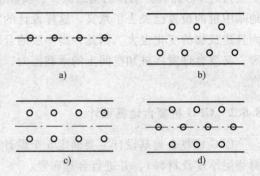

图 8-15　条形基础布桩示意图
a）单排布桩　b）双排不等距布桩
c）双排等距布桩　d）多排布桩

3）对箱形、筏形基础，底板设计时宜沿建筑物地下室外墙悬挑出来，外墙以外应布桩（见图 8-16a）；但有些工程，设计的基础外缘与地下室外墙在一个垂直面上，此时宜在地下室外墙下布置一排桩（见图 8-16b），但不宜采用（见图 8-16c）的布桩方法。

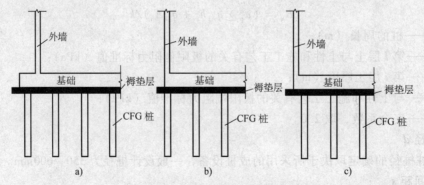

图 8-16　筏板边桩布桩示意图
a）外墙外布桩　b）外墙上布桩　c）外墙内布桩

8.8.3　CFG 桩施工

水泥粉煤灰碎石桩的施工，应根据设计要求和现场地基土的性质、地下水埋深、场地周边是否有居民、有无对振动反映敏感的设备等多种因素选择施工工艺。

1. CFG 桩施工工艺及适用范围

1）长螺旋钻孔灌注成桩。该方法适用于地下水位以上的黏性土、粉土、素填土、中等密实以上的砂土。其优点是设备简单，造价低廉。

2）长螺旋钻孔、管内泵压混合料灌注成桩。该方法适用于黏性土、粉土、砂土以及对噪声或泥浆污染要求严格的场地。

3）振动沉管灌注成桩。该方法适用于粉土、黏性土及素填土地基。该施工法属于挤土成桩施工工艺，具有施工操作简便、施工费用低廉，对桩间土的挤密效果好等优点。

4）泥浆护壁钻孔灌注成桩。该方法适用于黏性土、粉土、砂土、人工填土、砾（碎）石及风化岩层分布的地基。该方法可在施工场地狭窄的条件下施工。

5）人工洛阳铲成孔。该方法适用于地下水位以上的浅层地处理施工。其主要优点是可以在施工场地很小的条件下施工，对施工用水、电要求低，造价低。

2. CFG 桩施工要求

（1）CFG 混合料　CFG 混合料应按设计要求由实验室进行配合比设计。当采用长螺旋钻孔、管内泵压混合料成桩施工时，每立方米混合料粉煤灰掺量宜为 70～90kg，坍落度宜控制在 160～200mm，这主要是考虑施工中混合料的顺利输送。坍落度太大，易产生泌水、离析，泵压作用下，骨料与砂浆分离，导致堵管。坍落度太小，混合料流动性差，也容易造成堵管。当采用振动沉管灌注成桩施工时，坍落度宜为 30～50mm。若混合料坍落度过大，桩顶浮浆过多，桩体强度会降低。为此 JGJ 79—2012《建筑地基处理技术规范》规定：振动沉管灌注成桩后桩顶浮浆厚度不宜超过 200mm。

（2）灌注与拔管　采用沉管灌注成桩施工时，拔管速度应按匀速控制，拔管速度应控制在 1.2～1.5m/min，如遇淤泥或淤泥质土，拔管速度应适当放慢。试验表明，拔管速率太快将造成桩径偏小或缩径断桩。应该格出，这里说的拔管速度不是指平均速度。采用长螺旋钻孔、管内泵压混合料施工时，在钻孔达到设计深度后，停止钻进，开始泵送混合料，当钻杆芯管充满混合料后开始拔管，严禁先提管后泵料。成桩的提拔速度控制在 2～3m/min，成桩过程宜连续进行，应避免因后台供料慢而导致停机待料。

（3）保护桩长　所谓保护桩长是指成桩时预先设定加长的一段桩长，基础施工时将其凿掉。施工中桩顶标高宜高出设计桩顶标高 0.5m 以上，作为保护桩长。保护桩长设置应遵循下列原则：

1）设计桩顶标高离地表的距离不大（不大于 1.5m）时，保护桩长可取 50～70cm，上部再用土封顶。

2）桩顶标高离地表的距离较大时，可设置 70～100cm 的保护桩长，上部再用粒状材料封顶，直到接近地表。

（4）冬期施工　冬期施工时，应采取措施避免混合材料在初凝前遭到冻结，保证混合料入孔温度大于 5℃，根据材料加热难易程度，一般优先加热拌合水，其次是砂和石。混合料温度不宜过高，以避免造成混合料假凝无法正常泵送施工。

（5）清土及桩头处理

1）清土。清土可用采用人工清运，也可采用机械和人工联合清运，但必须遵循如下原则：①不可对设计桩顶标高以下的桩体造成损害；②不可扰动桩间土；③不可破坏工作面的未施工桩位。打桩弃土清运完后，其下50cm的保护土层采用人工开挖，清除保护土层时不得扰动基底土，防止形成橡皮土。施工时严格控制标高，不得超挖，更不允许超挖后自行回填。

2）桩头处理。保护土层清除后即进行下一道工序，将桩顶设计标高以上桩头截断。截桩方法为：①找出桩顶标高位置，在同一水平面按同一角度对称布置2个或4个钢钎，用大锤同时去打，将桩头截断，严禁用钢钎向斜下方向去打或用一个钢钎单向去打桩身或虽双向击打但不同时，以致桩头承受一定的弯矩，造成桩身断裂。最好用截桩机截桩。②桩头截断后，用钢钎、手锤将桩顶从四周向中间修平至桩顶设计标高（桩顶标高允许偏差0～±20mm）。

本章小结与讨论

1. 小结

1）在工程建设中，经常会遇到各种地基问题，概括起来，主要有以下三个方面，即地基承载力和稳定性问题；沉降、水平位移和不均匀沉降问题；渗流问题。地基处理的目的就是针对不能满足直接使用的天然地基，选择合理的处理方法，以提高地基土的抗剪强度，减少压缩性，使其满足工程建设的需要。

2）软弱地基系指主要由淤泥、淤泥质土、冲填土、杂填土或其他高压缩性土构成的地基。实际工程中经常遇到的软弱地基或不良地基包括：软黏土、杂填土、冲填土、饱和粉细砂、湿陷性黄土、泥炭土、膨胀土、多年冻土、盐渍土、岩溶、土洞、山区地基以及垃圾掩埋土地基等。

3）地基处理的分类方法很多，可按地基处理部位分为浅层地基处理方法、深层地基处理方法和斜坡面土层处理方法三大类；也可按时间分为临时性地基处理方法和永久性地基处理方法两大类；还可按地基加固处理的原理进行分类。

4）机械碾压法、重锤夯实法、振动压实法、换填法等因加固处理的影响深度较浅，属于浅层地基处理法；对于强夯法、挤密桩、砂井预压、硅化法、旋喷法等加固处理的影响深度较深，属于深层地基处理。一般情况下，当建筑物荷载较大软弱土层较厚，对地基变形要求较高时才采用深层地基处理。采用何种方法为宜，应综合土质情况、建筑物荷载、施工条件及经济效果等确定。

2. 讨论——复合地基与复合桩基

在深厚软黏土地基上按桩基理论设计摩擦桩基础时，为了节省投资，宓自立（1989）采用稀疏布置的摩擦桩基（桩距一般在5～6倍桩径以上），并称为疏桩基础。疏桩基础比按桩基理论设计的常规摩擦桩基础，沉降量大，但考虑了桩间土对承载力的直接贡献，以较大的沉降换取工程投资的节约。事实上桩基础的功能，一可以提高承载力，二可以减少沉降。以前人们往往侧重利用采用桩基解决地基承载力不足的问题，忽略采用桩基减小地基沉降量功能。将用于以减少沉降量为目的的桩基称为减小沉降量桩基。减小沉降量桩基也一定是摩擦桩基。减小沉降量桩基设计中考虑了桩土共同作用。在疏桩基础和减小沉降量两类桩基础中，均考虑了桩和土共同承担荷载。事实上，筏形基础下的摩擦桩基，桩间土必定直接承担一部分荷载，在经典桩基础理论中只不过是主观上不考虑而已。主观上不予考虑的原因可能认为桩间土承担荷载比例小，不值得考虑，也可能是主动将其作为一种安全储备。还有一种可能是考虑到计算较困难而不予考虑，而且在工程上是偏安全的。近年来发展起来的桩土共同作用分析，主要也是考虑桩间土直接承担荷载。在疏桩基础、减少沉降量桩基和考虑桩土共同作用的思路中都是主动考虑摩擦桩基础中客观上存在的桩间土直接承担荷载的性状。考虑桩土共同直接承担荷载的桩基称为复合桩基。复合地基的本质就是考虑桩间土和桩体共同承担荷载，因此可以认为复合桩基是复合地基的一种。目前在学术界和工程界对复合桩基是复合地基还是属于桩基础是有争议的，复合桩基正好处在复合地基与桩基础的界限点上，既可将复合桩基视为桩基础，也可将其视为一种复合地基。将复合桩基视为复合地基的一种，有助于对复合桩基荷载传递规律的认识，也将进一步促进复合地基理论的发展。

习 题

8-1 地基处理的目的是什么？地基处理方法的步骤？

8-2 软黏土的工程特性有哪些？如何区别淤泥和淤泥质土？

8-3 何为换垫法？其适用范围是什么？

8-4 强夯法适用何种土层条件？何谓强夯置换？

8-5 什么叫超载预压？排水固结需满足哪两个基本要素？

8-6 何谓复合地基？怎样说明增强体？

8-7 试述水泥土搅拌桩的应用范围及适用的土质范围。

8-8 CFG桩加固原理是什么？试述褥垫层的作用。

8-9 某天然地基土体不排水抗剪强度 c_u 为23.35kPa，地基极限承载力等于 $5.14c_u$，为120kPa。采用碎石桩复合地基加固，碎石桩极限承载力可采用简化公式估计，$p_{pf}=25.2c_u$。碎石桩梅花形布桩，桩径为0.80m，桩中心距为1.40m。设置碎石桩后桩间土不排水抗剪强度为25.29kPa。破坏时，桩体强度发挥度为1.0，桩间土强度发挥度为0.8。试问：

（1）碎石桩复合地基置换率为（　　）。

（A）$m=0.30$ （B）$m=0.26$ （C）$m=0.33$ （D）$m=0.59$

（2）碎石桩极限承载力为（　　）。

（A）$p_{pf}=588kPa$ （B）$p_{pf}=613kPa$

（C）$p_{pf}=637kPa$ （D）$p_{pf}=490kPa$

（3）复合地基极限承载力为（　　）。

（A）$p_{pf}=264kPa$ （B）$p_{pf}=282kPa$

（C）$p_{pf}=258kPa$ （D）$p_{pf}=243kPa$

8-10 某碎石桩处理地基，桩截面积为 A_p，以边长为 L 的等边三角形布置，则置换率为（　　）。

（A）A_p/L^2 （B）$1.15A_p/L^2$ （C）$1.5A_p/L^2$

8-11 下列哪一种或几种预压法不需控制加荷速率（　　）。（多项选择）

（A）砂井堆载预压 （B）堆载 （C）砂井真空预压 （D）降水预压 （E）超载预压

8-12 水泥土桩的强度标准值宜取（　　）龄期试块的无侧限抗压强度。

（A）21d （B）28d （C）60d （D）90d

8-13 某建筑物矩形基础，长1.2m，宽1.2m，埋深1.0m，上部荷载作用于基础底面的荷载为144kN，基础及基础上土的平均重度为20.0kN/m³，地下水埋深1m。场地土层条件为第一层杂填土，层厚1.0m，重度为18.0kN/m³；第二层为淤泥质黏土，层厚10.0m 重度为17.5kN/m³，含水量为60%，承载力特征值为45kPa；第三层为密实砂砾石层。试对此进行褥垫层设计。

第 9 章

特殊土地基

【本章要求】 1. 了解特殊土地基的特征及工程性质和特殊性。

2. 掌握对特殊土地基的工程评价方法。

3. 掌握对特殊土地基的工程处理措施。

【本章重点】 特殊土地基工程评价方法及工程处理措施。

9.1　概述

特殊土是指具有特殊工程性质的土。我国从沿海到内地，由平原到山区，幅员辽阔，地理环境、气候等条件千差万别，土的沉积条件、地理环境等不同，使得某些区域所形成的土具有明显的特殊性。例如，西北及华北部分地区有湿陷性黄土；云南、广西部分地区有膨胀土、红黏土；东北和青藏高原的部分地区有冻土等。

湿陷性黄土是在竖向应力作用下遇水产生明显沉陷的土；膨胀土具有显著的吸水膨胀、失水收缩的变形特征。红黏土一般具有天然孔隙比大，但强度高、压缩性低的特点。软土具有天然含水量大，压缩性高，承载力低，渗透性小的性质，是一种呈软塑到流塑状态的饱和黏性土。冻土地基中，冻胀土地基具有冻胀性及融陷性。

上述这些土具有特殊的工程性质，用这些土作为建筑地基时，应注意其特殊性，采取必要的措施及施工手段，使得建筑地基安全正常的被使用。

本章主要采用的规范：GB 50025—2004《湿陷性黄土地区建筑规范》，简称为《湿陷性黄土规范》；GB 50112—2013《膨胀土地区建筑技术规范》，简称为《膨胀土规范》。

9.2　湿陷性黄土地基

9.2.1　湿陷性黄土地基的特征及分布

黄土是由风力搬运沉积而成，具有黄色、大孔隙、无层理、含有碳酸盐的黏性土。过去一度称为"大孔土"。

天然黄土，如果没有受水浸湿，一般具有较高的强度和较小的压缩性。一些黄土受水浸湿后，发生显著沉降，称为湿陷性黄土；受水浸湿后，不发生显著沉降的黄土，称为非湿陷性黄土，按一般黏性土处理。

（1）湿陷性黄土特征 其主要特征是大孔隙和湿陷性。湿陷性黄土由于有大孔隙，在自重应力或自重应力及附加应力综合作用下，受到水的浸湿后，土的结构迅速破坏，土层发生显著的沉陷，强度也迅速降低。

（2）湿陷性黄土分类 湿陷性黄土又可以分为自重湿陷性和非自重湿陷性两大类。自重湿陷性黄土是指土层浸水后在没有外荷载的作用下，仅在自重作用下迅速发生湿陷的黄土。非自重湿陷性黄土是指土层浸水后，在自重应力作用下不发生湿陷、而在外荷载作用下湿陷的黄土。

（3）湿陷性黄土湿陷的原因

1）由外部原因引起：主要是黄土受水浸湿和荷载作用产生湿陷。如建筑物的上下水道漏水、大量降雨深入底下，或附近有水源渗漏，都能引起黄土的湿陷。

2）由于内部原因引起：黄土形成过程中因当地气候干燥，土中所含碳酸盐、碳酸钙等在土中表面析出形成的胶结物与结合水、毛细水共同形成较好的黏性，使土在自重作用下形成的大孔与空隙得不到固结，处于欠固结状态。被水浸湿后，由于水分子进入颗粒间，破坏了原来的黏性，使得盐类溶解，降低抗剪强度，在自重或外力作用下，土骨架破坏，土粒落入大孔中挤紧，造成湿陷。

非湿陷性黄土是指不发生湿陷变形的黄土。例如地下水位以下的黄土，因多年处于饱和状态，湿陷已完成，不发生湿陷变形。

（4）湿陷性黄土的分布 湿陷性黄土在我国分布较广，根据《湿陷性黄土规范》，由中国湿陷性黄土工程地质分区图，得出湿陷性黄土共有七个区：Ⅰ区——陕西地区；Ⅱ区——陇东陕北晋西地区；Ⅲ区——关中地区；Ⅳ区——山西冀北地区；Ⅴ区——河南地区；Ⅵ区——冀鲁地区；Ⅶ区——边缘地区。参见《湿陷性黄土规范》附录 A。

9.2.2 湿陷性黄土地基的评价

1. 湿陷性黄土地基评价内容

湿陷性黄土地基的评价，主要作如下判定：

1）判别黄土湿陷性。

2）判别黄土场地的湿陷类型，是属于自重湿陷性黄土还是非自重湿陷性黄土。

3）判定湿陷性黄土地基的湿陷等级，即湿陷的强弱程度。

2. 判别黄土湿陷性

判别黄土浸水后是否有湿陷性，要先求出湿陷系数 δ_s，然后再根据湿陷系数 δ_s 进行判断。

（1）湿陷系数 δ_s 根据室内有侧限压缩试验，在一定压力下测定湿陷系数 δ_s，其计算式为

$$\delta_s = \frac{h_p - h_p'}{h_0} \tag{9-1}$$

式中 h_p——保持天然湿度和结构的原状土样，在侧限的条件下，加压至一定压力时，下沉稳定后的高度（cm）；

h_p'——上述加压稳定后的土样在浸水作用下下沉稳定后的高度（cm）；

h_0——土样的原始高度（cm）。

（2）湿陷性黄土的判别　工程中，利用湿陷性系数 δ_s 来判别黄土的湿陷性：当湿陷性系数 $\delta_s < 0.015$ 时，判定为非湿陷性黄土；当湿陷性系数 $\delta_s \geqslant 0.015$ 时，判定为湿陷性黄土。

湿陷性黄土的湿陷程度可按 δ_s 划分为三种：当 $0.015 \leqslant \delta_s < 0.03$ 时，湿陷性轻微；当 $0.03 \leqslant \delta_s < 0.07$ 时，湿陷性中等；当 $\delta_s \geqslant 0.07$ 时，湿陷性强烈。

（3）测定湿陷系数的压力　从基础底面计算起（初步勘察时，应当从地面下 1.5m 计算起），10m 以内的土层应用 200kPa；10m 以下至非湿陷性土层顶面，应用其上覆土的饱和自重压力（当大于 300kPa 时，仍应用 300kPa）。

（4）湿陷起始压力 p_{sh}　湿陷起始压力 p_{sh} 是一个压力界限值，是指湿陷性黄土浸水后开始出现湿陷现象时的外来压力。湿陷起始压力 p_{sh} 的实际意义是：如果基底压力 $p < p_{sh}$，即使黄土浸水也不产生湿陷，只产生压缩变形，故按一般黏性土处理。因此湿陷起始压力 p_{sh} 在工程中是一个有实用价值的指标，具体参见《湿陷性黄土规范》规定。

3. 判别黄土场地湿陷类型

黄土场地湿陷类型主要有两种：自重湿陷性黄土和非自重湿陷性黄土。

由工程实践可知，自重湿陷性黄土在没有外荷载的作用下，浸水后也会迅速发生剧烈的湿陷，在这类地基上建造建（构）筑物时，即使很轻的建（构）筑物也会发生大量的沉降，而非自重湿陷性黄土地区，就不会出现这种情况。因而自重湿陷性黄土场地产生的湿陷事故比非自重湿陷性黄土场地多，故对于自重湿陷性黄土和非自重湿陷性黄土两种类型地基，要正确地划分类型，以便采取不同的设计及施工措施。建筑场地的湿陷类型，应根据实测自重湿陷量 Δ'_{zs} 或按室内压缩试验累计计算自重湿陷量 Δ_{zs} 判定。

（1）自重湿陷量　指即使没有受到建筑物的荷载，只要受到水浸，在自重作用下黄土产生的湿陷量。

（2）实测自重湿陷量 Δ'_{zs}　实测自重湿陷量 Δ'_{zs} 应根据现场试坑浸水试验确定，该试验方法比较可靠，但费水费时，还要受到各种条件限制，不容易做到。

（3）计算自重湿陷量 Δ_{zs}　指在室内压缩试验条件下，自重应力作用下湿陷量的计算值 Δ_{zs}。其计算公式如下

$$\Delta_{zs} = \beta_0 \sum_{i=1}^{n} \delta_{zsi} h_i \tag{9-2}$$

式中　Δ_{zs}——自重应力作用下湿陷量的计算值（cm）；

　　　β_0——因土质地区而异的修正系数，由《湿陷性黄土规范》具体规定：对陇西地区可取 1.5，对陇东陕北晋西地区可取 1.2，对于关中地区可取 0.9，对其他地区可取 0.5；

　　　h_i——第 i 层土的厚度（m）；

　　　δ_{zsi}——第 i 层土在上层覆土的饱和时（$S_r > 0.85$）自重压力下的自重湿陷系数。

有关自重湿陷系数 δ_{zsi} 应按室内压缩试验测定并按下式计算

$$\delta_{zs} = \frac{h_z - h'_z}{h_0} \tag{9-3}$$

式中　h_z——保持天然湿度和结构的土样，加压至土的饱和自重压力时，下沉稳定后的高度（cm）；

　　　h'_z——上述加压稳定后的土样，在浸水作用下，下沉稳定后的高度（cm）；

h_0——土样的原始高度（cm）。

计算自重湿陷量 Δ_{zs} 时，Δ_{zs} 的累计应从天然地面算起；当挖、填方的厚度和面积较大时，从设计地面算起，至其下全部湿陷性黄土层的顶面为止。其中自重湿陷性系数 $\delta_{zs} < 0.015$ 的土层不应累计。

（4）黄土场地湿陷类型判定——自重湿陷与非自重湿陷　建筑场地的湿陷类型，应按实测自重湿陷量 Δ'_{zs} 或按室内压缩试验累计的计算自重湿陷量 Δ_{zs} 判定：当实测或计算自重湿陷量 ≤7cm 时，应定为非自重湿陷性黄土场地；当实测或计算自重湿陷量 >7cm 时，应定为自重湿陷性黄土场地，这种场地的湿陷比非自重湿陷性黄土场地湿陷大，故相应的危害也大。

4. 判别黄土地基的湿陷等级

黄土地基的湿陷等级，应根据基底下各层土累计的总湿陷量 Δ_s 和自重湿陷量 Δ_{zs} 来确定。总湿陷量 Δ_s：对于湿陷性黄土地基，受水浸湿后到向下沉降稳定为止的总变形量。一般按下式计算

$$\Delta_s = \sum_{i=1}^{n} \beta \delta_{si} h_i \tag{9-4}$$

式中　δ_{si}——第 i 层土的湿陷系数；

　　　h_i——第 i 层土的厚度（cm）；

　　　β——考虑地基土的侧向挤出和浸水机率等因素的修正系数，基底下 $0 \sim 5$m，可取 $\beta = 1.5$；$5 \sim 10$m，取 $\beta = 1$；在非自重湿陷性黄土场地，可不计算；在自重湿陷性黄土场地，可按式（9-2）的 β_0 选取。

总湿陷量 Δ_s 应从基础底面（初步勘察时，自地面 1.5m）算起；在非自重湿陷性黄土场地，累计至基底下 10m（或压缩层）深度为止；在自重湿陷性黄土场地，累计至非湿陷性土层顶面为止，湿陷性系数 δ_s 或自重湿陷性系数 δ_{zs} 小于 0.015 的土层不应累计。

黄土地基的湿陷等级应根据基底下各层土累计的总湿陷量 Δ_s 和计算自重湿陷量 Δ_{zs} 的大小等因素按表 9-1 确定。

表 9-1　湿陷性黄土地基的湿陷等级

湿陷类型 计算自重湿陷量/cm　　Δ_s/cm	非自重湿陷性场地	自重湿陷性场地	
	$\Delta_{zs} \leq 7$	$7 < \Delta_{zs} \leq 35$	$\Delta_{zs} > 35$
$\Delta_s \leq 30$	Ⅰ（轻微）	Ⅱ（中等）	—
$30 < \Delta_s \leq 70$	Ⅱ（中等）	Ⅱ 或 Ⅲ	Ⅲ（严重）
$\Delta_s > 70$	Ⅱ（中等）	Ⅲ（严重）	Ⅳ（很严重）

注：当湿陷量的计算值 $\Delta_s > 60$cm、自重湿陷量的计算值 $\Delta_{zs} > 30$cm 时，可以判为Ⅲ级。其他情况可判为Ⅱ级。

【例 9-1】　山西某物业管理办公楼建筑地基，经勘察为黄土地基。由探井取出 3 个原状土样（高度为 20mm）进行浸水压缩试验。取土样的深度分别为：2.5m、5m、7m，室内压缩试验数据见表 9-2。试判别此黄土地基是否属于湿陷性黄土。

表9-2　黄土浸水压缩试验数据表

试样编号	1	2	3
加200kPa压力后百分表稳定读数/10^{-2}mm	38	46	26
浸水后百分表稳定读数/10^{-2}mm	159	188	78

【目的与方法】　通过本题，可以学习判定黄土地基是否属于湿陷性黄土的方法。

根据题意，本题主要计算湿陷性系数δ_s来判别黄土的湿陷性：当湿陷性系数$\delta_s < 0.015$时，可判定为非湿陷性黄土；当湿陷性系数$\delta_s \geq 0.015$时，则可判定为湿陷性黄土。湿陷性黄土的湿陷程度可按δ_s划分为三种：当$0.015 \leq \delta_s < 0.03$时，湿陷性轻微；当$0.03 \leq \delta_s < 0.07$时，湿陷性中等；当$\delta_s \geq 0.07$时，湿陷性强烈。

【解】　第一步：计算3个土样的湿陷性系数

土样深度分别为2.5m、5m、7m，均小于10m；故压力都为200kPa。1号试样加压百分表稳定读数为38×10^{-2}mm，则土样高$h_{p1} = (20 - 0.38)$mm $= 19.62$mm；同理可得$h_{p2} = (20 - 0.46)$mm $= 19.54$mm；$h_{p3} = (20 - 0.26)$mm $= 19.74$mm。1号试样浸水百分表读数为159×10^{-2}mm，则土样高$h'_{p1} = (20 - 1.59)$mm $= 18.41$mm；同理可得$h'_{p2} = (20 - 1.88)$mm $= 18.12$mm；$h'_{p3} = (20 - 0.78)$mm $= 19.22$mm。土样的原始高度$h_0 = 20$mm。由式（9-1）得1、2、3号试样的湿陷性系数为

$$\delta_{s1} = \frac{h_{p1} - h'_{p1}}{h_0} = \frac{19.62 - 18.41}{20} = 0.061$$

$$\delta_{s2} = \frac{h_{p2} - h'_{p2}}{h_0} = \frac{19.54 - 18.12}{20} = 0.071$$

$$\delta_{s3} = \frac{h_{p3} - h'_{p3}}{h_0} = \frac{19.74 - 19.22}{20} = 0.026$$

第二步：判定土样的湿陷性

三个土样的湿陷性系数都大于0.015，说明三个土样都是湿陷性黄土；土样1，湿陷系数$\delta_{s1} = 0.061$；在$0.03 \leq \delta_s \geq 0.07$区间，判定为湿陷性中等；土样2，湿陷系数$\delta_{s2} = 0.071 > 0.07$，判定为湿陷性强烈；土样3，湿陷系数$\delta_{s3} = 0.026$，在$0.015 \leq \delta_s \geq 0.03$区间，判定为湿陷性轻微。

结论：该黄土地基属于湿陷性黄土地基。

【本题小结】　本题对黄土地基是否湿陷进行了初步的判别，主要掌握湿陷系数的计算及判断方法。

【例9-2】　陕北某地拟建新的超市商业楼，经勘察建筑场地为黄土地基，基础埋深为1.2m。勘察结果见表9-3，判别该地基是否为自重湿陷性黄土场地？并判别该地基的湿陷等级。

表9-3　超市商业楼的勘察结果

土层编号	1	2	3	4	5	6
土层厚度h/cm	160	395	360	425	285	256
自重湿陷系数δ_{zs}	0.012	0.025	0.019	0.017	0.007	0.005
湿陷系数δ_s	0.018	0.026	0.023	0.02	0.015	0.013

【目的与方法】　学习判定黄土地基是否属于自重湿陷性黄土场地的方法，还可学习判别地基的湿陷等级。方法是：

1）建筑场地的湿陷类型，先按室内压缩试验数据来累计计算自重湿陷量Δ_{zs}，然后判定湿陷类型。自重湿陷量≤ 7cm时，应定为非自重湿陷性黄土场地；计算自重湿陷量> 7cm时，应定为自重湿陷性黄土场地。

2）判别地基的湿陷等级：应根据基底下各层土累计的总湿陷量Δ_s和计算自重湿陷量Δ_{zs}的大小等因素按表9-1确定。

【解】 第一步：计算土的自重湿陷量

陕北地区，$\beta_0 = 1.2$；由表9-3及式（9-2）可得

$$\Delta_{zs} = \beta_0 \sum_{i=1}^{n} \delta_{zsi} h_i = 1.2 \times (0.025 \times 395 + 0.019 \times 360 + 0.017 \times 425)$$
$$= 28.73 \text{cm}$$

第二步：判断场地的湿陷类型

判断：自重湿陷量 $\Delta_{zs} = 28.73 \text{cm} > 7 \text{cm}$，判定为自重湿陷性黄土场地。

第三步：计算总湿陷量

本题基底下5m深度内可取 $\beta = 1.5$；5～10m取 $\beta = 1$；

10m以下，陕北可取 $\beta = 1.2$。

由式（9-4）可得

$$\Delta_s = \sum_{i=1}^{n} \beta \delta_{si} h_i = 1.5 \times (0.018 \times 160 + 0.026 \times 395) \text{cm} + 1 \times (0.023 \times 360) \text{cm}$$
$$+ 1.2 \times (0.02 \times 425 + 0.015 \times 285) \text{cm}$$
$$= 43.34 \text{cm}$$

第四步：判断场地湿陷等级

由表9-1，自重湿陷量 $\Delta_{zs} = 28.73 \text{cm}$；总湿陷量 $\Delta_s = 43.34 \text{cm}$。

讨论：该场地湿陷等级究竟应当判定为几级？

由表9-1注可知：当湿陷量的计算 $\Delta_s > 60 \text{cm}$、自重湿陷量的计算值 $\Delta_{zs} > 30 \text{cm}$ 时，可以判为Ⅲ级，其他情况可判为Ⅱ级。本例中 $\Delta_s = 43.34 \text{cm} < 60 \text{cm}$、$\Delta_{zs} = 28.73 \text{cm} < 30 \text{cm}$，所以定为Ⅱ级。故该商业楼地基湿陷等级为Ⅱ级。

【本题小结】 本题练习了判定黄土建筑场地湿陷类型方法，同时练习了判别黄土建筑场地的湿陷等级的方法；这对于正确确定黄土建筑场地的湿陷类型及湿陷等级，相应采用不同的工程措施，是十分重要的。

9.2.3 湿陷性黄土地基的工程措施

对于湿陷性黄土地基进行工程建设时，地基应满足承载力、湿陷性变形、压缩变形和稳定性要求。由于湿陷性黄土具有湿陷性的特点，除了必须遵循一般的设计和施工原则外，还必须针对湿陷性特点，采用以地基处理为主的综合工程措施，以防止地基湿陷，保证建（构）筑物安全及正常使用。具体措施如下三方面：①地基处理措施，从内因方面消除地基的湿陷性；②防水和排水措施，防止外因方面造成地基湿陷；③采取结构措施，增加建（构）筑物整体刚度，减少地基不均匀沉降对其造成的危害。

1. 地基处理措施

从内因方面减少或消除地基的湿陷性，即破坏湿陷性黄土的大孔结构，以便全部或部分消除地基的湿陷性；或采用深基础、桩基础穿透全部湿陷性土层。

对于湿陷性黄土，常采用的地基处理方法如表9-4所示。

2. 防水措施

防止外因方面造成地基湿陷；防水措施包括以下三方面：

（1）基本防水措施 在建筑物的布置上，要注意尽量选择具有排水畅通或利于场地排水的地形条件，场地内设置排水沟。场地排水、敷设、管道材料和接口等方面，应采取措施

防止雨水或生产、生活用水的渗漏，避开受洪水或水库等可能引起地下水位上升的地段，确保管道和储水构筑物不漏水。

表 9-4　湿陷性黄土地基常用的处理方法

名称	适用范围	可处理的湿陷性黄土土层厚度/m
垫层法	地下水位以上，局部或整片处理	1～3
强夯法	地下水位以上，$S_r \leqslant 60\%$ 的湿陷性黄土；局部或整片处理	3～12
挤密法	地下水位以上，$S_r \leqslant 65\%$ 的湿陷性黄土	5～15
预浸水法	自重湿陷性黄土场地，地基湿陷等级为Ⅲ或Ⅳ级，可消除地面6m以下湿陷性黄土层的全部湿陷性	6m以上，尚应采用垫层法或其他方法处理
其他方法	经试验研究或工程实践证明行之有效	—

（2）检漏防水措施　在基本防水措施的基础上，对防护范围内的地下管道，应增设检漏管沟和检漏井，并注意对其做好防水处理。

（3）严格防水措施　在检漏防水措施的基础上，应提高防水地面、排水沟、检漏管沟和检漏井等设施的材料标准，如增设卷材防水层、采用钢筋混凝土排水沟等。

此外，对于室内的给水、排水管道应尽量明装，室外其管道布置应尽量远离建筑物等，以防渗漏对建筑物地基产生危害。施工阶段，场地应做好临时性防洪、排水措施，尽量缩短基坑暴露时间。

3. 结构措施

增加建筑物的整体刚度和空间刚度，选择适合的结构形式及基础形式，减小建筑物的不均匀沉降，使结构适应地基的变形等。

9.3　膨胀土地基

9.3.1　膨胀土地基的特征及对建筑物的危害

（1）膨胀土的特征及分布　膨胀土是一种吸水膨胀、失水收缩，具有较大胀缩变形性质，而且具有往复变形（膨胀－收缩－再膨胀）特性的高塑性黏土。

膨胀土除了具有上述胀缩性之外，还具有：

1）超固结性：大部分膨胀土具有天然孔隙比小，密实度大，初始结构强度高的特性。

2）崩解性：膨胀土浸水后体积膨胀，发生崩解。强膨胀土浸水后几分钟内即可完全崩解，弱膨胀土则崩解缓慢。崩解使得土的强度迅速降低。

3）多裂隙性：膨胀土具有裂隙，使得土体的整体性不好，易造成边坡失稳。

4）风化性：膨胀土对气候影响较为敏感，容易产生风化破坏。特别是基坑开挖后，在风化作用下，膨胀土体很快产生破裂、剥落，使得土体结构破坏，强度降低。

5）强度变动性：膨胀土的抗剪强度具有明显的变动性。有较高的抗剪强度，又可以变化到残余强度极低的状态。这种特性造成：由于膨胀土具有超固结性，初期抗剪强度高，开挖困难，一旦开挖后，其抗剪强度又大幅度的衰减。

膨胀土即使在一定的荷载作用下，仍具有上述的特性。

膨胀土在我国分布广泛，与其他土类不同的是，膨胀土主要呈岛状分布，以黄河流域及其以南地区较多，据统计，湖北、河南、广西、云南等 20 多个省、自治区均有膨胀土。

（2）膨胀土对建筑物的危害性　一般黏性土都具有胀缩性，但其量不大，对工程没有多大的影响。而膨胀土由于具有初期强度高，压缩性低，常常被误认为是建筑性能较好的黏性土。但由于它具有膨胀、收缩的特性，用其作为建筑物的地基，主要由不均匀变形引起建筑墙体开裂。又由于膨胀土有往复变形的特点，因而建筑物的地基经历了多次的胀缩，房屋裂缝具有时开时闭的特性，房屋具有忽升忽降，墙面上出现交叉裂缝及倾斜的现象。膨胀土地基又能使基础发生位移，使建筑物的地坪开裂、变形，甚至破坏。

上述其危害有以下几种特点：

1）建筑物的破坏具有季节性及成群性：膨胀土地基上最容易遭到破坏的建筑物多为低层建筑物，这类建筑物多为砖混结构、轻型结构，而且埋深较浅，整体刚性较差，地基土最容易受到外界环境变化的影响，易发生上述破坏。

2）对道路交通工程影响：膨胀土地基，由于路基含水量的不均匀变化，使得道路路基发生不均匀胀缩，易产生很大的横向波浪形变形等不良现象。

3）对边坡稳定的影响特点：膨胀土边坡不稳定，易造成堤岸、边坡产生滑坡、坍塌等。

另外，膨胀土地基易使涵洞、桥梁等刚性结构物产生不均匀沉降，导致开裂。

目前，膨胀土的工程问题已引起包括我国在内的各国学术界和工程界的高度重视。

9.3.2　膨胀土物理力学特性及胀缩原因

1. 膨胀土的物理力学特性

1）天然含水量接近塑限。

2）饱和度均大于 85%。

3）天然孔隙比中等偏小，变化范围为 0.5 ~ 0.8。

4）塑性指数大于 17，多数为 22 ~ 35。

5）黏土颗粒含量高。

6）自由膨胀率一般超过了 40%。

7）塑限一般大于 12%，红黏土类型膨胀土的塑限偏大。

8）液性指数很小，一般呈坚硬或硬塑状态。

9）土的压缩性小，多属低压缩性土。

10）土的抗剪强度指标为 c、φ 浸水前后，相差大，尤其是 c 值下降到原值的 $\frac{1}{4}$ ~ $\frac{1}{3}$。

2. 膨胀土产生胀缩的原因

（1）从膨胀土的内因方面分析

1）矿物成分因素。土粒中含有大量的蒙脱石和伊利石这些亲水性强的矿物成分，故使得土的胀缩变形大。

2）黏粒因素。由于土粒中含有大量的粒径小于 0.005mm 的黏粒，颗粒比表面积（单位体积内的颗粒表面积总和）大，使得土粒和水的接触面积大，吸水能力强，使得土的胀缩变形大。

3）含水量因素。含水量的变化影响土的膨胀。当初始含水量与胀后含水量越接近，土的膨胀就越小，收缩大。反之则膨胀大，收缩小。

4）孔隙比因素。从同一类膨胀土来对比，孔隙比小的土，膨胀性强烈但失水后收缩小。反之，天然孔隙比大者，浸水膨胀小，失水收缩大。

（2）从膨胀土的外因方面分析

1）气候因素。气候对膨胀土的含水量影响较大，包括降雨量、蒸发量、气温、相对湿度和地温等。雨季土体吸水膨胀、旱季失水收缩。

2）地形地貌因素。同类膨胀土地基，地势低处比高处胀缩变形小。

3）周围环境因素。地表水渗入、水管漏水下渗及地下水位的变化等，影响土的含水量，从而影响土的胀缩变形；周围的树木（尤其是阔叶乔木），旱季树根吸水，加剧地基土的干缩变形，使邻近房屋开裂；日照程度对土的膨胀有影响。

9.3.3　膨胀土地区建筑工程措施

1. 设计措施

1）总平面布置应尽量避开不良地段，如地裂区、塑性滑坡区、地下水位变化剧烈地段等。尽量将建筑物布置在地形条件比较简单、土质较均匀、胀缩性较弱的场地。

2）设计时，建筑物体型力求简单，在地基土显著不均匀处、建筑物平面转折处和高差较大处，应设置沉降缝；加强隔水、排水措施；合理确定建筑物与周围树木间距离，避免选用吸水量大、蒸发量大的树种；采取措施加强建筑物整体刚性，避免采用对地基变形较为敏感的结构类型；基础埋深应超过大气影响深度或经过变形计算确定。

3）采用适当的地基处理方法，消除地基胀缩对建筑物的危害，常采用换土垫层、土性改良、深基础等方法。

2. 施工处理措施

在施工中，应尽量减少地基中含水量的变化。故基础施工时，开挖应迅速，应避免基坑暴晒，雨季应防止地面水渗入，做好防水措施。施工完毕后，应回填土夯实。

9.4　红黏土地基

9.4.1　红黏土的形成及分布

红黏土的形成：红黏土是指碳酸盐岩石（如石灰岩、白云岩等），在亚热带高温潮湿气候条件下，经过红土化作用所形成的高塑性红色黏性土。红黏土的液限大于或等于 50%。一般具有表面收缩、上硬下软、裂隙发育等特征。

红黏土一般在我国西南地区云南、贵州省和广西壮族自治区分布广泛，此外在广东、海南、福建、四川、湖北、湖南、安徽等省也有分布，一般在山区或丘陵地带居多。

9.4.2　红黏土的特征

1）以棕红为主，还有呈褐红、紫红及黄褐色。

2）土层厚度一般为 3~10m，个别地带达到 20m 以上。受基岩起伏影响，红黏土厚度变化大，往往在水平距离仅 1m，厚度变化达到 4~10m，极不均匀。

3）土层状态上硬下软，具有从地表向下有逐渐变软的规律。由于胀缩交替变化，红黏土中有网状裂隙发育，裂隙可延伸到地下 3~4m，破坏了土体的完整性。位于斜坡、陡坎上的竖向裂隙，可能形成滑坡。

除此之外，要注意红黏土层中可能有地下水或地表水形成的土洞，及铁锰结核。

9.4.3　红黏土的物理力学性质

1）天然含水量高，而液性指数小。因而大多数红黏土呈坚硬与硬塑状态。

2）天然孔隙比大。

3）黏粒含量高，土具有较高的分散性，使得土的天然孔隙比大。

4）饱和度大于 85%，多数处于饱和状态。

5）强度高、压缩性低。

9.4.4　红黏土的地基评价

1）红黏土的表层通常强度高，压缩性低，为良好地基土。可利用表层红黏土作天然地基持力层，基础尽量浅埋。

2）红黏土底层由于接近于基岩，尤其基岩面低洼处，因地下水积聚，常常土呈软塑或流塑状态，具有强度较低，压缩性较高的特点，是不良地基。

3）红黏土的厚度随下卧基岩面起伏而变化，故常常引起不均匀沉降。应对此不均匀地基宜作地基处理。

4）岩溶地区的红黏土常有土洞，应查明土洞位置与大小，进行充填处理等。

5）红黏土具有网状裂隙及胀缩特性等，应在工程中采取措施加以治理，并注意基槽防止日晒雨淋。

9.5　软土地基

9.5.1　软土的形成及分布

软土是指在静水或缓慢流水环境中以细颗粒为主的近代沉积物。软土也称软黏土，是软弱黏性土的简称。

软土具有天然含水量大，压缩性高，承载力低，渗透性小的性质，是一种呈软塑到流塑状态的饱和黏性土。软土的天然含水量 $w \geq w_L$；天然孔隙比 $e \geq 1$；压缩系数 a_{1-2} 大于 $0.5MPa^{-1}$；不排水抗剪强度 $c \leq 20kPa$。当软土由生物化学作用形成，并含有机质，其天然孔隙比 $e \geq 1.5$ 时为淤泥；天然孔隙比 $1 \leq e < 1.5$ 时为淤泥质土。工程上把淤泥、淤泥质土统称为软土。

软土按其形成特征及地质成因类型可分为滨海沉积软土、湖泊沉积软土、河滩沉积软土及谷地沉积或残积软土；按软土的分布可概括为沿海软土、内陆软土和山区软土三种。

沿海软土主要位于河流入海处，分布面积较广，土层较厚，呈现多层状结构，如分布在渤海及津塘地区、浙江的温州、宁波、长江三角洲、珠江三角洲等地。内陆软土以湖、塘沉积为代表，该类软土分布面积较小，层理不明显，主要分布在洞庭湖、洪泽湖、太湖流域及滇池地区。山区软土多分布在多雨的山间谷地、冲沟、河滩阶地及各种洼地等，分布零星，范围小，软土厚度变化大，土质不均，强度及压缩性变化大。

9.5.2　软土的物理力学特性

1）天然含水量高、孔隙比大。软土主要是由黏粒及粉粒组成，颜色多呈灰色或黑灰色，含有有机质。具有天然含水量高，孔隙比大性质，因此软土的强度低、压缩性高。

2）透水性低。由于软土的黏粒含量高，而且垂直方向和水平方向的渗透系数不一样，故其渗透性弱。特别是软土中含有大量的有机质时，在土中可能产生气泡，堵塞渗流通路，降低渗透性。

3）压缩性高。由于软土的孔隙比大，又由于软土中存在大量微生物，产生大量的气体，故软土的压缩性高。当其他条件相同时，软土的液限越大，压缩性越大。

4）抗剪强度低。软土的抗剪强度很低，与排水固结程度密切相关。

5）具有融变性。当土的结构未被破坏时，具有一定的结构强度，但一经扰动，土的结构强度便被破坏，土的这种性质称为融变性。软土具有絮凝结构，是结构性沉积物，具有较高的融变性。

6）具有流变性。软土的流变性包括蠕变特性、流动特性、应力松弛特性及长期强度特性。蠕变特性是指在荷载不变的情况下，土的变形随时间发展的特性；流动特性是指土的变形速率随应力变化的特性；应力松弛特性是指在恒定的变形条件下，应力随时间减小的特性；长期强度特性是指土体在长期荷载作用下土的强度随时间变化的特性。由以上可知，软土的流变性可能导致地基长期处于变形过程中。

9.5.3　软土地基的建筑工程措施

由上述软土地基物理力学性质可知，软土具有压缩性高、强度低等特性，故软土地基的主要问题是地基变形问题。

在软土地基上建造建筑物，其地基变形使得建筑物的沉降量大且不均匀，沉降速率大以及沉降稳定历时较长等特点。

以下列举针对软土地基变形所采取的建筑工程措施：

1）轻基浅埋。当软土表层有密实的土层时，利用软土上部的"硬壳"层作为地基的持力层，尽量减少上部结构及基础重量，称之为"轻基浅埋"法。

2）尽量减少基底压力。采用轻型结构、设置地下室、采用箱形基础等，减少基底压力及附加压力，从而减少软土的沉降量。

3）铺设砂垫层。该法既可以减少作用在软土上的附加压力来减少建筑物沉降，又可以利于排除软土中的水，缩短软土的固结时间，使建筑物沉降较快地达到稳定。

4）采用地基处理方法，提高软土地基承载力。如采用砂井、砂井预压、电渗法等促使土层排水固结，提高地基承载力。

5）采取施工措施，防止在软土地基上加载过大过快时，发生地基土塑流挤出的现象。主要的施工措施有：①控制施工速度，使得加载速度减小；②在建筑物四周打板桩围墙，或采用反压法,以防止地基土塑流挤出。

6)施工时,应注意对软土基坑的保护,减少扰动。

7)遇到局部软土和暗塘、暗沟、暗洞等情况时,应查明范围,根据具体情况,采取基础局部深埋、换土垫层、采用短桩及基础梁等办法处理。

8)在一个建筑群中有不同形式的建筑物时,应当从沉降观点去考虑相互影响及对地面下的一系列管道设施的影响。

9)同一建筑物有不同结构形式时,必须妥善处理,对不同基础形式,上部结构必须断开。

10)对于建筑物附近有大面积堆载或相邻建筑物过近,可采用桩基。

11)在建筑物附近或建筑物内开挖深基坑时,应考虑边坡稳定及降水所引起的问题。

12)在建筑物附近不宜采用深井取水,必要时应通过计算确定深井的位置及限制抽水量,并采取回灌的措施。

上述建筑工程措施可以有效控制软土地基的变形问题,达到减少地基变形的目的。

工程中必须注意软土地基的变形和强度问题,尤其是软土地区的变形问题。过大的沉降及不均匀沉降是造成大量工程事故根本原因。因此,要在软土地区进行建筑施工时,必须从地基、建筑、结构、施工、使用等各个方面全面地综合考虑,采取相应的措施,减小地基的沉降及不均匀沉降,保证建筑物的安全和正常使用。

9.6 冻土地基

9.6.1 冻土的分类及分布

温度等于或低于零摄氏度,且土中水冻结成固态冰的土称为冻土。冻土可分为:季节性冻土、多年冻土两大类。

季节性冻土是指冬季冻结,夏季全部融化的冻土。若冬季冻结,一两年内不融化的土称为隔年冻土。季节性冻土在我国华北、东北与西北大部分地区有此类冻土。

多年冻土是指冻土的冻结状态持续三年以上的土。多年冻土主要在我国的东北大、小兴安岭北部、青藏高原及天山等纬度及海拔较高的严寒地区,占我国领土面积的22%。

9.6.2 土的冻胀及危害

冻胀土是指土在冻结过程中,土中水要冻结,土体产生体积膨胀的现象。这里须注意有些土只冻不胀,有些土则发生冻胀现象。冻胀土融化后土体体积变小。

土的冻胀原因是因为冻结土中水分向冻结区迁移和积聚的结果。冻胀土会使地基土隆起,使建造在其上的建(构)筑物被抬起,引起其开裂、倾斜甚至倒塌;冻胀土还会使得道路路面鼓包、开裂、错缝或折断等。

对工程危害最大的是季节性冻土,因为该土具有冻融现象。冻融现象是指当土层解冻融化后,土层软化,土的强度大大降低的现象。这种冻融现象又使得房屋、桥梁和涵洞等地基发生大量沉降和不均匀沉降,从而房屋产生裂缝、倾斜,使得路基下沉、桥梁破坏及涵洞错位等工程事故,这在冻土地区屡见不鲜。地基冻胀变形和融沉变形还会使房屋产生正八字和倒八字形裂缝，桩基出现冻拔现象，道路则出现翻浆冒泥等危害。

因此，对冻土的冻胀及冻融现象必须引起注意，采取必要的防治措施。

9.6.3 防治建筑物冻害的工程措施

防治建筑物冻害的工程方法有多种，基本上可归为二类：①通过地基处理消除或减小冻胀和融陷的影响；②增强结构对地基冻胀和融陷的适应能力。这里主要采用前一种方法，后一种方法是辅助的。

1. 地基处理法

1）换填法。用粗砂、砾石等非（弱）冻胀性材料置换天然地基中的冻胀土。用以削弱或基本消除地基土的冻胀。

2）物理化学方法改良土质。如向土体内加入人工盐，降低冰点温度，减轻冻害。

3）保温法。在建筑物基础底部或四周设置隔热层，增大热阻，以推迟地基土冻结，提高土中温度，减小冻结深度。

4）排水隔水法。采取措施降低地下水位，采取排水、隔水等措施排除地表水，隔断外来水补给，防止地基土湿润，减小地基土冻胀。

2. 结构措施

1）采用深基础，使得基础埋在冻深线以下。

2）增强结构自身对地基冻胀和融陷的适应能力，如采用架空法等。

本章小结与讨论

1. 小结

（1）特殊土地基 特殊土是指具有特殊工程性质的土。当用这些土作为建筑地基时，应特别注意其特殊性，采取必要的措施及施工手段，使得建筑地基安全正常的被使用。

（2）湿陷性黄土特征 湿陷性黄土主要特征是大孔隙和湿陷性，受到水的浸湿后，土的结构迅速破坏，土层发生显著的沉陷，强度也迅速降低。

1）湿陷性黄土地基评价内容：主要有三方面：

① 判别黄土湿陷性。判别黄土是否在一定压力下，浸水后有湿陷性。采用湿陷性系数判断：当湿陷性系数 $\delta_s < 0.015$ 时，可判定为非湿陷性黄土；当湿陷性系数 $\delta_s \geq 0.015$ 时，则可判定为湿陷性黄土。

② 判别黄土场地的湿陷类型。黄土场地的湿陷类型有两类：一类是自重湿陷性黄土场地；另一类是非自重湿陷性黄土场地。当实测或计算自重湿陷量≤7cm 时，应定为非自重湿陷性黄土场地；当实测或计算自重湿陷量 >7cm 时，应定为自重湿陷性黄土场地，这种场地的湿陷比非自重湿陷性黄土场地湿陷大，故相应的危害也大。

③ 判定湿陷性黄土地基的湿陷等级，即湿陷的强弱程度。黄土地基的湿陷等级应根据基底下各层土累计的总湿陷量 Δ_s 和计算自重湿陷量 Δ_{zs} 的大小等因素，将黄土地基湿陷等级分为三个等级：Ⅰ级为轻微湿陷；Ⅱ级为中等湿陷；Ⅲ级为强烈湿陷。

2）湿陷性黄土地基工程措施：主要有三方面：①地基处理措施；②防水和排水措施；③采取结构措施。

（3）膨胀土的特性：膨胀土是一种吸水膨胀、失水收缩，具有较大胀缩变形性质，而且具有往复变形（膨胀-收缩-再膨胀）特性的高塑性黏土。膨胀土地基工程措施：主要从设计措施及结构措施方面，来消除膨胀土地基胀缩对建筑物的危害变形。

（4）软土的特性：软土具有天然含水量大，压缩性高，承载力低，渗透性小的性质，是一种呈软塑到流塑状态的饱和黏性土。软土地基的主要问题是地基变形问题。采用有效的建筑工程措施可以控制软土地基的变形问题，达到减少地基变形的目的。

（5）冻土的分类：冻土可分为多年冻土及季节性冻土两大类。防治建筑物冻害的工程措施：①通过地基处理消除或减小冻胀和融陷的影响；②增强结构对地基冻胀和融陷的适应能力。

2. 几点讨论

以下讨论有关湿陷性黄土问题。

（1）黄土湿陷性原因讨论　黄土湿陷现象是一个复杂的地质、物理、化学过程，对其湿陷的原因和机理，国内外学者有各种理论及假说，目前公认为能比较合理解释黄土湿陷现象的是欠压密理论、溶盐假说和结构学假说。

1）欠压密理论：在气候条件作用下，黄土沉积过程中水分蒸发，土粒间的盐类析出，形成固化黏聚力，阻止了上面土对下面土的压密作用而成为欠压密状态，使土形成大孔隙。一旦水浸入较深，固化黏聚力消失，产生湿陷。（本章采用了此理论）

2）溶盐假说：黄土湿陷原因是由于黄土中存在大量的易溶盐。一旦受水浸湿后，易溶盐溶解，产生湿陷。这种假说不能解释所有的湿陷现象。

3）结构学假说：黄土湿陷的根本原因是由于湿陷性黄土所具有的特殊结构体系造成的。该结构体系在水和外荷载共同作用下，导致结构强度降低，连接点破坏，使整个结构失去稳定。

无论如何解释黄土湿陷原因，从上面归纳起来：黄土湿陷主要是外因和内因两方面。黄土受水浸湿和荷载作用是湿陷发生的外因，黄土的结构及组成成分是产生湿陷性的内在原因。

（2）有关测定湿陷性系数时所采用的压力　黄土的湿陷性主要用湿陷性系数 δ_s 来判定。试验时，测定湿陷性系数的压力，采用地基中黄土的实际压力比较合理。但是由于初勘时，建筑物的实际压力大小难于估计准确，考虑到普通工业与民用建筑物基底下 10m 内的附加应力与土的自重应力之和接近于 200kPa，故采用测定湿陷性系数的压力为（从基础底面下 10m 以内的土层）200kPa；10m 以下至非湿陷性土层顶面附加应力很小，故采用其上覆土的饱和自重压力为测定湿陷性系数的压力。

习　题

9-1　什么是特殊土？

9-2　湿陷性黄土的特征有哪些？如何判断黄土是否有湿陷性？

9-3　自重湿陷性黄土场地如何判别？如何判别湿陷性黄土地基的湿陷等级？

9-4　湿陷性黄土地基处理有哪些方法？

9-5　膨胀土有哪些特性？膨胀土地区建筑工程措施有哪些？

9-6　软土有哪些特性？软土地基的建筑工程措施有哪些？

9-7　冻土有哪几类？防治建筑物冻害的工程措施主要有哪些？

第 10 章

建筑基坑支护工程

【本章要求】 1. 了解建筑基坑支护工程概念、分类。

2. 掌握基坑维护墙结构的设计计算。

3. 掌握基坑开挖时土体的稳定性分析。

【本章重点】 基坑维护墙结构的设计计算方法。

10.1 概述

施工建筑物的基础或地下建筑（如地下商场、地铁）时，需从地面向下开挖规模较大、深度较深的地下空间，此空间称为深基坑。随着城市建设的发展，高层及超高层建筑及地下建筑将大量的涌现，必然会有大量的深基坑工程（简称基坑工程）产生。

建筑基坑工程是由以下部分组成：①基坑开挖工程；②基坑支护工程及降水工程，对基坑进行周边的支护及施工降水；③监测及维护工程，对基坑四周的已有建（构）筑物、道路和地下管线等相邻工程进行监测和维护。总之，基坑工程是一项综合性工程。

基坑开挖过程中，基坑土体的稳定主要依靠土体内颗粒间存在的内摩擦角和黏聚力来保持平衡的。一旦开挖基坑破坏了土体的稳定，基坑坑壁就会坍塌。这不仅妨碍施工，还会引起严重的人身伤亡事故，甚至危及邻近建筑物的安全。

为了确保基坑在开挖过程中的稳定性，防止坑壁的坍塌，当挖土超过一定的深度时，沿其边沿应放出足够的边坡。当场地受限制，不能放坡时，应当采用基坑的支护结构。

基坑支护的定义：为确保地下结构施工及基坑周边环境的安全，对基坑侧壁及周边环境采用的支挡、加固与保护措施，称为基坑支护。

在基坑施工时，没有支护措施的基坑工程称为无支护基坑工程；有支护措施的基坑工程称为有支护基坑工程（也称为基坑支护工程）。本章主要介绍基坑支护工程中的维护墙设计计算及基坑开挖时基坑土体的稳定性分析。

10.1.1 基坑工程的组成

（1）土方开挖工程 分层分块将坑底以上土体挖出，开挖顺序应根据整个基坑体系的稳定等计算确定。

（2）降水工程　在基坑开挖前，若地下水位高于坑底，应将地下水位降于坑底以下 0.5～1.0m，使土方开挖实现"干"作业，常采用井点降水法。

（3）基坑支护工程　基坑支护工程主要包括维护墙体（包括防渗帷幕）工程及支撑工程。

1）维护墙体（包括防渗帷幕）。维护墙体是具有保证基坑坑壁稳定的一种挡土结构，维护墙体承受坑内外水、土侧压力以及内支撑反力或锚杆拉力，一般是沿基坑四周竖直布置，而且在所开挖的基底以下有一定插入深度的墙体。防渗帷幕（由水泥搅拌桩、旋喷桩等做成）作用是防止坑外的水渗流入到坑内，并控制由于坑内外水头差造成的流砂及管涌等现象。

2）支撑结构。由钢或钢筋混凝土构件组成的用以支撑基坑侧壁的结构体系。支撑的目的：为维护墙结构提供弹性支撑点，增强维护墙体的稳定性，减小墙的内力，达到经济合理的工程要求。

（4）监测工程　监测工程是指在基坑工程施工过程中，对基坑维护结构及其周围地层、附近建筑物、地下管线的受力和变形进行的量测。用来确保基坑工程安全；保护基坑周围环境；检验设计所采用参数等的正确性，并为改进设计、提高工程整体的水平提供依据。

10.1.2　基坑支护工程的主要特点

1）基坑工程大多是临时性的结构，设计的安全储备相对小一些，风险较大。

2）基坑工程是一项综合性很强的系统工程。（岩土工程、结构工程、施工技术等学科互相交叉，在理论上尚待发展）

3）基坑工程向着大深度、大面积方向发展。

4）设计、施工难度大。（不利因素多，设计计算理论不够成熟）

5）基坑工程易出现事故。（随机性大，事故突然，是容易有很大风险的工程）

6）基坑工程造价高。

7）基坑工程对周围环境影响大。

10.1.3　与基坑工程相关的规范及规程

与基坑工程相关的规范及规程主要有：JGJ 120—2012《建筑基坑支护技术规程》；GB 50007—2011《建筑地基基础设计规范》；CECS 22：2005《岩土锚杆（索）技术规程》CECS 96：97《基坑土钉支护技术规范》；JGJ/T 111—98《建筑与市政降水工程技术规范》及一些地方规范、规程等。

本章主要采用我国 JGJ 120—2012《建筑基坑支护技术规程》，在教材中简称为《基坑规程》。同时参考 GB 50007—2011《建筑地基基础设计规范》的相关内容，教材中简称为《地基基础规范》。

由于基坑工程的复杂性，设计计算理论尚待进一步发展和完善。本教材基于这点考虑，介绍了基坑工程设计计算的相关经典理论，同时参考了《基坑规程》相关内容。特别要注意的是：基坑工程若设计、施工不当，发生工程事故的概率很高。

10.2　基坑维护墙体类型及特点

维护墙体按结构分为重力式挡土墙、排桩式维护墙、土钉墙、地下连续墙等。

1. 重力式挡土墙

重力式挡土墙是一种常用的挡土结构，该结构是依靠墙体本身的自重来平衡基坑内外的土压力，通常不设支撑。墙身材料常采用水泥土搅拌桩、旋喷桩等。

目前工程中水泥搅拌桩维护墙体也称为水泥土墙，其墙身是由成排水泥工程搅拌桩组成。水泥搅拌桩是利用水泥作为固化剂，通过特制的深层搅拌机械在深部有软土的土层处，将水泥和软土强制搅拌，使其相互产生一系列的物理和化学反应，硬化后形成有一定强度的水泥土桩。

水泥土桩墙中的桩与桩或排与排之间可相互咬合紧密排列，也可为节省投资，采用按网格式排列的隔栅体系，如图 10-1 所示。由于墙体抗拉抗剪强度较小，因此墙身需做成厚而重的重力式刚性挡土墙，以确保其墙身的稳定性。

重力式挡土墙的优点是结构简单、施工方便、施工噪声低、振动小、速度快、止水效果好、造价低。其缺点是宽度大，需占用基地红线内一定面积，而且墙身位移较大。重力式挡土墙主要适用于软土地区、环境要求不高、开挖深度≤6m 的情况。

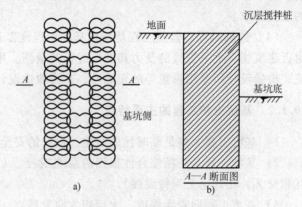

图 10-1　隔栅重力式挡土墙

2. 排桩式维护墙

排桩式维护墙是采用排成排的桩组成的墙体。排桩式维护墙体适用于施工场地狭窄，地质条件较差且不能采用搅拌桩进行支护时的情况。排桩适合于开挖深度在 6~10m 范围内的情况。排桩可采用钻孔灌注桩、人工挖孔桩、预制钢筋混凝土板桩、钢板桩等。

（1）排桩按排列形式分为

1）柱列式排桩维护墙。桩的排列较稀疏，这种形式称为柱列式排桩。通常采用钻孔灌注桩或挖孔桩作为柱列式排桩，用以支护土坡。它适用于边坡土质较好、地下水位较低、可利用土拱作用的情况。

2）连续式排桩维护墙。桩的排列形式紧密排列且可以互相搭接，称为连续排桩式。采用钻孔灌注桩时可以互相搭接，或在钻孔灌注桩桩身混凝土强度尚未形成时，在相邻桩之间作一根素混凝土树根桩把钻孔灌注桩排连起来。

3）组合式排桩维护墙。将不同形式的排桩组合一起的形式，称为组合式排桩。

（2）排桩按支撑分类

1）无支撑的维护墙体。这种维护墙体不设置支撑，利用悬臂作用抵挡墙后土体，使基坑内留有一定的空间，使施工方便。无支撑的维护墙体主要是悬臂式桩墙挡土结构，如

图 10-2 所示。这种维护墙体不适用于较深的基坑。

悬臂式桩墙挡土结构常采用排桩式，即钢筋混凝土钻孔灌注桩、人工挖孔灌注桩、沉管灌注桩及钢筋混凝土预制桩、木桩、钢板桩及地下连续墙等形式。悬臂式支护结构依靠足够的入土深度和结构的抗弯能力来维持基坑壁的稳定和结构的安全。该结构容易产生较大的变形，只适合于土质较好、开挖深度较浅的基坑工程。

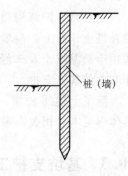

图 10-2　悬臂式桩墙挡土结构

2）有支撑维护墙体。这种维护墙体设置了支撑，具体可分为：

① 单层或多层内支撑桩墙式挡土结构。设置的内支撑可有效的减少围护墙体的内力及变形，通过设置多道支撑可用于开挖深度较大的基坑。但设置的内支撑对土方的开挖及地下结构的施工带来较大不便。内支撑可以是水平的，也可以是倾斜的（见图 10-3）。

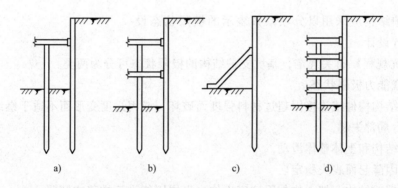

图 10-3　内支撑式桩墙挡土结构

a）单层支撑　b）二层支撑　c）斜支撑　d）多层支撑

② 单层或多层土层拉锚桩墙式挡土结构。通过设置在基坑维护墙体外的稳定土层内的锚杆，来拉住围护墙体，可减少墙体的内力及变形。根据需要，可设置单层或多层锚杆，多层锚杆可用于深度较大的基坑。这种支撑，使基坑有宽敞的空间，施工更为方便（见图 10-4）。

3. 土钉墙

土钉墙是一种新型的基坑支护形式，国内外已在许多基坑支护工程中得到了成功的应用，并取得了明显的技术经济效果。

土钉墙支护结构机理可理解为通过在基坑边坡中设置土钉，形成加筋土重力式挡土墙，起到

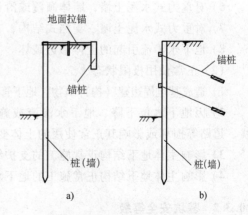

图 10-4　拉锚式桩墙挡土结构

a）地面拉锚式　b）锚杆式

挡土的作用，如图 10-5 所示。土钉是用来加固或同时锚固现场原位土体的细长杆件。通常采用土中钻孔、放入变形钢筋并沿孔的全长注浆的方法做成。土钉依靠与土体之间的界面黏结力或摩擦力，在土压力作用下，土钉主要承受拉力作用。

土钉支护的施工速度快、用料省、造价低。与桩墙支护相比，工期可缩短一半以上，成

本约占其1/3 。

土钉墙支护结构适用于地下水位以上或人工降水后的黏性土、粉土、杂填土及非松散砂土、卵石土等；不适用于淤泥质土及未经降水处理的地下水位以下的土层地基中的基坑支护。

除了上述维护墙，地下连续墙也是维护墙的一种，具体参见本书相关内容。

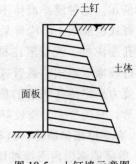

图 10-5　土钉墙示意图

10.3　基坑支护工程的设计原则及内容

10.3.1　基坑支护结构极限状态

基坑支护结构应采用以分项系数表示的极限状态设计表达式进行设计。

按《基坑规程》有关规定，基坑支护结构的极限状态可分为两类：

（1）承载能力极限状态

1）支护结构构件或连接因超过材料强度而破坏，或因过度变形而不适于继续承受荷载，或出现压屈、局部失稳。

2）支护结构和土体整体滑动。

3）坑底因隆起而丧失稳定。

4）对支挡式结构，挡土构件因坑底土体丧失嵌固能力而推移或倾覆。

5）对锚拉式支挡结构或上钉墙，锚杆或土钉因土体丧失锚固能力而拔动。

6）对重力式水泥土墙，墙体倾覆或滑移。

7）对重力式水泥土墙、支挡式结构，其持力土层因丧失承载能力而破坏。

8）地下水渗流引起的土体渗透破坏。

（2）正常使用极限状态

1）造成基坑周边建（构）筑物、地下管线、道路等损坏或影响其正常使用的支护结构位移。

2）因地下水位下降、地下水渗流或施工因素而造成基坑周边建（构）筑物、地下管线、道路等损坏或影响其正常使用的土体变形。

3）影响主体地下结构正常施工的支护结构位移。

4）影响主体地下结构正常施工的地下水渗流。

10.3.2　基坑安全等级

根据基坑支护破坏等危害程度，把基坑分为三个安全等级（见表10-1）。

表 10-1　基坑支护结构的安全等级及重要性系数

安全等级	破坏后果	γ_0
一级	支护结构失效、土体过大变形对基坑周边环境或主体结构安全影响很严重	1.10
二级	支护结构失效、土体过大变形对基坑周边环境或主体结构安全影响严重	1.00
三级	支护结构失效、土体过大变形对基坑周边环境或主体结构安全影响不严重	0.90

10.3.3　基坑支护工程的设计原则及计算内容

按《基坑规程》：基坑支护应保证基坑周边建（构）筑物、地下管线、道路的安全和正常使用，并保证主体地下结构的施工空间。

1. 基坑支护工程的设计原则

1）基坑支护应规定其设计使用期限。基坑支护设计使用期限不应小于一年。

2）保障基坑周边的建（构）筑物、地下管线、道路的安全和正常使用。

3）保障主体地下结构的施工空间。

2. 基坑支护工程计算内容

《基坑规程》规定，根据承载力极限状态和正常使用极限状态的设计要求，基坑支护应按下列规定进行计算和验算：

1）基坑支护结构均应进行承载能力极限状态的计算。内容包括：①根据基坑支护形式及其受力特点进行基坑内外土体稳定性计算；②基坑支护结构的受压、受弯、受剪承载力计算；③当有锚杆或支撑时，应对其进行承载力计算和稳定性验算。

2）对于安全等级为一级及对支护结构变形有限定的二级建筑基坑侧壁，尚因对基坑周边环境及支护结构变形进行验算。

3）地下水控制计算和验算。如抗渗稳定性验算、基坑突涌稳定性验算等。

10.3.4　基坑支护工程的设计依据

基坑开挖及支护设计应具备下列资料：

（1）基坑侧壁安全等级及重要性安全系数　根据基坑支护破坏等危害程度，确定基坑的安全等级，见表 10-1。

（2）相关规范及规程　基坑支护工程相关规范及规程。

（3）场地岩土工程地质勘察资料　主要包括：①工程地质资料；②水文地质资料；③周围环境资料；④浅层地下障碍物情况。

（4）场地主体结构的设计资料　需要主体结构的用地红线图、建筑平面图、剖面图、地下结构图及桩位布置图等。这些图对基坑平面设计布置、支撑结构设计及布置、立柱定位等是必不可少的资料。支护结构及支撑、锚杆结构不得超越红线界限。

（5）施工条件　在设计基坑维护方案时，应充分注意到场地的施工条件，如场地为施工提供的空间、施工工期、环境对施工的噪声、振动、污染等允许程度及当地施工所具有的施工设备、技术等条件。

10.4　作用于支护结构上的水平荷载

10.4.1　作用于支护结构上的水平荷载分类

作用于支护结构上的水平荷载主要有：

1）土压力。

2）水压力。如静水压力、渗流压力、承压水压力等。

3) 对基坑有影响的荷载。如基坑内外土的自重（包括地下水）、邻近区域建（构）筑物荷载、汽车荷载、起重机荷载、场地堆载及邻近施工场地施工作用、冻胀及温度变化等。

4) 其他荷载。如地震产生的垂直和水平荷载及其他附加荷载。

10.4.2 土压力及水压力的计算

作用于支护结构上的土压力、水压力是一种很重要的荷载。工程上的土压力一般主要采用朗金土压力理论计算。计算地下水位以下的水、土压力，可以采用两种方法：①水土分算方法（有效应力法）；②水土合算方法（总应力法）。

1. 水土分算法（有效应力法）

该方法计算土压力时，采用浮重度计算；计算水压力时，按静水压力计算。最后相加。对于砂土、粉土宜按水土分算的原则计算。

1) 主动土压力

$$p_{ak} = (\sigma_{ak} - \mu_a) K_{a,i} - 2c_i \sqrt{K_{a,i}} + \mu_a \qquad (10\text{-}1)$$

2) 被动土压力

$$p_{pk} = (\sigma_{pk} - \mu_p) K_{p,i} + 2c_i \sqrt{K_{p,i}} + \mu_p \qquad (10\text{-}2)$$

式中　μ_a、μ_p——支护结构外侧、内侧计算点的水压力（kPa）；

$\quad\quad p_{ak}$——支护结构外侧，第 i 层土中计算点的主动土压力强度标准值（kPa），当 p_{ak} < 0 时，应取 $p_{ak} = 0$；

$\quad\quad p_{pk}$——支护结构内侧，第 i 层土中计算点的被动土压力强度标准值（kPa）；

$\quad\sigma_{ak}$、σ_{pk}——支护结构外侧、内侧计算点的土中竖向应力标准值（kPa）；

$\quad K_{a,i}$、$K_{p,i}$——第 i 层土的主动土压力系数、被动土压力系数；

$\quad\quad c_i$——第 i 层土的黏聚力（kPa）。

上述这种计算土压力方法的概念明确，而且有效应力原理在土力学中已经介绍。因此，今后要逐步统一应用有效应力原理计算土压力。

2. 水土合算方法（总应力法）

水土压力合算法是采用土的饱和重度计算总的水、土压力，是水压力和土压力合算的方法。对于地下水位以上或水土合算的土层：

1) 主动土压力

$$p_{ak} = \sigma_{ak} K_{a,i} - 2c_i \sqrt{K_{a,i}} \qquad (10\text{-}3)$$

2) 被动土压力

$$p_{pk} = \sigma_{pk} K_{p,i} - 2c_i \sqrt{K_{p,i}} \qquad (10\text{-}4)$$

土中竖向应力标准值计算说明

$$\sigma_{ak} = \sigma_{ac} + \sum \Delta\sigma_{k,j} \qquad (10\text{-}5)$$

$$\sigma_{pk} = \sigma_{pc} \qquad (10\text{-}6)$$

式中　σ_{ac}——支护结构外侧计算点，由土自重产生的竖向总应力（kPa）；

$\quad\quad \sigma_{pc}$——支护结构内侧计算点，由土自重产生的竖向总应力（kPa）；

$\quad \sum \Delta\sigma_{k,j}$——为支护结构外侧第 j 个附加荷载作用下计算点的土中附加竖向应力标准值

（kPa），具体计算参见《基坑规程》。

3. 水土分算法与水土合算法的比较

水土分算法与水土合算法涉及的问题较多，难于作出简单的结论，各地又有各自的不同工程经验。目前工程界较为能够接受的算法可归纳如下：

1）由于无黏性土具有渗透性好的特点，因此不考虑出现孔隙水压力的问题，其抗剪强度指标应采用有效应力指标，总应力等于有效应力。故水土分算的方法适合于无黏性土。

2）对于饱和黏性土，常常采用不排水抗剪强度指标，且上述两种方法都可使用。

3）对于黏性土，若采用水土合算法，则需采用不固结不排水抗剪强度指标；若采用水土分算法，则采用固结不排水抗剪强度指标。

10.5　排桩式维护墙体的设计计算方法

当基坑深度不大、环境条件允许时，可采用不设支撑的悬臂式排桩维护墙；当基坑深度较大、环境条件不允许、排桩有较大变形时，排桩维护墙结构一般应设置内支撑或坑外锚拉系统。排桩支护结构的计算，包括维护墙体计算、支撑计算与基坑稳定性计算等。本节主要介绍维护墙体的计算。

设计排桩维护墙结构时需要验算以下内容：

（1）维护墙体入土深度的确定　在维护墙体稳定、安全的前提下，确定墙体的入土深度。

（2）维护墙体的内力的确定　主要求出维护墙体的最大弯矩，必要时要计算变形。

此外还有基坑底部土体的抗隆起回弹、抗渗流或管涌稳定性验算，墙体位移等计算，并提出相应技术措施等。

维护墙一般按纯弯构件设计计算。对于逆作法施工、兼作主体结构的侧墙或支撑采用斜锚杆时可按弯压构件设计。现浇钢筋混凝土排桩墙结构混凝土强度等级不低于 C20。

以下主要介绍排桩围护墙结构的入土深度和内力计算。

10.5.1　悬臂式排桩维护墙的计算方法

悬臂式排桩维护墙（简称板桩墙）的计算方法，采用传统的板桩计算原理，如图 10-6所示。悬臂板桩墙在基坑底面以上基坑外侧主动土压力作用下，板桩将向基坑内侧倾移，而下部则反方向变位。

1）临界点：即板桩将绕基坑底以下某点旋转，如图 10-6a 中 b 点。点 b 处墙体无变位，此处净土压力为零，是临界点，也称为零点；点 b 以上墙体向基坑内侧倾移，此时 b 点以上基坑（左侧）土体对墙产生被动土压力，b 以上基坑壁（右侧）土体对墙产生主动土压力；点 b 以下墙体向基坑外侧倾移，此时 b 以下基坑（左侧）土体对墙产生主动土压力，b 以下基坑壁（右侧）土体对墙产生被动土压力。

2）净土压力：作用在墙体上各点的净土压力为各点两侧的被动土压力和主动土压力之差，如图 10-6b 所示。

将悬臂板桩净土压力简化为线性分布后，计算简图如图 10-6c 所示。根据此图，用静力平衡法计算板桩的入土深度和内力。也可以使用 H. Blum 布鲁姆方法，用图 10-6d 代替图

10-6c 进行计算。以下介绍静力平衡法及布鲁姆法求计算板桩墙体的入土深度及内力。

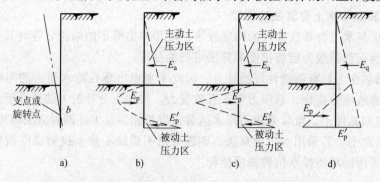

图 10-6 悬臂板桩墙的变位及土压力分布图

a) 变位示意图 b) 土压力分布实际图 c) 悬臂板桩计算简图 d) Blum 计算简图

1. 静力平衡法

如图 10-7 所示,所设计的悬臂式板桩墙要保持稳定,应使墙体保持静力平衡状态,即水平方向的合力为零,$\sum X = 0$;绕墙底端部(自由端)力矩代数和为零,$\sum M = 0$。

在满足上述两个静力平衡条件时,板桩墙体则处于稳定。相应的板桩墙入土深度即为保证其稳定性所需的最小入土深度。根据上述静力平衡条件联立可求解最小入土深度。这对设计板桩墙非常有用。

(1)计算板桩墙上的土压力 如图 10-7 所示,第 n 层土的板桩墙主动土压力为

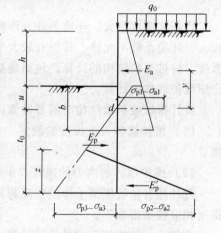

图 10-7 静力平衡法计算悬臂式板桩墙体土压力

$$\sigma_{an} = \left(q_n + \sum_{i=1}^{n} \gamma_i h_i \right) K_a - 2c_n \sqrt{K_a} \qquad (10\text{-}7)$$

第 n 层土的板桩墙被动土压力为

$$\sigma_{pn} = \left(q_n + \sum_{i=1}^{n} \gamma_i h_i \right) K_p + 2c_n \sqrt{K_p} \qquad (10\text{-}8)$$

式中　q_n——地面荷载传递到 n 层土底面竖直均布面荷载(kPa),地面为满布均布荷载时,

　　　　$q_n = q_0$;

　　　　K_a——第 n 层土主动土压力系数,$K_a = \tan^2\left(45° - \dfrac{\varphi_n}{2}\right)$;

　　　　K_p——第 n 层土被动土压力系数,$K_p = \tan^2\left(45° + \dfrac{\varphi_n}{2}\right)$;

　　　　φ_n——第 n 层土的内摩擦角(°);

　　　　c_n——第 n 层土的黏聚力(kPa);

　　　　γ_i——第 i 层土的天然重度(kN/m³);

　　　　h_i——第 i 层土的厚度(m)。

(2)计算板桩墙的入土深度 计算板桩墙的入土深土,需要建立静力平衡方程式,通

过联立方程求解，即可得到板桩墙的入土深度。

计算时要注意：墙后土体系指墙后基坑侧壁方面的土体；墙前土体系指墙前基坑底面下方土体。计算步骤如下（见图10-7）：

1）在板桩墙底处：计算墙后全部深度范围（$h+u+t_0$）内主动土压力 σ_{a3}；计算基坑土体深度范围（$u+t_0$）内墙前被动土压力 σ_{p3}，然后进行叠加，求出第一个土压力为零的点（临界点）d，该点离坑底距离为 u。

2）计算 d 点以上主动土压力合力 E_a，求出 E_a 到 d 点的距离 y。

3）计算 d 点处墙后（$h+u$）范围内主动土压力 σ_{a1} 及墙前 u 范围内被动主压力 σ_{p1}。

4）计算在桩底处墙前（$u+t_0$）范围内主动土压力 σ_{a2} 和墙后（$h+u+t_0$）范围的被动土压力 σ_{p2}。

5）根据作用在墙体结构上的全部水平作用力静力平衡条件和绕墙底端自由端力矩总和为零的条件可得

$$E_a + \left[(\sigma_{p3}-\sigma_{a3}) + (\sigma_{p2}-\sigma_{a2}) \right] \frac{z}{2} - (\sigma_{p3}-\sigma_{a3}) \frac{t_0}{2} = 0 \tag{10-9}$$

$$E_a(t_0+y) + \frac{z}{2}\left[(\sigma_{p3}-\sigma_{a3}) + (\sigma_{p2}-\sigma_{a2}) \right] \frac{z}{3} - (\sigma_{p3}-\sigma_{a3}) \frac{t_0}{2}\frac{t_0}{3} = 0 \tag{10-10}$$

以上两式有 z 及 t_0 两个未知数，联立两个公式消去 z，整理后可得 t_0 的四次方程式并求解，即可得板桩嵌入 d 点以下的深度 t_0 值。为安全起见，实际嵌入基坑底面以下的入土深度为

$$t = u + 1.2t_0 \tag{10-11}$$

由此可见，求解入土深度，过程是较为麻烦的。

（3）计算板桩墙的最大弯矩　板桩墙最大弯矩的作用点，也是墙构件的剪力为零的点。求出剪力为零的点在基坑底面以下深度为 b 时，可得到最大弯矩 M_{max}。

2. 布鲁姆（Blum）法

布鲁姆（H. Blum）对静力平衡法进行了简化，建议将图10-6d代替图10-6c，即将桩底的被动土压力以一个集中力 E'_p 来代替，计算简图如图10-8所示。

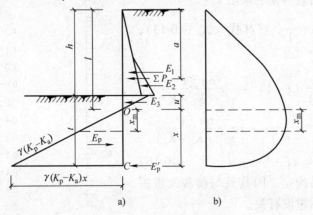

图 10-8　布鲁姆计算简图

a）土压力分布图　b）弯矩图

（1）计算板桩墙的入土深度 如图10-8a所示，对桩底 C 点取矩，则有 $\sum M_C = 0$

$$\sum P (l + x - a) - E_p \frac{x}{3} = 0 \tag{10-12}$$

式中

$$E_p = \gamma (K_p - K_a) x \frac{x}{2} = \frac{\gamma}{2} (K_p - K_a) x^2$$

将 E_p 代入式（10-10），得

$$\sum P (l + x - a) - \frac{\gamma}{6} (K_p - K_a) x^3 = 0$$

化简后得到

$$x^3 - \frac{6\sum P}{\gamma (K_p - K_a)} x - \frac{6\sum P (l - a)}{\gamma (K_p - K_a)} = 0 \tag{10-13}$$

式中 $\sum P$——主动土压力、水压力的合力（kN）；

　　　a——$\sum P$ 合力距地面的距离（m）；

　　　l——土压力零点距地面的距离，$l = u + h$，u 为土压力零点距坑底的距离，可根据净土压力零点处墙前被动土压力强度与墙后主动土压力强度相等的关系求得。

设土压力零点处主动土压力、被动土压力分别为 σ_{a0}、σ_{p0}，若不考虑地面大面积均布荷载 q，则有 $\sigma_{a0} = \gamma (h + u) K_a = \sigma_{p0} = \gamma u K_p$，解之得 $K_p u = K_a (h + u)$，故

$$u = \frac{K_a h}{(K_p - K_a)} \tag{10-14}$$

注意：式（10-14）只适用于地面没有均布荷载 q、无黏性土的情况。

从式（10-13）解三次方程计算出 x 值，求出板桩的插入深度 t

$$t = u + 1.2x \tag{10-15}$$

用布鲁姆法求解插入深度 t，仍需要解 x 的三次方程，也较为麻烦。

为此布鲁姆作出了一个曲线图，如图10-9所示，利用该曲线图可较方便的求出 x。

原理如下：令 $\xi = \dfrac{x}{l}$，将其代入式（10-13），可得

$$\xi^3 = \frac{6\sum P}{\gamma l^2 (K_p - K_a)} (\xi + 1) - \frac{6a\sum P}{\gamma l^3 (K_p - K_a)}$$

再令 $m = \dfrac{6\sum P}{\gamma l^2 (K_p - K_a)}$；$n = \dfrac{6a\sum P}{\gamma l^3 (K_p - K_a)}$

$$\xi^3 = m (\xi + 1) - n \tag{10-16}$$

式中 m、n 值很容易确定，因其只与荷载及板桩墙的长度、土的天然重度有关。

式（10-16）中的 m、n 值确定之后，可从图10-9中曲线求得 ξ。方法是：将所确定的 m、n 连一直线并延长即可求得 ξ 值。同时由于 $x = \xi l$，可

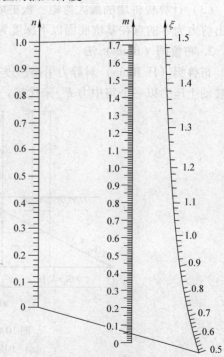

图10-9　布鲁姆理论计算曲线图表

求出 x 值。

按式（10-11）得到板桩墙的入土深度为 $t = u + 1.2x = u + 1.2\xi l$

用此方法可较容易求出入土深度 t，而无需解式（10-13）的三次方程。

（2）计算板桩墙的最大弯矩　最大弯矩所在位置是剪力为零处，设从 O 点往下 x_m 处剪力 $Q = 0$（见图 10-9），则

$$\sum P - \frac{\gamma}{2}\ (K_p - K_a)\ x_m^2 = 0$$

$$x_m = \sqrt{\frac{2\sum P}{\gamma\ (K_p - K_a)}} \tag{10-17}$$

在剪力为零处直接计算最大弯矩

$$M_{max} = \sum P\ (l + x_m - a)\ - \frac{\gamma\ (K_p - K_a)\ x_m^3}{6} \tag{10-18}$$

由此可见，对比静力平衡法，采用布鲁姆法解悬臂式板桩墙的入土深度及最大弯矩较为方便。

【例 10-1】　如图 10-10 所示，某工程基坑挡土桩为挖孔桩，基坑开挖深度为 6m，基坑边堆载为 $q = 10$kPa，求挡土桩的入土深度及最大弯矩。

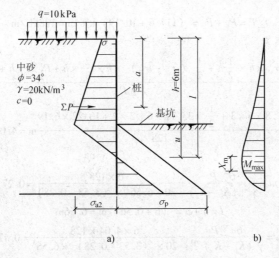

图 10-10　例 10-1 附图

a）土压力分布图　b）弯矩图

【目的与方法】　学习用布鲁姆法解悬臂式板桩墙的入土深度及最大弯矩。采用查曲线图表（见图 10-9）方法。

根据题意，按着布鲁姆的方法解题。先求桩的入土深度，然后求出桩身最大弯矩（得出最大弯矩后其目的是可以求出桩身截面配筋，完成挡土桩的设计）。

【解】　第一步：求挡土桩入土深度 t

1. 求土压力系数

主动土压力系数 K_a 为

$$K_a = \tan^2\ (45° - \frac{\varphi_n}{2})\ = \tan^2\ (45° - \frac{34°}{2})\ = 0.53^2 = 0.28$$

被动土压力系数 K_p 为

$$K_p = \tan^2\left(45° + \frac{\varphi_n}{2}\right) = \tan^2\left(45° + \frac{34°}{2}\right) = 1.88^2 = 3.53$$

2. 求土压力临界点（零点）距坑底距离 u

土压力零点处主动土压力强度等于被动土压力强度，即 $\sigma_{a0} = \sigma_{p0}$。零点处主动土压力为 $\sigma_{a0} = [q + \gamma(h + u)]K_a$，被动土压力为 $\sigma_{p0} = \gamma u K_p$，则

$$u = \frac{(q + \gamma h)K_a}{\gamma(K_p - K_a)} = \frac{(10 + 20 \times 6) \times 0.28}{20 \times (3.53 - 0.28)}\text{m} = 0.56\text{m}$$

3. 求主动土压力合力大小及方向

地面处主动土压力为 $\quad \sigma_{a1} = qK_a = (10 \times 0.28)\text{kPa} = 2.8\text{kPa}$

基坑处桩的主动土压力 $\quad \sigma_{a2} = (q + \gamma h)K_a = [(10 + 20 \times 6) \times 0.28]\text{kPa} = 36.4\text{kPa}$

基坑以上桩墙后主动土压力合力为

$$P_1 = \frac{(\sigma_{a1} + \sigma_{a2})}{2}h = \left[\frac{(2.8 + 36.4)}{2} \times 6\right]\text{kN/m} = 117.6\text{kN/m}$$

基坑面以下到临界点以上 u 范围内的净主动土压力合力为

$$P_2 = \frac{\sigma_{a2}}{2} \times u = \left(\frac{36.4}{2} \times 0.56\right)\text{kN/m} = 10.19\text{kN/m}$$

主动土压力合力为

$$\sum P = P_1 + P_2 = (117.6 + 10.19)\text{kN/m} = 128\text{kN/m}$$

合力 $\sum P$ 到地面的距离为

$$a = \frac{\sigma_{a1} \times h \times \frac{1}{2}h + \frac{1}{2}(\sigma_{a2} - \sigma_{a1}) \times h \times \frac{2}{3} \times h + P_2 \times \left(h + \frac{u}{3}\right)}{\sum P}$$

$$= \frac{2.8 \times 6 \times 3 + \frac{1}{2} \times 33.71 \times 6 \times 2 \times 2 + 10.22 \times 6.19}{128}\text{m} = 4.04\text{m}$$

4. 求布鲁姆曲线值 m、n

$$m = \frac{6\sum P}{\gamma l^2 (K_p - K_a)} = \frac{6 \times 128}{20 \times 6.56^2 \times (3.53 - 0.28)} = 0.27$$

$$l = h + u = (6 + 0.56)\text{m} = 6.56\text{m}$$

$$n = \frac{6a\sum P}{\gamma(K_p - K_a)l^3} = \frac{6 \times 4.04 \times 128}{20 \times (3.53 - 0.28) \times 6.56^3} = 0.17$$

查布鲁姆曲线（图10-10）：从图中由 $n = 0.17$；$m = 0.27$ 两点连线到 ξ 线，得 $\xi = 0.67$，则 $x = \xi l = 0.67 \times 6.56\text{m} = 4.40\text{m}$。所以桩的入土深度为

$$t = 1.2x + u = (1.2 \times 4.4 + 0.56)\text{m} = 5.84\text{m}$$

由此可知桩的总长为 6m + 5.84m = 11.84m，取桩长为 12m，入土深度 t 为 6m。

第二步：求挡土桩身最大弯矩及位置

最大弯矩位置为 $x_m = \sqrt{\dfrac{2\sum P}{\gamma(K_p - K_a)}} = \sqrt{\dfrac{2 \times 128}{20 \times (3.53 - 0.28)}}\text{m} = 1.98\text{m}$

最大弯矩

$$M_{max} = \sum P(l + x_m - a) - \frac{\gamma(K_p - K_a)x_m^3}{6}$$

$$= 128 \times (6.56 + 1.98 - 4.04)\text{kN} \cdot \text{m} - \frac{20 \times (3.53 - 0.28) \times 1.98^3}{6}\text{kN} \cdot \text{m}$$

$$= 492\text{kN} \cdot \text{m}$$

【本题小结】　用布鲁姆法求解悬臂式板桩墙的入土深度及最大弯矩，比静力平衡法简单，求出桩的入土深度后，可以设计桩身的长度；求出最大弯矩后可进行桩身的结构设计。

10.5.2　单支点排桩维护墙的计算方法

当基坑开挖深度较大时，悬臂式板桩墙就会显得支挡无力，桩顶位移就会过大，易出现事故。在这种情况下，需要用水平内支撑及锚杆支撑来加强墙体的维护能力。

1. 单支点排桩

（1）单支点排桩维护墙　在墙上设置一道水平支撑并形成铰接的铰支点，这种墙称之为单支点排桩围护墙。单支点墙入土下端的支撑情况与入土深度有关，因此单支点排桩维护墙的计算与其入土深度有关。

（2）不同的入土深度排桩土压力发挥情况（见图 10-11）。

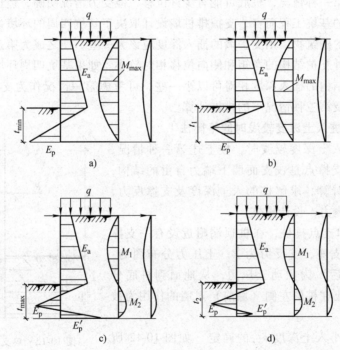

图 10-11　不同入土深度的排桩墙的土压力分布、弯矩及变形图

1）排桩入土深度较浅。此时支护排桩前的被动土压力全部发挥，对支撑点的主动土压力的力矩和被动土压力的力矩相等（见图 10-11a）。此时墙体处于极限平衡状态，由此得出的跨间正弯矩 M_{max} 其值最大，但入土深度最浅为 t_{min}。此时其墙前的被动土压力全部被利用，墙的底端可能有少许向左位移的现象发生。排桩墙可看为在支撑点是铰支而下端自由的结构。

2）排桩入土深度增大。入土深度大于 t_{min} 时（见图 10-11b），桩前的被动土压力没有得到充分的发挥与利用，这时桩底端仅在原位置转动一角度而不致于有位移现象发生，这时桩底的土压力便等于零，未发挥的被动土压力可作为安全储备。

3）排桩入土深度继续增加。墙前墙后都出现被动土压力，排桩入土端可视为固定端，此时相当于上端简支、下端固定的超静定梁。它的弯矩已大大减小，而出现正负两个方向的弯矩。其底端的嵌固弯矩 M_2 的绝对值略小于跨间弯矩 M_1 的数值，压力零点与弯矩零点约相吻合（见图10-11c）。

4）排桩的入土深度进一步增加（见图10-11d），此时桩的入土深度已过深，墙前墙后的被动土压力都不能充分发挥和利用，它对跨间弯矩的减小不起太大的作用，因此排桩入土深度过深是不经济的。

（3）讨论 以上四种状态中，第四种的排桩入土深度过深不经济，所以设计时不采用。目前最常采用的是第三种固定端型的支护结构（上端铰支下端固定的超静定梁）。一般使其正弯矩为负弯矩的110%～115%作为设计依据，但也有采用正负弯矩相等作为依据的。由该状态得出的桩虽然较长，但因弯距较小，可以选用较小的截面，同时由于入土深度较大，比较安全可靠。

由第一、第二种情况可得到较小的入土深度和较大的弯矩，桩长可小一些，但截面大一些。但要注意，第一种情况，桩底可能有少许位移，但受力情况明确，造价较经济。

就某一具体的基坑工程而言，支护排桩墙设计取决于基坑四周的环境条件，如果基坑坑壁靠近需要保护的建筑物，则支护墙的插入深度应该大一些，使之成为第三种固定端型的支护结构，因为这种支护结构的弯矩和侧向位移相对较小。如果基坑四周环境限制较小，从经济上考虑，支护结构的插入深度相对可以小一些，可考虑第一情况作为支护结构进行设计。以下介绍第一种及第三种情况下的排桩计算。

2. 单支点排桩入土深度较浅时的平衡法

单支点排桩入土深度较浅时，按上述第一种情况，板桩墙可看为在支撑点是铰支而墙下端为自由的结构，按静力平衡方法计算，求解桩的入土深度及支撑反力，以便可求解排桩内力，设计排桩。

图10-12为单支点排桩，在桩顶端附近设有一支撑或拉锚，视为铰支座，支反力为 R。土压力分布图为：在桩的右面（墙后）为主动土压力，从地面到桩底分布；基坑底以下土在桩的左侧（墙前）对墙的作用为被动土压力。

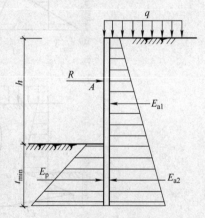

图10-12 单支点排桩的静力平衡计算简图

（1）桩的最小入土深度 t_{min} 的确定 如图10-12所示，取围护墙单位长度为计算单元，设桩的入土深度为 t_{min}，由静力平衡条件，对支撑点（铰支座）处 A 点取矩，力矩代数和为零，即 $\sum M_A = 0$，则

$$M_{Ea1} + M_{Ea2} - M_{Ep} = 0 \tag{10-19}$$

式中 M_{Ea1}、M_{Ea2}——基坑底以上及以下主动土压力合力对 A 点的力矩（kN·m/m）；

M_{Ep}——被动土压力合力对 A 点的力矩（kN·m/m）。

从而求出桩的最小入土深度 t_{min}。

（2）桩的每延米支撑反力 R 的确定 如图10-12所示，由静力平衡条件 $\sum X = 0$，即 $R + E_p - E_{a1} - E_{a2} = 0$ 得出桩的水平方向每延米所需支座反力为

$$R = E_{a1} + E_{a2} - E_p \tag{10-20}$$

式中　E_{a1}、E_{a2}——基坑底以上及以下主动土压力合力（kN/m）；

　　　　E_p——基坑底以下土的被动土压力合力（kN/m）。

3. 单支点排桩入土深度较深时的等值梁法

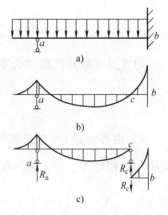

等值梁法适用于单支点排桩入土较深时固定端型排桩，即上述第三种情况。此时桩的入土深度较大，墙前后都出现被动土压力，排桩入土端可视为固定端，相当于上端简支下端固定的超静定梁。它的弯矩已大大减小而出现正负两个方向的弯矩。

图 10-13　等值梁法基本原理图

（1）等值梁的概念　如图 10-13 所示。

1）设有一单支点而另一端固定的梁 ab（是一端简支另一端固定的梁）（见图 10-13a），在竖向均布荷载作用下可得弯矩图，弯矩图的反弯点在 c 点（见图 10-13b）。

2）假设在 c 点将梁断开，并在 c 点处设一支点（见图 10-13c），则 ac 梁及 cb 梁的弯矩与断开前一样，无改变。简支梁 ac、cb 就称为梁 ab 的等值梁。

3）如果求出 c 点的位置，就可按简支梁求出 ab 梁的弯矩及剪力，使超静定梁的问题简化为静定简支梁问题。

4）将自由端单支点排桩视为梁 ab（只不过是竖向的），则关键是在于确定 c 点的位置，根据经验 c 点位置与临界点（净土压力零点）很接近，而临界点是可求的（其原理是墙两侧的土压力叠加后为零）。因此近似地认为临界点就是 c 点，从而在知道了土压力之值后就可以解出自由端单支点排桩墙的内力：最大弯矩及支点反力。

（2）等值梁计算

1）计算排桩上的主动土压力与被动土压力，并计算土压力零点位置。所求土压力如图 10-14 所示，其土压力零点 B 距坑底的距离 u。

2）确定正负弯矩反弯点的位置。净土压力零点的位置与弯矩零点位置很接近，因此可假定反弯点就在净土压力为零点处，图 10-14 中 B 点即为零点也是反弯点。

3）根据平衡方程由等值梁 AB 计算支点反力、剪力。A 支点反力设为 R_A，B 点为临界点，剪力为 Q_B。

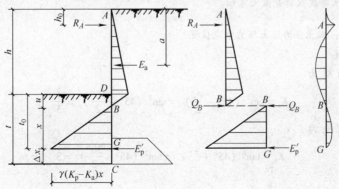

图 10-14　等值梁法简化计算图

由平衡条件：取 AB 梁为研究对象，根据 B 点弯矩为零，对梁端 B 点取矩代数和为零，即 $\sum M_B = 0$，可得

$$R_A = \frac{E_a \ (h + u - a)}{h + u - h_0} \tag{10-21}$$

对支点 A 取矩代数和为零，即 $\sum M_A = 0$，可得

$$Q_B = \frac{E_a \ (a - h_0)}{h + u - h_0} \tag{10-22}$$

4）由等值梁 BG 求排桩的入土深度 t_0。取等值梁 BG 为对象，由平衡条件，对梁端 G 点取矩代数和为零，即 $\sum M_G = 0$，可得

$$Q_B x - \frac{1}{6}\gamma \ (K_p - K_a) \ x^3 = 0$$

$$x = \sqrt{\frac{6Q_B}{\gamma \ (K_p - K_a)}} \tag{10-23}$$

由式（10-23）求得 x 后，桩的入土深度可由下式求得

$$t_0 = u + x \tag{10-24}$$

当土质差时，应乘系数 $1.1 \sim 1.2$，故 $t = (1.1 \sim 1.2) \ t_0$。

5）由等值梁 AB 求最大弯矩。由于作用于排桩上的力均以求得，最大弯矩可方便的求出。

【例 10-2】　如图 10-15 所示，某基坑工程，采用单支点排桩支护，支点水平间距为 1m，基坑开挖深度为 9m，地质资料和地面荷载如图，试用等值梁法计算桩端入土深度、支撑力和最大弯矩。

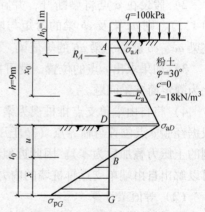

图 10-15　【例 10-2】图

【目的与方法】　目的应用等值梁法解单支点排桩入土深度、支撑力及最大弯矩。根据题意，按着等值梁的原理及方法思路进行解题。先求桩的土压力，再求土压力零点位置（反弯点），计算支点反力及剪力，最后求出入土深度及桩身最大弯矩。

【解】　第一步：求土压力及土压力零点位置

1. 求土压力系数

主动土压力系数 K_a 为

$$K_a = \tan^2 \ (45° - \frac{\varphi_n}{2}) \ = \tan^2 \ (45° - \frac{30°}{2}) \ = \frac{1}{3}$$

被动土压力系数 K_p 为

$$K_p = \tan^2 \ (45° + \frac{\varphi_n}{2}) \ = \tan^2 \ (45° + \frac{30°}{2}) \ = 3$$

2. 土压力计算

地面处主动土压力　$\sigma_{aA} = qK_a = (10 \times \frac{1}{3}) \text{kPa} = 3.33 \text{kPa}$

基坑处主动土压力为　$\sigma_{aD} = (q + \gamma h) K_a = \left[(10 + 18 \times 9) \times \dfrac{1}{3} \right] \text{kPa} = 57.33 \text{kPa}$

3. 求土压力临界点 B（零点）距坑底距离 u

土压力零点处主动土压力强度等于被动土压力强度，零点处主动土压力为 $\sigma_{aB} = \left[q + \gamma \ (h + u) \right] K_a$；该处被动土压力为 $\sigma_{pB} = \gamma u K_p$，由 $\sigma_{aB} = \sigma_{pB}$ 得

$$\mu = \frac{(q + \gamma h) \ K_a}{\gamma \ (K_p - K_a)} = \frac{(10 + 18 \times 9) \ \times \dfrac{1}{3}}{20 \times \ (3 - \dfrac{1}{3})} \text{m} = 1.08 \text{m}$$

第二步：求支点反力及剪力

以等值梁 AB 为研究对象，计算单元取支点间距离为 1m。

基坑以上桩后主动土压力合力为

$$E_{a1} = \frac{(\sigma_{aA} + \sigma_{aD})}{2} h = \left[\frac{(3.33 + 57.33)}{2} \times 9 \right] \text{kN/m} = 273 \text{kN/m};$$

基坑面以下到临界点以上 u 范围内的净主动土压力合力为

$$E_{a2} = \frac{\sigma_{aD}}{2} \times u = \left(\frac{57.33}{2} \times 1.08 \right) \text{kN/m} = 31 \text{kN/m}$$

主动土压力合力为

$$E_a = E_{a1} + E_{a2} = \ (273 + 31) \ \text{kN/m} = 304 \text{kN/m}$$

合力距地面距离为

$$a = \frac{\sigma_{aA} \times h \times \dfrac{1}{2} h + \dfrac{1}{2} \ (\sigma_{aD} - \sigma_{aA}) \ \times h \times \dfrac{2}{3} \times h + E_{a2} \times \ (h + \dfrac{u}{3})}{E_a}$$

$$= \frac{3.33 \times 9 \times 4.5 + \dfrac{1}{2} \times 54 \times 9 \times 6 + 31 \times 9.36}{304} \text{m} = 6.19 \text{m}$$

支点反力为

$$R_A = \frac{E_a \ (h + u - a)}{h + u - h_0} = \frac{304 \times \ (9 + 1.08 - 6.19)}{9 + 1.08 - 1} \text{kN/m} = 130.24 \text{kN/m}$$

B 截面剪力为

$$Q_B = \frac{E_a \ (a - h_0)}{h + u - h_0} = \frac{304 \times \ (6.19 - 1)}{9 + 1.08 - 1} \text{kN/m} = 173.76 \text{kN/m}$$

第三步：求排桩入土深度 t

$$x = \sqrt{\frac{6 Q_B}{\gamma \ (K_p - K_a)}} = \sqrt{\frac{6 \times 173.76}{18 \ (3 - \dfrac{1}{3})}} \text{m} = 4.66 \text{m}$$

$$t_0 = u + x = 1.08 \text{m} + 4.66 \text{m} = 5.74 \text{m}$$

$$t = \ (1.1 \sim 1.2) \ t_0 = \ (1.1 \sim 1.2) \ \times 5.74 \text{m} = 6.31 \sim 6.89 \text{m}$$

取 $t = 7\text{m}$，则板桩长为 $9\text{m} + 7\text{m} = 16\text{m}$。

第四步：桩身最大弯矩

求 AB 梁 $Q = 0$ 位置。设 x_0 为地面到剪力为零点处（该处也是最大弯矩处）距离（见图 10-15），则

$$R_A - q K_a x_0 - \frac{1}{2} \gamma K_a x_0^2 = 130.24 - 3.33 x_0 - \frac{1}{2} \times 18 \times \frac{1}{3} x_0^2 = 0$$

$$3 x_0^2 + 3.33 x_0 - 130.24 = 0$$

解之得 $x_0 = 6.06\text{m}$。

对 $x_0 = 6.06\text{m}$ 处取矩，则每延米最大弯矩为

$$M_{\max} = R_A \ (x_0 - h_0) \ - \frac{q K_a x^2}{2} - \frac{1}{2} \gamma K_a \times \frac{1}{3} x_0^2$$

$$= \left[130.24 \times (6.06 - 1) - \frac{3.33 \times 6.06^2}{2} - \frac{1}{2} \times 18 \times \frac{1}{3} \times \frac{1}{3} \times 6.06^2 \right] kN \cdot m$$

$$= 561.14 kN \cdot m$$

【本题小结】　用等值梁法求解单支点（固定端型）排桩的入土深度及最大弯矩，原理明确简单。本题主要容易出错的是求土压力临界点（零点）位置及剪力为零的位置，要注意此两点不是一点。对于等值梁 AB 段，将各力在剪力为零截面处取矩，就会求解最大弯矩；求出最大弯矩后可进行桩身的配筋计算及相关设计了。另需注意，支撑的支点间距离可作为计算土压力合力的计算单元。

10.5.3　多支点排桩维护墙计算方法简介

当土质较差，基坑较深时，用单支点排桩维护墙不能满足要求时，通常采用多支点排桩维护墙结构。

目前对多支点排桩维护墙结构的计算方法通常采用等值梁法、连续梁法、支撑荷载 1/2 分担法、弹性支点法等。以下对其中几种主要方法简单介绍。

1. 连续梁法

单支点的等值梁法计算原理在前面已作阐述，当多支点支撑时，其计算原理与其相同，此时可将排桩视为有多支点支撑的连续梁即可。

多支点支撑的排桩施工阶段情况如图 10-16 所示。

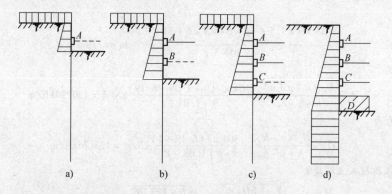

图 10-16　各施工阶段的计算简图

下面以设置三道支撑基坑为例说明设计计算方法及步骤：

（1）第一步为设置第一道支撑 A 之前开挖阶段　此时是在设置第一道支撑 A 以前的开挖阶段（见图 10-16a），可将排桩墙作为一端嵌固在土中的悬臂桩墙。

（2）第二步为设置第二道支撑 B 之前开挖阶段　此时是在设置第二道支撑 B 以前的开挖阶段（见图 10-16b）。排桩墙是两个支点的静定梁，这两个支点分别是 A 及土中净土压力为零的一点。

（3）第三步为设置第三道支撑 C 之前开挖阶段　此时是在设置第三道支撑 C 以前的开挖阶段（见图 10-16c）。排桩墙是具有三个支点的连续梁，三个支点分别为 A、B 及净土压力零点。

（4）第四步为浇筑底板以前的开挖阶段　此时排桩墙是具有四个支点的三跨连续梁（见图 10-16d）。

以上各个施工阶段，排桩墙在土内的下端点，应是净土压力零点。但对第二阶段以后的情况，也有其他的一些假定。

通过上述步骤，可按各阶段的简化梁分别计算出 A、B、C、D 各个支撑点处的弯矩，并利用连续梁的力矩分配法来调整各支点的弯矩（以便进行排桩的强度或配筋计算），从而求出各支点反力（为支撑的设计计算打下基础）。

2. 支撑荷载的 1/2 分担法

对于多支点排桩围护墙，若墙后的主动土压力分布采用太沙基-佩克假定的图式，则支撑反力及排桩弯矩，可按以下经验法计算（见图 10-17）。

1）每道支撑或拉锚所受的力是相应于相邻两个半跨的土压力荷载值（见图 10-17b）。

2）假设土压力强度用 q 表示，对于按连续梁计算，最大支座弯矩（三跨以上）为 $M = \dfrac{ql^2}{10}$，最大跨中弯矩为 $M = \dfrac{ql^2}{20}$。

此方法对于估算支撑反力有一定的参考价值。

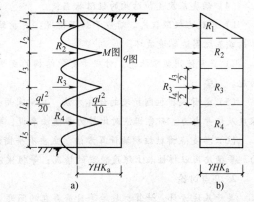

图 10-17　支撑荷载的 1/2 分担法计算图

3. 弹性支点法

弹性支点法，是目前我国《基坑规程》推荐使用的方法。在工程界又称之为弹性抗力法、地基反力法。

前面介绍的各种方法是不考虑土与维护墙相互作用的近似方法，实际上，作用在维护墙上的土压力与墙的变形有关。

弹性支点法适用于平面杆系，是将围护墙作为竖置于土中的弹性地基梁，将基坑以下的土体以连续分布的弹簧来模拟，使坑底以下土体对维护墙的反力与墙的变形有关，其计算模型（见图 10-18）。墙后土压力计算是直接按朗肯主动土压力理论计算，（见图 10-18a）；有

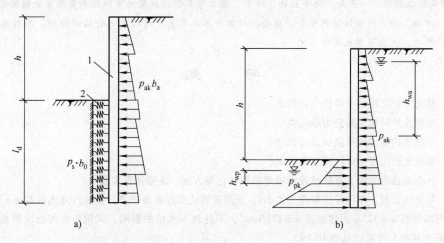

图 10-18　悬臂式支护结构弹性支点法模型及土压力计算图

a）悬臂式支档结构弹性支点法结构分析模型　b）土压力计算示意图

1—挡土结构　2—计算土压力的弹性支座

关弹性支点法和土压力计算宽度 b_0 和 b_a 等参见《基坑规程》推荐的方法。

本章小结与讨论

1. 小结

（1）基坑支护　对基坑侧壁土体采用的支挡、加固与保护措施，称为基坑支护。

（2）支护结构　支护结构是指基坑的维护墙体及支撑系统的总称。

（3）维护墙体分类　可分为重力式挡土墙、排桩维护墙、地下连续墙、土钉墙等。

（4）两类基坑支护结构的极限状态：

1）承载力极限状态。对应于如下情况：支护结构达到最大承载力、土体失稳、过大的变形导致支护结构或基坑周边环境破坏。

2）正常使用极限状态。对应于支护结构的变形已妨碍地下结构施工或影响基坑周边环境的正常使用功能。

（5）悬臂式排桩围护墙的计算方法　目前采用静力平衡及布鲁姆两种方法，用以计算板桩墙体的入土深度及墙身内力。布鲁姆法对比静力平衡法来说，较为简单。

（6）单支点排桩维护墙计算方法　主要有平衡法及等值梁法，用以计算板桩墙体的入土深度及墙身内力。平衡法用以排桩入土深度较浅的情况；等值梁法是最为常用的方法，用以排桩入土深度较深的情况。

2. 几点讨论

关于基坑设计、计算、教学等目前存在的问题：

1）基坑问题过去往往作为地下室施工的一种临时性措施，支护结构设计一般由施工单位考虑，以不倒塌作为满足施工要求为目的。随着建设的发展，特别是在建筑群中间，周边又有复杂管网分布，基坑设计的稳定性仅是必要条件，很多场合主要控制条件是变形，基坑的变形计算比较复杂，且不够成熟，应当引起工程技术人员及设计人员的高度重视。

2）基坑开挖与支护技术发展迅速，而且涉及工程地质、水文、场地环境、支护设计方案、计算参数及施工技术等许多方面，其中好多问题还尚在探讨中，许多设计计算方法还建立在经验或半经验之上，因而本章教学内容中的部分理论及计算方法还不是十分成熟；工程中基坑工程的设计与施工处于不定的状态。

3）在基坑工程中，一方面，由于设计、计算、施工等失误造成基坑支护结构失效事故频频发生，损失严重；另一方面，由于过分地强调安全、稳妥，以至于不考虑支护结构是一种临时结构，而按永久性结构进行设计，因此，造成浪费也是惊人的。

习　　题

10-1　基坑支护工程的主要特点是什么？

10-2　基坑支护结构主要分为哪几类？

10-3　基坑支护结构的极限状态有哪些？

10-4　基坑支护工程的设计原则是什么？

10-5　什么是自由端单支点排桩维护墙等值梁法计算方法？说明计算步骤。

10-6　某基坑工程，基坑开挖深度为 8.5m，采用悬臂式灌注桩维护墙，基坑外地面荷载 $q = 18kPa$，已知粉土的内摩擦角 $\varphi = 32°$，天然重度 $\gamma = 17kN/m^3$，不计地下水位的影响，试用布鲁姆法求解悬臂式维护墙的入土深度及最大弯矩（见图 10-19）。

10-7　某基坑工程（见图 10-20），采用单支点排桩支护，基坑开挖深度为 10m，基坑外地面荷载 $q = 15kPa$，单支点支撑点距地面 1m，支点水平间距为 1m，基坑及周围土均为黏土，其天然重度 $\gamma = 17kN/m^3$，土的内摩擦角 $\varphi = 20°$，黏聚力 $c = 8kPa$，试用等值梁法计算桩端入土深度、支点支撑力和最大弯矩。

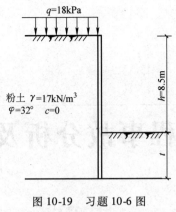

图 10-19 习题 10-6 图

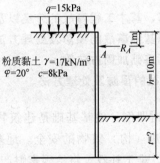

图 10-20 习题 10-7 图

第 11 章
地基基础工程事故分析及处理

11

| 【本章要求】 | 1. 了解地基、基本工程事故的分类以及事故原因。 |
| 2. 掌握地基基础事故的预防及处理方法。 |
| 3. 了解地基基础加固方法等。 |
| 【本章重点】 | 地基基础事故的预防及处理方法。 |

大树伤根则枯，若无根，大树即倒。地基基础是建筑物（构筑物）的根基，一旦地基基础出现工程事故，将危及整个建（构）筑物的安全。地基基础工程属于隐蔽工程，其工程事故预兆不易察觉，一旦失事，难于补救，将给国家财产造成巨大的经济损失，甚至危及人民群众的生命安全。

了解地基基础工程事故的目的在于：

1）从地基基础工程事故中吸取教训，改进和提高勘察、设计、施工和管理工作的质量，从而防止同类事故的发生。

2）掌握事故处理的基本知识和方法。

11.1 常见地基与基础工程事故分类及原因

了解各类地基基础工程事故分类及发生原因，对于预防地基基础工程事故的发生是十分重要的。

11.1.1 地基工程事故分类

建筑物事故的发生，许多与地基问题有关。这主要反映在地基承载力不足造成强度破坏或地基产生过大的变形。常见的地基工程事故分类如下：

1. 地基强度及稳定性问题引起的工程事故

强度是土的一项重要力学性质。地基承载力、土坡稳定、土压力等均由土的强度控制。当地基中的荷载效应超过了地基承载力特征值时，地基将因强度不足，而产生强度破坏。

因强度破坏而引起的工程质量事故主要有以下方面：地基承载力不足或地基丧失稳定性、斜坡丧失稳定性和挡土墙丧失稳定性。

地基强度破坏是剪切破坏，可分为整体剪切破坏、局部剪切破坏和冲切剪切破坏三种形式。

地基发生整体剪切破坏现象即为地基丧失了稳定，简称地基失稳，是地基承载力不足造成的。

此外，地基失稳常见于土坡失稳。土坡失稳是指土坡产生滑坡及坍塌现象。当土坡失稳时，在土坡上、土坡顶或土坡坡脚附近建造的建筑物（构筑物）会导致破坏，甚至房屋埋没、倒塌。

造成土坡失稳的原因很多，除了在坡上加荷载，在坡脚取土等人为因素影响的原因外，土中渗流可增大土的剪应力，降低土的抗剪强度，特别是降低了土层界面处的抗剪强度，是产生土坡失稳的主要原因。另外，土体蠕变强度降低也是造成土坡失稳的重要原因。

2. 地基变形过大造成工程事故

地基变形过大超过规范规定的允许值时，易产生如下工程事故：

（1）倾斜　由于地基产生过大不均匀沉降，使基础发生倾斜，从而导致上部建（构）筑物倾斜。如意大利的比萨斜塔，因严重倾斜，危及安全。

（2）局部倾斜　对于砌体承重结构，由于地基不均匀沉降过大，发生过大的局部倾斜，导致砌体开裂，这不仅影响美观，而且破坏了结构的整体性、耐久性，影响了建筑物的正常使用，严重者使建筑物发生倒塌破坏。

（3）沉降　地基产生过大的沉降，使建筑物下沉过大，这不仅破坏散水，影响建筑物的使用，更重要的使上下水道、电气照明与通信电缆及各种管道内外网连接断裂，造成事故。

（4）沉降差　地基产生过大的沉降差，将使上部结构产生裂缝，严重者发生破坏。

3. 地基地下水渗流造成工程事故

地下水在地基土中的渗流及水位升降造成的工程事故主要有以下几种情况：

（1）潜蚀（溶蚀）　这类事故是由于地下水的渗流运动而引起的。在渗流作用下，地基中形成土洞、溶洞，使土体结构改变，导致地基土体不断塌落，造成地基破坏，最终导致地面塌陷。

（2）流砂（流土）、管涌　流砂（流土）、管涌是不良地质现象，导致地基局部破坏，不及时防止，最终可导致地基破坏。

（3）地下水位升降　地下水位的升降引起地基中的有效应力发生改变，导致地基变形，使建筑物产生沉降及不均匀沉降，严重的可造成工程事故。

4. 地基震害造成工程事故

地基震害是指地震所造成的地基失稳破坏。地基震害的类型有地基失稳、地基土液化、地震滑坡或地裂、震陷。在地震发生时，一旦出现上述地基震害现象时，就会使地基的上部建（构）筑物损害，发生严重的破坏。破坏后修复及加固是很困难的，有时甚至是不可能的。因此对地基震害应采取措施加以预防。

5. 特殊土地基的工程事故

地基中的特殊土工程性质与一般土不同，因此特殊土地基工程事故也有其特殊性，即大部分是地基变形引起的地基工程事故（见第 9 章）。

6. 其他地基工程事故

除了上述地基工程事故外，地下工程的兴建，如深基坑开挖、地下采矿造成的采空区等，均可导致地基有效应力发生变化，造成地基工程事故。

11.1.2   基础工程事故分类

除了上述的地基工程事故外，基础工程事故也影响上部建筑物的正常使用和安全。基础工程事故分类如下：

（1）基础的错位事故   基础错位事故是指因设计或施工放线造成基础位置与上部结构要求的位置不符合，如浅基础偏位、柱基础偏位，基础标高出错等。

（2）基础施工质量事故   基础施工质量事故类型很多，基础类型不同，质量事故不同。如灌注桩基础，容易发生断桩、缩颈、桩端未达到设计深度要求等事故。对于扩展式基础，若混凝土强度未达到要求，使得钢筋混凝土表面出现蜂窝、露筋或空洞等事故。

（3）其他基础事故   若基础位于软硬突变的地基上，在交界处基础将产生裂缝，严重的将使整个基础断裂，即使是整体刚度好的钢筋混凝土筏板基础也会发生断裂。此外如基础形式不合理、设计错误等造成的工程事故等。

11.1.3   地基基础工程事故原因概述

1. 勘测方面导致的事故

许多地基与基础工程事故源于对建筑场地工程地质情况缺乏全面、正确的了解。如不认真对建筑场地进行勘察，对土层分布、物理力学性质缺乏详细了解，从而错误地估计地基承载力和地基变形特性，导致地基与基础工程事故。

2. 设计方面造成的工程事故

主要有以下几种情况：

（1）设计方案不合理   设计人员不能根据建筑物上部结构荷载、平面布置、高度、体型、场地工程地质等条件，正确合理选用基础形式，造成地基不能满足建筑物要求，导致工程事故的发生。

（2）计算及设计错误   反映在地基与基础工程计算、设计方面的错误主要有：

1）荷载计算错误，如低估荷载或漏掉某些荷载，造成地基承载力或变形不能满足要求。

2）基础内力计算错误，如钢筋混凝土扩展式基础，由于基础内力计算出现错误，造成基础强度不足，发生事故。

3）基础设计方面错误，如基础底面尺寸设计出现错误，使得基础底面偏小造成地基承载力不能满足要求；在基础平面图中出现基础平面布置不合理，造成不均匀沉降偏大等。

4）地基沉降计算不正确，使得地基实际不均匀沉降过大，引起工程事故。

（3）盲目生搬硬套标准进行设计，不因地制宜   由于各个建筑场地的工程地质条件千差万别，错综复杂，即使同一地点也不尽相同，再加上建筑物的结构形式、平面布置及使用条件不同，所以很难找到一个完全相同的例子，也很难作出一套统一的标准图。若设计中，盲目生搬硬套标准，不考虑当地的建筑场地等具体条件，就很容易出现事故。

3. 施工造成的地基基础工程事故

（1）地基施工事故

1）施工顺序不当造成事故。如对于深浅不等的、间距较小的基础群施工时，采用错误的施工顺序：先施工埋深较小的基础，然后再施工埋深较大的基础，造成在开挖埋深较大的基础时，破坏了浅基础的地基。

2）在既有建筑物的周围附近开挖基坑，特别是深基坑，若缺少保护性措施，可能会造成基坑失稳，破坏既有建筑物的地基；有的采用基坑降水，使得既有建筑物的地基地下水位发生变化，使既有建筑物出现附加沉降。

（2）基础施工事故

1）不按设计施工图进行施工，使得基础平面位置、基础尺寸、标高等未按设计要求进行施工。

2）图样不经会审就施工，使得在图样会审中能够发现并可以解决的问题（图样中常常发现建筑图与结构图有矛盾的地方，设计要求与施工要求不符等）出现，造成事故。

3）不熟悉图样，仓促施工。这常常出现测量放线中，将基础的位置搞错，造成事故。

4）不了解设计意图，擅自修改设计，盲目施工。如修改柱与基础的连接方式，将刚性连接变为铰接造成事故等。

5）建筑材料不符合设计要求，或人为的偷工减料，造成基础施工质量事故。

6）工程管理不善，管理混乱，造成技术把关不严，缺乏细致的技术交底和质量检查，造成基础施工质量事故。

7）有的基础工程打桩时，因振动及挤压等原因导致原有建筑物出现裂缝等事故。

以上因施工问题造成的事故，只要在施工中加以注意是可以避免的。

但是对于一些突发事件，造成的地基基础工程事故是不能避免的，如超过抗震设防标准的地震所造成的地基基础事故、因百年一遇的特大洪水对地基基础的冲刷破坏、因火灾、爆炸等造成地基基础事故等。

随着我国科学技术的发展，地基基础工程事故出现的概率会越来越少，对地基基础工程事故的补救措施会越来越好。我们要从地基基础工程事故中吸取教训，改进和提高勘察、设计、施工和管理水平，预防同类事故的发生。同时要注意：对于事故原因分析、判断及修复加固的措施等问题，与设计施工新建筑物不同，掌握这方面的知识及技术是非常必要的。

11.2　地基基础工程事故预防及处理

11.2.1　地基基础工程事故预防

综上所述，大部分的地基基础工程事故是可以预防的。只要我们努力钻研土力学及基础工程理论及相关理论知识，结合具体地基基础工程的特点和当地地质条件，精心勘察、精心设计、精心施工，并对相似条件下地基基础出现的工程事故教训及成功经验加以学习与借鉴，避免重蹈覆辙，以保证建筑工程的安全，避免地基基础工程事故。预防地基基础工程事故要做到：

（1）精心勘察　对建筑场地工程地质及水文地质条件作全面、正确的了解。所作的工程勘察报告要正确地反映建筑场地工程地质和水文地质情况，并能较全面反映建筑场地的特点、建筑物情况。

（2）精心设计　地基基础设计是土木工程结构设计的重要组成部分，在全面、正确的了解场地工程地质条件的基础上，根据建（构）筑物对地基基础的要求，在满足国家制定的有关规范规程的条件下，还要结合当地地方规范规程及经验，进行地基基础设计。

精心设计，还要考虑到上部结构条件（建筑物的用途及安全等级、建筑布置、上部结构类型等）和工程地质条件（建筑场地、地基岩土和气候条件等），结合考虑其他方面的要求（工期、环境要求、施工条件、造价和节约资源等）。地基、基础和上部结构是一个统一的整体，在设计中要统一考虑，合理选择地基基础方案，因地制宜，精心设计计算，以确保建（构）筑物的安全和正常使用。

（3）精心施工　对于基础施工要做到严格按着设计图样进行施工，基础的定位和放线要精确；认真按照施工技术操作规程进行施工，确保施工质量；在施工中还要注意对周围环境条件的影响等。

一个好的地基基础工程，是通过上述三个精心：精心勘察、精心设计、精心施工来实现的，以杜绝地基基础工程事故。

11.2.2　地基基础事故处理原则及程序

一旦出现地基基础工程事故后，就要对地基基础工程事故进行分析，找出事故的原因，对事故的现状作出评估，对事故的进一步发展作出预估。对于某些可以补救的地基基础工程事故，提出事故处理意见。

1. 地基基础事故的处理原则

（1）对于可以补救的地基事故的处理　地基不均匀沉降造成上部结构开裂、倾斜的事故。当地基沉降确已稳定，而且不均匀沉降未超过标准，能保证建筑物安全使用的情况，只需对上部结构进行补强加固，不需要地基进行加固处理。当地基沉降变形尚未稳定，则需要对地基进行加固，以满足建筑物对地基沉降的要求。地基加固处理后，在对上部结构进行修复或补强加固。

（2）对于难于补救的地基基础事故的处理　当地基基础出现事故已造成上部结构严重破坏，难于补强加固时，或进行地基基础补强需要费用较大（超过拆除原有建（构）筑物去重新建造时）时，则最好拆除原有建（构）筑物，重新建造。

2. 地基基础事故的调查

事故发生后，要进行周密的现场调查，主要目的是：调查发生的事故的内容、范围、性质，对事故的处理提供必要的第一手资料。调查分为基本调查和补充调查两类。

（1）基本调查

1）对工程情况调查。调查建筑场地的特征、建筑物结构主要特征、事故发生时工程的形象进度及工程使用情况。

2）事故情况调查。调查发生事故的时间和经过、事故现状和实测数据、人员伤亡及经济损失、施工记录、事故是否已作过某种处理等。

3）查阅原有地质勘察报告。目的是掌握现场的工程地质和水文地质资料，是否由于地基勘察有误引起的事故。必要时进行工程地质补勘，没有完整的勘察资料时，绝不能进行设计施工，这对地基基础的事故处理尤为重要。

4）复核原有建筑物设计图样。目的是了解地基基础事故发生的建筑物结构、构造和受力特征，检查设计计算是否合理或是否有误，有时还需要作重点复核验算。

5）检查施工隐蔽工程记录及竣工技术资料。施工的质量好坏尤其是地下隐蔽工程对工程建设的成败影响是很重要的。

6）收集沉降与裂缝实测资料。包括随荷载与时间而变化的实测资料等，可直接掌握建筑物的沉降，掌握开裂的主要部位及严重程度，并能判定工程事故是否继续发展或发展速度。

7）查明生产、使用及周围环境的实际情况。重点查明生产或使用情况是否与设计相符，是否有所变更及其具体影响；对施工中及竣工后的周围环境变化状况，如地下水位的升降、地面排水条件变迁、气温变化、环境绿化、邻近建筑物修建和相邻深基坑开挖、增减荷载、振动等条件影响。

8）其他。此外还要查明建筑材料、成品、半成品等质量情况，是否符合设计要求等。

需要指出的是，对每项事故并不是都要作出上述内容的调查，而是根据工程特点与事故性质来确定重点调查项目。通过这些项目的调查，应查清事故的初步原因，是否需要处理及对其作出事故的正确结论等。如需处理，应通过调查提出处理事故的条件、时间、方法和采取措施的依据。当基本调查不能达到上述目的时，则需要作出补充调查。

（2）补充调查　补充调查需要补做某些试验或测试工作，一般包括以下三个方面：

1）补勘。建筑物出现事故后，查阅工程地质资料时，常常发现资料不完整，不准确或根本没有做过勘察工作。这种情况下必须进行现场补勘工作，特别是对沉降差大、开裂、倾斜等问题严重的部位，重点地布置补充钻孔或探井，取土分析或进行原位测试，以获得比较完整、真实而准确的资料，掌握地质变化情况。

2）补查。对于原有设计图样，一般可供查阅使用。但往往设计比较草率时，缺少必要的设计计算说明书。此时尚需进行必要核算补查工作，并对照相关规范加以判断。对于施工的竣工资料，尤其是地下隐蔽工程记录，特别是残缺不全的记录，除了找设计、施工、使用的当事人尽量回忆以外，必要时尚需局部开挖检查落实。其中若有现场施工临时变更而未作记录者，应当查实。

3）补测。在建筑物出现事故之前，其细微裂纹常被忽略。一旦问题严重才开始关注，但已漏测很多，难以补救，以致实测资料不完整、不系统。此时，尚需临时设点补测。

3. 地基基础事故处理程序

对决定进行地基基础加固的，应根据国家相关标准规定对既有建筑地基基础进行鉴定。

根据加固的目的，结合地基基础和上部结构情况，提出技术可行的地基基础加固方案：①加固地基；②加固基础；③将上部结构与地基基础结合在一起共同加固。在上述方案中又各包含许多不同的方法，应根据预期效果，施工难度、工期和造价及工程本身具有的条件等多方面考虑，通过技术、经济指标比较，并考虑对邻近建筑物和环境影响，因地制宜，选择两个以上的加固方案进行技术经济比较后，选择最佳加固方案。

在加固施工过程中进行监测，根据监测情况，如果需要可及时调整施工计划以及加固方案。

一般按照图 11-1 的方框图程序进行地基与基础工程事故处理。

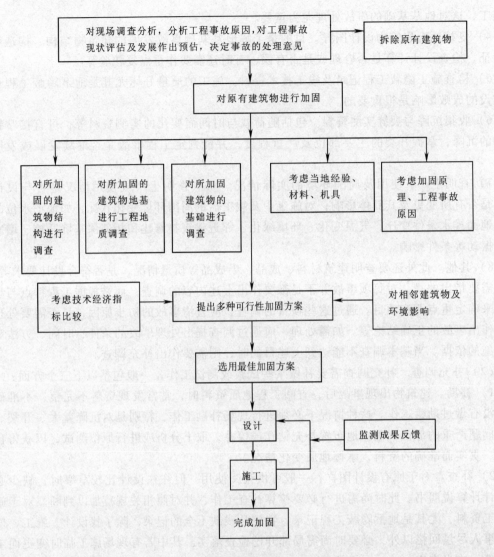

图 11-1   地基与基础工程事故处理程序图

11.3   地基基础加固方法

1. 既有建筑物地基基础加固

既有建（构）筑物地基基础加固技术又称为托换技术，包括对原有建（构）筑物的地基和基础进行加固与处理等。托换的原意比较窄，是将有问题的原有基础托起，换成所需要的基础（在原基础上加深加宽）。目前托换这一词的含义已有所改变，泛指对既有建（构）筑物地基与基础的加固工程，即将对地基的加固也包含在内。

既有建（构）筑物地基及基础加固技术按原理可分为 5 类，如图 11-2 所示。

（1）基础加宽技术   基础加宽技术是通过增加建筑物基础底面积，减小基底压力，降低地基土中附加应力，从而达到减小沉降量或满足地基承载力要求。

1）当既有建筑物因基础底面面积不足而产生过大的沉降或过大的不均匀沉降，致使建

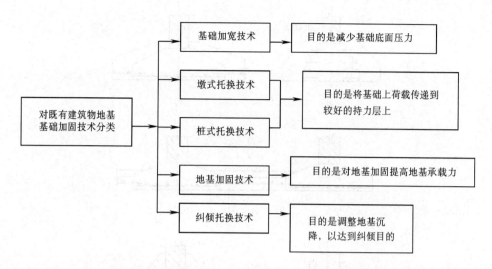

图 11-2　既有建（构）筑物地基及基础加固技术分类

筑物开裂或基础开裂的情况下，可采用该技术。基础加宽技术一般适用于地下水位以上，否则要降水。

2）基础底面加宽对于减少基底压力效果明显。基础加宽费用低，施工方便，条件允许的情况下应优先考虑。

【例 11-1】　某柱下钢筋混凝土单独基础，为中心受荷基础，上部结构中心竖向荷载的设计值 $F = 3000\text{kN}$，基础埋深为 $d = 2\text{m}$，原基础底面积为 $A = 2.6 \times 4.2\text{m}^2 = 10.92\text{m}^2$；若基础底面四周均加宽 0.4m，加宽后基底面积为 $A = (2.6 + 0.8)\text{ m} \times (4.2 + 0.8)\text{ m} = 17\text{m}^2$；则加宽后基底压力减少了百分之多少？（不考虑地下水位的影响。）

【解】　原基础底面的基底压力为

$$p_1 = \frac{F + G}{A} = \frac{3000 + 4.2 \times 2.6 \times 2 \times 20}{4.2 \times 2.6}\text{kPa} = 314.73\text{kPa}$$

基础底面四周均加宽 0.4m 后，基础底面压力为

$$p_2 = \frac{F + G}{A} = \frac{3000 + (4.2 + 0.8) \times (2.6 + 0.8) \times 2 \times 20}{(4.2 + 0.8) \times (2.6 + 0.8)}\text{kPa} = 216.47\text{kPa}$$

$$\frac{p_1 - p_2}{p_1} = \frac{314.73 - 216.47}{314.73} = 31.22\%$$

加宽后基底压力减少了 31.22%

由例 11-1 可见，基础底面加宽对于减少基底压力效果明显。

3）基础加宽方法。一般可采用混凝土套或钢筋混凝土套加固基础。混凝土套适用于原基础宽度较小的基础，钢筋混凝土套适用于原基础宽度较大的基础。对于中心受荷条形基础，可采用基础底面双面均等扩宽；对于中心受荷单独基础，可采用加大基底四周尺寸。对于偏心受荷条形基础，可采用不对称加宽的方法（见图 11-3）。

基础加宽前要进行计算。刚性基础要满足台阶允许宽高比要求；柔性基础应满足抗冲切及抗剪、抗弯要求。

基础加宽应注重基础的混凝土或钢筋混凝土外套与原有基础紧密牢固结合。一般可将原基础接合面凿毛和刷洗干净，浇水湿透，涂高强水泥浆或界面剂以便使新旧混凝土较好的结

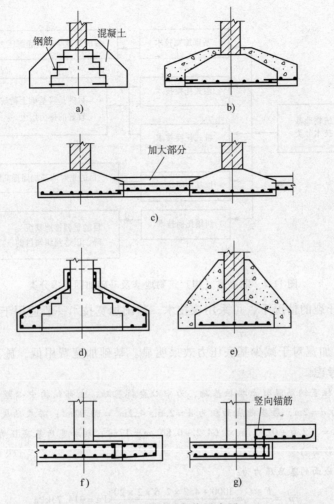

图 11-3　几种基础加宽示意图

a）刚性条形基础加宽　b）柔性条形基础加宽　c）条形基础扩大成筏形基础

d）柱基加宽　e）柔性基础加宽改为刚性基础　f）、g）筏形基础加宽

合为一个整体。隔一定高度设置钢筋锚杆，使得钢筋锚杆有效地将加宽部分与原有基础连接，钢筋锚杆应有足够的锚固长度，加宽部分主筋应与原基础内主筋焊牢。

需要注意：条形基础的扩宽应划分成许多单独区段分别进行施工。绝不能在基础全长上挖成连续的地槽或使地基土暴露，以免导致地基土特别是饱和土从基底下挤出，使基础随之产生很大的不均匀沉降。

除了上述的基础加宽法之外，条件允许还可以通过加大基础埋深，提高地基承载力，来满足变形要求。

当基础本身有裂损时，可采用对基础补强注浆加固等方法，对基础本身进行修正。

（2）墩式托换技术　墩式托换也称为坑式托换。墩式托换技术是直接在建筑物的原有基础下挖坑，挖到新的设计持力层后，然后从坑底浇注混凝土一直到原基础的基底，形成混凝土墩基础的托换方法。

1）墩式托换技术适用于原基础底面以下浅层有较好的持力层情况，开挖深度不大，且土层易于开挖，地下水位较低的地质条件。使得墩基础落在良好的持力层上，使其具有较高承载力。

2）墩式托换技术是补救性托换方法的一种。其特点是费用低，施工简单易行。此外，由于托换工作的大部分是在建筑物外部进行，所以施工期间建筑物仍可正常使用。其缺点是施工期较长，不能在地下水位很高和流动性大的土层中使用该技术，由于建筑物要转移到新的持力层上，被托换的建筑物可能产生新的沉降。

3）墩式托换技术方法是在贴近被托换的基础侧面，人工开挖一个导坑，然后使导坑挖到比原有基础埋深还深；再将导坑横向扩展到基础下面，然后在基础下挖孔，一直在基础下面挖到新持力层设计标高处；然后浇注混凝土，一般浇注到离基础底面80mm处停止浇注，养护1天后，再用干硬性1:1水泥砂浆填塞空隙，并捣实成为密实的填充层，也称为干填法。由于干填层密实不可变形，能防止建筑物不会因此发生附加沉降。也可采用早强或膨胀水泥，效果会更好。

墩式托换技术施工顺序，是分段分批挖孔、浇注混凝土墩，直至全部基础的托换工作完成为止。如需要也可对原有基础加临时支撑。混凝土墩既可以是连续的，也可以是间断的（见图11-4）。

（3）桩式托换技术　桩式托换技术是用桩将原基础荷载传到较深处好的持力层土中，使得原基础得到加固的方法。桩式托换技术包括锚杆静压桩托换、树根桩托换、其他桩式托换。可根据工程具体条件和工程地质条件择优选用。当上部结构荷载较大，地质条件复杂，地下水位较高，采用墩式托换有困难时，就可采用桩式托换技术。

1）锚杆静压桩托换技术。锚杆静压桩托换技术是常用的托换方法之一。它是采用锚杆承受反力以静压的方式沉桩（见图11-5）。

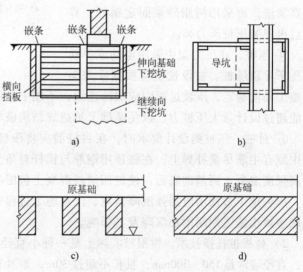

图11-4　墩式托换技术示意图

a）挖坑　b）坑平面　c）间断混凝土墩　d）连续混凝土墩

先在被托换的原基础上凿出桩孔和锚杆孔，并埋设锚杆。然后设置压桩架（反力架）、液压千斤顶，通过锚杆将压桩架与建筑物基础联结，利用建筑物自重荷载作为压桩反力，用液压千斤顶将预先制好的桩节通过桩孔将桩分节压入原基础下面的地基中，然后用硫磺砂浆、焊接等方式接桩。当压桩力达到单桩承载力设计值时，且桩长达到设计规定时，即认为满足要求。在不卸载的条件下，立即将桩与基础锚固进行封桩，使静压桩承担部分荷载。

锚杆静压桩托换技术适用范围广，可适用于黏性土、淤泥及淤泥质土、杂填土、粉土、人工填土等地基；不适用于坚实的土，以免压桩困难。

锚杆静压桩托换技术特点：施工设备简单、施工作业面小，施工方便灵活，可在场地和空间狭窄条件下施工，技术可靠，效果明显，施工时无振动，无污染，对既有建筑物里的生活和生产影响小，所以施工期间建筑物仍可正常使用，压入桩后可迅速阻止建筑物的不均匀沉降，对抢救危险建筑物有独到之处，且可以应用于建筑物纠倾。该技术在我国应用较广。

锚杆静压桩托换技术施工步骤如下：

① 挖土。挖土露出基础上表面，清除基础上表面的覆土，若此时有地下水，将地下水位降低至基础面下。

② 凿孔。根据所设计图放线定位，在基础表面桩位处凿成上小下大的棱锥形压桩孔（利于基础抗冲切、抗剪），如图 11-5 所示。根据所设计锚杆位置，在基础上表面锚杆位置处凿孔，使孔根据设计要求达到锚固深度。

③ 固定锚杆。凿孔完成后，锚杆孔应认真清渣，再采用树脂砂浆固定锚杆，养护后再安装压桩反力架。

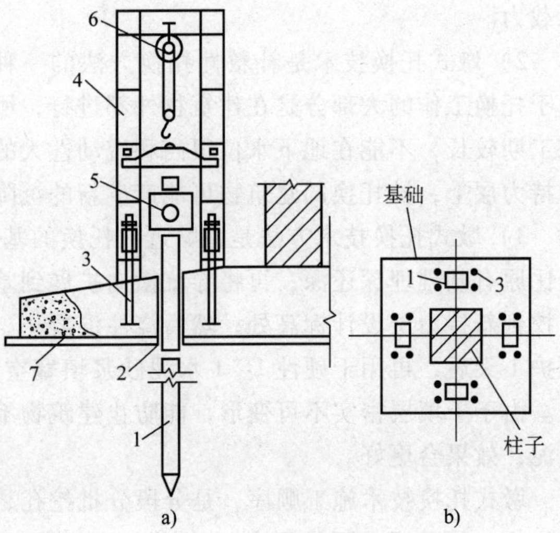

④ 压桩。在反力架中采用电动或手动液压千斤顶压桩。桩段长度应根据反力架及施工环境确定。压装过程中应保持连续，不能中途停顿过久，以防止压桩力提高，压桩力不能超过设计最大压桩力，以免基础上抬造成结构破坏。

⑤ 封桩。压桩到设计要求时，在封桩前应将压桩孔内清理干净，并排除积水，并将基础中原有主筋尽量补焊上，在桩顶用钢筋与锚杆对角交叉焊牢。然后可进行封桩，即浇注早强高强度混凝土到基础底面，使桩四周被混凝土包围起来，进行封桩。

压桩施工过程中应加强沉降监测，注意施工过程中产生的附加沉降，并通过合理安排压桩顺序减小施工期间附加沉降及其影响。

2）树根桩托换技术。树根桩实际上是一种小直径的钻孔灌注桩，直径通常是 150～300mm，桩长不超过 30m，如图 11-6 所示。

在托换工程中，可根据需要，树根桩可以是竖直的也可以是倾斜的；可以是单排的或是多排的；也可布置成三维的网状体系。树根桩是穿过基础而到达地基土中，由于所形成的桩基形状如同"树根"一样而称为树根桩。

树根桩是先利用钻机钻孔（钻孔是穿越基础而到达地基土中），满足设计要求后，放入钢筋或钢筋笼，同时放入注浆管，用压力注入水泥浆或水泥砂浆而成桩，也可放入钢筋后再灌入碎石，然后再注入水泥浆或水泥砂浆而成桩。

树根桩适用于淤泥及淤泥质土、砂土、黏性土、粉土、碎石土、人工填土等各类不同土的地基，地基上既有建（构）筑物、古建筑、地下道穿越等加固工程。树根桩不仅可承受竖向荷载，还可承受水平荷载。

图 11-5　锚杆静压桩示意图

a）锚杆静压桩装置示意图　b）压桩孔和锚杆位置图

1—桩　2—压桩孔　3—锚杆　4—反力架　5—液压千斤顶
6—电动葫芦　7—基础

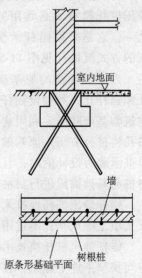

图 11-6　树根桩示意图

树根桩的特点：桩的承载力较大。施工时使用小型钻机，施工机具简单，结构型式灵活，造价不高，操作时噪声小，对于既有建筑物进行托换时比较安全，即使地基不稳定也可进行施工。所有的施工操作多在地面上进行，因而施工方便。施工时不干扰既有建筑物里的人们正常生活、工作，故树根桩技术常常被采用。

树根桩的施工不改变建筑物原来的平衡状态。施工完毕后，加固体不改变原有外观。这对于古建筑物的维修是很重要的。

树根桩的施工步骤如下：

① 成孔。按设计要求等采用合适的钻机在地基中钻孔。钻孔时可采用泥浆护壁或清水护壁。

② 清孔。钻孔达到设计要求后，应进行清孔。

③ 吊放钢筋或钢筋笼。清孔后，按设计要求下放钢筋或钢筋笼。

④ 注浆。对于树根桩，按设计要求确定注浆材料和配合比。一般多采用水泥作为成桩的胶结材料，因此浆液可采用水泥和水泥砂浆两种。国内常采用细石子作为粗骨料。采用注浆管法，即通过导管注浆。

⑤ 桩与基础连接。由于树根桩要穿过基础而到达地基土中，与基础的连接显得十分重要。对于钢筋混凝土基础，应注意凿开基础，露出钢筋，再将树根桩的主筋和基础主筋焊接，并宜在原基础顶面上将混凝土凿毛后浇筑一层与原基础等强度的混凝土，将基础封好。

3）其他桩式托换。当有时锚杆静压桩托换技术和树根桩托换技术不能使用时，可应用挖孔桩、灌注桩、打入桩、一般的静压桩等进行基础托换。方法是：在原基础外侧地基中设置桩，然后通过托梁或扩大承台来承担柱或墙传过来的荷载，如图 11-7 所示。

灌注桩、打入桩、静压桩施工与一般桩基础施工相同。对于挖孔桩和灌注桩托换要重视施工期间的附加沉降；挖孔桩要注意地下水位对挖孔的影响；对于打入桩要注意振动对原有建筑物的影响。

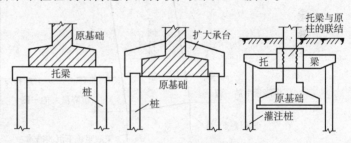

图 11-7 桩式托换示意图

（4）既有建筑地基加固技术 既有建筑地基加固技术是通过地基加固技术方法来改造地基土体或地基中部分土体，使其提高地基承载力、减少沉降。加固既有建筑物地基的方法有很多，表 11-1 列出其中的一些供参考，必要时可参考相关资料。

表 11-1 几种既有建筑地基加固方法

方法名称	加固原理	适用场合
灌浆加固技术	将固化浆液注入到地基土体，通过物理化学作用，使地基固化提高其承载力，达到加固地基的目的	适用于处理淤泥、淤泥质土、黏性土、粉土、砂土、一般填土、碎石土等软弱土地基
旋喷桩加固技术	将带有特殊喷嘴的注浆管置于土层预定深度，以高压喷射流使固化浆液与土体混合、凝固硬化加固地基	适用于处理各种软弱土如淤泥、淤泥质土、黏性土、粉土、松砂土、湿陷性黄土、人工填土等地基

（续）

方法名称	加固原理	适用场合
灰土桩加固技术	在地基中成孔，然后按设计要求填入灰土，分层夯实，通过挤密桩间土和形成复合地基提高地基承载力并减少沉降	地下水位以上的湿陷性黄土、素填土、杂填土等
碱液加固技术	将加水稀释的氢氧化钠溶液加温后，通过注浆管注浆渗入土中，与黄土中存在的钙、镁等可溶性碱土金属阳离子反应，使土粒牢固胶结在一起，使承载力提高	非自重湿陷性黄土

（5）纠倾托换技术　纠倾托换技术是指既有建（构）筑物偏离竖直位置发生倾斜时，所采取的纠正措施，称为纠倾托换技术。纠倾托换技术是一项技术难度较大、责任性较强和冒有一定风险的工程。施工前，必须认真调查发生倾斜原因，提出纠倾托换的可行性方案并对其可行性进行论证。纠倾方案应首先考虑尽快对基础沉降量大的部位进行制止下沉。纠倾过程中，要设置严密的监测系统。纠倾托换的方法有迫降纠倾托换和顶升纠倾两大类。

1）迫降纠倾托换。在倾斜的建（构）筑物基础沉降多的一侧采取阻止下沉措施的同时，将下沉小的一侧采取令其产生缓缓的下沉（称之为迫降）的措施，使得倾斜得到纠正的托换方法（见图11-8）。

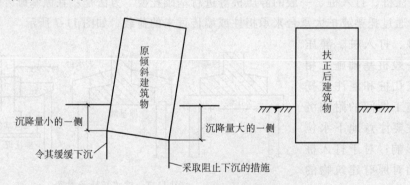

图 11-8　迫降纠倾托换示意图

2）顶升纠倾托换。顶升纠倾与迫降纠倾托换则相反，是用抬升的办法使得下沉多的一侧上升一些，最后达到扶正的目的。顶升纠倾是将建筑物基础和上部结构断开，在断开处顶升。顶升必须通过上部钢筋混凝土顶升梁与下部基础梁组成一对上、下受力梁系（受力梁系在平面上应连续闭合其应经过计算），在梁之间设置若干个支承点，在支承点上安装顶升设备（一般是液压千斤顶），使建筑物作平面转动，使得下沉大的一侧上升，建筑物得到纠倾（见图11-9）。

顶升纠倾的适用条件：建筑的整体沉降与不均匀沉降均较大，造成建筑物标高降低，妨碍其美观及使用功能的场合；倾斜建筑物的基础为桩基础的情况；不适用采用迫降纠倾的情况；既有建筑物或构筑物在原设计中预先设置了可调整标高措施的场合。

纠倾托换的具体方法见表11-2 。

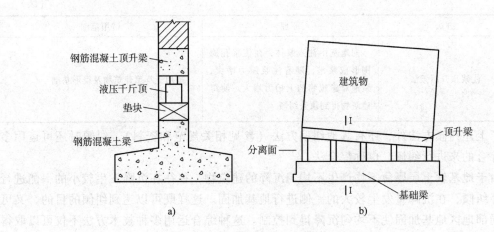

图 11-9　顶升纠倾托换示意图

a）Ⅰ-Ⅰ剖面图　b）顶升纠倾主视示意图

表 11-2　几种既有建筑常用纠倾加固方法

类别	方法	原理	适用范围
迫降纠偏	加载纠倾技术	在沉降小的一侧加载，迫使地基附加应力加大，使其变形产生沉降	适用于小型建筑物的迫降纠倾托换
	掏土纠倾技术	在沉降量小的一侧的基础下面地基中掏土，迫使地基变形产生沉降	适用于砂土、黏土、碎石土等浅埋建筑物的地基
	地基部分加固纠倾法	通过沉降量大的一侧地基的加固，减少该侧沉降，另一侧继续下沉	适用于沉降尚未稳定，且倾斜不大的建筑物纠倾
	浸水纠倾法	在地基土体内成孔或槽，在孔或槽内浸水，使地基土湿陷，迫使建筑物下沉来纠倾的方法	适用于湿陷性黄土地基
	人工降水纠倾法	利用地下水位降低所产生的附加应力，对地基变形进行调整	适用于地基土具有较好的渗透性，而降水不影响邻近建筑物，不均匀沉降量较小的情况
顶升纠偏	框架结构顶升纠倾法	将建筑物与基础分开［用托换技术在底层墙或柱的特定位置放置整体刚性好的平面框架（圈）梁］，安放液压千斤顶，向上顶升框架梁来纠倾	适用于各种地基土
	压桩反力顶升纠倾法	在沉降量大的部位基础下设置压桩，以建筑物自重作为压重，用液压千斤顶压桩，借助桩对基础的反作用力向上顶升而纠倾	适用于中小型建筑物

（续）

类别	方法	原理	适用范围
顶升纠偏	注浆顶升纠倾法	向地基中注入浆体，在注浆孔周围形成浆泡，随着注浆压力增大，浆泡对建筑物的上抬力增大。使得建筑物得到顶升纠倾	适用于小型建筑物及筏形基础

除了上述纠倾方法外，还有其他纠偏方法（参见相关规范和资料）。纠倾时还可运用多种方法综合的来进行纠倾，也称综合法。

如由于地基软土层厚薄不均产生不均匀沉降的建筑物，往往在沉降发生较小的一侧进行掏土迫降纠倾，在沉降量发生较大的一侧进行地基加固。这样既可以达到纠倾的目的，又可以通过局部地区地基加固使不均匀沉降得到控制。这种综合运用多种技术方法不仅可以取得较好的纠倾效果，而且可以取得良好的经济效果。

纠倾工作中监测工作是十分重要的，它是关系到纠倾工作的成败及建筑物安全正常使用的一项工作。纠倾工作需要谨慎细致，有时还要在不停产或上部结构已有破损的情况下进行纠倾，工作条件比新建工程更为艰难和复杂。纠倾中的监测工作目的是：说明结构目前工作状态及为工程提供主要资料。当监测结果说明上部结构与地基基础什么问题也没有，可考虑加快纠倾工作步骤，如果出现一些现象解释不清，可考虑暂停，静观并分析原因。纠倾工作是需要"耐心"的，绝不能赶任务，应以施工安全及保护建筑物为先。

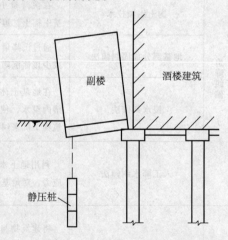

某酒店高达 20m，大开间、三层、下部为钻孔灌注桩到卵石层，长达 40m。在大楼一侧，后来又新建一个 4 层副楼，将其基础内侧压在主楼承台上的 100mm 厚的填土上，基础外侧落在松软的填土上。结果发生副楼楼顶倾斜的事故（见图 11-10）。

经分析是基础不均匀沉降使得副楼顶倾斜。

事故的处理。方案一：采用挖孔桩进行托换，但因地下水位高，挖孔不易成型，反而增大了附加沉降，使得倾斜加大，故放弃此方案。

方案二：采用木桩斜向托换，但由于施工困难未成功。

方案三：采用锚杆静压桩方案：采用 8 根 250mm × 250mm 的锚杆静压桩，并在副楼基础下建造了底梁

图 11-10   锚杆静压桩顶升纠倾示意图

作为顶升梁，使得副楼外侧（沉降大的一侧）顶升到位，同时在内侧将原有的 100mm 的填土清除，使两楼间顶部逐渐合拢，顶升到位后，将主要承受荷载的支承点的部位垫牢，进行连接。当连接体有承受荷载的能力时，卸去液压千斤顶，纠倾成功。

本章小结与讨论

（1）地基工程事故分类 地基强度及稳定性问题引起的工程事故；地基变形引起的工程事故；地基地下水渗流所造成工程事故；地基震害造成工程事故；特殊土地基的工程事故；其他地基工程事故等。

（2）基础工程事故分类　基础的错位事故，基础施工事故，其他基础事故等。

（3）地基基础工程事故原因综述　勘测方面出现问题、设计方面出现问题、施工方面出现问题等造成地基与基础工程事故。

（4）地基基础工程事故预防　预防地基基础工程事故首先要精心勘察；再者要做到精心设计；最后进行精心施工。

（5）地基基础事故的调查

1）基本调查。对工程情况调查；事故情况调查；查阅原有地质勘察报告；复核原有建筑物设计图样；检查施工隐蔽工程记录及竣工技术资料；收集沉降与裂缝实测资料；查明生产、使用及周围环境的实际情况；调查其他情况。

2）补充调查。补勘、补查、补测。

（6）既有建筑物的地基基础加固　既有建（构）筑物地基基础加固技术又称为托换技术，包括对原有建（构）筑物的地基和基础进行加固与处理等。

习　题

11-1　地基工程事故有哪些分类？

11-2　基础工程事故有哪些分类？

11-3　地基基础工程事故的原因主要有哪些？

11-4　如何对地基基础工程事故进行预防？

11-5　如何对地基基础事故进行调查？

11-6　什么是托换技术？什么是纠倾托换技术？

第 12 章

地基基础抗震与动力机器基础

【本章要求】 1. 了解地震的基本概念；熟悉场地类别划分，液化判别方法。
2. 掌握天然基础和桩基础的抗震承载力验算方法。
3. 了解动力机器基础的类别。
4. 熟悉动力机器基础构造要求。
5. 掌握动力机器设计的原则和方法。

【本章重点】 建筑场地划分、液化判别方法；地基基础抗震承载力计算和动力机器基础设防。

12.1 概述

地震又称地动、地振动，是地壳快速释放能量过程中造成振动，并产生地震波的一种自然现象。地震类型主要有如下几种：

（1）构造地震 由于地下深处岩石破裂、错动把长期积累起来的能量急剧释放出来，以地震波的形式向四面八方传播出去，到地面引起的房摇地动称为构造地震。这类地震发生的次数最多，破坏力也最大，占全世界地震的 90% 以上。

（2）火山地震 由于火山作用，如岩浆活动、气体爆炸等引起的地震称为火山地震。只有在火山活动区才可能发生火山地震，这类地震只占全世界地震的 7% 左右。

（3）塌陷地震 由于地下岩洞或矿井顶部塌陷而引起的地震称为塌陷地震。这类地震的规模比较小，次数也很少，即使有，也往往发生在溶洞密布的石灰岩地区或大规模地下开采的矿区。

（4）诱发地震 由于水库蓄水、油田注水等活动而引发的地震称为诱发地震。这类地震仅仅在某些特定的水库库区或油田地区发生。

（5）人工地震 地下核爆炸、炸药爆破等人为引起的地面振动称为人工地震。人工地震是由人为活动引起的地震，如工业爆破、地下核爆炸造成的振动。

震级是衡量地震规模的主要指标之一。地震强度大小的主要判断依据是地震释放能量的多少。目前国际上一般采用里氏震级。里氏震级是地震波最大振幅以 10 为底的对数，并选择距震中 100km 的距离为标准。里氏震级每增强一级，释放的能量约增加 31.6 倍，相隔二级的震级其能量相差 1000 倍。小于里氏 2.5 级的地震，人们一般不易感觉到，称为小震或微震；里氏 2.5 级~5.0 级的地震，震中附近的人会有不同程度的感觉，称为有感地震，全世界每年大约发生十几万次；大于里氏 5.0 级的地震，会造成建筑物不同程度的损坏，称为破坏性地震。里氏 4.5 级以上的地震可以在全球范围内监测到。

地震烈度是指某一地区的地面和各类建筑物遭受一次地震影响的强弱程度，主要依据地震时地面建筑物受破坏的程度、地形地貌改变、人的感觉等宏观现象来判定。每次地震的震级数值只有一个，但烈度的大小与震源、震中、震级、地质构造和地面建筑物等综合特性有关。一般情况下仅就烈度和震源、震级间的关系来说，震级越大震源越浅，烈度也越高。一般震中区的破坏最重，烈度最高，这个烈度称为震中烈度。从震中向四周扩展，地震烈度逐渐减小。

为了评定地震烈度，就需要建立一个标准，这个标准称为地震烈度表。它是根据地震时地震最大加速度、建筑物损坏程度、地貌变化特征、地震时人的感觉、动物的反应等方面进行区分。包括我国在内的世界上绝大多数国家的地震烈度表均按 12 度划分。

各地区的实际烈度受到各种复杂因素的影响，GB 50011—2010《建筑抗震设计规范》（以下简称《抗震规范》）中进一步提出了"基本烈度"和"设防烈度"的概念。

基本烈度是指一个地区今后一定时期（50 年）内，一般场地条件下可能遭遇的最大地震烈度，由国家地震局编制的《中国地震烈度区划图》确定；设防烈度是指一个地区作为抗震设防依据的地震烈度，按国家规定权限审批或颁发的文件执行，一般情况下采用基本烈度。

建筑根据其使用功能的重要性分为特殊设防、重点设防、标准设防、适度设防四类，习惯上称作甲、乙、丙、丁四类抗震设防类别。甲类建筑属于重大建筑工程和地震时可能发生严重次生灾害的建筑；乙类建筑属于地震时使用功能不能中断或需尽快恢复的建筑；丙类建筑属于除甲、乙、丁类建筑以外的一般建筑；丁类建筑属于抗震次要建筑。GB 50223—2008《建筑工程抗震设防分类标准》对不同功能建筑均作出了具体划分，且对不同设防类别提出了相应的设防标准。

地震引起的振动以波的形式从震源向各个方向传播。场地和地基在地震时起着传播地震波和支承上部结构荷载的双重作用，对建筑物的抗震性能具有重要影响。因此，地震区的地基基础抗震研究，对预估地震区可能发生的地震灾害以及工程抗震有重要意义。

引起地基及基础振动的另一个重要因素是动力机器振动。动力机器是指运转时产生较大不平衡惯性力的一类机器。动力机器基础设计是工业建筑设计的一个重要组成部分，也是建筑工程中一项复杂的课题，其特点首先取决于机器对基础的作用特征。动力机器常按对基础的动力作用形式分为两大类：

（1）周期性作用的机器　包括往复直线运动的机器，如活塞式压缩制冷机（见图 12-1a），匀速旋转运动的机器，如发电机（见图 12-1b），其特点是有相对固定的周期，易引起附近建筑物或其中部分构件的共振。

（2）间歇性作用或冲击作用的机器　包括非匀速旋转和非往复直线运动的机器，如拖动电动机、遮断容量的电动机，以及冲击式运动的机器，如铸造锻锤（见图 12-1c），其特点是冲击力大且无节奏。

动力机器基础的结构形式常见有三种：实体式（块式）；墙式；框架式，如图 12-2 所示。其他形式有薄壳式、箱式和地沟式等。

a)　　　　　　　　　　b)　　　　　　　　　　c)

图 12-1　动力机器类别

a）往复运动机器——活塞式压缩制冷机　b）旋转运动机器——发电机　c）冲击机器——铸造锻锤

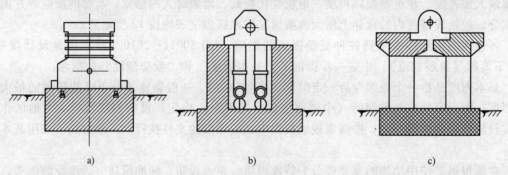

a)　　　　　　　　　　b)　　　　　　　　　　c)

图 12-2　机器基础的常用结构形式

a）实体式　b）墙式　c）框架式

　　实体式基础应用最广泛，通常做成刚度很大的钢筋混凝土块体；墙式基础则由承重的纵横墙组成；框架式基础一般用于平衡性较好的高频机器，其上部结构是由固定在底板或基岩上的立柱以及与立柱上端刚性连接的纵横梁组成的弹性体系。

　　动力机器的动荷载必然会引起地基及基础的振动，如设计不当，可能产生一系列不良影响，如降低地基土的强度并增加基础的沉降量，影响机器的正常运转；使机器零件易于磨损，影响其正常使用；产生噪声，严重者将影响工人健康。机器基础设计中需要进行静力计算和动力计算。

　　以下将介绍地基基础抗震设计和动力机器基础设计的原理。

12.2　地震影响及破坏形式

12.2.1　地震影响

　　地球上发生的强烈地震影响范围大，破坏性强，常造成大量人员伤亡、大量建筑物破坏，交通、生产中断，水、火和疾病等次生灾害发生。1960 年 5 月 22 日智利发生了有史以来全球最大的一次地震，灾情极为严重，由地震引起的特大海啸的浪高达 20m，海啸在越过太平洋到达日本东海时，浪高仍然达到 4～7m，造成伤亡数百人，沉船一百多艘的严重自然灾害。我国处于世界上两大地震带——环太平洋地震带和欧亚地震带之间，是一个地震多发国家。1976 年 7 月 28 日，我国唐山发生了里氏 7.8 级的地震，死亡人数 24.2 万人，85% 的房屋倒塌或严重破坏，直接经济损失达数百亿元，损失惨重，用于震后救灾和恢复重建的费用也达近百亿元。2008 年 5 月 12 日，四川汶川、北川发生里氏 8.0 级地震，地震造成 69227 人遇难，374643 人受伤，17923 人失踪，据统计此次地震造成的直接经济损失达 8452 亿元。

地震带来的影响深远，灾难惨痛。人类对于地震的预测研究还在继续，任重而道远。要减轻地震带来的影响，主要靠采取有效的抗震措施。

12.2.2　地震破坏形式

由于地区特点和地形地质条件的复杂性，强烈地震造成的地面和建筑物的破坏类型多种多样，主要表现形式有以下几个方面。

1. 场地破坏

地震直接破坏场地是地震破坏的最直接方式，主要有以下几种：

（1）地基土液化　当发生地震时，由于地震荷载作用的时间十分短促，饱和砂土中的孔隙水来不及排出，孔隙水压力加大，同时有效应力减小。当有效应力减小到零时，土体强度完全丧失，呈现出类似于液体的状态，即所谓砂土液化。除砂土之外，含砂粒成分较多的低塑性土和粉土也有可能发生类似的液化现象。砂土液化时，作用其上的建筑物将产生较大的沉降、倾斜和水平位移，可引起建筑物开裂、破坏甚至倒塌。在国内外的大地震中，砂土液化现象相当普遍，是造成地震灾害的重要原因。

（2）震陷　震陷是指地基土由于地震作用而产生的明显的竖向变形。此种现象多发生在松散砂土和软弱黏性土中，还有溶洞发育和地下存在大面积采空区的地区。砂土的液化也往往引起地表较大范围的震陷。震陷不仅使建筑物产生过大沉降，而且产生较大的差异沉降和倾斜，影响建筑物的安全和使用。

（3）地裂缝　分重力地裂缝和构造地裂缝两种，地震时往往出现地裂缝，地裂缝的数量、长短、深浅等与地震强度、地表情况、受力特征等有关。重力地裂缝是由于强烈地震作用，地面作剧烈振动而引起的惯性力超过土的抗剪强度所致其长度可由几米到几十米，其断续总长度可达几公里，但一般不深，多为 1~2m，构造地裂缝是地壳岩层断裂错动延伸到地面的裂缝，其规模较大。

（4）滑坡　坡地，特别是陡坡，在地震时往往出现滑坡造成破坏。场地的破坏可能造成堵河成湖，掩埋村庄，破坏道路，房屋倒塌，地上结构下沉或地下结构上浮等震害现象。

（5）山崩　地震往往会造成山石崩裂，塌方量可达近百万方，崩塌的石块会阻塞公路，中断交通。

2. 建筑物损毁

建筑物破坏情况与结构类型、抗震措施有关。主要由于承重结构强度不足而造成破坏，如墙体裂缝，钢筋混凝土柱剪断或混凝土被压碎，房屋倒塌，砖烟囱错位折断等；由于节点强度不足，延性不够，锚固不够等使结构丧失整体性而造成破坏。

3. 次生灾害

地震往往伴随多种次生灾害，如水灾、火灾、毒气污染、滑坡、泥石流、海啸等，由此引起的破坏也非常严重。2011 年 3 月 11 日，日本遭受 9 级特大地震影响，福岛第一核电站损毁极为严重，大量放射性物质发生泄漏，给人们的生命财产带来极大威胁。

12.3　地段和场地类别

建筑场地的地形条件、地质构造、地下水位及场地土覆盖层厚度、场地类别等对地震灾害的程度有显著影响。我国多次地震震害调查表明，地段和场地类别对地震作用下建（构）筑物的破坏有较大影响。

场地岩土工程勘察，应根据实际需要划分的对建筑有利、一般、不利和危险的地段，提供建筑的场地类别和岩土地震稳定性（含滑坡、崩塌、液化和震陷特性）评价，必要时尚应根据设计要求提供土层剖面、场地覆盖层厚度和有关的动力参数。

12.3.1　地段划分

1．地段划分

震害表明：条状凸出的山嘴、高耸孤立的山丘、非岩石的陡坡、河岸和边坡边缘等地段的建筑在地震中破坏较为严重。因此，《抗震规范》规定，选择建筑场地时，应按表 12-1 划分对建筑抗震有利、不利和危险的地段。

表 12-1　有利、不利和危险地段的划分

地段类别	地质、地形、地貌
有利地段	稳定基岩，坚硬土，开阔、密实、均匀的中硬土等
不利地段	软弱土，液化土，条状凸出的山嘴，高耸孤立的山丘，非岩质的陡坡，河岸和边坡的边缘，平面分布上成因、岩性、状态明显不均匀的土层（如故河道、疏松的断层破碎带、暗埋的塘浜沟谷和半填半挖地基）等
危险地段	地震时可能发生滑坡、崩塌、地陷、地裂、泥石流等及发震断裂带上可能发生地表错位的部位

2．避让发震断裂

场地地质构造中具有断层这种薄弱环节时，不宜将建筑物横跨其上，避免可能发生的错位或不均匀沉降带来危害。场地内存在发震断裂时，应对断裂的工程影响进行评价，并应符合下列要求：

1）对符合下列规定之一的情况，可忽略发震断裂错动对地面建筑的影响：①抗震设防烈度小于 8 度；②非全新世活动断裂；③抗震设防烈度为 8 度和 9 度时，隐伏断裂的土层覆盖厚度分别大于 60m 和 90m。

2）对不符合 1）规定的情况，应避开主断裂带。其避让距离不宜小于表 12-2 对发震断裂最小避让距离的规定。在避让距离的范围内确有需要建造分散的、低于三层的丙、丁类建筑时，应按提高一度采取抗震措施，并提高基础和上部结构的整体性，且不得跨越断层线。

3．不利地段处理

当需要在条状凸出的山嘴，高耸孤立的山丘，非岩石的陡坡、河岸和边坡边缘等不利地段建造丙类及丙类以上建筑时，除保证其在地震作用下的稳定性外，尚应估计不利地段对设计地震动参数可能产生的放大作用，其地震影响系数最大值应乘以增大系数。增大系数可根据不利地段的具体情况确定，在 1.1 ~ 1.6 范围内取值。

表 12-2　发震断裂的最小避让距离

烈度	建筑抗震设防类别			
	甲	乙	丙	丁
8	专门研究	300m	200m	—
9	专门研究	500m	300m	—

12.3.2　场地类别划分

建筑场地的类别划分，应以土层等效剪切波速和场地覆盖层厚度为准。

1. 土层等效剪切波速

土层剪切波速是对土层动力特性和场地类别评判以及结构抗震所需要的重要参数。土层剪切波速的测量，应符合下列要求：

1）在场地初步勘察阶段，对大面积的同一地质单元，测量土层剪切波速的钻孔数量，应为控制性钻孔数量的 1/3～1/5，山间河谷地区可适量减少，但不宜少于 3 个。

2）在场地详细勘察阶段，对单幢建筑，测量土层剪切波速的钻孔数量不宜少于 2 个，数据变化较大时，可适量增加；对小区中处于同一地质单元的密集高层建筑群，测量土层剪切波速的钻孔数量可适量减少，但每幢高层建筑下不得少于一个。

3）对丁类建筑及层数不超过 10 层且高度不超过 30m 的丙类建筑，当无实测剪切波速时，可根据岩土名称和性状，按表 12-3 划分土的类型，再利用当地经验在表 12-3 的剪切波速范围内估计各土层的剪切波速。

表 12-3　土的类型划分和剪切波速范围

土的类型	岩土名称和性状	土层剪切波速范围/（m/s）
岩石	坚硬、较硬且完整的岩石	$v_s > 800$
坚硬土或岩石	稳定岩石，密实的碎石土	$800 \geq v_s > 500$
中硬土	中密、稍密的碎石土、密实、中密的砾、粗、中砂，$f_{ak} > 150$ 的黏性土和粉土，坚硬黄土	$500 \geq v_s > 250$
中软土	稍密的砾、粗、中砂，除松散外的细、粉砂，$f_{ak} \leq 150$ 的黏性土和粉土，$f_{ak} > 130$ 的填土，可塑黄土	$250 \geq v_s > 150$
软弱土	淤泥和淤泥质土，松散的砂，新近沉积的黏性土和粉土，$f_{ak} \leq 130$ 的填土，流塑黄土	$v_s \leq 150$

注：f_{ak} 为由荷载试验等方法得到的地基承载力特征值（kPa）；v_s 为岩土剪切波速。

由于场地土为成层状态，每层土的剪切波速很可能不相同，而场地类别主要和多层土中的等效剪切波速有关。按《抗震规范》规定，等效剪切波速应按下列公式计算

$$v_{se} = d_0/t \tag{12-1}$$

$$t = \sum_{i=1}^{n} (d_i/v_{si}) \tag{12-2}$$

式中　v_{se}——土层等效剪切波速（m/s）；

d_0——计算深度（m），取覆盖层厚度和 20m 二者的较小值。

t——剪切波在地面至计算深度之间的传播时间（s）；

d_i——计算深度范围的第 i 土层的厚度（m）；

v_{si}——计算深度范围内第 i 土层的剪切波速（m/s）；

n——计算深度范围内土层的分层数。

2. 覆盖层厚度

建筑场地覆盖层厚度不同，震害程度不同。一般随覆盖层厚度增加震害加重。建筑场地覆盖层厚度的确定，应符合下列要求：

1）一般情况下，应按地面至剪切波速大于 500m/s 且其下卧各层岩土的剪切波速均不小于 500m/s 的土层顶面的距离确定。

2）当地面 5m 以下存在剪切波速大于其上部各土层剪切波速 2.5 倍的土层，且其下卧各层岩土的剪切波速均不小于 400m/s 时可按顶面的距离确定。

3）剪切波速大于 500m/s 的孤石、透镜体，应视同周围土层。

4）土层中的火山岩硬夹层，应视为刚体，其厚度应从覆盖土层中扣除。

3. 场地类别划分

场地土质条件不同，建筑物的破坏程度也有很大差异，一般规律是软弱地基与坚硬地基相比，容易产生不稳定状态和不均匀下陷，甚至发生液化、滑动、开裂等现象；震害随覆盖层厚度增加而加重。《抗震规范》根据土层等效剪切波速和场地覆盖层厚度划分为Ⅰ、Ⅱ、Ⅲ、Ⅳ四类，其中Ⅰ类分为 I_0、I_1 两个亚类，见表 12-4。当有可靠的剪切波速和覆盖层厚度且其值处于表 12-4 所列场地类别的分界线附近时，应允许按插值方法确定地震作用计算所用的设计特征周期。

表 12-4　建筑场地类别划分

等效剪切波速/（m/s）	场地类别及覆盖层厚度				
	I_0	I_1	Ⅱ	Ⅲ	Ⅳ
$v_s > 800$	0	—	—	—	—
$800 \geqslant v_s > 500$	—	0	—	—	—
$500 \geqslant v_{se} > 250$	—	< 5	≥ 5	—	—
$250 \geqslant v_{se} > 150$	—	< 3	3 ~ 50	> 50	—
$v_{se} \leqslant 150$	—	< 3	3 ~ 15	15 ~ 80	> 80

注：1. 表中 v_s 为岩石的剪切波速。

2. v_{se} 为土层等效剪切波速。

坚硬场地土、稳定岩石和Ⅰ类场地，是抗震最理想的地基；中硬场地土和Ⅱ类场地，为较好的抗震地基；软弱场地土和Ⅳ类场地，震害最严重。

【例 12-1】　已知某工程场地地基土抗震计算参数见表 12-5。试问该场地应判别为哪类场地？

表 12-5　【例 12-1】表

层序	土层名称	层底深度	平均剪切波速/（m/s）
1	填土	5	120
2	淤泥	10	90
3	粉土	16	180
4	卵石	22	470
5	基岩	—	850

【解】（1）确定覆盖层厚度 d_{0v}　根据覆盖层厚度的确定方法，$v_4/v_3 = 470/180 = 2.61 > 2.5$，卵石层底 $22m > 5m$，$v_4 \geq 400m/s$，$v_5 \geq 400m/s$，故取 $d_{0v} = 16m$。

（2）确定土层等效剪切波速 v_{se}　$d_0 = \min \{d_{0v}, 20m\} = \min (16m, 20m) = 16m$，根据式（12-1）有

$$v_{se} = \frac{16}{\dfrac{5}{120} + \dfrac{5}{90} + \dfrac{6}{180}} m/s = 122.55 m/s$$

（3）确定场地类别　由 $d_{0v} = 16m$，$v_{se} = 122.55 m/s$ 查表 12-4，确定为Ⅲ类场地。

12.4　土体的振动液化

土体的振动液化指由地震或机器振动使饱和松散砂土或未固结岩层发生液化的作用。液化可使地基软化，建筑物倒塌，大量饱和砂土还可从地下如泉水涌出，地震中产生的液化灾害较为常见。

12.4.1　液化的概念

无黏性土、粉煤灰、尾矿砂、砂砾石等土类，特别是饱和松散的砂土和粉土，在振动荷载作用下，由于孔隙压力增大和有效应力减少而从固态变为液态的过程称为液化。液化的过程也就是土完全丧失抗剪强度的过程。地震、波浪以及车辆荷载、打桩、爆炸、机器振动等引起的振动力，均可能引起土的振动液化。

12.4.2　影响土体液化的主要因素

砂土饱和及振动是产生液化的必要条件，但实践证明，并非一切饱和松散砂土地基在地震时均发生液化。因此，为正确判断液化的发生，首先要明确影响砂土液化的主要因素。饱和砂土的液化是砂土本身特性（即内因条件）和外部的变化作用（即外因条件）这两大方面因素综合造成的。如土的性质属于内因，地震前土的初始应力状态、振动的特性等属于外因。

1. 影响土体液化的内因

（1）土的类别　试验及实测资料均表明，粉细砂土、粉土较中、粗砂土易液化。级配均匀砂土较级配良好的砂土易发生液化。

黏性土由于土颗粒之间具有黏聚力，很难因振动的惯性作用而运动。即使超孔隙水压力等于总应力，有效应力为零，抗剪强度也不会完全消失，难以发生液化。砾石等粗粒土因为透水性大，超静孔隙水压力能迅速消散，不会造成孔隙水压力累积至总应力而使有效应力为零，因此也难以发生液化。只有中等粒组的砂土和粉土易发生液化。一般情况下，塑性指数高的黏土不易液化，低塑性和无塑性的土易液化。在振动作用下发生液化的饱和土，一般平均粒径小于 2mm，黏粒含量低于 10%，塑性指数低于 7。

（2）土的初始密实度　当土的初始密实度越大，在振动力作用下，土越不容易产生液化。在地震力作用下，砂土受剪时孔隙水压力增大的原因在于松砂的剪缩性。当砂土密实度增大之后，其剪缩性就会减弱，一旦砂土具有剪胀性时，剪切时内部产生负的孔隙水压力，土的阻抗能力增加，从而不容易发生液化现象。1964 年日本新潟地震表明，相对密实度 $D_r = 0.50$ 的地方普遍发生液化，相对密实度 $D_r > 0.70$ 的地方则没有发生液化。

（3）土的饱和度　在完全饱和的状态下，水是不可压缩的，而在欠饱和的状态下，因含有的气泡水具有一定的压缩性。研究表明：饱和度减小，液化应力比（试样内45°平面上的液化剪应力与该平面上有效正应力比）就会有明显增大。另外，土的颗粒排列、土粒之间的胶结物质等对砂土液化也有影响，如扰动土较原状土更容易液化，新沉积的土较古积土更容易液化。

2. 影响土体液化的外因

（1）土的初始应力状态　土的孔隙水压力等于侧向固结压力是产生液化的必要条件。地震前地基土的固结压力可以用土层有效的覆盖压力乘以侧压力系数来表示。在其他条件相同的情况下，发生液化所需的动应力随着初始固结应力的增加而增大。因此，地震时土层埋藏越深，即覆盖压力越大，越不易液化。调查表明，当埋藏深度大于20m时，即使是松砂都很少发生液化。

（2）往复应力（地震）强度　砂土在一定的初始约束力下，地震时是否发生液化取决于地震时产生的动剪应力的大小。显然，当地震时产生的动剪应力大于砂土在初始约束力下的抗液化强度时，砂土就会发生液化。地震强度一般可由地面运动烈度来反映，而烈度大小主要是由地面加速度来度量的。通过历年的震害调查表明，地震的地面加速度与液化的发生存在一定联系，因此，地面运动烈度可作为估计砂土发生液化可能性的一个重要因素，这一点在《抗震规范》的液化判别上就有所反映。

（3）往复次数（地震历时）　地震历时，即持续时间，是确定砂土液化可能性的一个重要因素。砂土液化室内试验说明，对于同一性质的土，施加同样大小的动应力时是否发生液化，还取决于振动的次数或振动时间的长短。对于同一种土类来说，往复应力越小，即强度越低，则需越多的振动次数才可产生液化，即地震的历时如果较长，即使地震强度较低也容易发生液化。反之，则在很少振动次数时，就可产生液化。现场的震害调查也证明了这一点。如1964年日本新潟地震时，记录到地面最大加速度为$0.16 \times 10^{-2} \mathrm{m/s^2}$，其余22次地震的地面加速度变化为$(0.005 \sim 0.12) \times 10^{-2} \mathrm{m/s^2}$，但都没有发生液化。同年美国阿拉斯加地震时，安科雷奇滑坡是在地震开始后90s才发生，这表明要有足够的动应力重复次数，才发生液化和土体失去稳定性。

地下水位的变化直接影响了砂土层液化的产生和发展。地下水位上升，在增加地震动剪应力强度的同时，减少了砂土液化剪应力，即削弱了砂土抗液化强度，处于该情况下的砂土层则更容易液化。大量地震调查资料都表明，地下水位距地表越浅，即地下水位上升，砂土层就越容易液化，同时，随着地震烈度的增加，砂土层容易液化的地下水位上升影响范围就越大。

此外，土体的超固结压力也将对土的振动液化产生一定影响，具体可参考有关文献。

12.4.3　液化土的判别

1. 液化土判别的要求

液化将使场地内的各种建筑物产生严重破坏，因此对此类地基土上的建筑结构抗震设计的首要任务就是进行砂土液化的可能性判别。《抗震规范》中，将液化的判别分三步：第一步，在初步勘察阶段可按液化初步判别标准将肯定不会出现液化的场地确定下来；第二步，对第一步不能确定的，在详细勘察阶段再进行标准贯入试验进一步进行液化判别；第三步，对由第二步确定为液化土层的地基，进行液化等级确定。

饱和砂土和饱和粉土（不含黄土）的液化判别，6 度时，一般情况下可不进行判别和处理，但对液化沉陷敏感的乙类建筑可按 7 度的要求进行判别和处理，7～9 度时，乙类建筑可按本地区抗震设防烈度的要求进行判别和处理。

2. 液化土判别的方法

饱和砂土和饱和粉土（不含黄土），当符合下列条件之一时，可初步判别为不液化或可不考虑液化影响：

1）地质年代为第四纪晚更新世（Q_3）及以前时，7 度、8 度时可判别为不液化。

2）粉土的黏粒（粒径小于 0.005mm 的颗粒）含量百分率，7 度、8 度和 9 度分别不小于 10、13 和 16 时，可判别为不液化土。

3）采用浅埋天然地基的建筑，当上覆非液化土层厚度和地下水位深度符合下列条件之一时，可不考虑液化的影响

$$\begin{cases} d_u > d_0 + d_b - 2 \\ d_w > d_0 + d_b - 3 \\ d_u + d_w > 1.5d_0 + 2d_b - 4.5 \end{cases} \qquad (12\text{-}3)$$

式中　d_w——地下水位深度（m），宜按设计基准期内年平均最高水位采用，也可按近期内年最高水位采用；

d_u——上覆非液化土层厚度（m），计算时宜将淤泥和淤泥质土层扣除；

d_b——基础埋置深度（m），不超过 2m 时应按 2m 采用；

d_0——液化土特征深度（m），可按表 12-6 采用

表 12-6　液化土特征深度　　　　　　　　　　（单位：m）

饱和土类别	7 度	8 度	9 度
粉土	6	7	8
砂土	7	8	9

当饱和砂土、粉土的初步判别认为需进一步进行液化判别时，应采用标准贯入试验判别法判别地面下 20m 范围内土的液化；但对《抗震规范》中规定可不进行天然地基及基础的抗震承载力验算的各类建筑，可只判别地面下 15m 范围内土的液化。当饱和土标准贯入锤击数（未经杆长修正）小于或等于液化判别标准贯入锤击数临界值时，应判为液化土。当有成熟经验时，尚可采用其他判别方法。

在地面下 20m 深度范围内，液化判别标准贯入锤击数临界值可按下式计算

$$N_{cr} = N_0 \beta \left[\ln \left(0.6d_s + 1.5 \right) - 0.1d_w \right] \sqrt{3/\rho_c} \qquad (12\text{-}4)$$

式中　N_{cr}——液化判别标准贯入锤击数临界值；

N_0——液化判别标准贯入锤击数基准值，应按表 12-7 采用；

d_s——饱和土标准贯入点深度（m）；

d_w——地下水位深度（m）；

β——调整系数，设计地震第一组取 0.8，第二组取 0.95，第三组取 1.05；

ρ_c——黏粒含量百分率，当小于 3 或为砂土时，应采用 3。

表 12-7   液化判别标准贯入锤击数基准值 N_0

设计基本地震加速度	0.10g	0.15g	0.20g	0.30g	0.40g
液化判别标准贯入锤击数基准值	7	10	12	16	19

注：g 为重力加速度。

12.4.4　液化等级

为了对液化土层采取适当的抗液化工程措施，首先必须对液化的危害性进行分析，根据液化指数确定场地液化等级，必要时采用液化震陷量进行评价。

在判定地基中有液化层后，需要进一步分析液化的危害程度，因为液化层的厚薄、层位的深浅及土的密实程度等都对液化的危害程度有影响。在缺少建筑物的详细情况时，可用液化指数来初步评价液化可能带来的后果。

《抗震规范》规定对存在液化砂土层、粉土层的地基，应探明各液化土层的深度和厚度，按下式计算每个钻孔的液化指数，并按表 12-8 综合划分地基的液化等级

$$I_{lE} = \sum_{i=1}^{n} \left(1 - \frac{N_i}{N_{cri}} \right) d_i W_i \tag{12-5}$$

式中　I_{lE}——液化指数；

n——在判别深度范围内的每一个钻孔标准贯入试验点的总数；

N_i、N_{cri}——i 点标准贯入锤击数的实测值和临界值，当实测值大于临界值时应取临界值的数值，当只需要判别 15m 范围以内的液化时，15m 以下的实测值可按临界值采用；

d_i——i 点所代表的土层厚度（m），可采用与标准贯入试验点相邻的上、下两标准贯入试验点深度差的一半，但上界不高于地下水位深度，下界不深于液化深度；

W_i——i 土层单位土层厚度的层位影响权函数值（单位为 m^{-1}），当该层中点深度不大于 5m 时应采用 10，等于 20m 时应采用零值，5～20m 时应按线性内插法取值。

由式（12-5）可看出，可液化土越松、越厚和越浅时液化指数越大，液化造成的危害也越大。式（12-5）中未考虑结构类型和地面滑动等影响，主要反映水平场地的破坏情况。但由于一般浅基础地基失效或因液化产生不均匀沉降与地表破坏密切相关，因而液化指数也能反映浅基房屋的液化危害。

表 12-8   液化等级与液化指数对应关系

液化等级	轻微	中等	严重
液化指数 I_{lE}	$0 < I_{lE} \leq 6$	$6 < I_{lE} \leq 18$	$I_{lE} > 18$

12.4.5　液化土的工程处理

因为液化地基是一种在振动下强度急剧下降，并产生极大的沉降，因而一般防止或减轻不均匀沉降的措施大多对液化地基也有效。

当液化砂土层、粉土层较平坦且均匀时，宜按表 12-9 选用地基抗液化措施；尚可计入上部结构重力荷载对液化危害的影响，根据液化震陷量的估计适当调整抗液化措施。不宜将未经处理的液化土层作为天然地基持力层。

表 12-9　抗液化措施

建筑抗震设防类别	地基的液化等级		
	轻微	中等	严重
乙类	部分消除液化沉陷，或对基础和上部结构处理	全部消除液化沉陷，或部分消除液化沉陷且对基础和上部结构处理	全部消除液化沉陷
丙类	基础和上部结构处理，也可不采取措施	基础和上部结构处理，或更高要求的措施	全部消除液化沉陷，或部分消除液化沉陷且对基础和上部结构处理
丁类	可不采取措施	可不采取措施	基础和上部结构处理，或其他经济的措施

注：甲类建筑的地基抗液化措施应进行专门研究，但不宜低于乙类的相应要求。

1. 全部消除地基液化沉陷

全部消除地基液化沉陷的措施，应符合下列要求：

1）采用桩基时，桩端伸入液化深度以下稳定土层中的长度（不包括桩尖部分），应按计算确定，且对碎石土，砾、粗、中砂，坚硬黏性土和密实粉土尚不应小于 0.8m，对其他非岩石土尚不宜小于 1.5m。

2）采用深基础时，基础底面应埋入液化深度以下的稳定土层中，其深度不应小于 0.5m。

3）采用加密法（如振冲、振动加密、挤密碎石桩、强夯等）加固时，应处理至液化深度下界；振冲或挤密碎石桩加固后，桩间土的标准贯入锤击数不宜小于《抗震规范》规定的液化判别标准贯入锤击数临界值。

4）用非液化土替换全部液化土层，或增加上覆非液化土层的厚度。

5）采用加密法或换土法处理时，在基础边缘以外的处理宽度，应超过基础底面下处理深度的 1/2 且不小于基础宽度的 1/5。

2. 部分消除地基液化沉陷

部分消除地基液化沉陷的措施，应符合下列要求：

1）处理深度应使处理后的地基液化指数减少，其值不宜大于 5；大面积筏形基础、箱形基础的中心区域（而位于基础外边界以内沿长宽方向距外边界大于相应方向 1/4 长度的区域），处理后的液化指数可比上述规定降低 1；对独立基础和条形基础，尚不应小于基础底面下液化土特征深度和基础宽度的较大值。

2）采用振冲或挤密碎石桩加固后，桩间土的标准贯入锤击数不宜小于《抗震规范》规定的液化判别标准贯入锤击数临界值。

3）基础边缘以外的处理宽度，应符合《抗震规范》的要求。

4）采取减小液化震陷的其他方法，如增厚上覆非液化土层的厚度和改善周边的排水条件等。

3. 减轻液化影响的基础和上部结构处理

减轻液化影响的基础和上部结构处理，可综合采用下列各项措施：

1）选择合适的基础埋置深度。

2）调整基础底面积，减少基础偏心。

3）加强基础的整体性和刚度，如采用箱形基础、筏形基础或钢筋混凝土交叉条形基础，加设基础圈梁等。

4）减轻荷载，增强上部结构的整体刚度和均匀对称性，合理设置沉降缝，避免采用对不均匀沉降敏感的结构形式等。

5）管道穿过建筑处应预留足够尺寸或采用柔性接头等。

最后，需要补充说明以下两点：

1）在故河道以及临近河岸、海岸和边坡等有液化侧向扩展或流滑可能的地段内不宜修建永久性建筑，否则应进行抗滑动验算、采取防土体滑动措施或结构抗裂措施。

2）地基中软弱黏性土层的震陷判别，可采用下列方法。饱和粉质黏土震陷的危害性和抗震陷措施应根据沉降和横向变形大小等因素综合研究确定，8 度（0.30g）和 9 度时，当塑性指数小于 15 且符合下式规定的饱和粉质黏土可判为震陷性软土。

$$w_S \geqslant 0.9 w_L \tag{12-6}$$

$$I_L \geqslant 0.75 \tag{12-7}$$

式中　w_S——天然含水量；

　　　w_L——液限含水量，采用液、塑限联合测定法测定；

　　　I_L——液性指数。

12.5　地基基础抗震设计

12.5.1　抗震设防目标及要求

1. 抗震设防目标

进行抗震设计的建筑，其基本的抗震设防目标是：当遭受低于本地区抗震设防烈度的多遇地震影响时，主体结构不受损坏或不需修理可继续使用；当遭受相当于本地区抗震设防烈度的设防地震影响时，可能发生损坏，但经一般性修理仍可继续使用；当遭受高于本地区抗震设防烈度的罕遇地震影响时，不致倒塌或发生危及生命的严重破坏。使用功能或其他方面有专门要求的建筑，当采用抗震性能化设计时，具有更具体或更高的抗震设防目标，即所谓的"小震不坏，中震可修，大震不倒"。

2. 地基基础抗震设防要求

《抗震规范》规定对地基及基础抗震设防应遵循下列原则：

1）选择建筑场地时，应根据工程需要和地震活动情况、工程地质和地震地质的有关资料，对抗震有利、不利和危险地段作出综合评价。宜选择对建筑抗震有利地段，如稳定基岩、坚硬土、开阔、平坦、密实、均匀的中硬土等；宜避开对建筑物不利地段，如软弱土、液化土、条状凸出山嘴、高耸孤立的山丘、非岩石的陡坡、河岸和边坡的边缘等，如无法避开时，应采取有效的抗震措施；对于危险地段，如地震时可能发生滑坡、崩塌、地陷、泥石流等地段，严禁建造甲、乙类建筑，不应建造丙类建筑。

2）建筑场地为Ⅰ类时，甲、乙类建筑允许按本地区抗震设防烈度的要求采取抗震构造措施；丙类建筑允许按本地区抗震设防烈度降低一度的要求采取抗震构造措施，但抗震设防烈度为 6 度时仍按本地区抗震设防烈度的要求采取抗震构造措施。建筑场地为 Ⅲ、Ⅳ 类时，对设计基本地震加速度为 0.15g 和 0.30g 的地区，除《抗震规范》另有规定外，宜分别按抗震设防烈度 8 度（0.20g）和 9 度（0.40g）时各类建筑的要求采取抗震构造措施。

3）同一结构单元的基础不宜设置在性质截然不同的地基上。同一结构单元不宜部分采用天然地基部分采用桩基；当采用不同基础类型或基础埋深显著不同时，应根据地震时两部分地基基础的沉降差异，在基础、上部结构的相关部位采取相应措施。地基为软弱黏性土、液化土、新近填土成严重不均匀土时，应根据地震时地基不均匀沉降和其他不利影响，采取相应的措施。

4）山区建筑场地勘察应有边坡稳定性评价和防治方案建议；应根据地质、地形条件和使用要求，因地制宜设置符合抗震设防要求的边坡工程。边坡设计应符合 GB 50330—2002《建筑边坡工程技术规范》的要求；其稳定性验算时，有关的摩擦角应按设防烈度的高低相应修正。边坡附近的建筑基础应进行抗震稳定性设计。建筑基础与土质、强风化岩质边坡的边缘应留有足够的距离，其值应根据设防烈度的高低确定，并采取措施避免地震时地基基础破坏。

12.5.2　天然地基基础抗震设计

考虑地震作用的荷载组合与不考虑地震作用的荷载组合区别很大。地基在有限次循环动力作用下强度与静力荷载下不一样，同时，地震作用下结构可靠度允许有一定程度降低，因此对于地基抗震承载力与静力荷载下相比有一定调整。

地基基础的抗震验算，一般采用"拟静力法"，此法假定地震作用如同静力，然后在这种条件下验算地基和基础的承载力和稳定性。《抗震规范》规定，天然地基基础抗震验算时，应采用地震作用效应标准组合，且地基抗震承载力应取地基承载力特征值乘以地基抗震承载力调整系数计算。

1. 地基抗震承载力

研究表明，地基土在有限次循环动力作用下，强度一般较静强度提高，并且在地震作用下结构可靠度允许有一定程度降低。考虑上述两因素，地基抗震承载力在数值上比地基静承载力高。地基抗震承载力应取地基承载力特征值乘以地基抗震承载力调整系数计算，即

$$f_{aE} = \zeta_a f_a \tag{12-8}$$

式中　f_{aE}——调整后的地基抗震承载力；

　　　ζ_a——地基抗震承载力调整系数，应按表 12-10 采用；

　　　f_a——深宽修正后的地基承载力特征。

表 12-10　地基土抗震承载力调整系数

岩石名称和性状	ζ_a
岩石，密实的碎石土，密实的砾、粗、中砂，$f_{ak} \geq 300kPa$ 的黏性土和粉土	1.5
中密、稍密的碎石土，中密和稍密的砾、粗、中砂，密实和中密的细、粉砂，$150kPa \leq f_{ak} < 300kPa$ 的黏性土和粉土，坚硬黄土	1.3
稍密的细、粉砂，$100 \leq f_{ak} < 150$ 的黏性土和粉土，可塑黄土	1.1
淤泥，淤泥质土，松散的砂，杂填土，新近堆积黄土及流塑黄土	1.0

2. 天然地基抗震承载力验算

在地基基础设计之前，先应确定是否需要进行地基抗震承载力验算。按照《抗震规范》下列建筑可不进行天然地基及基础的抗震承载力验算：

1）《抗震规范》规定可不进行上部结构抗震验算的建筑（主要针对 6 度设防的规则房屋）。

2）地基主要受力层范围内不存在软弱黏性土层（软弱黏性土层指 7 度、8 度和 9 度时，地基承载力特征值分别小于 80kPa、100kPa 和 120kPa 的土层）的下列建筑：①一般的单层厂房和单层空旷房屋；②砌体房屋；③不超过 8 层且高度在 24m 以下的一般民用框架和框架-抗震墙房屋；④基础荷载与③项相当的多层框架厂房和多层混凝土抗震墙房屋。

验算天然地基地震作用下的竖向承载力时，按地震作用效应标准组合的基础底面平均压力和边缘最大压力应符合下列各式要求

$$p \leqslant f_{aE} \tag{12-9}$$
$$p_{max} \leqslant 1.2 f_{aE} \tag{12-10}$$

式中　p——地震作用效应标准组合的基础底面平均压力（kPa）；

f_{aE}——调整后的地基抗震承载力（kPa）；

p_{max}——地震作用效应标准组合的基础边缘的最大压力（kPa）。

高宽比大于 4 的高层建筑，在地震作用下基础底面不宜出现脱离区（零应力区）；其他建筑，基础底面与地基土之间脱离区（零应力区）面积不应超过基础底面面积的 15%。

【例 12-2】　某厂房柱采用现浇独立基础，基础底面为正方形，边长 2m，基础埋深 1.0m。地基承载力特征值为 226kPa，地基土的其余参数如图 12-3 所示。考虑地震作用效应标准组合时柱底荷载为 $F_k = 600kN$，$M_k = 80kN \cdot m$，$V_k = 13kN$。试按《抗震规范》验算地基的抗震承载力。

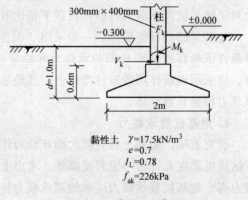

图 12-3　【例 12-2】图

【解】（1）求基底压力　计算基础和回填土 G_k 时的基础埋深

$$\bar{d} = (1.0 + 1.3) \ m/2 = 1.15m$$
$$G_k = \gamma_G \bar{d} A = (20 \times 1.15 \times 2 \times 2) \ kN = 92kN$$

基底平均压力为

$$p = (F_k + G_k) \ /A = [\ (600 + 92) \ /4]\ kPa = 173kPa$$

基底边缘压力为

$$p_{min}^{max} = \frac{F_k + G_k}{A} \pm \frac{M_k + V_k h}{W} = \left(173 \pm \frac{80 + 13 \times 0.6}{\frac{2 \times 2^2}{6}}\right) kPa = \frac{238.85}{107.15} kPa$$

（2）求地基抗震承载力　查《抗震规范》承载力修正系数表得 $\eta_b = 0.3$，$\eta_d = 1.6$，则经深宽修正后黏性土的承载力特征值为

$$f_a = f_{ak} + \eta_b \gamma_m \ (d - 0.5)$$
$$= [\ 226 + 0.3 \times 17.5 \times 0 + 1.6 \times 17.5 \times \ (1 - 0.5)\ ] \ kPa$$
$$= 240kPa$$

又由表 12-10 查得地基抗震承载力调整系数 $\xi_a = 1.3$，故地基抗震承载力 f_{aE} 为

$$f_{aE} = \xi_a f_a = \ (1.3 \times 240) \ kPa = 312kPa$$

（3）验算

$$p = 173\text{kPa} < f_{aE} = 312\text{kPa}$$
$$p_{max} = 238.15\text{kPa} < 1.2f_{aE} = 374.4\text{kPa}$$
$$p_{min} = 107.15\text{kPa} > 0$$

故地基承载力满足抗震要求。

12.5.3　桩基础抗震设计

地震的震害经验表明，桩基础的抗震性能普遍优于其他类型基础，但桩端直接支撑于液化土层和桩间有较大地面堆载者除外。此外，当桩承受有较大水平荷载时仍会遭受较大的地震破坏作用。因此，《抗震规范》增加了桩基础的抗震验算和构造要求，以减轻桩基础的震害。

1. 桩基抗震验算

在地基基础设计之前，先应确定是否需要进行地基抗震承载力验算。

对于承受竖向荷载为主的低承台桩基，当地面下无液化土层，且桩承台周围无淤泥、淤泥质土和地基承载力特征值不大于 100kPa 的填土时，下列建筑可不进行桩基的抗震承载力验算：①《抗震规范》规定可不进行上部结构抗震验算的且采用桩基的建筑；②不超过 8 层且高度在 24m 以下的采用桩基的一般民用框架及框架-抗震墙房屋；③抗震设防烈度为 7 度和 8 度时，一般的单层厂房和单层空旷房屋，不超过 8 层且高度在 24m 以下的一般民用框架房屋及基础荷载与其相当的多层框架厂房和多层混凝土抗震墙房屋。

（1）非液化土中低承台桩基的抗震验算　非液化土中低承台桩基单桩的竖向和水平向抗震承载力特征值，可均比非抗震设计时提高 25%，轴心承载力验算见式（12-11），偏心荷载作用下桩基承载力验算见式（12-13）。当承台周围的回填土夯实至干密度不小于《地基基础规范》对填土的要求时，可由承台正面填土与桩共同承担水平地震作用；但不应计入承台底面与地基土间的摩擦力。

轴心荷载作用下

$$N_{Ek} \le 1.25R \tag{12-11}$$

偏心荷载作用下：应同时满足下列两式

$$N_{Ek} \le 1.25R \tag{12-12}$$
$$N_{Ek\,max} \le 1.2 \times 1.25R = 1.5R \tag{12-13}$$

式中　N_{Ek}——地震作用效应和荷载效应标准组合下，基桩或复合基桩的平均竖向力；

　　　$N_{Ek\,max}$——地震作用效应和荷载效应标准组合下，基桩或复合基桩的最大竖向力；

　　　R——基桩竖向承载力特征值（kN）。

（2）存在液化土层的低承台桩基承载力验算　承台埋深较浅时，不宜计入承台周围土的抗力或刚性地坪对水平地震作用的分担作用。当桩承台底面上、下分别有厚度不小于 1.5m、1.0m 的非液化土层或非软弱土层时，可按下列两种情况进行桩的抗震验算，并按不利情况设计：

1）桩承受全部地震作用，桩承载力按比非抗震设计时提高 25% 取用，液化土的桩周摩阻力及桩水平抗力均应乘以表 12-11 的折减系数。

2）地震作用按水平地震影响系数最大值的 10% 采用，桩承载力仍按比非抗震设计时提高 25% 取用，但应扣除液化土层的全部摩阻力及桩承台下 2m 深度范围内非液化土的桩周摩阻力。

表 12-11　土层液化影响折减系数

实际标贯锤击数/临界标贯锤击数	深度 d_s/m	折减系数
≤0.6	$d_s \leqslant 10$	0
	$10 < d_s \leqslant 20$	1/3
>0.6，且 ≤0.8	$d_s \leqslant 10$	1/3
	$10 < d_s \leqslant 20$	2/3
>0.8，且 ≤1.0	$d_s \leqslant 10$	2/3
	$10 < d_s \leqslant 20$	1

打入式预制桩及其他挤土桩当平均桩距为 2.5～4 倍桩径且桩数不少于 5×5 时，可计入打桩对土的加密作用及桩身对液化土变形限制的有利影响。当打桩后桩间土的标准贯入锤击数值达到不液化的要求时，单桩承载力可不折减，但对桩尖持力层作强度校核时，桩群外侧的应力扩散角应取为零。打桩后桩间土的标准贯入锤击数宜由试验确定，也可按下式计算

$$N_1 = N_p + 100\rho \ (1 - e^{-0.3N_P}) \tag{12-14}$$

式中　N_1——打桩后的标准贯入锤击数；

　　　　ρ——打入式预制桩的面积置换率；

　　　　N_p——打桩前的标准贯入锤击数。

上述液化土中桩的抗震验算原则和方法主要考虑了以下情况：

1）目前对液化土中桩的地震作用与土中液化进程的关系尚未弄清，因此不计承台旁土抗力或地坪的分担作用是出于安全考虑，拟将此作为安全储备，这样偏于安全。

2）根据地震反应分析与振动台试验，地面加速度最大时刻出现在液化土的孔压比为小于 1（常为 0.5～0.6）时，此时土尚未充分液化，只是刚度比未液化时下降很多，故可仅对液化土的刚度作折减。

3）液化土中孔隙水压力的消散往往需要较长的时间。地震后土中孔隙水压力不会很快消散完毕，往往于震后才出现喷砂冒水，这一过程通常持续几小时甚至一两天，其间常有沿桩与基础四周排水的现象，这说明此时桩身摩阻力已大减，从而出现竖向承载力不足和缓慢的沉降，因此应按静力荷载组合校核桩身的强度与承载力。

（3）承台抗震验算　按照《桩基规范》规定，当进行桩基承台的抗震验算时，应根据《抗震规范》相应规定对承台顶面的地震作用效应和承台的受弯、受冲切、受剪承载力进行抗震调整。

2. 桩基抗震构造措施

除应按上述原则验算外，还应满足相关规范对桩基的构造要求。桩基理论分析已经证明，地震作用下桩基在软、硬土层交界面处最易受到剪、弯损害。大量震害也证实了这一点，但在采用 m 法的桩身内力计算方法中却无法验证此点。目前除考虑桩土相互作用的地震反应分析可以较好地反映桩身受力情况外，还没有简便实用的计算方法保证桩在地震作用下的安全，因此采取有效的构造措施是必要的。《抗震规范》规定如下：

1）处于液化土中的桩基承台周围，宜用非液化土填筑夯实，若用砂土或粉土则应使土

层的标准贯入锤击数不小于《抗震规范》规定的标准贯入锤击数的临界值。

2）液化土和震陷软土中桩的配筋范围，应从桩顶到液化深度以下符合全部消除液化沉陷所要求的深度，其纵向钢筋应与桩顶部相同，箍筋应加密。

3）在有液化侧向扩展的地段，距常时水线 100m 范围内的桩基还应考虑土流动时的侧向作用力，且承受侧向推力的面积应按边桩外缘间的宽度计算。

12.6　动力机器基础设计

动力机器基础设计的主要依据是 GB 50040—1996《动力机器基础设计规范》。一般的动力机器在运行时都将产生振动，而振动引起的动荷载又将对机器的支承结构（基础或构架）带来动力效应。当机器的动力作用不大时（如一般的金属切削机床），其基础可按一般静荷载下的基础进行设计并作适当的构造处理。当动力作用较大时，应根据荷载特点进行动力基础设计。动力机器基础的设计涉及土建与机械两个专业，设计前需要了解各种动力机器对基础的动力作用形式、常用的动力机器基础结构型式及其设计基本要求。

12.6.1　动力机器基础设计一般规定

1. 设计资料

动力机器基础设计时，应取得下列资料：

1）机器的型号、转速、功率、规格及轮廓尺寸图等。

2）机器自重及重心位置。

3）机器底座外轮廓图、辅助设备、管道位置和坑、沟、孔洞尺寸以及灌浆层厚度、地脚螺栓和预埋件的位置等。

4）机器的扰力和扰力矩及其方向。

5）基础的位置及其邻近建筑物的基础图。

6）建筑场地的地质勘察资料及地基动力试验资料。

2. 设计原则

动力机器基础的设计应满足强度、变形和使用功能各方面的要求，主要包括：

1）地基和基础不应产生影响机器正常使用的变形。

2）基础本身应具有足够的强度、刚度和耐久性。

3）基础不产生影响工人身体健康、妨碍机器正常运转和生产以及造成建筑物或构筑物开裂和破坏的剧烈振动。

4）基础的振动不应影响邻近建筑物、构筑物或仪器设备等的正常使用。

3. 荷载取值

机器基础设计中需要进行静力计算和动力计算。按照《动力机器基础设计规范》规定，设计动力机器基础的荷载取值应符合下列要求：

1）当进行静力计算时，荷载应采用设计值。

2）当进行动力计算时，荷载应采用标准值。

4. 构造要求

动力机器基础应满足下列一般构造要求：

　　1）动力机器基础宜与建筑物的基础、上部结构以及混凝土地面分开。当管道与机器连接而产生较大振动时，管道与建筑物的连接处应采用隔振措施。

　　2）动力机器底座边缘至基础边缘的距离不宜小于100mm。除锻锤基础外，在机器底座下应预留厚度不小于25mm的二次灌浆层。二次灌浆层应在设备安装就位并初调后，用微膨胀混凝土填充密实，且与混凝土基础面结合。

　　3）基组（动力机器基础和基础上的机器、附属设备、填土的总称）的总重心与基础底面的形心宜位于同一竖直线上，当不在同一竖直线上时，两者之间的偏心距和平行偏心方向基底边长的比值 η 应符合如下要求：对汽轮机组和电机基础，$\eta \leqslant 3\%$；对金属切削机床以外的一般机器基础，当地基承载力特征值 $f_{ak} \leqslant 150\text{kPa}$ 时，$\eta \leqslant 3\%$；当地基承载力特征值 $f_{ak} > 150\text{kPa}$ 时，$\eta < 5\%$。

　　4）动力机器基础宜采用整体式或装配整体式混凝土结构。

　　5）动力机器基础的钢筋一般采用 HPB300、HRB335、HRB400 级钢筋，不宜采用冷轧钢筋。受冲击力较大的部位应尽量采用热轧变形钢筋，并避免焊接接头。

　　6）动力机器基础的底脚螺栓除了应严格按照机器安装图设置以外，还应符合以下规定：带弯钩底脚螺栓的埋置深度不小于 $20d$（d 为螺栓直径），带锚板底脚螺栓埋置深度不小于 $15d$。底脚螺栓轴线距基础边缘不应小于 $4d$，预留孔边距基础边缘不应小于 100mm，当不能满足要求时，应采取加强措施；预埋底脚螺栓底面下的混凝土净厚度不应小于 50mm，当为预留孔时，则孔底面下的混凝土净厚度不应小于 100mm，如图 12-4 所示。

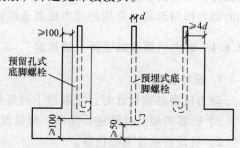

图 12-4　底脚螺栓的构造要求

12.6.2　一般计算规定

1. 动力机器地基承载力验算

动力机器基础底面地基的平均静压力值应符合下式要求

$$p_k \leqslant \alpha_f f_a \tag{12-15}$$

式中　p_k——相应于荷载效应标准组合时，基础底面地基的平均静压力值（kPa）；

　　　f_a——修正后的地基承载力特征值（kPa）；

　　　α_f——地基承载力的动力折减系数，其值与基础的动力作用形式有关，旋转式机器基础可采用0.8，锻锤基础可按式（12-16）计算，其他机器基础可采用1.0。

$$\alpha_f = \frac{1}{1 + \beta \dfrac{a}{g}} \tag{12-16}$$

式中　a——基础的振动加速度（m/s²）；

　　　g——重力加速度（m/s²）；

　　　β——地基土的动沉陷影响系数，当地基土为天然地基时，可直接按表 12-12 取用，当为桩基础时，可根据桩尖土层的类别按表 12-12 取用。

　　需要说明的是，在《动力机器基础设计规范》中，地基承载力验算式（12-15）中基础底面地基的平均静压力值和地基承载力均取用设计值，但对于地基承载力现已不再使用"设计值"，而被承载力特征值 f_a 取代，参考一些专家研究结果，故采用上述方法。

表 12-12　地基土动沉陷影响系数 β 值

地基土类别	一类土	二类土	三类土	四类土
β 值	1.0	1.3	2.0	3.0

注：动力机器基础的地基土类别按表 12-13 选用。

表 12-13　动力机器基础的地基土类别

土的名称	地基土承载力特征值 f_{ak}/kPa	地基土类型
碎石土	$f_{ak} > 500$	一类土
黏性土	$f_{ak} > 250$	
碎石土	$300 < f_{ak} \leq 500$	二类土
粉土、砂土	$250 < f_{ak} \leq 400$	
黏性土	$180 < f_{ak} \leq 250$	
碎石土	$180 < f_{ak} \leq 300$	三类土
粉土、砂土	$160 < f_{ak} \leq 250$	
黏性土	$130 < f_{ak} \leq 180$	
粉土、砂土	$120 < f_{ak} \leq 160$	四类土
黏性土	$80 < f_{ak} \leq 130$	

2. 动力机器基础动力验算

动力机器基础的最大振动线位移、最大振动速度和最大振动加速度幅值可以通过动力计算确定。其幅值应满足下列公式要求

$$A_f \leq [A] \qquad (12\text{-}17)$$

$$V_f \leq [V] \qquad (12\text{-}18)$$

$$a_f \leq [a] \qquad (12\text{-}19)$$

式中　A_f——计算的基础最大振动线位移（m）；

　　　V_f——计算的基础最大振动速度（m/s）；

　　　a_f——计算的基础最大振动加速度最大震动加速度（m/s^2）；

　　　$[A]$——基础允许振动线位移（m）；

　　　$[V]$——基础的允许振动速度（m/s）；

　　　$[a]$——基础的允许振动加速度（m/s^2）。

以上参数均可按《动力机器基础设计规范》规定的数据采用。

12.6.3　地基动力特征参数

地基的主要动力参数有地基刚度和阻尼比等。地基刚度系指地基单位弹性位移（转角）所需的力（力矩）。它是基础底面以下影响范围内所有土层的综合性物理量。阻尼比为体系的实际阻力系数与临界阻力系数之比。

1. 影响地基刚度的因素

影响地基刚度的因素很多，主要有下列几个方面：

（1）地基土的性质　地基土的性质是决定地基刚度的基本因素，在一般情况下，地基刚度随着地基土允许承载力的提高而提高，也即与地基土的弹性模量成正比。

（2）基础的底面积　试验表明，基础底面积在 $20m^2$ 以下时，地基抗压刚度系数 C_z 值随着底面积减少而增加。基础底面积大于 $20m^2$ 以后，C_z 值变化不大，即基础底面积大于 $20m^2$，地基刚度系数可以认为与基础底面积无关。

（3）基础底面的压应力　基底压应力不同，对地基刚度有影响，根据现有资料介绍，在一定的基底压应力范围内（约 $60kN/m^2$ 以下），地基刚度系数随基底压应力的增加而提高。

（4）基础的埋深　在一般情况下，基础都有一定的埋置深度，这对体系的刚度和阻尼都有影响，试验表明，埋置基础四周的地基土，对提高地基刚度和阻尼都有一定的作用。

2. 地基刚度和阻尼比的测定方法

在块体基础上，用激振器施加垂直或水平简谐扰力，基础就产生垂直振动或水平回转耦合振动，用拾振仪器测得基础顶面在不同频率下的振幅，由此绘制振幅频率曲线，然后按质-弹-阻模式的理论公式反算地基刚度、阻尼比和附加参振质量。

在模拟块体基础上施加垂直或水平冲击力，一般垂直向采用球击法，即用一铁球，自一定高度自由下落冲击在块体基础中心，使之产生垂直向自由振动。水平向采用敲击法，一般采用枕木撞击块体基础的侧面，使之产生水平回转耦合振动。可用拾振器测得块体基础的自振频率、各周的振幅和铁球冲击后回弹的时间，以此求算地基土的阻尼比和抗压刚度以及体系的振动质量。

12.6.4　减轻机器基础对周围建（构）筑物影响的措施

减轻机器基础对周围建（构）筑物影响十分必要，其具体的措施主要有如下几种：

1）厂房内设有不大于 $10Hz$ 的低频机器，其不平衡扰力又较大时，厂房设计应避开机器的扰力频率，使厂房的自振频率与机器的扰力频率相差 25% 以上，因为目前我国一般单层工业厂房的自振频率为 $1\sim4Hz$，空压站为 $3\sim6Hz$，容易和低频机器（大型活塞式压缩机）发生共振。

2）当厂房内设有锻锤、水爆清砂等强烈振动的设备时，厂房屋盖结构系统可按规定考虑附加垂直动载荷，该载荷按垂直静载荷的百分比来计算；当质地较差时，屋架下弦净空应增加，预留吊车梁标高调整的余地。

3）对冲击能量大的落锤基础，应与一般建筑物有相当距离，其最小距离应满足相应规范要求。

4）设计金属切削机床车间时，对周围有振源的车间或铁路公路应由必要的距离。

12.6.5　动力机器基础设计的基本步骤

动力机器基础一般可按如下步骤进行设计：

1）收集设计资料。资料内容如 12.6.1 节所述。

2）根据机器对基础的动力作用形式确定基础的结构形式及材料。

3）按机器的布置要求和地基承载力等确定基础的埋置深度及尺寸，必要时提出合理的地基处理方案。

4）验算地基承载力并进行地基沉降计算。

5）根据地基动力试验资料或《动力机器基础设计规范》提供的方法确定地基土的动力特征参数并进行基础的动力计算与动力验算。

6）根据基础的结构形式进行基础结构设计。

习　题

12-1　地震的类型有哪些？

12-2　什么是里氏震级？什么是基本烈度和设防烈度？

12-3　地震破坏形式有哪些？

12-4　建筑场地的地形条件、场地对地基基础设计有哪些影响？

12-5　如何确定场地类别？

12-6　地基抗震承载力如何验算？

12-7　液化土如何判别和处理？

12-8　动力机器基础的结构形式主要有哪些？各有哪些特点？

12-9　动力机器基础的动力特征参数主要有哪几个？如何测定？

12-10　如何设计动力机器基础？

12-11　某厂房柱采用现浇独立基础，基础底面为正方形，边长 3.5m，基础埋深 2.0m。持力层 f_{ak} = 226kPa，$\gamma = 17.5kN/m^3$，$e = 0.7$，$I_L = 0.78$。考虑地震作用效应标准组合时柱底荷载为：$F_k = 800kN$，$M_k = 90kN \cdot m$，$V_k = 16kN$。试按《抗震规范》验算地基的抗震承载力。

12-12　某建设场地，其地质条件从地表向下依次为：0.5m 厚淤泥；5.5m 厚粉质黏土，其下为砂土。地下水位距地表为 6.0m，基础埋深为 2m。试问：

1）假定该场地为 7 度抗震设防区，该地基是否会发生液化？

2）假定该场地为 8 度抗震设防区，埋深为 2.5m，该地基是否会发生液化？

参考文献

[1] 张国庆，侯光瑜. 确定条形基础合理宽度的直接算法 [J]. 建筑结构，2002（7）.

[2] 顾晓鲁，钱鸿缙，刘惠珊，等. 地基与基础 [M]. 3 版. 北京：中国建筑工业出版社，2003.

[3] 赵明华. 基础工程 [M]. 北京：高等教育出版社，2003.

[4] 赵明华，俞晓. 土力学与基础工程 [M]. 2 版. 武汉：武汉理工大学出版社，2003.

[5] 高大钊，李镜培. 注册土木工程师（岩土）专业考试辅导教程 [M]. 上海：同济大学出版社，2003.

[6] 王成华. 基础工程学 [M]. 天津：天津大学出版社，2002.

[7] 邓庆阳. 土力学与地基基础 [M]. 北京：科学出版社，2001.

[8] 刘惠珊，徐攸在. 地基基础工程 283 问 [M]. 北京：中国计划出版社，2002.

[9] 建筑地基基础设计规范理解与应用编委会. 建筑地基基础设计规范理解与应用 [M]. 北京：中国建筑工业出版社，2004.

[10] 陈国兴，樊良本，等. 基础工程学 [M]. 北京：中国水利水电出版社，2002.

[11] 袁聚云，李镜培，楼晓明，等. 基础工程 [M]. 上海：同济大学出版社，2001.

[12] 宰金珉，宰金璋. 高层建筑基础分析与设计 [M]. 北京：中国建筑工业出版社，1994.

[13] 钱力航. 高层建筑箱形与筏形基础的设计计算 [M]. 北京：中国建筑工业出版社，2003.

[14] 夏明耀，曾金璋. 地下工程设计施工手册 [M]. 北京：中国建筑工业出版社，1999.

[15] 陈希哲. 土力学地基基础 [M]. 北京：清华大学出版社，1998.

[16] 龚晓南. 复合地基理论及工程应用 [M]. 北京：中国建筑工业出版社，2002.

[17] 闫明礼，张东刚. CFG 桩复合地基技术及工程实践 [M]. 北京：中国水利水电出版社，2001.

[18] 江正荣. 简明土方与地基工程施工手册 [M]. 北京：中国环境科学出版社，2003.

[19] 北京市注册工程师管理委员会（结构）. 一、二级注册结构工程师专业考试复习教程 [M]. 北京：人民交通出版社，2003.

[20] 高大钊，陈忠汉，程丽萍. 深基坑工程 [M]. 北京：机械工业出版社，1999.

[21] 江见鲸，王元清，龚晓南，等. 建筑工程事故分析与处理 [M]. 北京：中国建筑工业出版社，2003.

[22] 中国建筑科学研究院. GB 50007—2011 建筑地基基础设计规范 [S]. 北京：中国建筑工业出版社，2012.

[23] 建设部综合勘察研究院. GB 50021—2001 岩土工程勘察规范 [S]. 北京：中国建筑工业出版社，2009.

[24] 中国建筑科学研究院. JGJ 6—2011 高层建筑箱形与筏形基础技术规范 [S]. 北京：中国建筑工业出版社，2011.

[25] 中国建筑科学研究院. JGJ 94—2008 建筑桩基技术规范 [S]. 北京：中国建筑工业出版社，2008.

[26] 中国建筑科学研究院. JGJ 79—2012 建筑地基处理技术规范 [S]. 北京：中国建筑工业出版社，2002.

[27] 陕西省计划委员会. GB 50025—2004 湿陷性黄土地区建筑规范 [S]. 北京：中国建筑工业出版社，2004.

[28] 中国建筑科学研究院. GB 50112—2013 膨胀土地区建筑技术规范 [S]. 北京：中国建筑工业出版社，2013.

［29］　中国建筑科学研究院 . JGJ 120—2012 建筑基坑支护技术规程［S］. 北京：中国建筑工业出版社，
　　　　2012.

［30］　中国建筑科学研究院 . GB 50011—2010 建筑抗震设计规范［S］. 北京：中国建筑工业出版社，
　　　　2010.

［31］　中国建筑科学研究院 . GB 50010—2010 混凝土结构设计规范［S］. 北京：中国建筑工业出版社，
　　　　2011.

［32］　中交第一航务工程勘察设计院 . JTJ 303—2003 港口工程地下连续墙结构设计与施工规程［S］. 北
　　　　京：中国建筑工业出版社，2003.